JN021220

# 基本統計学 [第5版]
## Elementary Statistics

宮川公男 [著]

有斐閣

確率器械 (Probability Machine)

　1962年，アメリカ合衆国シアトル市で万国博覧会が開催されたとき，IBM社が出品したもの。現在は跡地の Pacific Science Center の展示館内にあるが，口絵は屋外にあったときのもので，上部の2つの飾りのようなものは現在はない。写真は米国IBM社の好意により提供していただいた貴重なものであり，ここに深く感謝したい。

　器械の左側に「パスカルの三角形」の説明があるが，器械の上部中央から数多くのボールが落ち，22段の金属柱に次々に当たり，当たるたびに左あるいは右へそれぞれ 1/2 の確率で落ちて，最後には下部の23個のボックスに分かれて入っていく。十数分で全部のボールが落下し終わったときには，正規分布にきわめて近い型の山ができる仕組みになっている。これは $n$ が大きくなるとき，二項分布が正規分布に近づくということの応用である。　<small>（本文170ページ以下および214ページの練習問題12）を参照）</small>

（注）　二項展開の係数 $nCx\,(x=0,1,2,\cdots,n)$（本文145ページの式 (6.3) を見よ）を二項係数といい，この二項係数を $n=1,2,3,\cdots$ について下図のように三角形にならべたものを，パスカルの三角形という。

| $n$ | 二 項 係 数 | 和 |
|---|---|---|
| 1 | 1　1 | $2=2^1$ |
| 2 | 1　2　1 | $4=2^2$ |
| 3 | 1　3　3　1 | $8=2^3$ |
| 4 | 1　4　6　4　1 | $16=2^4$ |
| 5 | 1　5　10　10　5　1 | $32=2^5$ |
| 6 | 1　6　15　20　15　6　1 | $64=2^6$ |
| 7 | 1　7　21　35　35　21　7　1 | $128=2^7$ |
| 8 | 1　8　28　56　70　56　28　8　1 | $256=2^8$ |
| 9 | 1　9　36　84　126　126　84　36　9　1 | $512=2^9$ |
| 10 | 1　10　45　120　210　252　210　120　45　10　1 | $1{,}024=2^{10}$ |

# 第5版へのはしがき

今回本書は版を新たにし，第5版を刊行する運びとなった。

本書の初版（1977年）以来，40年余にわたって巻頭を飾り続けている確率器械の写真は他の数多くの統計学書にないものである。

この器械は米国のケネディ政権時代の1962年にシアトル市で開催された万国博覧会に米IBM社が出品したもので，統計学で教える最大のテーマの正規分布がどのようにして現われるかを人々にわかりやすく示したものである。当時ハーバード大学に留学していた著者が，その後大学で統計学を講義するようになったとき学生に是非紹介したいと考え，同社にお願いして教科書のために提供して頂いたものである。それと本書のユニークな特徴もあってか，本書はわが国の大学の統計学の教科書として版を重ねてベストセラー，ロングセラーとなり，今日まで第4版で15万部に迫るまでになっている。そして第4版の刊行から7年近くを経た現在，統計学の重要性は昔日と比べて大きく高まっている。

著者が本書の第5版への改訂を考えることになったのは，1つには著者がかねてから統計学の研究者や学習者は統計学の歴史についての知識を持つべきであると考え，そのために1章を設けることを計画していたことによる。しかしその準備作業が発展して，別の1冊の研究書『統計学の日本史』を刊行することになった。そこでその中で重要性が浮かび上った統計学と因果関係・分析関係の問題について基本的問題の要約を本書に紹介することにした。これまでにも，大きな因果関係問題としては癌と喫煙，飲酒の因果関係などが統計的研究の大きな課題であり，その困難が論じられてきた。統計学の基本テキストとしての本書でも，統計学で因果法則を確認することができるかについて歴史的にどのような議論が行われてきたかを考えるためによい教材となる。

さらに近年の大学ではデータ・サイエンス学部と称した新学部の創設が相次ぎ，その中で統計学は中核的科目となっている。しかしそのような変化があっても統計学の基本的内容は大きく変わっているわけではないので，第10章までについてはごく僅かの字句訂正以外は改訂を加えていない。データ・

サイエンスに関しては著者の考え方を述べるために終章の中に1節を設けた。

　以上のように，これまでの版の改訂はすべて統計学の数理など方法的技術的な面での改訂であったが，第5版の改訂は，統計学の歴史に関する知識の追加と，統計学的分析と因果関係の分析との関係という大きな基本的問題に関しての考察を追加したことが大きな違いであり，それが新しい終章としてまとめられている。21世紀も20年近く経って2019年に新たに発生した新型コロナウィルス感染症問題によって，その対策としてのワクチンの感染症予防あるいは重症化回避効果をめぐって因果関係についての統計的議論が盛んになっている。このような現代の統計学学習者および研究者にとって不可欠の知識としてこの第5版が役立てられることが著者の切なる願いである。

　本書の練習問題については，第4版にて上智大学経済学部の網倉久永教授にはゼミナールの指導学生の皆さんとともに全問を1日1題解くという課題に自主的に取り組んでいただき，その過程で発見されたかなりの数の誤りを指摘していただいた。網倉教授および学生の皆さんには深く感謝する。

　また，統計学がもともと数学ではなくどんな学問であるかを正しく理解するためには，前述した著者の別著『統計学の日本史 —— 治国経世への願い』（東京大学出版会，2017年）をご参照頂ければ幸いである。

　本版で増補した終章の作成作業，また問題解答のチェックに際しては，東京経営短期大学元教授の松江由美子さんのご助力を得ることができ，また有斐閣の藤田裕子さんに編集上のお世話になったことに対してここに感謝申し上げる。また本書の第4版までの多年にわたって，本書をテキストとしてお使い頂いた先生方や読者から頂いた多くのご意見や質問にも深く御礼申し上げる。

　　2021年11月

宮　川　公　男

# はしがき（初版）

　近年いろいろな学問分野で統計的分析が盛んに行なわれるようになり，それとともに統計学はきわめて重要な基礎科目と考えられるようになった。社会科学，自然科学，医学などのほとんどあらゆる学問分野で，研究方法として欠かせないようになってきているのである。また，企業，官公庁その他の組織においても，データの統計的処理や解析が要求されることが非常に多く，さらにわれわれの個人的な日常生活においても統計的知識がさまざまに用いられている。

　このような事情を反映して，大学においても教養課程で統計学を履修する学生数は年々増大している。著者の大学でも，最近ではおよそ8割くらいの学生が統計学を履修するようになっている。

　本書は，基本的には大学教養課程における統計学のテキストとして役立つように書かれたものであるが，同時に社会人が統計学を自習するためにも用いることのできるよう配慮されている。本書を特色のあるものとするために，著者が注意を払った主な点は次のとおりである。

　(1)　統計学の基本的内容を，できるだけ平易かつ丁寧に解説しようとしたこと。

　(2)　統計的な考え方あるいは統計的判断が身につくよう，統計数理の展開よりもその意味づけの叙述に力を入れたこと。

　(3)　説明には必ず身近で具体的な事例を用いたこと。

　(4)　統計学の応用領域の広さを理解できるよう，事例や問題として，できるだけ多様な種類のものを選んだこと。

　(5)　本文中および各章末に〔問題〕を付し，巻末にかなり丁寧な解答を付したこと。

　なお，本文中に▶印を付した箇所があるが，それは内容上やや高度で初学者はとばして読んでもよいところ，あるいは細かい説明を補足したところであり，読者は適宜利用していただきたい。

　著者が本書をまとめるに当たっては，一橋大学の教養課程における過去15年間の統計学の講義のほか，大蔵省および日本銀行の経済理論研修での講義，

その他多くの講義経験にもとづいて，基本的には統計学は決して理解しにくいものではないことを強調できるように心がけたつもりである。統計学の身近さにもかかわらず，それが難しいと思っている人たちがきわめて多いからである。本書のねらいがどの程度成功しているかについては，是非読者諸賢からの御意見をいただきたいと希望している。

　本書の著述を計画してからもう10年近くになるかと思う。いろいろな事情から完成が今日まで延引した。その間多くの人たちからの御助力をいただいた。松居ヤヨイさんおよび豊崎すみ子さんには問題および解答の作成について御協力いただいた。とくに，豊崎さんには本書の校正および索引の作成のためにお骨折りいただいた。記して厚く感謝したい。有斐閣の池淵昌氏には，本書の計画から完成まで，多年辛抱強く御協力いただき，また造本上大変お世話になった。また，口絵のために古い貴重な写真を提供していただいたIBM社の御好意にも謝意を表わしたい。最後になったが，著者の統計学の恩師である森田優三先生に対し，学生時代より多年にわたる御指導に最大の感謝を捧げたい。

　　　　1977年11月

　　　　　　　　　　　　　　　　　　　　宮　川　公　男

# 本書の使い方

　本書を大学などでの統計学の基礎的講義にテキストとしてお使いになる先生方のために，わが国の大学での通常週 1 回 90 分の授業の半年 15 回（2 単位）あるいは 1 年 30 回（4 単位）の時間配分についての著者としての目安を示せば下表のようになる。なお，本書中で▶印をつけた章，節，小節などは，重要度が低いかあるいは少し程度が高いなどの理由から，場合により省略してもよい部分である。初等的な教育コースや時間的制約がきついなどの場合には▶印のついた部分を省略するだけで全体を大幅に短くすることができる。

| | 15 回 | | 30 回 | |
|---|---|---|---|---|
| | 講義 | 演習* | 講義 | 演習* |
| 序　章 | 0.25 ⎫ 1.75 | | 0.5 | |
| 第 1 章 | 1.5 ⎭ | | 2 ⎫ 1 | |
| 第 2 章 | — | | 1 ⎭ | |
| 第 3 章 | 2 | 1 | 3 | 1 |
| 第 4 章 | 0.5 ⎫ 1 | | 1.5 ⎫ 4 | |
| 第 5 章 | 0.5 ⎭ | | 2.5 ⎭ | |
| 第 6 章 | 2 ⎫ 4.5 | 0.5 | 3 | 1 |
| 第 7 章 | 2.5 ⎭ | | 4 | 1 |
| 第 8 章 | 1.5 ⎫ 3.5 | 0.5 | 3 ⎫ 1 | |
| 第 9 章 | 2 ⎭ | | 3 ⎭ | |
| 第10章 | — | — | 1** | |
| 終　章 | 0.25 | | 0.5 | |
| 計 | 13 | 2 | 25 | 5 |

　*　演習は主として例題計算演習
　**　概念的説明のみにとどめる

目　　次

# 序章　不確かさの時代に向き合う基本統計学

## 0.1　統計と人間生活

　"統計"は私たちの日常生活において，また私たちが生活している社会のほとんどあらゆる分野で，広く利用されている。そして誰もが，たとえ"統計学"を知らなくとも，"統計的な考え方"あるいは"統計的判断"を使っている。

　きわめて身近な例をとってみよう。ある目的地へ行くのに電車かバスのどちらでも利用でき，しかも通常の所要時間は同じであるとする。しかし誰もが，バスで行く場合の方が電車の場合よりも時間に余裕を多くとるであろう。電車の場合には事故などがない限り所要時間が大きく違うことはないのに対して，バスの場合には道路の混雑度がどれくらいかで所要時間が大きく違ってくるからである。これは明らかに"統計的な考え方"である。所要時間の変動性が大きいほど，ある一定の確率で所定時刻に間に合うようにするためにとらなければならない余裕時間が大きくなることは，初等的な統計学の知識の1つの応用である。そこでは統計学で基本的に重要な変動性（"ばらつき"ともいう）の違いが中心的なポイントになっているのであるが，そのことを私たちがはっきりと意識しているわけではない。

　しかし，この例に見られるように，誰でも"統計的な考え方"を無意識のうちにでも使っているのである。それにもかかわらず，"統計"という言葉は，一般の人たちにはきわめてぼんやりとした意味あいでしか理解されていない

ことが多い。“統計”とは無味乾燥なもの，扱いが苦手でいやな数字の集まりであり，そして統計学は数学の一種というくらいにしか考えられていない。

しかし，ひとたび“統計”のない世の中を想像してみれば，それがどんなに不便であり，あるいは混乱や不経済をもたらすものであるかがよくわかる。このことをいくつかのケースについて考えてみよう。

(1)　私たちがテレビで大相撲やプロ野球などのスポーツ放送を楽しむとき，過去の対戦成績，打撃成績，投手成績のような“統計”がなかったならば，どんなにか興味をそがれることだろう。横綱の苦手力士もわからず，金星がどれくらい期待できるか見当がつかない。また，次々に登場する打者についてどれくらい安打を期待していいのか，あるいは投手にどれくらいの健投を期待できるのか判断できないであろう。そのような期待なしに見るゲームはおよそつまらないものになってしまう。

(2)　4 月初旬のある日の東京で，日中の最高気温がたとえば 23℃ をこえるようなことがあると，「きょうは異常に暖かった」とか，「きょうは 6 月上旬の陽気であった」というようなことが，テレビや新聞のニュースなどで話題としてとりあげられる。この場合，「異常」な暖かさということは，「平常」の気温の値があってはじめて判断できることである。そしてその「平常」の気温とは，過去何十年にもわたって，4 月のその日の気温を平均して求められた平均気温のような統計数字である。私たちは，過去の個人的な経験からも，ある程度はその時期の平常の気温を判断することができるとはいえ，このような統計がないと気温の異常さがどの程度であるかを的確に知ることはできない。そして家庭生活では暖房器具の取りかたづけや冬物衣類の整理などに戸惑うかもしれないし，また衣料品店では季節衣料品の仕入計画などに不便をきたすおそれも少なくないであろう。

また，私たちが外国旅行をするときなど，目的地の気温が気になる。それによって携行する衣類を決めなければならないからである。このようなとき，目的地の気温の統計が利用できないとすれば，不必要な衣類をもっていったり，あるいは必要なものをもっていかなかったりして，どんなにか不都合が生じることであろう。

(3)　国会議員の選挙でのテレビの速報で，まだ開票率が僅かなのに，はやばやと「当選確実」と報道されたりして不思議に思う人は多い。これは選挙

前の支持者，投票意向などの統計的調査や開票地区がどの候補者の地盤かといった情報とともに，出口調査という投票所の出口での投票者からの聞き取り調査から推定されるものである。これは一部分の開票で全体を推しはかる統計的推論であって，ちょうど鍋いっぱいのスープの味を一さじの味見で判断するのと同じである。

　(4)　今日では，多くの製造業者は，注文を受けてから製品を製造する受注生産ではなく，どれくらい売れそうかという見込みをたてて製品を製造する見込生産（あるいは市場生産）を行なっている。このような状況のもとでは，製造業者にとって，統計は，製品の売行きの見込みをたてるために欠くことのできないものである。たとえば，繊維製品の製造業者たちにとって，もし人口統計がなかったとすれば，どのようなことになるであろうか。生産量が多すぎたり，あるいは少なすぎたりして，社会的にむだや混乱をおこすことが繰り返されるであろう。また，人口の総数だけでなく，その男女別構成・年齢別構成のような統計がなければ，個別の繊維製品の生産量の計画をたてることも困難であろう。

　(5)　製造業者が消費者の全体の潜在需要の大きさをいかに的確につかんでも，また，どんなに優秀な製品を作っても，消費者が実際にそれを買ってくれなければ企業は成り立たない。企業が販売を成功させるためには，その製品の市場の状況についてのいろいろな知識や情報を必要とする。そのような知識・情報のうちあるものは，他の目的のためにすでに作られ，公表されている統計が提供してくれるであろう。たとえば上にあげた人口統計や，消費者の家計の収入・支出の状況を示す家計調査統計などがその例である。これに対して，とくに個々の製品についての消費者の選好，消費慣習や購買慣習を知るためには，企業がみずから，または専門の調査機関に依頼して，そのための特別の調査を行なう必要も生じてくるであろう。このような調査が市場調査であり，当然，多くの企業が盛んに実施している。また，現代の情報ネットワーク社会において発生し利用可能になっている購買や消費行動などに関する大量のデータは，**ビッグデータ**とも呼ばれ，コンピュータと情報通信技術（ICT）の力を借りたその分析情報の効果的利用が注目されている。このように統計数字は，企業が消費者の需要に適した製品を適量に生産するのに役立てられ，ひいては，社会的に重要な資源のむだ使いを防ぐとともに，

私たち消費者の生活を向上させることにも，大きな役割を果たしているのである。

(6) 今日の経済社会はいわゆる自由放任の経済ではない。そこでは政府の計画的活動が経済の安定や成長に大きな役割を果たしている。政府は所得税の減税によって消費を増加させ，あるいは道路，港湾，空港，公園や公営住宅などへのいわゆる公共投資を増やすことによって景気を刺激しようとしたり，逆に増税によって政府収入の増加を計画したり，社会インフラへの公共投資の削減によって景気の過熱を防ごうとしたりする。政府のこのような政策決定において，統計は欠くことのできないものであり，きわめて重要な役割を果たす。政府は国民の消費生活や企業の設備投資などの動向を的確に把握するために，家計調査，物価統計や設備投資計画調査，機械受注調査などから得られる統計に細心の注意を払っていなければならない。また，多くの経済統計を分析して作られる日本経済の計量経済モデルは，今日では政府の経済政策の決定に不可欠のものとなっている。現在わが国は世界に冠たる"統計大国"であり，政府部門における統計の整備と高度利用とにおいて，世界で一，二を争う国であるといってもよい。しかしながら，わが国がこのような"統計大国"になったのは第2次世界大戦後の比較的最近のことであり，それ以前は政府の政策決定も適切な統計の欠如に悩んでいたのである。

## *0.2* 統計とその働き

以上いくつかの例によって見てきたように，統計は私たち人間の個人的および社会的生活のいたるところで必要とされ，利用されている。ところで，それでは統計とは何か。ここでそれについてあらためて考えてみることにしよう。

まず第1に，ここであげたいくつかの例を振り返ってみても明らかなように，私たちが統計を扱うときには，常になんらかのものの集まり，つまり**集団**を考えているのである。たとえば，野球打者の打率の場合には，その打者が過去のある期間に入った打席全体の集まりについて考えているのであり，投手の勝敗数の場合には，彼が登板した試合全体の集まりについて考えているのである。また，4月のある日の平均気温という場合には，たとえば4月

の5日ならば，過去何十年かの間の4月5日の全体の集まりを，日本の人口統計の場合にはある時点における日本人全体の集まりを，家計調査の例では対象となる家計全体の集まりを，そして設備投資計画調査では調査対象となる企業全体の集まりを，それぞれ考えているのである。

　第2に，統計は，集団を構成しているものの**特定の性質**について，集団全体の特徴を数量的に表現するものである。打者の打率の場合には，個々の打席（四死球や犠打を除く）が安打かそうでないかという性質によって，また，投手の勝敗数の場合には，彼が登板した試合（彼の成績が勝敗に関係のないものは除く）が勝利か敗戦かという性質によって区別され，それぞれの数が計算されて，全体の中で占める安打数の割合あるいは勝利の数が1つの統計数字として求められる。

　4月上旬のある日の平均気温の場合には，4月のその日について，気温という数量的に測定される性質が考えられ，過去数十年間の4月のその日全体について，その平均という特徴が計算されるのである。人口統計の場合には，集団全体を構成するものの総数や，男女別・年齢別などの性質について見た集団の構成が数量的に表現される。家計調査や市場調査では，家計や消費者の集団において，収入・支出・職業などのいろいろな性質が，どのような数量的構成になっているかが調査される。また，設備投資計画調査では企業の計画設備投資額や投資目的のような数量的あるいは定性的な性質が調べられるのである。

　このように，統計は，ある特定の集団について，それを構成するものの特定の性質に注目して観察し，その集団全体の特徴を数量的に表現しようとするものであるということができる。

　そしてこのような統計は，いろいろな立場からさまざまな目的のために利用される。このことも，すでに述べたいくつかの例によって明らかである。たとえば，プロ野球の場合には，観客の立場から見れば，打率や投手成績などの統計は，試合を見る場合に，打者や投手のこれからの活躍をある程度予想することを可能にし，興味をいっそう深めるという役割を果たす。また，球団の経営者にとっては，この統計を，選手をスカウトしたり，その報酬を決定するための基礎資料として利用することができる。

　4月中の平均気温というような統計は，四季の変化による生活用品の整理

や準備，季節商品の仕入計画の時期の決定など，私たちの日常の生活設計や
ビジネスの計画を合理的にたてるための資料として役立てることができる。
企業が人口統計・家計調査統計を利用したり，市場調査を行なったり人や情
報通信技術にお金を使ったりするのは，いうまでもなく，製品の売行きの見
込みをたて，市場における行動を合理的に決定する資料とするためである。
政府がいろいろな統計を利用する目的も明らかである。それにより将来をで
きるだけ正確に予測し，合理的で適切な政策決定を行なうことが可能になる
のである。

## 0.3  いくつかの基礎的概念

　次章以下で統計分析の基礎的な考え方と方法とを詳しく学習するわけであ
るが，その前にいくつかの基礎的概念について大まかに理解しておくことが
有用であろう。そこで以下簡単な説明をしておこう。

### 0.3.1  統計データと統計分析

　統計学は，統計データの分析，すなわち統計分析の考え方と方法を扱うも
のである。それは統計データの背後にある事柄の規則性あるいは傾向を発見
しようとするものである。

　たとえばある高校の3年生のクラスの生徒100人について数学の試験を行
なったとする。その結果として点数を表わす100個の数値が得られる。こう
して得られた100個の数値はそのすべてが相等しいということはまずないで
あろう。いいかえると，点数は生徒間で違いがあり，変動的な数値である。
このように，観察の対象となるなんらかの個体の集合について得られた測定
値の集合が**統計データ**であり，それは観察の対象となる個体間で変動的な測
定値の集合である。

　しかしながら，このような統計データの変動にはなんらかの規則性がある
のではないかと考えられる。たとえば100人についての数学の試験の成績デ
ータは70点を中心にしてその上下に同じように散らばっているとか，ある
いは全体の7割の人の成績は60点と80点の間にあるというようなことであ
る。このように簡単な分析も一種の規則性の発見であり，立派な統計分析で

ある。

　さらにまた，同じ100人の生徒について同じときに行なわれた英語の試験の成績があるとしよう。その成績データと数学の成績データとを組み合わせてみることによって，数学の成績の良い生徒は概して英語の成績も良いということがわかったとすれば，それも1つの規則性の発見である。あるいは，数学の成績の方が英語の成績よりも生徒間で差が大きいということがわかったとすれば，それもまた別の規則性の発見である。**統計分析**は，このように統計データに含まれる変動の規則性の発見のための分析であるといえる。

### 0.3.2 統計的記述と統計的推論

　100人の生徒の数学の試験の成績である100個のデータは，それらの生徒の数学の学力の1つの反映である。そして私たちの真の関心は，それら100人の生徒の数学の学力にあるのであって，その1回の試験の成績そのものにあるのではない。したがって100個の成績データについて分析することのねらいは，100人の生徒の学力について個人間の変動の規則性を発見することにあるのである。

　しかし真の学力はある特定の1回の試験の結果に完全に反映するとは期待できない。真の学力は数多くの試験を繰り返してはじめて知りうるものであろう。しかし実際上私たちは1回（あるいは少数回）の試験の結果から学力を判定しているのがふつうである。このように，本来数多くの（理論上は無限回）回数の観察によってはじめて知りうるものである事柄を，1回あるいは少数回の観察にもとづいて推測することを**統計的推論**という。これに対して，ある1回の試験の結果それ自体だけについての分析，すなわちある特定の観察結果それ自体の分析を**統計的記述**という。いいかえると，統計的記述は所与の統計データそれ自体の範囲内での規則性の分析であり，統計的推論はその統計データの背後にあってそのデータを生み出したもののもつ規則性の分析である。

### 0.3.3 母集団と標本

　上述の試験の例についていえば，100人の生徒の数学の真の学力を表わす数値の集合が私たちの真の関心の対象であるといえるかもしれないが，場合

によっては，真の関心は試験をした100人の高校3年生の真の学力でさえなく，より広く高校3年生一般の学力であるかもしれない。このように，観察された統計データから私たちが知りたいと考えるより大きな集団のことを一般に**母集団**（英語では population）という。ある特定の1回の試験の成績データは，そのような母集団についての1回の観察結果にほかならない。そこでそれを**標本**あるいは**サンプル**という。したがって統計的推論とは標本にもとづいて母集団の性質を推測することであるといえる。

　ところで，ある特定の1回の試験の成績から生徒の学力を判定すること，すなわち標本にもとづいて母集団の性質を推測することの正当性は，どのように保証されるのであろうか。明らかにその推測には誤りがありうるという意味で，それは完全な正当性を主張することはできない。生徒によっては，たまたまその試験で真の実力を発揮できなかったり，あるいは運よく実力以上の成績をおさめたりする者もいる。

　このようなことは，標本が母集団を常に完全に代表することはありえないということから，統計的推論において避けることのできないことである。いいかえると，統計的推論には**誤差**はつきものである。しかしながら，統計学はできるだけよく母集団を代表する標本，すなわち**代表的標本**をどのようにして得ることができ，またそれをどのように用いることができるかを私たちに教えてくれる。また，標本から母集団への統計的推論には，どのような，そしてどれだけの誤差が伴うかも教えてくれる。このような母集団と標本との関係は統計的推論の中心的な問題なのである。

　標本が代表的なものでなければならないということは自明なことであろうが，上述の試験の例を次のように考えることによってもいっそう明らかになるであろう。いま，私たちの関心が単にその100人の生徒の数学の学力ではなく，高校3年生の数学の学力にあるとしよう。このとき，その100人の生徒についての1回の数学の試験の成績データは，はたして代表的標本でありうるだろうか。明らかにそこにはいろいろな問題がある。たとえば，地域差や学校差を考慮して，その100人の生徒の属する高校が全国の高校の平均的，代表的なものと考えてよいかどうかということがある。また，その高校での3年生の生徒間の学力の差異が全国の高校3年生の間での学力の差異に見合っているかは，多くの場合はなはだ疑問であろう。

　ともあれ，標本が代表的標本でなければ統計的推論は有効ではありえない。そして標本の代表性を保証するものは，それが母集団を公平に代表するということであり，そのためには母集団と標本との間に，なんらかのはっきりとした**確率的関係**がなければならない。たとえば上述の例では，真に代表的標本は，全国の高校3年生から公平なくじで選ばれた生徒について行なわれた試験のデータでなければならないであろう。このような母集団と標本との間を結びつけるものは確率的関係であり，したがって**確率論**が統計的推論の基礎にあるということができるのである。

### *0.3.4* 推定と検定——統計的推論の2つのタイプ

　統計的推論には2つの基本的なタイプがある。すなわち**推定**と**検定**である。

　現在の高校3年生の数学の学力は平均的にどれくらいであろうか。有権者の中で現在の内閣を支持している人の割合はどれくらいであろうか。今年の大学新卒業生の平均給与はいくらぐらいであろうか。このような問題に対して標本から答を求めるのが推定である。一般に，標本にもとづいて母集団の性質はこれこれであるというように推論することを**統計的推定**という。

　これに対して次のようなことが問題になることがある。現在の高校3年生の数学の学力は5年前の高校3年生と比較して向上しているといえるだろうか。現在の内閣の支持率は40％をこえているといえるだろうか。今年の大学新卒業生の平均給与（月）は20万円になっているといえるだろうか。このような問題に対して，標本について調査した結果からイエスまたはノーの答を与えるのが検定である。一般的には，母集団の性質について仮定したある事柄（これを**仮説**という）が正しいかどうかを，標本について調べた結果から判定することを**統計的検定**という。

　前にも述べたように，以上のような推定および検定のいずれにも誤りがつきものである。たとえば大学新卒業生の平均初任給の例についていえば，たまたま調査対象として選ばれた人の中に初任給の高い人が多かったとすれば，平均初任給は実際より高めに推定されてしまうであろうし，また実際には平均初任給は20万円に達していないのにもかかわらず20万円に達していると判断されてしまうということがおこるであろう。しかしながら，確率論にもとづく統計理論によって，このような推論の誤りがどのような可能性（確率）

をもって生じるかを知ることができる。そしてそのような誤りがありうる推論にもとづいて私たちが行なうさまざまな意思決定においてその誤りは認識されるべき基本的に重要な事柄である。いいかえると，統計学はそのような誤りからもたらされるリスク（危険）に向き合うための学問であるということにもなるのである。

## 【練習問題】

1) 最近の3日間の新聞を調べ，統計が用いられている例を列挙してみよ。

2) 「この統計がもしなかったならば，このように不便である」という例を思いつくままにあげてみよ。

3) 日常無意識に行なっている判断が実は統計的判断であるという例を考えてみよ。

4) あるスーパーマーケットで，毎日の売上データをある1ヵ月間にわたって調べたところ，週末の2日間（金，土）の売上げは平日よりも30%ほど多いことがわかった。この規則性の発見の意味について，本文中の試験の成績データの場合の例にならって考えよ。

5) 日頃規則的に夜7時頃帰宅する人が，8時を過ぎても帰らないようなことがあると，家の人はたいそう心配する。しかし平常帰宅がきわめて不規則な人だと，深夜12時を過ぎてまだ帰らなくとも，家の人はあまり心配しない。これは統計学的には統計的検定の問題なのである。そのわけを考えてみよ。

【本章末の練習問題の解答は 318 ページを見よ】

# 第1章　平均値と分散

　本章では，統計学の出発点として平均値と分散についての基本的知識について学習する。

## 1.1　平均値 ── 代表値

### 1.1.1　代表値としての平均値

　表 1.1 はある年の全国高校野球大会に出場した某高校登録選手 16 人の身長を示したものである。このチームは同年春の選抜にも優勝し，結局春夏優勝を果たしたチームで，超高校級の実力をもつと前評判が高い "大型チーム" であった。またその中には後に巨額の契約金で米国の大リーグ入りして活躍した M 投手もいた。誰でもこの 16 個の数字を見ればすぐに，1 人だけ 160 cm 台の選手がいるが，他の選手はいずれも 170 cm をこえ，さらに 180 cm 台の選手が 5 人もいることを読み取ることができる。しかしちょっと計算の労をとることをいとわなければ，これら 16 人の選手の平均身長は約 177 cm であることを知ることができる。

表 1.1　野球選手 16 人の身長

| 番号 | 1 | 2 | 3 | 4 | 5 | 6 | 7 | 8 | 9 | 10 | 11 | 12 | 13 | 14 | 15 | 16 |
|---|---|---|---|---|---|---|---|---|---|---|---|---|---|---|---|---|
| 身長<br>(cm) | 179 | 181 | 176 | 165 | 173 | 173 | 178 | 178 | 183 | 174 | 180 | 182 | 179 | 171 | 182 | 179 |

　それは

$$\frac{1}{16}(179+181+176+165+173+173+178+178+183+174$$

$$+180+182+179+171+182+179) = \frac{2,833}{16} \fallingdotseq 177.06$$

と計算される。そしてこの数値が大きいことから，私たちはこのチームが"大型チーム"であることを納得することができるであろう。

　また学校のクラスでテストが行なわれたとき，クラスの平均点が計算されるのがふつうである。私たちはその平均点の高さから，テストの成績が全体として良かったのか悪かったのかを判断する。

　以上のように，平均身長とか平均点は，ある一群の数字（データ）をただ1つの数字で代表させて全体的な性質を判断するために用いられるものであり，したがってそれは**代表値**とも呼ばれる。いいかえると，**平均値は代表値である**。

### *1.1.2* 平均値にはいろいろある

　いま全体で$n$個のデータ$x$があるとし，それらのデータに番号をつけて，

$$x_1, x_2, x_3, \cdots, x_n \tag{1.1}$$

と書き表わそう。あるいは$i$番目のデータを$x_i$と書いて

$$x_i; \quad i = 1, 2, 3, \cdots, n \tag{1.2}$$

と書くこともできる。私たちがこれらのデータの平均というとき，通常それはデータの合計をデータの個数で割った，

$$\bar{x} = \frac{x_1+x_2+x_3+\cdots+x_n}{n} = \frac{1}{n}\sum_{i=1}^{n} x_i \tag{1.3}$$

を指している。ここで$\bar{x}$はバー$x$あるいは$x$バーと読む。ここで$\sum$は足し算和（合計，sum）を表わす記号であり，英文字の大文字のSにあたるギリシャ文字で，シグマと読む。この式（1.3）により計算される平均値はより正確には**算術平均**（arithmetic mean）と呼ばれる。平均身長や平均点など，日常私たちが平均という言葉を用いるとき，それはこの算術平均を意味している。

　しかしながら，**算術平均だけが平均値ではない**。いいかえると，代表値には式（1.3）によるもの以外にもあるのである。

　表1.2は，1960年から1973年までのわが国経済の高度成長期と呼ばれた期間における国民総生産（GNP）の値と，その毎年の成長率（対前年比の上昇率）を示したものである。

表 1.2 GNP とその成長率

| 年 | 国民総生産 （億円） | 対前年比 （%） |
|---|---|---|
| 1960 | 154,992 | 119.9 |
| 1961 | 191,255 | 123.4 |
| 1962 | 211,992 | 110.8 |
| 1963 | 244,640 | 115.4 |
| 1964 | 289,317 | 118.3 |
| 1965 | 319,564 | 110.5 |
| 1966 | 368,222 | 115.2 |
| 1967 | 435,657 | 118.3 |
| 1968 | 515,935 | 118.4 |
| 1969 | 596,894 | 115.7 |
| 1970 | 707,309 | 118.5 |
| 1971 | 792,536 | 112.0 |
| 1972 | 903,202 | 114.0 |
| 1973 | 1,110,330 | 122.9 |

（資料） 総理府統計局「日本統計月報」1975 年 5 月。

$$m_G = \sqrt[14]{1.199 \times 1.234 \times 1.108 \times 1.154 \times 1.183 \times 1.105 \times 1.152 \times 1.183 \times 1.184 \times 1.157 \times 1.185 \times 1.120 \times 1.140 \times 1.229}$$
$$= \sqrt[14]{8.58504} \doteqdot 1.166。 よって平均成長率 g は m_G - 1 = 1.166 - 1 = 0.166。$$
$$\therefore 16.6\%$$

　この表 1.2 から，現在ではもはやほとんど考えられないことであるが，この期間，成長率は毎年 10% をこえており，なかには 20% をこえるような高い成長率を示した年もあることがわかる。ここで，この高度成長期を全体として 1 つの数値でつかむために，この 14 年間における平均成長率を求めようとすれば，算術平均は適当ではない。いま第 $i$ 年の成長率を $g_i$ とし，初期年における GNP の値を $Y_0$ とすれば，$n$ 年後の GNP の値 $Y_n$ は

$$Y_n = Y_0(1+g_1)(1+g_2)(1+g_3)\cdots(1+g_n) \tag{1.4}$$

となる。また，この期間に毎年一定の成長率で成長したとし，その率を $g$ とすれば，

$$Y_n = Y_0(1+g)^n \tag{1.5}$$

である。この $g$ が平均成長率であると考えられる。したがって $g$ は，式（1.4）と式（1.5）を等しくおいて，

$$Y_0(1+g_1)(1+g_2)\cdots(1+g_n) = Y_0(1+g)^n \tag{1.6}$$

から

$$g = \sqrt[n]{(1+g_1)(1+g_2)\cdots(1+g_n)} - 1 \tag{1.7}$$

と求められる。いま第 $i$ 年の対前年比すなわち $1+g_i$ を $x_i$ と書き，$1+g$ を

$m_G$ と書けば，式（1.4）および式（1.5）はそれぞれ

$$Y_n = Y_0 x_1 x_2 x_3 \cdots x_n \tag{1.8}$$

$$Y_n = Y_0 m_G{}^n \tag{1.9}$$

となるから，これら2つの式を等しくおいて

$$m_G = \sqrt[n]{x_1 x_2 \cdots x_n} = \left( \prod_{i=1}^{n} x_i \right)^{\frac{1}{n}} \tag{1.10}$$

が得られる。これは，算術平均のようにデータの和（合計）をデータ数 $n$ で割るのではなく，**データの積を $n$ 乗根に開く**という形で求められている。ここで $\prod$ は掛け算積（product）を表わす記号であり，英文字の大文字の $P$ にあたるギリシャ文字で，パイと読む。式（1.10）のようにして求められる平均値 $m_G$ は**幾何平均**（geometric mean）と呼ばれる。このような幾何平均は，一般にデータが比率である場合に適当な平均値と考えられる。表1.2のGNPのデータについて，この期間の平均成長率を計算してみると，表1.2の下に示したように，16.6％（対前年比の幾何平均で1.166）となる。

さて，今度は次のような問題を考えてみよう。ある区間を往復するのに，往きは時速 $a$ km で走り，帰りは時速 $b$ km で走るとすれば，平均時速は何 km になるであろうか。答は算術平均 $(a+b)/2$ km ではない。その区間の長さを $l$ km とすれば，所要時間は $(l/a)+(l/b)$ 時間であり，したがって平均時速は，往復 $2l$ km をその所要時間で割り，

$$\frac{2l}{\dfrac{l}{a}+\dfrac{l}{b}} = \frac{1}{\dfrac{1}{2}\left(\dfrac{1}{a}+\dfrac{1}{b}\right)} (\text{km}) \tag{1.11}$$

である。これは $a$ と $b$ の**逆数の算術平均の逆数**のかたちをしている。たとえば，往きは時速20 km，帰りは時速60 km で走ったとすれば，平均時速は算術平均 $(20+60)/2 = 40(\text{km})$ ではなく，逆数の平均 $(1/20+1/60)/2 = 1/30$ の逆数 $30(\text{km})$ である。一般に $n$ 個のデータ $x_1, x_2, \cdots, x_n$ について，

$$m_H = \frac{1}{\dfrac{1}{n}\left(\dfrac{1}{x_1}+\dfrac{1}{x_2}+\cdots+\dfrac{1}{x_n}\right)} = \frac{1}{\dfrac{1}{n}\displaystyle\sum_{i=1}^{n}\left(\dfrac{1}{x_i}\right)} \tag{1.12}$$

で求められるものを**調和平均**（harmonic mean）という。このように一見奇妙なかたちの平均値が適当であることもあるのである。

　私たちはしばしば，データに正負両方のものがある場合に，その絶対値の平均，いいかえると**大きさの平均**に関心をもつことがある。たとえば誤差のデータのような場合である。誤差にはプラス（正）のものとマイナス（負）のものがあるが，私たちは正負に関係なく絶対的な大きさだけを問題にすることが多い。このようなとき，**絶対平均**（mean absolute value），すなわち**絶対値の算術平均**，

$$m_A = \frac{1}{n} \sum_{i=1}^{n} |x_i| \qquad (1.13)$$

を用いることができる。しかし絶対値の演算は $a$ の絶対値 $|a|$ は，$a$ が正のときは $a$，$a$ が負のときは $-a$，と分けて扱う必要がある，というように不便なことが多いという理由もあって，絶対値の代わりに 2 乗によって正負の符号の差をなくすという考え方から，データの 2 乗の値の算術平均を求め，その平方根をとってもとの 1 次の次元に戻したものを用いることが多い。これを **RMS**（root mean square，**平方平均の平方根**）といい，大きさの平均を測るものとして最もよく使われる重要なものである。RMS を $m_{RS}$ と書けば，

$$m_{RS} = \sqrt{\frac{1}{n} \sum_{i=1}^{n} x_i{}^2} \qquad (1.14)$$

である。後に出てくる式（1.29）（24 ページ）の標準偏差は RMS の一種であることはよく記憶しておくべきことである。

　以上のようにデータからさまざまな計算によって求められる平均値のほかに，データの中からある特定のものを代表値として選んで決められる平均値がある。**中位数**あるいは**メディアン**（median）と呼ばれるものがその 1 つであり，これはデータを大きさの順に並べたときちょうど中央に位置するデータの値である。データの数 $n$ が奇数のときは $(n+1)/2$ 番目のデータの値であり，$n$ が偶数のときには中央は $n/2$ 番目と $(n/2)+1$ 番目のデータの中間になるので，便宜的にそれら 2 つの算術平均とするのがふつうである。

　ある特定の値のところに最も数多くのデータが集中しているとき，その値を代表値として選ぶことがある。これを**最頻値**あるいは**モード**（mode）という。流行のことをモードというのはこれに関係がある。これは次章で述べる度数分布で山が一番高いところのデータの値である。

　以上いくつかの例で見たように，平均値はある一群のデータの代表値であ

るが，**平均値には常識的な算術平均以外にいろいろなものがある**ことを心に留めておかなければならない。しかしなんといっても**最もよく用いられ，そして最も重要な平均値は算術平均である**。したがって，ただ平均値という場合には算術平均のことをいう。以下，本書でも平均としてはほとんど算術平均だけを扱う。そこで次に算術平均について詳しく説明しよう。

## *1.2*　算術平均 ── 最も代表的な平均値

算術平均はふつう $\bar{x}$ と書かれ，それは

$$\bar{x} = \frac{1}{n}(x_1 + x_2 + x_3 + \cdots + x_n) = \frac{1}{n}\sum_{i=1}^{n} x_i \tag{1.15}$$

で定義される。算術平均をいろいろと扱っていくうえで，その性質を理解しておくことが大切である。

**算術平均の重要な性質**として次の3つをあげることができる。

---

⑴　データの1次式の算術平均は算術平均についての同じ1次式である。

⑵　算術平均からの偏差の和は常に0である。

⑶　算術平均からの偏差の平方和は他のいかなる一定値からの偏差の平方和よりも小である。

---

以下これらの各々について説明する。

⑴　**データの1次式の算術平均は算術平均についての同じ1次式である。**

いま，もとのデータ $x_i$ $(i=1, 2, \cdots, n)$ に対して，$a, b$ を定数として1次式

$$y_i = ax_i + b \qquad i = 1, 2, \cdots, n \tag{1.16}$$

により $x_i$ を $y_i$ に変換（**これを1次変換という**）する。このとき変換されたデータ $y_i$ の算術平均 $\bar{y}$ は，

$$\bar{y} = a\bar{x} + b \tag{1.17}$$

となる。すなわち，個々のデータ $x_i$ と $y_i$ の間の1次関係式 (1.16) が両者の算術平均 $\bar{x}$ と $\bar{y}$ の間にもそのまま成立するのである。このことを，算術平均は1次変換を保持するともいう。式 (1.17) は次のように証明できる。

$$\bar{y} = \frac{1}{n}\sum_{i=1}^{n} y_i = \frac{1}{n}\sum_{i=1}^{n}(ax_i + b) = \frac{a}{n}\sum_{i=1}^{n} x_i + \frac{1}{n}\sum_{i=1}^{n} b = a\bar{x} + b$$

以上の性質は次のような例で考えればわかりやすいであろう。

**【例1.1】** 試験の点数 $x_i$ を全員一律に1割増したうえで10点加えたとすれば，新しい点数 $y_i$ は $y_i = 1.1x_i + 10$ であり，新しい点の平均は $\bar{y} = 1.1\bar{x} + 10$ である。すなわち $y$ の平均も $x$ の平均を1割増しして10を加えたものになる。

算術平均のこの性質は，理論的な計算において重要な役割を果たすが，実際の数値での計算においてもよく利用される。たとえば，表1.1の16人の選手の平均身長を求めようとするとき，もとの数字 $x$ から直接計算する代わりに，各数字から177を引いた $y$ を使うことにすれば，

| $x$ | 179 | 181 | 176 | 165 | 173 | 173 | 178 | 178 | 183 | 174 | 180 | 182 | 179 | 171 | 182 | 179 |
|---|---|---|---|---|---|---|---|---|---|---|---|---|---|---|---|---|
| $y$ | 2 | 4 | $-1$ | $-12$ | $-4$ | $-4$ | 1 | 1 | 6 | $-3$ | 3 | 5 | 2 | $-6$ | 5 | 2 |

となり，

$$\bar{y} = \frac{1}{16}(2+4-1-12-4-4+1+1+6-3+3+5+2-6+5+2)$$

$$= \frac{1}{16} \doteqdot 0.06$$

ここでは $y_i = x_i - 177$ という1次変換がなされているのであるから，算術平均の間にも同じ1次式が成り立ち，$\bar{y} = \bar{x} - 177$ 。したがって，

$$\bar{x} = \bar{y} + 177 = 0.06 + 177 = 177.06$$

となる。このように式（1.17）を使えば計算が簡単になる。

(2) **算術平均からの偏差の和は常に0である。**

これもよく記憶しておくべき重要な性質であり，

$$\sum_{i=1}^{n}(x_i - \bar{x}) \equiv 0 \tag{1.18}$$

ということである（ここで $\equiv$ は「常に等しい」ということを表わす記号）。ここで個々のデータ $x_i$ が平均値 $\bar{x}$ からどれだけ離れているか，すなわち $x_i - \bar{x}$ を**偏差**（deviation）という。偏差は $x_i$ が $\bar{x}$ より大きければプラス，小さければマイナスであり，式（1.18）はデータ全体では偏差はプラスとマイナスとが消し合って必ず0になることを表わしている。その意味で算術平均 $\bar{x}$ は全体のデータの中央に位置しているといえるわけである。これは力学的には算術平均が全データの重心にあることを表わしている。式（1.18）の証明も簡単である。

$$\sum_{i=1}^{n} (x_i - \overline{x}) = \sum_{i=1}^{n} x_i - \sum_{i=1}^{n} \overline{x} = n\overline{x} - n\overline{x} = 0$$

〔問 1.1〕　表 1.1 のデータについて式（1.18）の成り立つことを確かめてみよ。

(3)　算術平均からの偏差の平方和は他のいかなる一定値からの偏差の平方和よりも小である。

いま，$a$ をある定数とするとき，$a$ がいかなる値であっても，

$$\sum_{i=1}^{n} (x_i - \overline{x})^2 \leq \sum_{i=1}^{n} (x_i - a)^2 \tag{1.19}$$

が成り立つというのがこの性質である。これも式（1.18）とならんで後にもよく出てくる重要な性質であるが，(1.18) ほどは一般には理解されていない。これは次のように証明される[注]。

$$\sum_{i} (x_i - a)^2 = \sum_{i} (x_i - \overline{x} + \overline{x} - a)^2$$

$$= \sum_{i} (x_i - \overline{x})^2 + \sum_{i} (\overline{x} - a)^2 + \sum_{i} 2(x_i - \overline{x})(\overline{x} - a)$$

$$= \sum_{i} (x_i - \overline{x})^2 + n(\overline{x} - a)^2 + 2(\overline{x} - a)\sum_{i} (x_i - \overline{x})$$

（$\overline{x}$ の第 2 の性質より上式の第 3 項は 0）

$$= \sum_{i} (x_i - \overline{x})^2 + n(\overline{x} - a)^2$$

$$\geq \sum_{i} (x_i - \overline{x})^2 \qquad (n(\overline{x} - a)^2 \geq 0 \text{ より})$$

式（1.19）で等号が成り立つのは $a = \overline{x}$ のときだけである。

▶　この性質は，「算術平均は偏差の平方和を最小にするような値である」といいかえることもできる。いま $a$ を変数と考え，$a$ の関数

$$S(a) = \sum_{i} (x_i - a)^2 \tag{1.20}$$

を考えて，この $S(a)$ を最小にするような $a$ の値を求めてみると，最小化の必要条件は，$S(a)$ を $a$ で微分したものを 0 として求められる。

---

（注）　以下誤まるおそれのないときは，$\sum_{i=1}^{n}$ のことを略して $\sum_{i}$ あるいは単に $\sum$ と書く。

$$\frac{dS(a)}{da} = -2\sum_i (x_i - a) = 0 \qquad (1.21)$$

これを $a$ について解けば $a = \bar{x}$ が得られる。これは上記の証明とは別の仕方の証明である。これは後に第3章の「回帰」で学習する最小2乗法の一例である。

〔問 1.2〕 表 1.1 のデータについて，$a = 175$ として式（1.19）の成り立つことを確かめよ。

## 1.3 加重平均

表 1.3 は ある大学の学生食堂における3種類の定食の価格と1日平均販売量である。

**表 1.3** 定食の価格と1日平均販売量

|  | 価　格(円) | 販売量(食) |
|---|---|---|
| A　定　食 | 500 | 400 |
| B　定　食 | 750 | 250 |
| C　定　食 | 1000 | 100 |
| 計 | — | 750 |

これら3種類の定食の平均価格を考えようとするとき，単なる算術平均

$$\frac{500 + 750 + 1000}{3} \doteqdot 750（円） \qquad (1.22)$$

は適当ではない。3種類の定食の販売量が異なるからである。もっと意味のあるのは，全体で販売量は 750 食であり，その1食当りの平均を求めることである。それは

$$\frac{400（食）\times 500（円）+ 250（食）\times 750（円）+ 100（食）\times 1000（円）}{750（食）}$$

$$= 650（円/食） \qquad (1.23)$$

である。これは式（1.22）の平均 750 円よりもかなり低い値になっているが，それは比較的安い定食の方が多く売れているからである。すなわち販売量の多さを反映している式（1.23）の平均値の方が，それを反映していない式（1.22）よりも低い値になるのである。

式 (1.15) あるいは式 (1.22) のような算術平均は分子がデータの単純な合計なので**単純算術平均**（simple arithmetic mean）と呼ばれ，これに対して式 (1.23) のような算術平均を**加重算術平均**（weighted arithmetic mean）という。式 (1.23) では販売量の多いものの価格にはそれに比例して大きなウェイト（重み）がかかって平均されるからである。

一般的に，データ $x_i$ $(i=1,2,\cdots,n)$ に対して与えられるウェイトを $w_i$ $(i=1,2,\cdots,n)$ とすれば，加重算術平均 $\bar{x}_w$ は

$$\bar{x}_w = \frac{\sum_i w_i x_i}{\sum_i w_i} \tag{1.24}$$

で計算される。上の例ではウェイト $w$ として販売量を用いて価格を平均したものが式 (1.23) である。なお，ウェイトはその合計 $\sum w_i$ が 1 になるように決められるのがふつうであり，そのときには式 (1.24) は，

$$\bar{x}_w = \sum_i w_i x_i \tag{1.25}$$

と書ける。上の例ではこの $w_i$ は各定食の販売量割合になる。

▶　加重平均を用いることの必要性は次のような例によっても明らかであろう。上の例において，学生食堂側で値上げをした結果，A 定食 550 円，B 定食 850 円，C 定食 1200 円になったとする。このとき単純平均では $(550+850+1200)/3 \fallingdotseq 867$（円）になり，これは値上げ前の 750 円に比べて 15.6% の値上げとなる。しかし値上げ後の加重平均（表 1.3 の販売量を変わらないものとしてウェイトとする）は，$(400\times550+250\times850+100\times1200)/750 \fallingdotseq 737$（円）であり，これは 676 円に比べて 13.4% の値上げである。加重平均値による方が値上率が低く出るのは，販売量の多い値段の安い定食の方が値上率が低いためである。

〔問 1.3〕　上の例で，値上げ後 A 定食 600 円，B 定食 900 円，C 定食 1500 円であるときの値上率について，同様の比較をしてみよ。

〔問 1.4〕　値上げ後の平均価格に上のようなウェイトを用いてよいかどうかについて考えてみよ。

〔問 1.5〕　A 社の 1 人当り平均給与は月 285,000 円であり，B 社は 332,500 円である。B 社の方が A 社より給与が良いといってよいか。

## *1.4* 分散度 —— 散らばりの尺度

　*1.1* 節で説明したように，ある一群のデータを1つの数値で代表させるものが平均値であるが，表1.4および表1.5の2組のデータを比較してみよう。

### 表1.4　数学の試験の成績

| | | | | | | | | | |
|---|---|---|---|---|---|---|---|---|---|
| 9 | 73 | 53 | 99 | 54 | 78 | 68 | 79 | 63 | 81 |
| 62 | 67 | 67 | 51 | 36 | 57 | 44 | 100 | 82 | 43 |
| 31 | 52 | 73 | 39 | 64 | 47 | 70 | 33 | 75 | 45 |
| 39 | 80 | 58 | 28 | 58 | 66 | 54 | 69 | 25 | 69 |
| 68 | 41 | 47 | 20 | 43 | 77 | 39 | 81 | 48 | 29 |

$\sum x_i = 2{,}834$　　　　$\bar{x} \fallingdotseq 56.7$

### 表1.5　国語の試験の成績

| | | | | | | | | | |
|---|---|---|---|---|---|---|---|---|---|
| 54 | 47 | 49 | 55 | 57 | 62 | 68 | 52 | 57 | 58 |
| 49 | 71 | 43 | 55 | 65 | 62 | 42 | 45 | 61 | 58 |
| 63 | 55 | 54 | 56 | 60 | 65 | 58 | 47 | 71 | 79 |
| 68 | 50 | 73 | 64 | 61 | 47 | 55 | 61 | 49 | 54 |
| 52 | 48 | 57 | 76 | 57 | 67 | 57 | 58 | 65 | 63 |

$\sum x_i = 2{,}900$　　　　$\bar{x} = 58$

　これらはある50人のクラスの数学と国語の試験の成績である。平均点（算術平均）を計算してみると，数学は56.7点，国語は58点で，差は1.3点であるから，ほとんど差はない。しかし，ちょっと注意してみればすぐわかるように，表1.4の数学の試験では人により点数に大きな差があるが，表1.5の国語の試験では50人の点数がかなり似通っており，人によってあまり大きな差が見られない。これら2つの科目の平均点はほぼ同じであるから，2つの試験のデータの間には平均値では区別できない相違があるということになる。すなわち，国語よりも数学の方が人による点数の差が大きいのである。このような人による点数の差の程度を全体的に考えたものを点数の**分散度**，**散らばり**（dispersion）あるいは**ばらつき**という。

## *1.5* 範囲と四分位偏差

　では，このような分散度の相違は，どんな尺度によって表わすことができ

るであろうか。まず考えられるのが最高点と最低点の差である。表1.4の数学の試験では最高点は100点，最低点は9点であるから，両者の差は91点であり，これに対して表1.5の国語の試験では，最高点は79点，最低点は42点であるから，両者の差は37点である。したがって，数学の試験の方が最高，最低の差が大きく，人による点数の差が大であると判断されるのである。

このような最高，最低の差を**範囲**（range）といい，$R$ で表わす。いまデータの最大値を $x_{max}$，最小値を $x_{min}$ と書けば，

$$R = x_{max} - x_{min} \tag{1.26}$$

である。

範囲という言葉は常識的な用語と変わらないから，きわめてわかりやすい概念であり，また簡単に計算できる尺度である。しかし，この尺度は最大，最小の2つのデータだけから計算され，両者の中間のデータはまったく計算に入れられない。したがって，たとえば下の例1.2のように，平均点は同じで，最高点と最低点も同じ100点と0点であっても，その中間に高低いろいろな点数の人がいる場合（Aクラス）と，最高と最低の2人以外の中間の人はほとんどが50点から60点くらいである場合（Bクラス）とでは，分散の様子が大きく異なっているにもかかわらず，範囲は同じ値になる。

【例1.2】　次の2組の点数のデータの間で範囲は同じである。

| Aクラス | 100 | 98 | 85 | 85 | 75 | 70 | 62 | 50 | 30 | 20 | 15 | 0 |
|---|---|---|---|---|---|---|---|---|---|---|---|---|
| Bクラス | 100 | 72 | 65 | 62 | 60 | 60 | 58 | 58 | 57 | 53 | 45 | 0 |

上記Bクラスの場合のように，範囲は，最大値や最小値が中間のデータととび離れた値をとる場合には，分散度の測度としては必ずしも適切なものではなくなる。そこで範囲と同様な考え方をとるものではあるが，そのような極端なデータの影響を受けない測度（尺度）として**四分位数**（quartile）を利用した**四分位偏差**（quartile deviation）がある。四分位数とは，全体のデータを小さい方から大きい方へ順番に並べたとき，データ数を4等分する位置の値のことであり，したがって3つの値がある。これらを $Q_1$，$Q_2$，$Q_3$ と表わし，第1四分位数，第2四分位数[注]，第3四分位数という。四分位偏差を $QD$ と

---

（注）　第2四分位数 $Q_2$ は全体のデータを $\frac{1}{2}$ ずつに分ける点の値であるから，平均値の1つとして前述した**中位数**（15ページ）に等しい。

書けば,

$$QD = \frac{Q_3 - Q_1}{2} \qquad (1.27)$$

で定義される。

　上の例では, A, B両クラスともデータ数は12であるから, 四分位数はデータを大きさの順に3つずつに分ける位置の値である。たとえばAクラスの場合, 第1四分位数$Q_1$は低い方から3番目（20点）と4番目（30点）の間の値と考えられるから, 便宜上両者の算術平均をとって$(20+30)/2=25$（点）となる。同様にして$Q_3=(85+85)/2=85$である。Bクラスの場合には, $Q_1=(53+57)/2=55$, $Q_3=(62+65)/2=63.5$である。したがって, 四分位偏差$QD$は, Aクラスでは$(85-25)/2=30$, Bクラスでは$(63.5-55)/2=4.25$となり, Aクラスの方が点数の分散度はずっと大きいと判断される。

## *1.6* 平均絶対偏差

　上述のように, 範囲には分散度の測度として明らかに短所があり, そして四分位偏差はある程度その短所を補うものであるが, しかし両者はともに, 全部のデータがその計算に用いられてはいないという欠陥をもっている。そこで次に考えられるのが**平均絶対偏差**（mean absolute deviation, 単に平均偏差と呼ばれることもある）である。

　いま試験の成績の例で考えてみると, すべての人の点数にあまり大きな差がないとすれば（表1.5のような場合）, 各人の点数はみな平均点に近いものとなるであろう。これに対して人によって点数に大きな差があるようなときには（表1.4のような場合）, 平均点から大きく離れた点数の人もいるわけである。そこで各人の点数の平均点からの離れ（これを**偏差**〔deviation〕という）を考え, その平均的な大きさによって点数の分散度を測定することができる。偏差には正あるいは負のものがあるが, 分散度を考えるときの私たちの関心は**偏差の大きさ**にあり, **その方向**（正負）ではない。そこで偏差の大きさだけを考えるためにその絶対値をとり, その算術平均をもって分散度の測度と考えることができるのであり, これが平均絶対偏差である。

　平均絶対偏差を$MD$と書けば,

$$MD = \frac{1}{n}(|x_1 - \overline{x}| + |x_2 - \overline{x}| + \cdots + |x_n - \overline{x}|)$$

$$= \frac{1}{n}\sum_{i=1}^{n}|x_i - \overline{x}| \tag{1.28}$$

で定義される。$MD$ は負になることはない絶対値を加えたものを正の数 $n$ で割ったものであるから，負になることはなく，また $MD=0$ となるのはすべてのデータが等しい（したがってすべての $x_i$ が平均値に等しく，偏差はすべて 0）場合のみである。そして $MD$ が大きくなるほど分散度が大である。

　以上のように，平均絶対偏差は分散度の測度としていちばんわかりやすいものである。しかし，絶対値を含む計算は数学的演算としては不便である（数の正負によって場合を分けて扱う必要がある）ということから，実際には，これはあまり多くは使われない。

## 1.7　標準偏差と分散 ── 最も重要な分散度

　分散度は，平均値からの偏差の平均的な大きさで測定することができるが，偏差の平均を計算する場合に，その正負を区別しないでもよいようにするのに絶対値を用いたものが平均絶対偏差であった。しかし絶対値を扱うのは数学的計算上あまり便利ではない。そこで，偏差の絶対値に代わるものとして，その2乗値を用いることによって，数学的演算の不便さを避けることを考えることができる。こうして考えられる測度が**標準偏差**（standard deviation）および**分散**（variance）である。

　標準偏差（これを $s$ で表わす）は，平均値からの偏差の2乗を算術平均し，それをもとのデータと同次元の量に戻すために平方に開いたものである。これは 15 ページで説明した RMS であり，

$$s = \sqrt{\frac{1}{n}\sum_{i=1}^{n}(x_i - \overline{x})^2} \tag{1.29}$$

で定義される。いいかえると，**標準偏差 $s$ は平均値からの偏差の RMS（平方平均の平方根）**であり，**偏差の大きさの平均**である。

　ところで，分散度の尺度としては，平方に開く前の2乗の次元のままで考えることにし，**偏差の平方平均 $s^2$** のままを用いることもできる。そしてま

た，いろいろな計算上その方が便利であることが多いので，$s^2$ には別に**分散**という名称が与えられている。すなわち

$$s^2 = \frac{1}{n} \sum_{i=1}^{n} (x_i - \overline{x})^2 \tag{1.30}$$

である。標準偏差 $s$ および分散 $s^2$ はともに負になることはなく，それらが 0 になるのはすべての $x_i$ が等しく，したがって平均値 $\overline{x}$ に等しいときのみである。そして分散度が大であるほど $s$ および $s^2$ は大きい。

標準偏差および分散は，分散度を表わすいろいろな尺度の中で最もよく用いられる代表的なものであり，平均値の場合の算術平均とならんで，統計理論上も最も重要なものである。そこで以下，本書でも標準偏差および分散がもっぱら用いられる。そこで次にその基本的な性質をまとめておこう。

## *1.8* 標準偏差（分散）の性質

標準偏差（分散）の重要な性質として，次の 3 つをあげることができる。

---

(1) データ $x_i\,(i=1,2,\cdots,n)$ を，1 次変換 $ax_i+b\,(a,b$ は定数$)$ によって $y_i$ に変換するとき，$s_y = |a|s_x,\ s_y{}^2 = a^2 s_x{}^2$ である。

(2) 分散は $s^2 = \dfrac{1}{n} \sum_{i=1}^{n} x_i{}^2 - \overline{x}^2$ によって計算することができる。

(3) 平均値に加えて標準偏差の値がわかれば，どのような範囲にどれくらいの割合のデータが含まれるかを概略知ることができる。

---

以下これら 3 つの性質について説明する。

### (1) データの 1 次変換と分散（標準偏差）

算術平均の場合と同じように，もとのデータ $x_i\,(i=1,2,\cdots,n)$ を，1 次式

$$y_i = ax_i + b \qquad a, b : 定数 \tag{1.31}$$

によって，$y_i\,(i=1,2,\cdots,n)$ に変換する。もとのデータ $x$ の標準偏差を $s_x$，変換されたデータ $y$ の標準偏差を $s_y$ とすれば，

$$s_y{}^2 = a^2 s_x{}^2 \tag{1.32}$$

$$s_y = |a|s_x \tag{1.33}$$

である。

この証明は簡単である。算術平均についての式（1.17）により $\overline{y}=a\overline{x}+b$

であるから，

$$s_y{}^2 = \frac{1}{n}\sum_{i=1}^{n}(y_i-\overline{y})^2 = \frac{1}{n}\sum_{i=1}^{n}[ax_i+b-(a\overline{x}+b)]^2$$

$$= \frac{1}{n}\sum_{i=1}^{n}a^2(x_i-\overline{x})^2 = a^2s_x{}^2$$

標準偏差はその定義上非負であるから，$a<0$ の場合も考慮して，$s_y=\sqrt{s_y{}^2}=|a|s_x$ である。

**【例 1.3】**　いま，ある月における日中最高気温を摂氏で測定した値の標準偏差 $s_C$ が 1.5℃ であったとすると，華氏で測定した値の標準偏差 $s_F$ はいくらになるであろうか。華氏の気温 $F$ と摂氏の気温 $C$ の間には

$$F = \frac{9}{5}C+32$$

という 1 次関係があるから，式 (1.33) から

$$s_F = \frac{9}{5}s_C = \frac{9}{5}\times 1.5 = 2.7(\text{℉})$$

となる。

　式 (1.32) および式 (1.33) からわかる 1 つの重要なことは，$b$ が無関係であること，したがって分散や標準偏差を計算するためには，すべてのデータからある一定値を引いたものについて計算してもよいということである。たとえば，表 1.1 の身長の分散を計算するには，すべての数字から 177 を引いたものについて計算しても同じである（次の【例 1.4】を見よ）。

(2)　**分散の計算式**

　分散の計算のためには分散の定義式 (1.30) ではなく，次の式を用いることが便利である。

$$s^2 = \frac{1}{n}\sum_{i=1}^{n}x_i{}^2-\overline{x}^2 \tag{1.34}$$

**分散は定義的には「平均値からの偏差の 2 乗の平均」であるが，計算上は「2 乗の平均値から平均値の 2 乗を引く」ことによって求められる**，ということが式 (1.34) の意味である。この式は統計学において，理論的な計算でも実際上の数値的計算においても最も利用される重要な式の 1 つとしてよく記憶しておくべきものである。式 (1.34) の証明は以下のとおり簡単である。

$$s^2 = \frac{1}{n}\sum_{i=1}^{n}(x_i-\overline{x})^2 = \frac{1}{n}\sum_{i=1}^{n}(x_i{}^2-2x_i\overline{x}+\overline{x}^2)$$

$$= \frac{1}{n}\sum_{i=1}^{n}x_i{}^2 - 2\overline{x}\,\frac{1}{n}\sum_{i=1}^{n}x_i + \frac{1}{n}\,n\overline{x}^2$$

$$= \frac{1}{n}\sum_{i=1}^{n}x_i{}^2 - 2\overline{x}^2 + \overline{x}^2$$

$$= \frac{1}{n}\sum_{i=1}^{n}x_i{}^2 - \overline{x}^2$$

分散の計算は，式（1.34）と前述（1）の性質とをあわせて用いると簡単になることが多い。

**【例 1.4】**　表 1.1 の 16 人の選手の身長の分散を求めてみよう。まず(1)の性質により，すべての数から一定数を引いても分散は変わらないから，表 1.1 の各数字から 177 を引くと，2, 4, −1, −12, −4, −4, 1, 1, 6, −3, 3, 5, 2, −6, 5, 2 が得られる。これらの数の平均値は 1/16 である（17 ページ参照）。したがって式（1.34）を用いて分散は，2 乗の平均値から平均値の 2 乗を引いて

$$s^2 = \frac{1}{16}[2^2 + 4^2 + (-1)^2 + (-12)^2 + \cdots + 2^2] - \left(\frac{1}{16}\right)^2 \fallingdotseq 21.6$$

となる。

**【例 1.5】**　$n$ 個の自然数 1, 2, 3, $\cdots$, $n$ の分散を求めてみよう。式（1.34）を用いる。そのためにまず平均値 $\overline{x}$ を求めてみると，

$$\overline{x} = \frac{1}{n}(1+2+3+\cdots+n) = \frac{1}{n}\frac{n(n+1)}{2} = \frac{n+1}{2} \tag{1.35}$$

である。次に 2 乗の平均値を求める。2 乗の和の公式を使って

$$\frac{1}{n}(1^2+2^2+3^2+\cdots+n^2) = \frac{1}{n}\frac{n(n+1)(2n+1)}{6}$$

$$= \frac{(n+1)(2n+1)}{6} \tag{1.36}$$

したがって分散 $s^2$ は，式（1.34）により，(1.36) から (1.35) の 2 乗を引いて

$$s^2 = \frac{(n+1)(2n+1)}{6} - \left(\frac{n+1}{2}\right)^2 = \frac{(n^2-1)}{12} \tag{1.37}$$

である。

## (3)　範囲と割合との対応

前述したように，標準偏差は散らばりの 1 つの測度（尺度）である。したがってその大きさがわかるということは，どのような範囲にデータがどのよう

表 1.6　範囲と割合との大まかな対応*

| 範　　囲 | 割　　合 |
|---|---|
| $\bar{x}\pm\dfrac{2}{3}s\left(中央\ \dfrac{4}{3}s\right)$ | 約 $\dfrac{1}{2}$ |
| $\bar{x}\pm s\,(中央\ 2s)$ | 約 $\dfrac{2}{3}$ |
| $\bar{x}\pm 2s\,(中央\ 4s)$ | 約 95% |
| $\bar{x}\pm 3s\,(中央\ 6s)$ | 99〜100% |

＊　範囲と割合との対応関係は，後に確率の考え
　　が入ってくるとき，範囲と確率との対応関係に
　　なる。そのときはデータの数の散らばりの代わ
　　りに確率の散らばり（確率分布）が考えられる。
　　後に現われるが，正規分布と呼ばれる理論的確
　　率分布の場合には，この対応関係は表 6.4（168
　　ページ）のようになる。

図 1.1　範囲と割合との対応

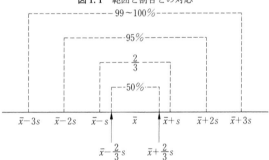

に散らばっているか（このようなデータの散らばりのことを**分布**という）が明ら
かになることを意味する。通常の場合，範囲とそこに含まれるデータの割合
との間にはごく大まかにいって表 1.6 に示したような対応関係が成り立つ。
図 1.1 はこの表 1.6 を図にしたものである。

　たとえば，データの約半分は $\bar{x}-(2/3)s$ と $\bar{x}+(2/3)s$ の間に含まれるし，
また，$\bar{x}-s$ と $\bar{x}+s$ の間にはデータの約 3 分の 2 が含まれるであろう。また，
ほとんど 100% に近いデータが $\bar{x}-3s$ と $\bar{x}+3s$ の間に入ってしまうであろ
う。

　以上のように，範囲と割合との間に大まかではあるが対応がつけられると
いうことが，標準偏差あるいは分散という尺度でデータの散らばり状態を知
るうえでの最も重要なメリットである。この重要性はいくら強調しても強調

しすぎることはない。

【**例 1.6**】　表 1.5 のデータについて表 1.6 のような対応関係を調べてみよう。結果は次表のとおりである。

$$\overline{x} = 58 \qquad s = 8.4$$

| 範　　囲 | 人　　数 | 割　　合 |
|---|---|---|
| 58± 5.6(52〜64) | 27 | 54% |
| 58± 8.4(50〜66) | 32 | 64 |
| 58±18.6(41〜75) | 48 | 96 |
| 58±25.2(33〜83) | 50 | 100 |

表 1.6 のような対応関係は標準偏差という分散度の尺度がいかに重要な情報を提供してくれるかを理解するうえで基本的なものである。

【**例 1.7**】　いま 100 人のクラスでのテストの結果，平均点 $\overline{x}$ が 60 点であったとする。このテストで 100 点をとった人がいるだろうか。あるいは 0 点をとった人がいるだろうか。それは平均点がわかっただけではわからない。しかし，標準偏差 $s$ がたとえば 5 点であることがわかったとすると，100 点の人や 0 点の人はいないことがわかる。図 1.2 に示したように，99〜100% の人が 60 点 $\pm 3 \times 5$ 点，すなわち 45〜75 点の間に入ってしまうからである。

図 1.2　$\overline{x} = 60$, $s = 5$ のとき

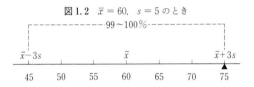

次にこのクラスで 75 点の成績をとった人がいたとすれば，その人はまずトップクラスの成績であるといえる。図 1.2 の ▲印のところの成績であるから，それより上の成績の人はいない可能性が強い。このようなことは，標準偏差の数値とその性質についての基本的な知識がなければわからないのである。

【**例 1.8**】　上の例で，平均点 $\overline{x}$ は同じ 60 点であるが，標準偏差が 10 点であったとすると，図 1.3 のような対応関係になる。

図 1.3　$\overline{x} = 60$, $s = 10$ のとき

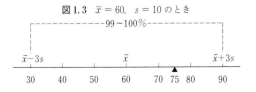

図 1.4　1984（昭和 59）年度共通 1 次学力試験の得点分布概略図（全教科）

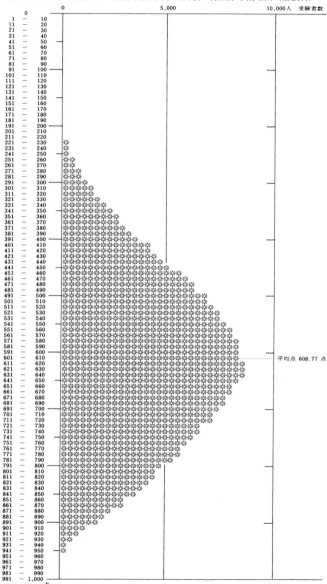

したがって，このクラスでも 100 点や 0 点の人はいないであろうといえる。しかしこのクラスで 75 点をとった人を考えると，その成績は上の【例 1.7】の場合のようにトップクラスとはいえない。すなわち図の▲印の成績であるから，もっと上の成績の人がかなりいると考えられる。

**【例 1.9】**　1984（昭和 59）年度の国立大学共通 1 次学力試験（現在の大学入試センター試験）の受験者 341,435 人について，総点（1,000 点満点）の平均点は 608.77 点，標準偏差は 146.64 点であった。図 1.4（前ページ）は得点の分布状況（得点別の人数のグラフ）を示したものである。

いま平均点と標準偏差から表 1.6 に対応するものを作ってみると次表のようになる（データは大学入試センターより提供されたもの）。

| 範　　囲 | 人数 | 割合 |
|---|---|---|
| $\bar{x}\pm(2/3)s$（511〜707 点） | 158,400 | 46.39％ |
| $\bar{x}\pm s$（462〜755 点） | 221,700 | 64.93 |
| $\bar{x}\pm 2s$（315〜902 点） | 331,100 | 96.97 |
| $\bar{x}\pm 3s$（169〜1,000 点） | 341,400 | 99.99 |

これによれば各得点範囲に対する人数割合は表 1.6 にかなり近いものになっていることがわかる。

## *1.9*　標準化変量と偏差値

上の 3 つの例で説明したように，あるデータが全体のデータの中でどれくらいの位置にあるかは，そのデータの値が平均値から標準偏差の何倍だけ離れているかによっておおよその見当がつく。そこで，たとえば平均点も標準偏差も異なるような 2 つの学級間で生徒の成績（点数）をそのままで直接比較することはできないが，各生徒の点数 $x$ を，クラスの平均点から標準偏差の何倍離れているかという値で表わせば，点数の分布の上の相対的な位置（成績順位）の比較が可能になる。すなわち，点数 $x$ を

$$z = \frac{x-\bar{x}}{s} \tag{1.38}$$

によって $z$ に変換すれば，$z$ は異なるクラスの間でも比較可能になる。このように $x$ を $z$ に変換することを標準化するといい，もとのデータ $x$ に対して $z$ を**標準化変量**という。

　なお，標準化の変換式（1.38）は $z = (1/s)x - (\overline{x}/s)$ と書け，これは式（1.16）で，$y$ が $z$，$a = 1/s$，$b = -\overline{x}/s$ の場合であり，1 次変換であるから，$z$ の平均値 $\overline{z}$ および分散 $s_z{}^2$ を求めると，式（1.17）を適用して

$$\overline{z} = 0 \tag{1.39}$$

であり，また式（1.32）を適用して，

$$s_z{}^2 = 1 \tag{1.40}$$

であることがわかる。すなわち，**標準化変量の平均は 0，分散（標準偏差）は 1 である。**

【例1.10】　ある英語と数学の試験で，A 君はそれぞれ 72 点，57 点という得点であった。クラスでの英語の平均点は 70 点，標準偏差は 5 点，数学の平均点は 50 点，標準偏差は 8 点であったとすれば，A 君にとって，相対的に（クラスの中の順位では）どちらの科目の方がよくできたといえるかを考えてみよう。

　英語，数学の得点をそれぞれ式（1.38）を使って標準化してみると，英語の場合，

$$z = \frac{72 - 70}{5} = 0.4$$

となり，数学の場合には，

$$z = \frac{57 - 50}{8} = 0.875$$

であるから，相対的には，$z$ の値の大きい数学の方がよくできているということになる。これは単純な点数の比較と結論が逆になる。

　小・中・高校でテストの成績の相対的評価に広く用いられている**偏差値**は，標準化変量の 1 つの応用であり，それは次の式で計算される。

$$偏差値 = 50 + 10z = 50 + 10\left(\frac{x - \overline{x}}{s}\right) \tag{1.41}$$

　偏差値は，図 1.1 に対応させてみることによって，その値から全体の中でのおおよその順位を知ることができるという利点がある。また，平均点をとった人は偏差値 50 になり，得点の標準偏差は偏差値では 10 に換算されていることがわかる。したがって，表 1.6 の関係を偏差値の場合について示せば次の表 1.7 のようになる。

表1.7　偏差値の範囲と割合との対応

| 偏差値の範囲 | 割　　合 |
|---|---|
| 43.3～56.7 | 約 $\frac{1}{2}$ |
| 40～60 | 約 $\frac{2}{3}$ |
| 30～70 | 約 95% |
| 20～80 | 99～100% |

ここで注意を要することは，たとえば試験がやさしくて100点（満点）をとった人が多く出たような場合，図1.1のような対応関係がかなりくずれてしまい，100点をとっても偏差値が70にもならないというようなことがおこるということである（その例として第2章，章末の練習問題16），58ページを見よ）。

## *1.10* 変 異 係 数

表1.8は，ある小さい食料品小売店とスーパーマーケットの食料品部とについて，10日間の売上高を示したものである。これから標準偏差を計算すると，小売店については 2.52 万円，スーパーマーケットについては 24.41 万円である。この標準偏差をそのまま比較して，スーパーマーケットの方が小売店より売上高の日による変動性が大であるということはできない。

表1.8　食料品の10日間の売上高　　　（単位：万円）

| 店 ＼ 日 | 1 | 2 | 3 | 4 | 5 | 6 | 7 | 8 | 9 | 10 |
|---|---|---|---|---|---|---|---|---|---|---|
| 食料品小売店 | 5 | 3 | 6 | 8 | 9 | 8 | 10 | 2 | 7 | 4 |
| スーパーマーケットの食料品部 | 87 | 32 | 96 | 77 | 52 | 26 | 93 | 87 | 47 | 70 |

標準偏差はデータの散らばりの大きさを絶対的な大きさで表わしたものであり，データの平均的な大きさが大であれば，その散らばりも絶対的な大きさとしては大きくなるのが自然であると考えられる。たとえば，上例のように大きな店の売上高の変動は，絶対額で見れば小さな店の場合より大きいのは当然であろう。したがって，このような場合に散らばりの大きさを比較するためには，標準偏差そのままではなく，それをデータの平均的大きさとの相対的関係で考えた尺度を用いる必要がある。そこでそのような相対的分散度として，標準偏差 $s$ を平均値 $\bar{x}$ に対する比率で表わしたもの，すなわち

$$CV = \frac{s}{x} \tag{1.42}$$

を用いることができる。この $CV$ は**変異係数**（coefficient of variation）あるいは**変動係数**という。なお，$CV$ は通常その値を 100 倍した 100 分比で用いられる。

表 1.8 の例について $CV$ を計算してみると，小売店の場合には 40.7%，スーパーの場合には 36.6% となり，スーパーの方が売上高の分散度が小さいということになる。これは体重の分散度を体重が平均的に軽い犬や猫と平均的に重い牛や馬との間で比較するようなものである。

## 【練 習 問 題】

1)　あるクラス 10 人の英語の試験の成績は次のようであった。

　　　20　65　70　35　10　80　5　45　20　25

　　平均点を求めよ。また，あまり成績が良くないので各人の点数を一様に10 点ずつ増したとする。このとき平均点はどうなるか。一様に 10% ずつ増した場合はどうか。

2)　(a)　4 と 6 と 9 の幾何平均を求めよ。

　　(b)　3 と 4 と 6 の調和平均を求めよ。

3)　次の数字の組の算術平均，幾何平均，調和平均を計算して，結果の大小を比較してみよ。

　　(a)　10　20　30

　　(b)　40　100　250

4)　次の数字は，ある大学の男子学生 24 人の体重（単位：kg）である。このデータについて第 1 四分位数，第 2 四分位数，第 3 四分位数および四分位偏差を求めよ。

　　78　59　54　62　60　62　60　50　66　69　63　62　65　53　52　67

　　70　67　56　60　56　66　55　70

5)　男子 15 人の身長の測定値を集めて平均 168.4 cm という結果を得たが，数日後そのうちの 1 つ 154.4 cm が女子のものであることがわかった。これを除いた男子 14 人の身長の平均値を求めよ。

6)　ある学生が数学の試験を 3 回受けて 90 点，80 点，70 点という成績をとった。担当の教師は，最終の成績を決めるにあたって，2 回目の試験は 1 回目

の試験の 3 倍の重要さをもち，3 回目の試験は 2 回目の試験の 2 倍の重要さをもつと考えている。この学生の数学の平均点はいくらになるか。

7）　総額 1,800 円で，1 本が 100 円，60 円，40 円の 3 種類のボールペンを買うとき

   (a)　3 種類を同額ずつ買うとすれば平均価格はいくらか。この場合の平均はどのような平均か。

   (b)　3 種類を同じ本数ずつ買うとすれば平均価格はいくらか。この場合の平均はどのような平均か。

8）　ある人が 5% の収益率で 2 万円を，7% で 20 万円を，9% で 200 万円を投資したとすれば，これらの投資に対する平均収益率は何％になるか。

9）　$n$ 個の数 5，8，11，…，$3n+2$ の平均値，分散を求めよ（【例 1.5】の結果を用いよ）。

10）　ある型の蛍光管 10 本についてその寿命時間を調べたところ，次のようであった（単位：時間）。

    1,040　1,070　1,070　860　910　1,400　1,050　890　1,100　1,090

平均値，分散および標準偏差を計算せよ。

11）　会計学の試験で，630 人の学生の平均点は 69.6 点，標準偏差は 8.2 点であった。86 点以下の点数の学生はおよそ何人いるか。

12）　A 氏が属している年齢のグループでは，平均体重が 62 kg，標準偏差が 8 kg であり，B 氏が属している年齢のグループでは，平均体重が 68 kg，標準偏差が 5 kg であるという。いま A 氏の体重が 71 kg，B 氏の体重が 72 kg であるとすれば，自分の属している年齢グループとの違いを考えると，2 人のうちどちらが太っているといえるか。

13）　ある模擬試験で A 君の成績は英語 70 点，数学 72 点であった。このとき，次の問に答えよ。

   (a)　英語の平均点は 67 点，標準偏差は 3 点であった。A 君の成績は上からどれくらいの順位か。

   (b)　数学では，A 君の成績は上から約 2.5% の順位であった。数学の標準偏差は 5 点であるとき，数学の平均点はどれくらいか。

【本章末の練習問題の解答は 318 ページを見よ】

# 第*2*章　度 数 分 布

## *2.1*　度数分布とは

　前章で説明したように，平均値（たとえば算術平均）と分散度（たとえば標準偏差）の2つの測度を知っただけでも，一群のデータの全体的特徴をかなりの程度まで把握することができる。しかし，大量のデータの特徴をわずか2つの測度で表わすには当然限界がある。そこで，データの値の分布状況をもう少し詳しく見ようとするために用いられるものが，度数分布，あるいは頻度分布と呼ばれるものである。

　**度数分布**（frequency distribution）は，データを大きさによっていくつかの組（これを**級**〔class〕という）に分け，各級に入るデータの数（これを**度数**〔frequency〕という）を明らかにしたものである。**分布**（distribution）とは分か

表2.1　ある地区200世帯のある1ヵ月の電気使用量　　（単位：kWh）

| | | | | | | | | | | | | | | | | | | | |
|---|---|---|---|---|---|---|---|---|---|---|---|---|---|---|---|---|---|---|---|
| 21 | 234 | 278 | 96 | 140 | 155 | 76 | 128 | 101 | 96 | 54 | 206 | 249 | 63 | 161 | 154 | 108 | 128 | 61 | 95 |
| 89 | 176 | 220 | 197 | 183 | 135 | 131 | 104 | 101 | 95 | 119 | 145 | 201 | 169 | 183 | 111 | 131 | 68 | 125 | 94 |
| 147 | 119 | 172 | 143 | 160 | 80 | 107 | 68 | 100 | 94 | 178 | 88 | 144 | 116 | 138 | 79 | 76 | 104 | 125 | 94 |
| 94 | 100 | 127 | 75 | 109 | 112 | 84 | 117 | 54 | 209 | 235 | 19 | 86 | 36 | 82 | 135 | 107 | 127 | 124 | 298 |
| 15 | 93 | 48 | 84 | 82 | 151 | 130 | 102 | 122 | 92 | 317 | 52 | 8 | 115 | 112 | 150 | 130 | 67 | 99 | 88 |
| 352 | 92 | 4 | 143 | 138 | 135 | 107 | 67 | 98 | 92 | 118 | 37 | 385 | 168 | 157 | 109 | 121 | 73 | 102 | 145 |
| 92 | 86 | 410 | 194 | 180 | 79 | 70 | 125 | 97 | 91 | 445 | 175 | 116 | 189 | 155 | 79 | 105 | 125 | 120 | 206 |
| **452** | 91 | 144 | 164 | 138 | 108 | 129 | 102 | 96 | 382 | 224 | 91 | 172 | 140 | 111 | 134 | 128 | 65 | 120 | 254 |
| 198 | 350 | 90 | 115 | 81 | 150 | 104 | 64 | 96 | 90 | 90 | 120 | 102 | 70 | 134 | 80 | 83 | 215 | 278 | 310 |
| 286 | 305 | 247 | 82 | 111 | 108 | 69 | 125 | 120 | 90 | 96 | 90 | 125 | 104 | 78 | 136 | 114 | 272 | 302 | 258 |

表 2.2　電気使用量の度数分布

| 世帯数 | 0〜49 | 50〜99 | | 100〜149 | | 150〜199 | 200〜249 | 250〜299 | 300〜349 | 350〜399 | 400〜449 | 450〜499 |
|---|---|---|---|---|---|---|---|---|---|---|---|---|
| 40 (80) | | 80 | | 120 | | | | | | | | |
| | | 81 | | 120 | | | | | | | | |
| | | 82 | | 120 | | | | | | | | |
| | | 82 | | 121 | | | | | | | | |
| | | 82 | | 122 | 100 | | | | | | | |
| | | 83 | | 124 | 100 | | | | | | | |
| | | 84 | | 125 | 101 | | | | | | | |
| | | 84 | | 125 | 101 | | | | | | | |
| | | 86 | | 125 | 102 | | | | | | | |
| 30 (70) | | 86 | | 125 | 102 | | | | | | | |
| | | 88 | | 125 | 102 | | | | | | | |
| | | 88 | | 127 | 102 | | | | | | | |
| | | 89 | | 127 | 104 | | | | | | | |
| | | 90 | | 127 | 104 | | | | | | | |
| | | 90 | | 128 | 104 | | | | | | | |
| | | 90 | | 128 | 104 | | | | | | | |
| | | 90 | | 128 | 105 | 150 | | | | | | |
| | | 90 | 52 | 129 | 107 | 150 | | | | | | |
| | | 91 | 54 | 130 | 107 | 151 | | | | | | |
| 20 (60) | | 91 | 54 | 130 | 107 | 154 | | | | | | |
| | | 91 | 61 | 131 | 108 | 155 | | | | | | |
| | | 92 | 63 | 131 | 108 | 155 | | | | | | |
| | | 92 | 64 | 134 | 108 | 157 | | | | | | |
| | | 92 | 65 | 134 | 109 | 160 | | | | | | |
| | | 92 | 67 | 135 | 109 | 161 | | | | | | |
| | | 93 | 67 | 135 | 111 | 164 | | | | | | |
| | | 94 | 68 | 135 | 111 | 168 | | | | | | |
| | | 94 | 68 | 136 | 111 | 169 | | | | | | |
| | | 94 | 69 | 138 | 112 | 172 | | | | | | |
| 10 (50) | | 94 | 70 | 138 | 112 | 172 | 201 | | | | | |
| | | 95 | 70 | 138 | 114 | 175 | 206 | | | | | |
| | | 95 | 73 | 140 | 115 | 176 | 206 | | | | | |
| | 4 | 96 | 75 | 140 | 115 | 178 | 209 | | | | | |
| | 8 | 96 | 76 | 143 | 116 | 180 | 215 | 254 | | | | |
| | 15 | 96 | 76 | 143 | 116 | 183 | 220 | 258 | | | | |
| | 19 | 96 | 78 | 144 | 117 | 183 | 224 | 272 | | | | |
| | 21 | 96 | 79 | 144 | 118 | 189 | 234 | 278 | 302 | 350 | | |
| | 36 | 97 | 79 | 145 | 119 | 194 | 235 | 278 | 305 | 352 | | |
| | 37 | 98 | 79 | 145 | 119 | 197 | 247 | 286 | 310 | 382 | 410 | |
| | 48 | 99 | 80 | 147 | 120 | 198 | 249 | 298 | 317 | 385 | 445 | 452 |

| 使用量 kWh | 0〜49 | 50〜99 | 100〜149 | 150〜199 | 200〜249 | 250〜299 | 300〜349 | 350〜399 | 400〜449 | 450〜499 |
|---|---|---|---|---|---|---|---|---|---|---|
| 世帯数 | 8 | 63 | 76 | 24 | 11 | 7 | 4 | 4 | 2 | 1 |

れ（分）て広がる（布）という意味であり，したがって度数分布とは度数がいろいろな級にどのように分かれて広がっているかを表わすものといえる。

　例によって説明しよう。表2.1は，ある地区200世帯のある1ヵ月の電気使用量（kWh）を調べたものである。このようなデータそのままからでも，注意して見れば，使用量の最も多い家庭で452kWh，最も少ない家庭で4kWhである（これはおそらくほとんど留守であった家であろう）とか，大半の家庭の使用量は50kWhから200kWhくらいの間にあることなどを知ることができるであろう。しかし表2.1のようなかたちのままでは電気使用量の分布の状況をつかむには大変不便である。そこでこれらのデータをその値の大きさに従っていくつかの級に分類してまとめた方が便利である。

　表2.2は，50kWhという一定の幅（これを**級間隔**〔class interval〕という）を用いて級を作り，各級に入るデータをもとのままで示したものであり，表2.3は表2.2で各級に入っているデータの数（度数）を数えて表示したものである。この表2.3が**度数分布表**（frequency distribution table）である。

表2.3　度数分布表

| 電気使用量 | 世帯数 |
|---|---|
| kWh<br>0～　49 | 8 |
| 50～　99 | 63 |
| 100～149 | 76 |
| 150～199 | 24 |
| 200～249 | 11 |
| 250～299 | 7 |
| 300～349 | 4 |
| 350～399 | 4 |
| 400～449 | 2 |
| 450～499 | 1 |
| 総　　数 | 200 |

　この表2.3はもとの表のデータの1つの圧縮した要約であり，世帯の電気使用量の大体の範囲を示すだけでなく，これらの世帯の使用量がその範囲内でどのように分布しているかをも示している。しかしこの表では表2.1および表2.2の細かい情報はかなりの部分が失われている。たとえば，使用量が100kWhから149kWhまでの間の世帯が76世帯であることがわかる。しかしこの76世帯の使用量が100kWhから149kWhまでの範囲内でそれぞれ

どのような値であったかは，この表からはもはや知ることはできない。すなわち，76個の1つ1つのもとのデータの値がそれぞれいくらであったかは，もはやわからなくなっているのである。

　このように細部の情報が失われるということは，級分けによってデータをまとめて示そうとすれば避けることはできない。原理的にいって，級分けは異なる級に属するものの間でのみ区別をし，同一の級に属するものは同一に扱うものだからである。このような情報の喪失は，データの要約の程度，すなわち級の大きさをどのようにするかによって異なる。級間隔を広くして級を大きく（したがって級の数は少なく）すれば，情報の喪失は大となるであろう。しかし要約の程度は高いわけであるから，データの全体的特徴はつかみやすいであろう。これに対して，級間隔を狭くすれば級の数は多くなり，それだけ情報の喪失は少なくてすむが，要約の程度が低く，全体的な分布状況の把握には不便になる。そこで度数分布を作る場合の重要な問題は，一方で過度に情報が失われないように，他方でデータの分布状況の把握にあまり不便にならないように，適切に級の大きさを決めることである。

## 2.2　度数分布の作り方

　以下，度数分布を作るための基本的な注意事項について述べよう。

---

(1)　級の数（あるいは級間隔）を適切に定めること。

(2)　級間隔を均一にすること。

(3)　データの分類に際して不明確さが生じないように，級限界（級と級の境界）を明瞭に定めること。

(4)　級内で度数の集中点があるときには，その点が級の中央にくるようにすること。

(5)　片方の開いた級（オープン・エンドの級）の表示に注意すること。

---

**(1)　級の数（あるいは級間隔）を適切に定めること。**

　上述したように，級の数は少なすぎても多すぎてもいけない。級間隔を広くとれば級の数は少なくなり，級間隔を狭くとれば級の数は多くなる。表2.4 (a)～(e)は，表2.1のデータについて，級間隔をいろいろと変えて度数分布表

を作ったものであり，図 2.1(a)〜(e) はそれらの表を図に示したものである。これらの中では表 2.4(c)（図 2.1(c)）あたりが最も適切なもののように見える。

　度数分布の級の数をどれくらいにするのがよいかについては，とくに決まったルールはないが，1 つの指針としてスタージス（H. A. Sturges）という人が考案した次のような公式がある。データ数を $n$ とするとき，適当な級の数 $m$ は，

$$m \doteqdot 1+\frac{\log n}{\log 2} \doteqdot 1+3.32 \log n \qquad (2.1)$$

によって近似される。したがって，データの最大値と最小値との差（これを範囲という）を $R$ とすれば，適当な級間隔 $c$ は，

**表 2.4** 級間隔と度数分布
(a) 級間隔 10 kWh の場合

| 電気使用量 | 世帯数 | 電気使用量 | 世帯数 |
|---|---|---|---|
| kWh<br>0〜 9 | 2 | kWh<br>250〜259 | 2 |
| 10〜 19 | 2 | 260〜269 | 0 |
| 20〜 29 | 1 | 270〜279 | 3 |
| 30〜 39 | 2 | 280〜289 | 1 |
| 40〜 49 | 1 | 290〜299 | 1 |
| 50〜 59 | 3 | 300〜309 | 2 |
| 60〜 69 | 9 | 310〜319 | 2 |
| 70〜 79 | 10 | 320〜329 | 0 |
| 80〜 89 | 14 | 330〜339 | 0 |
| 90〜 99 | 27 | 340〜349 | 0 |
| 100〜109 | 21 | 350〜359 | 2 |
| 110〜119 | 14 | 360〜369 | 0 |
| 120〜129 | 19 | 370〜379 | 0 |
| 130〜139 | 13 | 380〜389 | 2 |
| 140〜149 | 9 | 390〜399 | 0 |
| 150〜159 | 7 | 400〜409 | 0 |
| 160〜169 | 5 | 410〜419 | 1 |
| 170〜179 | 5 | 420〜429 | 0 |
| 180〜189 | 4 | 430〜439 | 0 |
| 190〜199 | 3 | 440〜449 | 1 |
| 200〜209 | 4 | 450〜459 | 1 |
| 210〜219 | 1 | 460〜469 | 0 |
| 220〜229 | 2 | 470〜479 | 0 |
| 230〜239 | 2 | 480〜489 | 0 |
| 240〜249 | 2 | 490〜499 | 0 |

(b)　級間隔 30 kWh の場合

| 電気使用量 | 世帯数 |
|---|---|
| kWh<br>0〜 29 | 5 |
| 30〜 59 | 6 |
| 60〜 89 | 33 |
| 90〜119 | 62 |
| 120〜149 | 41 |
| 150〜179 | 17 |
| 180〜209 | 11 |
| 210〜239 | 5 |
| 240〜269 | 4 |
| 270〜299 | 5 |
| 300〜329 | 4 |
| 330〜359 | 2 |
| 360〜389 | 2 |
| 390〜419 | 1 |
| 420〜449 | 1 |
| 450〜479 | 1 |
| 480〜499 | 0 |

(c)　級間隔 50 kWh の場合

| 電気使用量 | 世帯数 |
|---|---|
| kWh<br>0〜 49 | 8 |
| 50〜 99 | 63 |
| 100〜149 | 76 |
| 150〜199 | 24 |
| 200〜249 | 11 |
| 250〜299 | 7 |
| 300〜349 | 4 |
| 350〜399 | 4 |
| 400〜449 | 2 |
| 450〜499 | 1 |

(d)　級間隔 70 kWh の場合

| 電気使用量 | 世帯数 |
|---|---|
| kWh<br>0〜 69 | 20 |
| 70〜139 | 118 |
| 140〜209 | 37 |
| 210〜279 | 12 |
| 280〜349 | 6 |
| 350〜419 | 5 |
| 420〜489 | 2 |
| 490〜499 | 0 |

(e)　級間隔 100 kWh の場合

| 電気使用量 | 世帯数 |
|---|---|
| kWh<br>0〜 99 | 71 |
| 100〜199 | 100 |
| 200〜299 | 18 |
| 300〜399 | 8 |
| 400〜499 | 3 |

$$c \doteqdot \frac{R}{1+3.32 \log n} \tag{2.2}$$

で近似される。

表 2.1 の例では $n=200$ であるから，式（2.1）および式（2.2）によれば

$$m \doteqdot 1+3.32 \log 200 \doteqdot 9$$

$$c \doteqdot \frac{452-4}{9} \doteqdot 50$$

となり，表 2.4(c) が適当なものであるということになる。

図 2.1 級間隔と度数分布

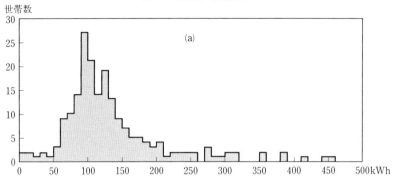

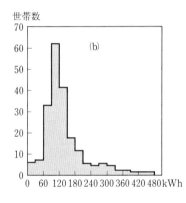

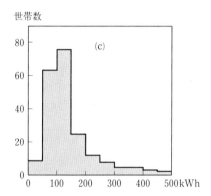

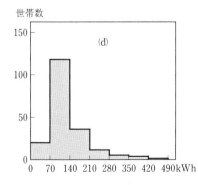

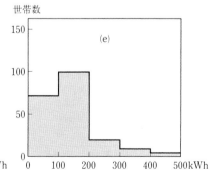

しかし，スタージスの公式は絶対的なものではなく，あくまでも1つの目安となる程度に考えておくのがよい。式 (2.1) によって $m$ と $n$ との対応表を作ってみると，表2.5のようになる。これから，データの数が多くなっても分類のための級の数はあまり多くはならないことがわかる。

**表2.5** スタージスの公式による級の数 $m$ とデータ数 $n$ の対応

| $m$ | $n$ | $m$ | $n$ | $m$ | $n$ |
|---|---|---|---|---|---|
| 6 | 32 | 11 | 1,024 | 16 | 32,768 |
| 7 | 64 | 12 | 2,048 | 17 | 65,536 |
| 8 | 128 | 13 | 4,096 | 18 | 131,072 |
| 9 | 256 | 14 | 8,192 | 19 | 262,144 |
| 10 | 512 | 15 | 16,384 | 20 | 524,288 |

(2) **級間隔を均一にすること。**

級間隔は原則として一定のものに統一しなければならない。間隔を広くすればそこには当然多くの度数が入り，逆に狭くすれば少ない度数が入ることになり，級間隔が不均一であっては度数の比較が困難になるからである。

しかしこれは原則であって例外的なケースも多い。とくに社会・経済現象

**表2.6** 従業者規模別事業所数（製造業）

(a)

| 従業者数 | 事業所数 |
|---|---|
| 1～ 4 人 | 26,030 |
| 5～ 9 | 62,121 |
| 10～ 19 | 63,705 |
| 20～ 29 | 29,755 |
| 30～ 49 | 28,929 |
| 50～ 99 | 27,823 |
| 100～ 199 | 19,168 |
| 200～ 299 | 8,908 |
| 300～ 499 | 8,816 |
| 500～ 999 | 9,737 |
| 1,000～1,999 | 7,352 |
| 2,000～4,999 | 7,415 |
| 5,000 以上 | 11,390 |
| 総　　数 | 311,149 |

（資料）事業所統計調査報告（総理府統計局）1975年。

(b) (a)表を100人階級別に組み替えたもの

| 従業者数 | 事業所数 |
|---|---|
| 1～ 99 人 | 238,363 |
| 100～ 199 | 19,168 |
| 200～ 299 | 8,908 |
| 300～ 399 | 8,816 |
| 400～ 499 |  |
| 500～ 599 |  |
| 600～ 699 |  |
| 700～ 799 | 9,737 |
| 800～ 899 |  |
| 900～ 999 |  |
| 1,000～1,099 |  |
| ⋮ | 7,352 |
| 1,900～1,999 |  |
| 2,000～2,099 |  |
| ⋮ | 7,415 |
| 4,900～4,999 |  |
| 5,000 以上 | 11,390 |
| 総　　数 | 311,149 |

の場合によく見られることであるが，マイナスにならない量の分布で，小さい方の級に度数が比較的偏って集中しているような場合に，均一の間隔で分類すると，ごく少数の級にほとんどの度数が入ってしまうようなことがある。このような場合には，度数の集中している部分を細かい間隔で分類し，度数が少なくなるに従ってだんだん粗い間隔で分類するという方法がとられる。代表的な例は，所得階層別人員分布（所得分布）や従業員数別事業所分布の場合である。表2.6は製造企業の従業者規模別事業所分布（1975年）を示したものである。表(a)は発表されたままのかたちであるが，表(b)は級間隔を100人にして(a)から作成したものである。(b)のようにすると，1～100人の階級に4分の3以上の企業が含まれてしまい，情報の損失が大である。

(3) **データの分類に際して不明確さが生じないように，級限界を明瞭に定めること。**

級限界はとくに重複のないように注意しなければならない。たとえば表2.3で級限界を単に0～50，50～100，…のように表示すると，50ははじめの2つのうちどちらの級に入れるべきかがはっきりしない。そこで50をはじめの級に入れないとすれば，表2.3のように，あるいは0以上50未満，50以上100未満，…のように明確に表示すべきである。

(4) **級内で度数の集中点があるときには，その点が級の中央にくるようにすること。**

しばしば5や10の倍数のように区切りのよい数のところに度数が比較的集中することがある。度数分布表から平均値などを計算する場合，級の中央の値がその級の代表値として用いられるのがふつうなので，そのような度数の集中点が級の中央値になっていないと，計算結果が偏りをもつことになる。

表2.7は，ある卸売商店で，ある商品の1回の受注量を300回の受注について調べたものである。これから明らかなように受注量は5ケース，10ケース，15ケース，…という区切りのよい数に比較的集中している。そこでこのデータを級間隔5の度数分布にまとめようとするときには，適当な級分けは0～4，5～9，10～14，15～19，…というような分け方ではなく，3～7，8～12，13～17，18～22，…というように，5，10，15，20，…が級の中央値となるような分け方である。

**表 2.7**　受注量の度数分布

| 受注量（ケース） | 3 | 4 | 5 | 6 | 7 | 8 | 9 | 10 | 11 | 12 | 13 | 14 | 15 | 16 | 17 |
|---|---|---|---|---|---|---|---|---|---|---|---|---|---|---|---|
| 回　　数 | 15 | 4 | 70 | 16 | 8 | 5 | 0 | 55 | 5 | 12 | 0 | 8 | 36 | 10 | 3 |

| 受注量（ケース） | 18 | 19 | 20 | 21 | 22 | 23 | 24 | 25 | 26 | 27 | 28 | 29 | 30 | 計 | |
|---|---|---|---|---|---|---|---|---|---|---|---|---|---|---|---|
| 回　　数 | 8 | 0 | 23 | 3 | 4 | 1 | 2 | 7 | 0 | 0 | 0 | 0 | 5 | 300 | |

(5)　**片方の開いた級（オープン・エンドの級）の表示に注意すること。**

度数分布の両端の級は，“…未満”あるいは“…以上”のように一方の級限界が開いたかたちで表示されることが多い。このような場合には，平均値などの計算に困らないよう，その級のデータの合計あるいは平均値，最小値あるいは最大値を注記しておくというように配慮することが望ましい。

【**例 2.1**】　21 ページの表 1.4 のデータについて度数分布表を作ってみよう。

データの数 $n=50$ であるから，スタージスの公式によれば級の数は 6～7 くらいが適当であろう。範囲は $100-9=91$ であり，これから級間隔を求めると，ほぼ 15 となる。そこで度数分布表を作ると表 2.8 の左の表のようになる。

しかしながら 15 点間隔という間隔は少しわかりにくいし，あまり便利ではない。そこでスタージスの公式を機械的に使うことなく，級間隔を 10 として度数分布表を作ると表 2.8 の右の表のようになる。

**表 2.8**　点数の度数分布

| 点　　数 | 人数 | | 点　　数 | 人数 |
|---|---|---|---|---|
| 0～ 14 | 1 | | 0～ 9 | 1 |
| 15～ 29 | 4 | | 10～ 19 | 0 |
| 30～ 44 | 10 | | 20～ 29 | 4 |
| 45～ 59 | 12 | | 30～ 39 | 6 |
| 60～ 74 | 13 | | 40～ 49 | 8 |
| 75～ 89 | 8 | | 50～ 59 | 8 |
| 90～100 | 2 | | 60～ 69 | 10 |
| 計 | 50 | | 70～ 79 | 7 |
| | | | 80～ 89 | 4 |
| | | | 90～100 | 2 |
| | | | 計 | 50 |

〔**問 2.1**〕　21 ページの表 1.5 のデータについて度数分布表を作れ。

〔**問 2.2**〕　試験の採点方法によっては，たとえば 5 点きざみでしか点がつかないことがある。このようなときに注意すべきことはなにか。

## *2.3* 度数分布のグラフ

度数分布を視覚的にわかりやすく示すためにはグラフを用いることができる。度数分布のグラフは，横軸に変数の値をとり縦軸に度数を示す。図 2.2 は表 2.3 をグラフ化したものである。このように度数の大きさを柱の高さで表わしたグラフを**ヒストグラム**（histogram）あるいは**度数柱状図**という。

ヒストグラムを描くとき注意すべきことは，級間隔が均一になっているかどうかである。度数の大きさは柱の面積で表わされるのであり，したがって級間隔が均一でない場合には，柱の高さは級間隔の広さに応じて適当に加減されねばならない。たとえば級間隔が他の 2 倍になっている級では，柱の高さは半分にしなければならない。

**図 2.2** ヒストグラム

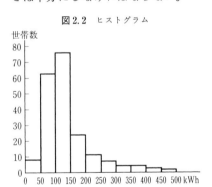

**図 2.3** 度数折れ線

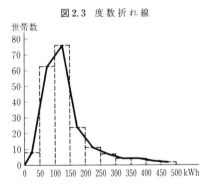

ヒストグラムのほかに，ヒストグラムの柱の頂点の中心を結んでできる**折れ線グラフ**で度数分布を図示することもできる。これを**度数折れ線**という。図 2.3 は図 2.2 の度数折れ線である。また，図 2.4 のように，折れ線グラフをなめらかな曲線にした**度数曲線**として図示することもできる。

以上は変数が連続的な場合のグラフであるが，非連続量の場合には棒グラフで描くのが適当であろう。図 2.5 はある種の発芽実験（1 列に 10 個ずつ 90 列まく）において，各列ごとに発芽した種の数の分布を示すグラフである。

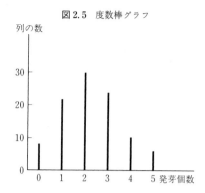

図2.4　度 数 曲 線　　　　　　　　図2.5　度数棒グラフ

## 2.4　相対度数分布

　度数分布は各級に属する度数の絶対数を示したものであるが，各級の度数を全度数に対する割合で表わした相対度数で表示すると分布の状況がわかりやすくなり，便利なことが多い。これが**相対度数分布**である。表2.9は表2.3の度数分布を相対度数分布にしたものである。

表2.9　相対度数分布

| 電気使用量 | 相対度数（％） |
|---|---|
| kWh<br>0〜 49 | 4.0 |
| 50〜 99 | 31.5 |
| 100〜149 | 38.0 |
| 150〜199 | 12.0 |
| 200〜249 | 5.5 |
| 250〜299 | 3.5 |
| 300〜349 | 2.0 |
| 350〜399 | 2.0 |
| 400〜449 | 1.0 |
| 450〜499 | 0.5 |
| 計 | 100.0 |

## 2.5　累積度数分布

　しばしば全体の度数の中で，ある値以下の値をとるものの度数，あるいは

ある値以上の値をとるものの度数が問題になることがある。たとえば、試験の成績が 50 点以下の人の数とか，80 点以上の人の数というようにである。度数分布の場合には，ある級以下の度数あるいはある級以上の度数が問題になるということである。

　ある級以下の度数を下からの**累積度数**といい，ある級以上の度数を上からの累積度数という。表 2.3 について下からの**累積度数分布**を作ると表 2.10 のようになる（相対累積度数をも表示した）。また，表 2.10 をグラフにすると図 2.6 のようになる。

**表 2.10**　表 2.3 の下からの累積度数分布表

| 電気使用量 | 累積度数（世帯数） | 相対累積度数(%) |
|---|---|---|
| kWh 49以下 | 8 | 4.0 |
| 99 | 71 | 35.5 |
| 149 | 147 | 73.5 |
| 199 | 171 | 85.5 |
| 249 | 182 | 91.0 |
| 299 | 189 | 94.5 |
| 349 | 193 | 96.5 |
| 399 | 197 | 98.5 |
| 449 | 199 | 99.5 |
| 499 | 200 | 100.0 |

**図 2.6**　累積度数分布（表 2.10）のグラフ

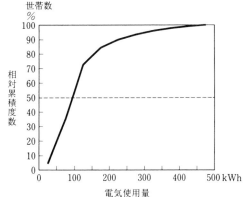

〔**問 2.3**〕　表 2.3 について上からの累積度数分布を作れ。

　いま第 $k$ 番目の級の度数を $f_k$ とし（$k=1, 2, \cdots, m$），第 $j$ 番目の級までの下からの累積度数を $F_j$，また上から第 $j$ 番目の級までの累積度数を $G_j$ と書けば，

$$F_j = \sum_{k=1}^{j} f_k \tag{2.3}$$

$$G_j = \sum_{k=j}^{m} f_k \tag{2.4}$$

である。

## *2.6*　度数分布からの平均値・分散の計算

　データがすでに度数分布表にまとめられている場合には，同一級の中のデータはもはや値を区別することはできないから，同一の値をもつものとみなされる。したがって，度数分布から平均値や分散などを計算する場合には，各級の代表値を用いる。級の代表値としてはその中央の値が用いられるのがふつうである。いま第 $k$ 級 $(k=1, 2, \cdots, m)$ の代表値を $x_k{}'$ とし，その級の度数を $f_k$ とすれば，**算術平均**は次のように計算される。

$$
\begin{aligned}
\overline{x} &= \frac{f_1 x_1{}' + f_2 x_2{}' + \cdots + f_m x_m{}'}{f_1 + f_2 + \cdots + f_m} \\
&= \frac{\displaystyle\sum_{k=1}^{m} f_k x_k{}'}{\displaystyle\sum_{k=1}^{m} f_k}
\end{aligned} \tag{2.5}
$$

ところで $\displaystyle\sum_{k=1}^{m} f_k = n$ であるから，式 (2.5) は

$$
\overline{x} = \frac{1}{n} \sum_{k=1}^{m} f_k x_k{}' \tag{2.6}
$$

と書くこともできる[注]。

　**【例 2.2】**　表 2.3 の電気使用量の度数分布表から平均電気使用量を計算するためには，表 2.11 のようにすればよい。

▶　手計算のための簡便計算法

　コンピュータでなく，手計算で度数分布表から算術平均を求める場合には，前章で説明した算術平均の性質（式 (1.17)）を利用すれば，式 (2.6) で求めるよりも計算が簡単になる。すなわち，まず度数分布の中心付近で算術平均を含んでいると思われる級を大まかに見当をつけ，その級の中央値を仮の平均（これを $x_0$ と書く）とする。級間隔が $c$ であるとするとき，各級の中央値 $x_k{}'$ を次のように 1 次変換する。

$$
y_k = \frac{x_k{}' - x_0}{c} \tag{2.7}
$$

　このとき $y_k$ は 0, $\pm 1$, $\pm 2$, …のように簡単な数字になる。そこで式 (1.17)

---

（注）　和 ($\sum$) のとり方が明らかなときには，たとえば式 (2.6) は略して $\overline{x} = (1/n)\sum fx'$ のように書いてもよい。以下，簡単のためにこのように略して書くことが多いであろう。

表2.11 算術平均の計算

| 電気使用量 | 中央値 $x'$ | 度数 $f$ | $fx'$ |
|---|---|---|---|
| 0〜 49 kWh | 25 kWh | 8 | 200 |
| 50〜 99 | 75 | 63 | 4,725 |
| 100〜149 | 125 | 76 | 9,500 |
| 150〜199 | 175 | 24 | 4,200 |
| 200〜249 | 225 | 11 | 2,475 |
| 250〜299 | 275 | 7 | 1,925 |
| 300〜349 | 325 | 4 | 1,300 |
| 350〜399 | 375 | 4 | 1,500 |
| 400〜449 | 425 | 2 | 850 |
| 450〜499 | 475 | 1 | 475 |
| 総　数 | — | 200 | 27,150 |

$$\bar{x} = \frac{\sum fx'}{\sum f} = \frac{27{,}150}{200} = 135.75\ \text{kWh}$$

を用いれば,

$$\bar{y} = \frac{\bar{x} - x_0}{c} \tag{2.8}$$

であるから,

$$\bar{x} = c\bar{y} + x_0 \tag{2.9}$$

である。したがって,

$$\bar{y} = \frac{\sum f_k y_k}{\sum f_k} \tag{2.10}$$

により $\bar{y}$ を求め,あとは式 (2.9) から $\bar{x}$ を求めればよい。

【例2.3】 表2.11 の計算は,$c=50$,$x_0=125$,したがって $y=(x-125)/50$ として簡便計算法を用いれば表2.12 のようになる。

次に度数分布の**分散**は次の式で与えられる。

$$s^2 = \frac{1}{n} \sum f_k (x_k' - \bar{x})^2 \tag{2.11}$$

これは式 (1.34) の場合と同様に,

$$s^2 = \frac{1}{n} \sum f_k x_k'^2 - \bar{x}^2 \tag{2.12}$$

と変形することができる。これが度数分布からの分散の計算式である。

〔**問2.4**〕 式 (2.12) を証明せよ。

表 2.12　算術平均の簡便法による計算

| $x'$ | $y$ | $f$ | $fy$ |
|---|---|---|---|
| kWh 25 | $-2$ | 8 | $-16$ |
| 75 | $-1$ | 63 | $-63$ |
| 125 | 0 | 76 | 0 |
| 175 | 1 | 24 | 24 |
| 225 | 2 | 11 | 22 |
| 275 | 3 | 7 | 21 |
| 325 | 4 | 4 | 16 |
| 375 | 5 | 4 | 20 |
| 425 | 6 | 2 | 12 |
| 475 | 7 | 1 | 7 |
| 総　　数 | — | 200 | 43 |

$$\bar{y} = \frac{\sum fy}{\sum f} = \frac{43}{200} = 0.215$$

$$\bar{x} = c\bar{y} + x_0 = 50 \times 0.215 + 125$$
$$= 135.75 \text{ kWh}$$

**【例 2.4】**　表 2.3 の度数分布表から分散を求めるには，分散の定義式（2.11）を用いれば表 2.13 のようになるが，式（2.12）を用いれば表 2.14 のようにかなり簡単になる。

表 2.13　分散の計算（式（2.11）による）

| 級の中央値 $x'$ | 偏　差 $x'-\bar{x}$ | $(x'-\bar{x})^2$ | 度　数 $f$ | $f(x'-\bar{x})^2$ |
|---|---|---|---|---|
| kWh 25 | $-110.75$ | 12,265.5625 | 8 | 98,124.5000 |
| 75 | $-60.75$ | 3,690.5625 | 63 | 232,505.4375 |
| 125 | $-10.75$ | 115.5625 | 76 | 8,782.7500 |
| 175 | 39.25 | 1,540.5625 | 24 | 36,973.5000 |
| 225 | 89.25 | 7,965.5625 | 11 | 87,621.1875 |
| 275 | 139.25 | 19,390.5625 | 7 | 135,733.9375 |
| 325 | 189.25 | 35,815.5625 | 4 | 143,262.2500 |
| 375 | 239.25 | 57,240.5625 | 4 | 228,962.2500 |
| 425 | 289.25 | 83,665.5625 | 2 | 167,331.1250 |
| 475 | 339.25 | 115,090.5625 | 1 | 115,090.5625 |
| 計 | — | — | 200 | 1,254,387.5000 |

$$\bar{x} = 135.75$$

$$s^2 = \frac{1}{n}\sum f(x'-\bar{x})^2 = \frac{1}{200} \times 1,254,387.5 = 6,271.9375$$

$$s \doteqdot 79.20 \text{ kWh}$$

表 2.14 分散の計算（式 (2.12) による）

| 級の中央値 $x'$ | $x'^2$ | 度 数 $f$ | $fx'^2$ |
|---|---|---|---|
| 25 kWh | 625 | 8 | 5,000 |
| 75 | 5,625 | 63 | 354,375 |
| 125 | 15,625 | 76 | 1,187,500 |
| 175 | 30,625 | 24 | 735,000 |
| 225 | 50,625 | 11 | 556,875 |
| 275 | 75,625 | 7 | 529,375 |
| 325 | 105,625 | 4 | 422,500 |
| 375 | 140,625 | 4 | 562,500 |
| 425 | 180,625 | 2 | 361,250 |
| 475 | 225,625 | 1 | 225,625 |
| 計 | 831,250 | 200 | 4,940,000 |

$$\bar{x} = 135.75$$

$$s^2 = \frac{1}{n}\sum fx'^2 - \bar{x}^2 = \frac{1}{200} \times 4{,}940{,}000 - (135.75)^2$$

$$= 6{,}271.9375$$

$$s \fallingdotseq 79.20\,\text{kWh}$$

▶ 手計算のための簡便計算法

平均値の場合と同様に，式 (2.7) によって $x_k'$ を $y_k$ に 1 次変換すれば，分散の性質，式 (1.32) によって

$$s_y{}^2 = \frac{1}{c^2} s_x{}^2 \tag{2.13}$$

であるから，$x_k'$ よりも簡単な $y_k$ を用いて，分散 $s_y{}^2$ を

$$s_y{}^2 = \frac{1}{n}\sum f_k y_k{}^2 - \bar{y}^2 \tag{2.14}$$

によって求め，それから式 (2.13) によって $s_x{}^2$ を求めればさらに簡単になる。

【例 2.5】 表 2.13 あるいは表 2.14 の計算は表 2.15 のようにずっと簡単になる。ここで $c = 50$, $x_0 = 125$ である。

表2.15　分散の簡便法による計算

| $x'$ | $y$ | $y^2$ | $f$ | $fy$ | $fy^2$ |
|---|---|---|---|---|---|
| kWh 25 | $-2$ | 4 | 8 | $-16$ | 32 |
| 75 | $-1$ | 1 | 63 | $-63$ | 63 |
| 125 | 0 | 0 | 76 | 0 | 0 |
| 175 | 1 | 1 | 24 | 24 | 24 |
| 225 | 2 | 4 | 11 | 22 | 44 |
| 275 | 3 | 9 | 7 | 21 | 63 |
| 325 | 4 | 16 | 4 | 16 | 64 |
| 375 | 5 | 25 | 4 | 20 | 100 |
| 425 | 6 | 36 | 2 | 12 | 72 |
| 475 | 7 | 49 | 1 | 7 | 49 |
| 計 | — | — | 200 | 43 | 511 |

$$\bar{y} = \frac{43}{200} = 0.215$$

$$s_y^2 = \frac{1}{n}\sum fy^2 - \bar{y}^2 = \frac{1}{200}\times 511 - (0.215)^2$$
$$= 2.508775$$
$$s_x^2 = c^2 s_y^2 = 50^2 \times 2.508775 = 6,271.9375$$
$$s_x \fallingdotseq 79.20 \text{ kWh}$$

## 【練 習 問 題】

1)　ある工場の従業員の年齢が，20〜29歳，30〜39歳，40〜49歳，50〜59歳，60〜69歳という級からなる度数分布にグループ分けされた。

(a)　それぞれの級の代表値

(b)　級間隔

を示せ。

2)　次に示す表は，あるクラスの男子学生44人の体重の分布である。

(a)　それぞれの級限界

(b)　代表値

(c)　級間隔

を示せ。

| 体　重(kg) | 人　数(人) |
|---|---|
| 50〜54.9 | 3 |
| 55〜59.9 | 5 |
| 60〜64.9 | 12 |
| 65〜69.9 | 15 |
| 70〜74.9 | 5 |
| 75〜79.9 | 4 |

3) 測定値の総数が次のようなデータの度数分布を作るときに，最も適当な級の数はいくらか。スタージスの公式を用いて求めよ。

   (a)　100　　(b)　500　　(c)　1,000　　(d)　40,000

4) 150 個の測定値があり，最小の値は 5.18 で最大の値は 7.44 である。これらの測定値の度数分布を作るのに適当な分類の

   (a)　級間隔　　(b)　級限界　　(c)　級の代表値

を求めよ。

5) ある郵便局で，1 日に受け付けた小包の個数は 200 個で，それらの重量は最小値が 0.72 kg，最大値が 5.41 kg であった。これらの測定値をおよそ 10 の級の度数分布表にまとめるとき，適当な級限界を決めよ。

6) ある工場で製造されたボールベアリング 60 個の直径を測ったところ，次のようなデータを得た。これらの数字をおよそ 10 くらいの級の度数分布表にまとめよ。

（単位：cm）

| | | | | | |
|---|---|---|---|---|---|
| 1.845 | 1.820 | 1.863 | 1.833 | 1.835 | 1.832 |
| 1.829 | 1.837 | 1.836 | 1.830 | 1.832 | 1.837 |
| 1.843 | 1.836 | 1.842 | 1.832 | 1.835 | 1.831 |
| 1.840 | 1.835 | 1.840 | 1.836 | 1.827 | 1.846 |
| 1.840 | 1.824 | 1.828 | 1.839 | 1.834 | 1.838 |
| 1.841 | 1.833 | 1.838 | 1.834 | 1.832 | 1.835 |
| 1.838 | 1.842 | 1.825 | 1.845 | 1.836 | 1.829 |
| 1.831 | 1.836 | 1.833 | 1.848 | 1.852 | 1.834 |
| 1.826 | 1.839 | 1.834 | 1.827 | 1.836 | 1.825 |
| 1.837 | 1.835 | 1.832 | 1.848 | 1.860 | 1.850 |

7) 次の表は 1,000 人の学生の身長を cm までで示した度数分布表である。各級の代表値を示し，ヒストグラムに表わせ。

| $x$ | 155〜157 | 158〜160 | 161〜163 | 164〜166 | 167〜169 | 170〜172 |
|---|---|---|---|---|---|---|
| $f$ | 9 | 32 | 55 | 86 | 145 | 190 |

| $x$ | 173〜175 | 176〜178 | 179〜181 | 182〜184 | 185〜187 | 188〜190 |
|---|---|---|---|---|---|---|
| $f$ | 221 | 149 | 74 | 23 | 10 | 6 |

8)　下の表は，ある年1年間の80種類の月刊誌の発行部数の分布である。この分布のヒストグラムと度数折れ線を描け。

| 発行部数<br>（単位：千部） | 月刊誌数 |
|---|---|
| 100～199 | 1 |
| 200～299 | 1 |
| 300～399 | 3 |
| 400～499 | 4 |
| 500～599 | 3 |
| 600～649 | 5 |
| 650～699 | 7 |
| 700～749 | 30 |
| 750～799 | 18 |
| 800～849 | 8 |

9)　次の表は，ある50人のクラスでの統計学の試験の点数である。

| | | | | | | | | | |
|---|---|---|---|---|---|---|---|---|---|
| 73 | 65 | 82 | 70 | 45 | 50 | 70 | 54 | 32 | 75 |
| 75 | 67 | 65 | 60 | 75 | 87 | 83 | 40 | 72 | 64 |
| 58 | 75 | 89 | 70 | 73 | 55 | 61 | 68 | 89 | 93 |
| 43 | 51 | 59 | 38 | 65 | 71 | 75 | 85 | 65 | 85 |
| 49 | 97 | 55 | 60 | 76 | 75 | 69 | 35 | 45 | 63 |

これらの点数を 30～39, 40～49, 50～59, …, 90～99 という階級にグループ分けし，さらに累積度数分布表を作れ。

10)　ある大企業の経理部に所属する50人の従業員たちが，コンピュータ・プログラミングの集中コースを受講した。コースの中でいろいろな練習問題が課せられたが，これらのグループの人びとが満足できる結果を得た練習問題の数が次に示されている。

| | | | | | | | | | |
|---|---|---|---|---|---|---|---|---|---|
| 13 | 9 | 5 | 11 | 14 | 6 | 5 | 8 | 11 | 13 |
| 10 | 16 | 15 | 3 | 19 | 18 | 9 | 9 | 5 | 12 |
| 13 | 12 | 15 | 9 | 18 | 12 | 16 | 7 | 12 | 13 |
| 11 | 18 | 15 | 9 | 21 | 9 | 11 | 6 | 12 | 12 |
| 10 | 16 | 2 | 14 | 10 | 17 | 8 | 15 | 11 | 12 |

これらの数字を，2～4, 5～7, 8～10, …, 20～22 という階級をもつ表にまとめ，累積度数分布表を作れ。

11)　2個のサイコロを同時に投げるとき，6の目が何個出るかを考えると，0か1か2のいずれかである。2個のサイコロを同時に投げる実験を100回行ない，6の目の出た個数が0, 1, 2であったのがそれぞれ何回であったかを記録し，そのヒストグラムを描け。

12) 1枚の硬貨を5回投げ，その結果を，HとTを並べて（たとえば，HHTTH）表わすことにしよう。ここに，Hは"表"，Tは"裏"を示すものとする。このようなHとTからなる系列を得たうえで，1回投げるたびに表の出た回数が裏の出た回数をこえているかどうかを調べてみる。たとえば，HHTTHという系列については，最初投げた段階では表が多く，2回投げた段階でも，3回投げた段階でも表が多いが，4回投げた段階ではそうなってはおらず，5回投げた段階ではふたたび表が多い。結局，この系列では"4回表が多い"ことになる。この実験を50回繰り返し，表が多くなっている回数が0回，1回，2回，…，5回であるケースがそれぞれいくつあったかを示すヒストグラムを作ってみよ。

13) 練習問題2)のデータについて平均値および標準偏差を求めよ。

14) 下の表は，45人の学生が提出した英文レポートのつづりの誤りの数に関するデータである。これから学生1人のレポートについてのつづりの誤りの平均値および分散を求めよ。

| 誤りの個数 | レポートの数 |
|---|---|
| 0～ 4 | 4 |
| 5～ 9 | 12 |
| 10～14 | 17 |
| 15～19 | 6 |
| 20～24 | 3 |
| 25～29 | 2 |
| 30～34 | 0 |
| 35～39 | 1 |

15) 次の表は，150人の学生のとった数学の最終試験の点数の分布である。その平均値と標準偏差を求めよ。

| 点　　数 | 度　　数 |
|---|---|
| 0～19 | 17 |
| 20～39 | 45 |
| 40～59 | 53 |
| 60～79 | 27 |
| 80～99 | 8 |

**16）** ある50人のクラスでの英語の試験の点数の分布は次のとおりであった。

| 点　数 | 人　数 |
|:---:|:---:|
| 60 | 1 |
| 65 | 2 |
| 70 | 4 |
| 75 | 5 |
| 80 | 8 |
| 85 | 11 |
| 90 | 7 |
| 95 | 4 |
| 100 | 8 |
| 計 | 50 |

この結果から平均点および標準偏差を求め，100点をとった学生の偏差値を求めよ。

【本章末の練習問題の解答は 318～320 ページを見よ】

# 第*3*章　回帰と相関の分析

　本章では，統計的分析方法の中で最も応用範囲が広く，最もよく用いられる回帰分析と相関分析の考え方と方法について説明する。とくに，いろいろな分野で問題になる因果関係の分析に用いられる回帰分析は代表的な統計分析方法である。そしてそこでの基本的なポイントは，**回帰は条件つき平均である**ということ，そして**回帰分析は分散の分解である**ということである。

## *3.1*　回帰関係の意味

　表3.1は25人の男子大学生の体重を測定して得られたデータである。これから平均体重を計算してみると61.8 kgである。しかしデータを見ると，これらの25人の間で体重にはかなりのばらつきのあることがわかる。標準偏差を計算すると6.71 kgである。

表3.1　男子大学生25人の体重（kg）

| | | | | | | | | | |
|---|---|---|---|---|---|---|---|---|---|
| 62 | 71 | 53 | 78 | 59 | 54 | 62 | 60 | 62 | 60 |
| 50 | 66 | 69 | 63 | 62 | 65 | 53 | 52 | 60 | 67 |
| 70 | 67 | 56 | 68 | 56 | | | | | |

　ところで，これらの25人の学生は，体重だけでなく身長もそれぞれ異なっているであろう。そしてこれらの学生の間で体重が異なるのは，少なくともある程度は身長が異なることによるものであろうと考えられる。すなわち，一般に背が高ければ体重も重く，背が低ければ体重も軽いといえるだろう。そこで身長をも測定して体重と対比して示したものが表3.2である。

表 3.2　男子大学生 25 人の身長と体重

| 学　生 | 身長（cm） | 体重（kg） | 学　生 | 身長（cm） | 体重（kg） |
|---|---|---|---|---|---|
| 1 | 171 | 62 | 15 | 175 | 62 |
| 2 | 180 | 71 | 16 | 163 | 65 |
| 3 | 169 | 53 | 17 | 163 | 53 |
| 4 | 173 | 78 | 18 | 162 | 52 |
| 5 | 173 | 59 | 19 | 167 | 60 |
| 6 | 163 | 54 | 20 | 170 | 67 |
| 7 | 168 | 62 | 21 | 173 | 70 |
| 8 | 176 | 60 | 22 | 170 | 67 |
| 9 | 173 | 62 | 23 | 170 | 56 |
| 10 | 174 | 60 | 24 | 175 | 68 |
| 11 | 164 | 50 | 25 | 170 | 56 |
| 12 | 171 | 66 | | | |
| 13 | 172 | 69 | 平　均 | 170.3 | 61.8 |
| 14 | 172 | 63 | | | |

　表 3.2 を見ると，確かに身長が高い人は必ずではないが概して体重が重く，身長が低い人はこれも必ずではないが概して体重が軽いということがわかる。しかし個々の人について見ると，身長が高くとも体重は比較的軽い人（たとえば 5 番の人）もあり，逆に身長が低くとも体重の重い人（たとえば 16 番の人）もいる。いいかえると，身長が高い人は平均的に体重が重く，身長が低い人は平均的に体重が軽いのである。このように，異なった身長に対して異なった平均体重が対応するという関係を，身長に対する体重の回帰関係という。たとえば身長から 100 とか 105 を引いたものが標準的な体重であるというようなことが，しばしばいわれるが，それは回帰関係を意味している。

　一般に，2 つの変量 $x$ および $y$ があるとき，$x$ の一定の値に対応する $y$ の平均値のことを，$y$ の $x$ についての条件つき平均値（conditional mean）といい，いまそれを $\bar{y}_x$ と書き表わすことにする。たとえば身長 $x$ cm の人の平均体重を $\bar{y}_x$ kg と書くということである。この条件つき平均値 $\bar{y}_x$ は，一般に条件となる $x$ の値が異なれば異なるから，$x$ の関数であるといえる。そこで，

$$\bar{y}_x = f(x) \tag{3.1}$$

と書き表わすことができる。この式（3.1）のような関係を回帰関係（regression relation）といい，$\bar{y}_x$ を $\boldsymbol{x}$ に対する $\boldsymbol{y}$ の回帰（regression of $y$ on $x$）という。たとえば，身長から 105 を引けば標準（平均）的体重であるということは，

$$\bar{y}_x = x - 105 \tag{3.2}$$

という回帰関係を考えているのである。

▶ 回帰関係式（3.1）は $x$ の値に対して $y$ の値が**平均的に**決まる関係を表わすものであるのに対し，$x$ の値に対して $y$ の値が $1$ つの値に**正確に**決まる関係，すなわち，

$$y = f(x) \tag{3.3}$$

は**関数関係**（functional relation）である。たとえば摂氏の気温 $x$ に対する華氏の気温 $y$ の関係，

$$y = 32 + \frac{9}{5}x \tag{3.4}$$

は関数関係である。

回帰関係式（3.1）における関数 $f$ のかたちとしては一般にいろいろなものが考えられるが，最もよく用いられるのは直線を表わす線形式（1次式）である。すなわち，

$$\bar{y}_x = a + bx \qquad a, b : 定数 \tag{3.5}$$

である。これを**線形回帰**（linear regression），あるいは回帰直線という。たとえば式（3.2）は，式（3.5）で

$$a = -105, \quad b = 1$$

の場合である。これに対して式（3.1）に $x$ の非線形式が用いられるとき，それを**非線形回帰**（nonlinear regression）という[注]。また回帰関係を定めるパラメータ，たとえば式（3.5）における $a$ および $b$ を**回帰パラメータ**（regression parameter）という。

【**例 3.1**】　表 3.3 は，ある年の夏の 10 週間について，ある清涼飲料会社の営業所の週間出荷量（$y$）とその週の平均日中最高気温（$x$）とを調べたものである。

表3.3　清涼飲料出荷量と気温

| 週間出荷量 $y$（年間週平均＝100） | 238 | 220 | 255 | 268 | 275 | 263 | 240 | 235 | 230 | 212 |
|---|---|---|---|---|---|---|---|---|---|---|
| 平均日中最高気温 $x$ | 29 | 27 | 30 | 31 | 32 | 33 | 30 | 30 | 28 | 27 |

（注）　たとえば，身長との関係で太りすぎかどうかを判断する指標としてよく使われるものに BMI（body mass index）と呼ばれるものがあるが，それは身長 $x$（メートル単位での数字）と体重 $y$（キログラム単位）とから $y/x^2$ を計算するもので，日本肥満学会の基準では，統計的に最も病気にかかりにくい 22 を標準として 25 以上が肥満とされている。ここでは $y = 22x^2$ という 2 次式の非線形関係が考えられている。

これを見ると，平均日中最高気温が高い週には出荷量は概して多く，気温が低い週には出荷量が概して少ないことがわかる。

　以上のように，回帰関係は変数 $x$ が変数 $y$ の平均値を決定するという関係であるが，ここで変数 $x$ を**回帰変数**（regressor），変数 $y$ を**被回帰変数**（regressand）という。また，多くの場合，$x$ が原因で $y$ が結果であるという因果関係として回帰関係を考えることもできるので，$x$ を**原因変数**，$y$ を**結果変数**と呼ぶこともある。私たちは世の中におけるさまざまな現象について因果関係を考え，あるいは問題にすることがきわめて多いが，以上のような回帰関係の分析，すなわち**回帰分析**（regression analysis）はそこで広く用いられ役立っているのである。

## *3.2*　回帰関係の計算

### *3.2.1*　最小2乗法と正規方程式

　以上で回帰の概念と考え方は明らかになったので，次の問題は，$x$ および $y$ についてのデータが与えられた場合，どのようにして回帰を計算するかということである。以下ここでは線形回帰の場合について考えてみる。前述したように，回帰は条件つき平均である。そこで $y$ の（条件のつかない）平均値として算術平均 $\bar{y}$ が偏差の2乗の和，

$$S(a) = \sum_{i=1}^{n} (y_i - a)^2 \tag{3.6}$$

を最小にするような $a$ の値として求められる（18ページを見よ）ことに注意すれば，$x$ に対する $y$ の線形回帰を求めるには，$x$ についての $y$ の条件つき平均値 $\bar{y}_x$ を式（3.5）のように線形式として，その条件つき平均値からの各 $y_i$ の偏差の2乗の和，

$$S(a, b) = \sum_{i=1}^{n} [y_i - (a + bx_i)]^2 \tag{3.7}$$

を最小にするように $a$ および $b$ の値を決定するという方法が考えられる。式（3.6）においては偏差の2乗の和（平方和）$S$ をただ1つのパラメータ $a$ の関数とみなしてその最小化を考え，$a$ の値を決めるのであるが，式（3.7）においては，偏差平方和を回帰直線のパラメータ $a$（回帰直線のグラフの切片，グラ

図3.1　最小 2 乗法

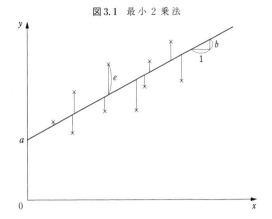

フの縦軸と交わる点）および $b$（回帰直線の傾斜）の関数とみなしてその最小化を考えるのである。このように偏差平方和（3.7）を最小にするようにパラメータ $a$ および $b$ の値を決定する方法を**最小 2 乗法**（least squares method）という（18 ページの式（1.20）から $a$ を求めるのも最小 2 乗法である）。

　最小 2 乗法の計算について述べるまえに，その考え方をグラフで説明しておこう。与えられたデータを $x$-$y$ 平面にプロットするとき，各データに対応する各点は必ずしも一直線上に並ばない。回帰直線としてはそれらの点の集まりに最もよくあてはまる直線を定めようと考えるのが自然であろう。すなわち，直線からの各点のはずれが全体として一番小さくなるように（点の集まりの中心を通るように）直線を引こうとするのであり，そのために最小 2 乗法は，各点とその直線との縦軸（$y$ 軸）方向に測った距離 $e$ の 2 乗の和が最小になるように直線の位置を定めようとするものである（図3.1を見よ）。

▶　回帰関係式（3.5）は，$x$ の値が与えられたとき，それにもとづいて $y$ の値を推定するために用いることができる。すなわち，$y_i$ の推定のために，$\bar{y}_{x_i} = a + bx_i$ を用いるわけであるが，このとき推定の誤差，

$$e_i = y_i - \bar{y}_{x_i} = y_i - (a + bx_i) \tag{3.8}$$

を平均的に最小化しようと考え，この誤差の平均値として平方平均の平方根（RMS）を用いたものが最小 2 乗法であるということができる。

　さて，式（3.7）で与えられる $S(a, b)$ を $a$ および $b$ について最小にするには，その必要条件として，$S(a, b)$ をそれぞれ $a$ および $b$ で微分（$S$ は 2 変数の

関数であるから正確には偏微分）したものが0に等しくなければならない。すなわち，

$$\frac{\partial S(a,b)}{\partial a} = \sum_i 2[y_i - (a + bx_i)](-1) = 0 \qquad (3.9)$$

$$\frac{\partial S(a,b)}{\partial b} = \sum_i 2[y_i - (a + bx_i)](-x_i) = 0 \qquad (3.10)$$

である。式（3.9）および式（3.10）はそれぞれ，

$$\sum_i [y_i - (a + bx_i)] = \sum_i e_i = 0 \qquad (3.11)$$

$$\sum_i [y_i - (a + bx_i)]x_i = \sum_i e_i x_i = 0 \qquad (3.12)$$

となる。

　式（3.11）および式（3.12）を整理すれば次の2式が得られる。

$$na + b\sum_i x_i = \sum_i y_i \qquad (3.13)$$

$$a\sum_i x_i + b\sum_i x_i^2 = \sum_i x_i y_i \qquad (3.14)$$

　ここで $n$ はデータ数であり，データの合計（和）$\sum x$, $\sum y$, データの2乗の合計（平方和）$\sum x^2$, データの積の合計（積和）$\sum xy$ はデータから計算されるものであるから，それらの値を入れた式（3.13），（3.14）は未知数 $a$ および $b$ についての連立1次方程式であり，これを解けば $a$, $b$ の値が求められる。式（3.13），（3.14）は回帰方程式（3.5）のパラメータ $a$, $b$ を求めるための**正規方程式**（normal equations）と呼ばれる。

### 3.2.2　正規方程式の意味するもの

　次に正規方程式の計算についての説明に入るが，その前にここで著者がとくに強調しておきたいことは，計算方法だけでなく，最小2乗法で求められる正規方程式がどんなことを意味しているかを正しく理解することがきわめて重要であるということである。その説明のために用意されたものが図3.2である。

　まず，最小2乗法から導き出される2つの方程式（3.11）および（3.12）は，$x$ に対する $y$ の回帰（$x$ についての条件つきの $y$ の平均）を最も良く表わす直線のパラメータの値 $a$ および $b$ が満たさなければならない2つの条件を示したものである。その第1の条件である式（3.11）の $\sum_i e_i = 0$ は，「**回帰からの偏**

差 $e$ の合計は 0 である」ことを表わしており，これは第 1 章で説明した算術
平均についての式（1.18）（17 ページ）に相当するものである。これは回帰直
線から上にはずれているデータのプラスの $e$ と，下にはずれているデータの
マイナスの $e$ とが全体では消し合って合計は 0 になるということである。ま
た，式（3.11）から導き出される式（3.13）の両辺を $n$ で割ったものは，

$$\bar{y} = a + b\bar{x} \tag{3.15}$$

となるから，$x$ が $\bar{x}$ のときは $y$ は $\bar{y}$ であること，すなわち回帰直線はグラフ
上必ず点 $(\bar{x}, \bar{y})$ を通ることを示している。以上は最小 2 乗法で求められる
回帰直線はデータ全体の中央部を通るということの 1 つの意味である。

　しかし点 $(\bar{x}, \bar{y})$ を通るという条件を満たす直線は，その点を通ればどんな
傾斜の直線でもよいのであるから，無数にある。図 3.2 はそのことを示した
もので，図の（A），（B），（C）に例示した 3 つの直線はいずれも点 $(\bar{x}, \bar{y})$ を
通り，プラスの $e$ とマイナスの $e$ とが全体で消し合っている。しかし，明ら
かに（A）と（B）では回帰直線がデータ全体の中央部を通っているとはいえ
ないであろう。

　そこで第 2 の条件として，もう 1 つの正規方程式（3.12）がある。それは
「回帰からの偏差 $e_i$ とそれに対応する回帰変数 $x_i$ との積の合計は 0 である」
ことを表わしている。この条件は図 3.2 の（A）と（B）の場合には満たされ
ない。（A），（B）どちらの場合も，グラフの中央から右の方（$x$ の値が大きい方）
では偏差 $e$ はプラスのものが多く，左の方（$x$ の値が小さい方）では偏差 $e$ は

図 3.2　正規方程式の意味の図解

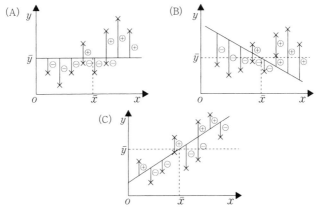

マイナスのものが多いから，$e$ と $x$ との積の合計はプラスの $e$ に大きな $x$ の値がかかり，マイナスの $e$ には小さな $x$ の値がかかって合計されるので，全体としてはプラスの $ex$ とマイナスの $ex$ とが消し合わないから，合計は 0 にならずプラスになってしまう。これに対して（C）の場合には $x$ の値が大きいグラフの右の方にも $x$ の値が小さい左の方にもプラスの $e$ とマイナスの $e$ とが混じっているからプラスの $ex$ とマイナスの $ex$ とがうまく消し合って合計が 0 になりうるのである。なおこの式（3.12）は「**回帰からの偏差 $e$ と回帰変数 $x$ とは直交する**」（ベクトルの直交の意味で）ともいわれる関係である。

以上から，データ全体の中央部を通る直線を求めるには式（3.11）と式（3.12）の 2 つの条件がともに満たされなければならず，それは（C）の場合の 1 本しかないのである。

### 3.2.3　正規方程式の計算

ここで正規方程式の計算法について述べる。そのための計算表（手計算のとき）としては表 3.4 のようなものを作ればよい。この表の最下欄に式（3.13）および（3.14）の正規方程式の中に現われるいろいろな和が求められる。なお，ここでは最後に $y^2$ の和 $\sum y^2$ も計算されているが，これは正規方程式の計算に関する限りは不要であるが，後に決定係数（次に説明する）の計算で必要になるので，あらかじめ計算しておく。

表 3.4　回帰の計算表

| | $x$ | $y$ | $x^2$ | $xy$ | $y^2$ |
|---|---|---|---|---|---|
| | $x_1$ | $y_1$ | $x_1{}^2$ | $x_1 y_1$ | $y_1{}^2$ |
| | $x_2$ デ | $y_2$ | $x_2{}^2$ | $x_2 y_2$ | $y_2{}^2$ |
| | $x_i$ ー | $y_i$ | $x_i{}^2$ | $x_i y_i$ | $y_i{}^2$ |
| | $x_n$ タ | $y_n$ | $x_n{}^2$ | $x_n y_n$ | $y_n{}^2$ |
| 計 | $\sum x$ | $\sum y$ | $\sum x^2$ | $\sum xy$ | $\sum y^2$ |

【例 3.2】　表 3.2 の身長 $x$ および体重 $y$ のデータについて線形回帰を計算してみよう。

表 3.4 にならって計算表（表 3.5）を作り，それから式（3.13）および（3.14）の正規方程式を求めると，

表3.5 身長に対する体重の回帰の計算表

| $x$（身長） | $y$（体重） | $x^2$ | $xy$ | $y^2$ |
|---|---|---|---|---|
| cm<br>171 | kg<br>62 | 29,241 | 10,602 | 3,844 |
| 180 | 71 | 32,400 | 12,780 | 5,041 |
| 169 | 53 | 28,561 | 8,957 | 2,809 |
| 173 | 78 | 29,929 | 13,494 | 6,084 |
| 173 | 59 | 29,929 | 10,207 | 3,481 |
| 163 | 54 | 26,569 | 8,802 | 2,916 |
| 168 | 62 | 28,224 | 10,416 | 3,844 |
| 176 | 60 | 30,976 | 10,560 | 3,600 |
| 173 | 62 | 29,929 | 10,726 | 3,844 |
| 174 | 60 | 30,276 | 10,440 | 3,600 |
| 164 | 50 | 26,896 | 8,200 | 2,500 |
| 171 | 66 | 29,241 | 11,286 | 4,356 |
| 172 | 69 | 29,584 | 11,868 | 4,761 |
| 172 | 63 | 29,584 | 10,836 | 3,969 |
| 175 | 62 | 30,625 | 10,850 | 3,844 |
| 163 | 65 | 26,569 | 10,595 | 4,225 |
| 163 | 53 | 26,569 | 8,639 | 2,809 |
| 162 | 52 | 26,244 | 8,424 | 2,704 |
| 167 | 60 | 27,889 | 10,020 | 3,600 |
| 170 | 67 | 28,900 | 11,390 | 4,489 |
| 173 | 70 | 29,929 | 12,110 | 4,900 |
| 170 | 67 | 28,900 | 11,390 | 4,489 |
| 170 | 56 | 28,900 | 9,520 | 3,136 |
| 175 | 68 | 30,625 | 11,900 | 4,624 |
| 170 | 56 | 28,900 | 9,520 | 3,136 |
| 計 4,257 | 1,545 | 725,389 | 263,532 | 96,605 |

$$25a + 4{,}257b = 1{,}545 \tag{3.16}$$

$$4{,}257a + 725{,}389b = 263{,}532 \tag{3.17}$$

という連立方程式が得られ，これを解いて，

$$a = -89.123 \qquad b = 0.886$$

$$\bar{y}_x = -89.123 + 0.886x \tag{3.18}$$

が得られる。この係数 $b$ の値により，身長 $x$ が1cm高くなると，体重 $y$ は平均的に 0.886 kg 増えるということがわかる。なお，式（3.18）はおおよそ $a \fallingdotseq -90, b \fallingdotseq 0.9$ であるから，

$$\bar{y}_x \fallingdotseq -90 + 0.9x = 0.9(x - 100) \tag{3.19}$$

となる。これは，常識的ないい方にするとおおよそ「身長から100を引いて9割にしたものが標準的な体重である」ということになる。

〔**問 3.1**〕　表 3.3 のデータについて，回帰方程式を求めよ。

## 3.3　決定係数と相関係数

### 3.3.1　決定係数と相関係数の意味

身長に対する体重の回帰の例で，人の間で体重が異なるのは少なくともある程度は身長が異なることによると考えたわけであるが，それではその程度はどれくらいであるかということが問題になる。一般に，変量 $y$ が異なった値をとるのはある程度変量 $x$ が異なった値をとることによると考えられるとき，その程度はどれくらいかという問題である。いいかえると，$x$ の差異あるいは変化が $y$ の差異あるいは変化をどの程度決定しているか，原因 $x$ の変動が結果 $y$ の変動をどれくらい決めているかということである。この問題は次のように考えることができる。

説明のためにひきつづき体重 $y$ と身長 $x$ の例を用いる。いま $n$ 人の人がいるとき，身長に差異があることは考慮せずにこれらの人の間で体重にどれくらい差異があるかを測定する尺度は，体重の分散，

$$s_y{}^2 = \frac{1}{n} \sum_{i=1}^{n} (y_i - \bar{y})^2 \tag{3.20}$$

あるいは標準偏差 $s_y$ である。前節の 25 人の男子大学生の場合には $s_y{}^2 = 44.96$，したがって $s_y \doteqdot 6.71$ であった。しかしこのような人による差異のうち少なくともある部分は身長が異なるためと考えられるので，身長が同じ人の間での差異を考えるために，$s_y{}^2$ ではなく，

$$s_{y \cdot x}{}^2 = \frac{1}{n} \sum_{i=1}^{n} (y_i - \bar{y}_{x_i})^2 \tag{3.21}$$

を用いることができる。ここで $\bar{y}_{x_i}$ は身長 $x = x_i$ に対応する平均体重であり，したがって式 (3.21) では，第 $i$ 番目の人の体重の偏差を，すべての人の平均体重 $\bar{y}$ ではなく，その人の身長に見合った平均体重 $\bar{y}_{x_i}$，すなわち，その人と同じ身長をもつ人の標準的体重からの偏差として求めているのである。そこで $s_{y \cdot x}{}^2$ は，身長 $x$ の差異を考慮した後でなお人によって体重 $y$ にどれくらいの差異（分散）があるかを示す尺度である。いいかえると，それは身長が同じ人の間でも体重にどれくらい分散があるかを示すものであるから，身長

$x$ の差異によるものとは考えられない（$x$ によっては説明されない）体重 $y$ の分散である。いま $\bar{y}_x$ として線形回帰を考えれば，$s_{y \cdot x}{}^2$ は次のようになる。

$$s_{y \cdot x}{}^2 = \frac{1}{n} \sum_{i=1}^{n} [y_i - (a + bx_i)]^2 \tag{3.22}$$

$x$ の差異を考慮した後の $y$ の分散 $s_{y \cdot x}{}^2$ は，当然もとの $y$ の分散 $s_y{}^2$ よりも小さい（大きくはない）。たとえば，身長がいろいろと異なる人の間での体重の差異よりも，身長が同じ人の間での体重の差異の方が当然小さい。したがって，

$$s_{y \cdot x}{}^2 \leq s_y{}^2 \tag{3.23}$$

である。そこで

$$s_r{}^2 = s_y{}^2 - s_{y \cdot x}{}^2 \tag{3.24}$$

という尺度について考えてみると，$s_r{}^2$ はマイナスになることはない。そしてそれは身長 $x$ の差異を考えずに測定した体重 $y$ の分散 $s_y{}^2$ が，身長を考慮したことによってどれだけ減少したかを表わしている。いいかえると，$s_r{}^2$ は $s_y{}^2$ のうち $x$ によって説明あるいは決定される部分の大きさを表わしていると考えることができる。そこでこの $s_r{}^2$ を $s_y{}^2$ に対する比率で表わしたもの（それを $r^2$ と書く），すなわち，

$$r^2 = \frac{s_r{}^2}{s_y{}^2} = \frac{s_y{}^2 - s_{y \cdot x}{}^2}{s_y{}^2} = 1 - \frac{s_{y \cdot x}{}^2}{s_y{}^2} \tag{3.25}$$

を用いれば，**$y$ の分散のうち $x$ によって説明（決定）される部分の割合**を測定することができる。その意味で，この $r^2$ は**決定係数**（coefficient of determination）と呼ばれる。この $r^2$ の値はマイナスになることはなく，また 1 より大きくなることもないから

$$0 \leq r^2 \leq 1 \tag{3.26}$$

である。そして $r^2 = 0$ であることは $s_{y \cdot x}{}^2 = s_y{}^2$ であることと同じであり，$x$ の差異を考慮しても $y$ の分散が少しも減少しないこと，すなわち $x$ が $y$ をまったく決定しないことを表わしている。これに対して $r^2 = 1$ であることは $s_{y \cdot x}{}^2 = 0$ であることと同じであり，これは式（3.22）から，すべての $i$ について ［ ］ 内の値が 0 であること，したがって $y_i = a + bx_i$ が正確に成り立つこと，すなわち $y$ が $x$ の 1 次式で完全に決定されることを意味している。以上から，$r^2$ の大きさは $x$ が $y$ を決定する程度を 0 と 1 の間の数値で表わしてい

ると考えられる。

　ところで，$r^2$ は分散すなわちもとのデータの2乗の次元で表わされていることから，もとの次元の量にするためにその平方根をとったもの

$$r = \pm\sqrt{r^2} \tag{3.27}$$

を考えたとき，これを**相関係数**（correlation coefficient）という。ただし $r$ の符号は回帰係数 $b$ の符号によってつける。これは $y$ と $x$ の変化が同じ方向（$x$ が大きくなると $y$ も大きくなる）のものであるかどうか（平均的に）を示すものであり，同方向のものであれば**正の相関**あるいは**順相関**，逆方向のものであれば**負の相関**あるいは**逆相関**という。したがって，

$$-1 \leq r \leq +1 \tag{3.28}$$

である。体重 $y$ と身長 $x$ の場合には，身長が高い（低い）人ほど平均的には体重も重く（軽く）なるから $b$ はプラス，すなわち正の相関になる。

　**【例 3.3】**　【例 3.2】について決定係数および相関係数を求めてみよう。なお $s_{y \cdot x}{}^2$ の計算法は後に説明する（72〜73 ページ）。

　　$s_y{}^2 = 44.96$，$s_{y \cdot x}{}^2 = 32.43$（73 ページ【例 3.4】を見よ）であるから，$r^2 = 1 - 32.43/44.96 \doteqdot 0.279$ であり，体重の分散のうち約 28％ が身長の差異によって説明されるということになる。相関係数は $+\sqrt{0.279} \doteqdot +0.528$ である。

　さて式（3.24）は，

$$s_y{}^2 = s_r{}^2 + s_{y \cdot x}{}^2 \tag{3.29}$$

と書くことができる。これは $y$ の分散 $s_y{}^2$ が，$x$ によって説明される部分 $s_r{}^2$ と，$x$ によっては説明できない部分 $s_{y \cdot x}{}^2$ とに分解されること（**分散 $s_y{}^2$ の分解**）を意味している。このような分解は，個々のデータについて平均値からの偏差（これを（A）とする）を分解することから出発して導くこともできる。すなわち，平均値からの偏差 $y_i - \overline{y}$（$i = 1, 2, \cdots, n$）を次のように2つの部分（B）と（C）とに分解する。

$$\underbrace{y_i - \overline{y}}_{\text{(A) 偏差}} = \underbrace{\overline{y}_{x_i} - \overline{y}}_{\substack{\text{(B) } x \text{ によって} \\ \text{説明される部分}}} + \underbrace{y_i - \overline{y}_{x_i}}_{\substack{\text{(C) } x \text{ によっては} \\ \text{説明されない部分}}} \tag{3.30}$$

これは偏差 $y_i - \overline{y}$ を，（B）$x$ によって説明される部分，すなわち $x_i$ に対する $y$ の平均値 $\overline{y}_{x_i}$ が全体の平均値 $\overline{y}$ からどれだけ隔たっているかを表わす部分と，（C）$x$ によっては説明されない部分，すなわち，$y_i$ が $\overline{y}_{x_i}$ からどれだけ隔たっているかを表わす部分とに分解したものである。$y_i$ が $\overline{y}$ から隔たって

図 3.3　偏差 $y_i - \bar{y}$ の分解

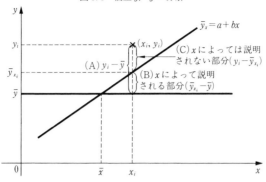

いるのは，少なくともある部分は $x_i$ が $\bar{x}$ から隔たっているためであり，その部分を表わすものが（B）である。したがって，$x_i = \bar{x}$ の場合には（B）の部分は 0 になると考えられる。実際，線形回帰の場合について見ると，式（3.15）により $\bar{y} = a + b\bar{x}$ であるから，$x = \bar{x}$ のときは $\bar{y}_x = \bar{y}_{\bar{x}} = \bar{y}$ であり，したがって式（3.30）の（B）の部分は 0 となる。

　図 3.3 は式（3.30）の関係を示したものであり，そこにはデータ $y_i$ の $\bar{y}$ からの偏差（A）が，データ $y_i$ に対応する回帰直線上の点 $\bar{y}_{x_i}$ の $\bar{y}$ からの偏差（B）と，データ $y_i$ の $\bar{y}_{x_i}$ からの偏差（C）とに分解されることが示されている。

　式（3.30）は個々のデータについての偏差の分解であるが，この関係は，最小 2 乗法により求めた $a, b$ を用いるとき，偏差の平方和についても成立することが証明される。すなわち，

$$\sum_{i=1}^{n}(y_i - \bar{y})^2 = \sum_{i=1}^{n}(\bar{y}_{x_i} - \bar{y})^2 + \sum_{i=1}^{n}(y_i - \bar{y}_{x_i})^2 \tag{3.31}^{(注)}$$

---

（注）
$$\sum(y_i - \bar{y})^2 = \sum[(y_i - \bar{y}_{x_i}) + (\bar{y}_{x_i} - \bar{y})]^2$$
$$= \sum[(y_i - \bar{y}_{x_i})^2 + (\bar{y}_{x_i} - \bar{y})^2 + 2(y_i - \bar{y}_{x_i})(\bar{y}_{x_i} - \bar{y})]$$
$$= \sum(y_i - \bar{y}_{x_i})^2 + \sum(\bar{y}_{x_i} - \bar{y})^2 + 2\sum(y_i - \bar{y}_{x_i})(\bar{y}_{x_i} - \bar{y})$$

ここで線形回帰 $\bar{y}_x = a + bx$ を用いると，最終辺の第 3 項は 0 となることが次のように証明される。すなわち，

$$\sum(y_i - \bar{y}_{x_i})(\bar{y}_{x_i} - \bar{y}) = \sum[y_i - (a + bx_i)][(a + bx_i) - \bar{y}]$$
$$= a\sum[y_i - (a + bx_i)] + b\sum[y_i - (a + bx_i)]x_i - \bar{y}\sum[y_i - (a + bx_i)]$$

ここで上記 3 つの項のうち第 1 項および第 3 項の中の和は回帰からの偏差の和であり，式（3.11）により 0，第 2 項の中の和は回帰からの偏差と $x$ との積の和であり，式（3.12）により 0 である。

そして式 (3.31) の両辺を $n$ で割れば左辺は $y$ の分散 $s_y{}^2$ であり，右辺の第1項は $y$ の分散のうち $x$ によって決定（説明）される分散 $s_r{}^2$，第2項は $x$ によっては決定（説明）されない分散 $s_{y\cdot x}{}^2$ となるから，(3.29) が得られる。

### 3.3.2　2乗（分散）の次元で考えるのが便利

式 (3.29) および (3.31) は，式 (3.30) の偏差の分解は2乗の次元（分散）にして考える方が便利であることを示している。それは図 3.4 のように，直角3角形の3辺についての有名なピタゴラスの定理と対比してみるとわかりやすい。図の左側のピタゴラスの定理で，直角3角形の辺の長さについて1乗の次元では成り立たないこと（A≠B+C）が，2乗の次元では成り立つ（$A^2 = B^2 + C^2$）のと同様に，右側の偏差の和の分解においても，1乗の次元では成り立たないこと（$s_y \neq s_r + s_{y\cdot x}$）が，2乗の分散の次元では成り立つ（$s_y{}^2 = s_r{}^2 + s_{y\cdot x}{}^2$）のである。

図 3.4　ピタゴラスの定理と分散の分解（2乗の和についても成り立つ）

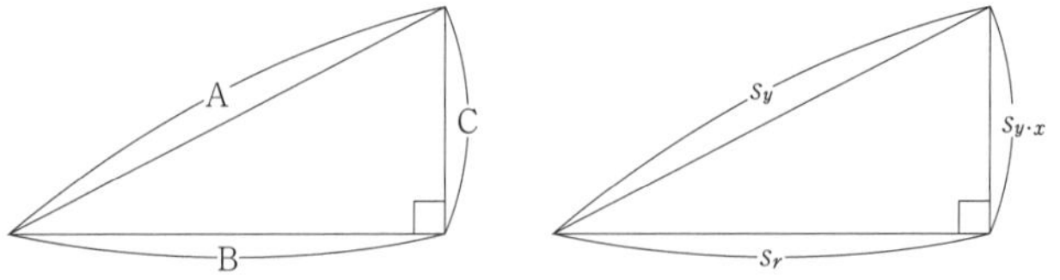

ピタゴラスの定理
$A^2 = B^2 + C^2$
A≠B+C

分散の分解
$s_y{}^2 = s_r{}^2 + s_{y\cdot x}{}^2$
$s_y \neq s_r + s_{y\cdot x}$

### 3.3.3　決定係数と相関係数の計算

決定係数の計算のためには，式 (3.22) の $s_{y\cdot x}{}^2$ を計算するのに，回帰からの偏差の2乗和を次の式によって計算するのが便利である。

$$ns_{y\cdot x}{}^2 = \sum_i [y_i - (a + bx_i)]^2$$
$$= \sum_i y_i{}^2 - (a\sum_i y_i + b\sum_i x_i y_i) \qquad (3.32)^{(注)}$$

この式 (3.32) は分散の計算における計算式 (1.34) に対応するものであり，きわめて重要な計算式である。これによれば，個々のデータ $y_i$ について回帰からの偏差をいちいち求める必要はなく，回帰方程式を求めるための正規方

程式のための計算表においても，$y_i$ の2乗和 $\sum_i y_i^2$ の計算を追加的に行なっておくだけで，式 (3.32) により計算ができる。

この計算式 (3.32) は，実はきわめて重要な一般的な計算ルールの1つのケースであるが，そのルールを言葉で表現すると次のようになる。すなわち

**回帰からの偏差の2乗和**

**＝ 従属変数の2乗和 −〔(回帰方程式のパラメータの値**

**× 対応する正規方程式の右辺の値) のパラメータ全**

**部についての和〕**　　　　　　　　　　　　　　　(3.33)

である。式 (3.32) で，右辺カッコ内の $\sum_i y_i$ は $a$ に対応する正規方程式 (3.13) の右辺であり，$\sum_i x_i y_i$ は $b$ に対応する正規方程式 (3.14) の右辺であることに注意すれば，式 (3.33) のルールが理解できるであろう。表3.4の回帰の計算表で正規方程式の中には現われない $\sum y^2$ の値を計算しておくのはここでその値を使うからである。

【例3.4】【例3.3】について $s_{y\cdot x}{}^2$ および $s_{y\cdot x}$ を求めてみよう。

表3.5で計算された諸数値および式 (3.18) の $a$，$b$ の値を使い，式 (3.32) から，

$$s_{y\cdot x}{}^2 = \frac{1}{25}[96,605 - ((-89.123) \times 1,545 + 0.886 \times 263,532)]$$

$$\doteqdot 32.43$$

したがって $s_{y\cdot x} \doteqdot 5.69$ である。

〔問3.2〕〔問3.1〕について，$s_{y\cdot x}{}^2$ と決定係数を計算せよ。

### ▶ 3.3.4　$x$ に対する $y$ の回帰と $y$ に対する $x$ の回帰

これまでは $x$ に対する $y$ の回帰について説明してきたが，ここで形式的に $x$ と $y$ とを入れかえて，$y$ に対する $x$ の回帰，すなわち $y$ についての条件つきの $x$ の平均（これを $\bar{x}_y$ と書く）を考えてみよう。ここでも線形回帰として

---

(注)　式 (3.32) は次のように証明される。

$$\sum[y_i - (a+bx_i)]^2 = \sum[y_i - (a+bx_i)][y_i - (a+bx_i)]$$
$$= \sum[y_i - (a+bx_i)]y_i - a\sum[y_i - (a+bx_i)] - b\sum[y_i - (a+bx_i)]x_i$$

ここで右辺の第2項中の和は式 (3.11) により0，第3項中の和は式 (3.12) により0であるから，右辺は第1項のみが残り，それを整理すれば式 (3.32) が得られる。

$$\overline{x}_y = a' + b'y \tag{3.34}$$

を考える。これと式 (3.5) を書き直した

$$x = -\frac{a}{b} + \frac{1}{b}\overline{y}_x \tag{3.35}$$

とを比較すると，$b'$ は $1/b$ に対応するわけであるが，式 (3.34) について最小2乗法で求めた $b'$ と $1/b$ とは等しくならない。

　そのことを確かめるために，まず正規方程式 (3.13) および (3.14) において $a$ を消去するために，(3.14) に $n$ を掛けたものから (3.13) に $\sum x$ を掛けたものを引いて $b$ を求めると，

$$b = \frac{n\sum xy - \sum x \sum y}{n\sum x^2 - (\sum x)^2} \tag{3.36}$$

となる。ここでこの式の分母および分子を $n^2$ で割ると，分母は

$$\frac{1}{n}\sum x^2 - \left(\frac{\sum x}{n}\right)^2 = \frac{1}{n}\sum x^2 - \overline{x}^2 = s_x{}^2$$

となり，分子は

$$\frac{1}{n}\sum xy - \frac{\sum x}{n}\frac{\sum y}{n} = \frac{1}{n}\sum xy - \overline{x}\,\overline{y} = \frac{1}{n}\sum(x-\overline{x})(y-\overline{y})$$

となる（この証明は本章末 90 ページの練習問題 16) を見よ）。ここで $\frac{1}{n}\sum(x-\overline{x})(y-\overline{y})$ は $x$ と $y$ との**共分散**といい，$s_{xy}$ で表わす。したがって式 (3.36) は

$$b = \frac{s_{xy}}{s_x{}^2} \tag{3.37}$$

となる。そこで $b'$ はこの式 (3.37) で $x$ と $y$ とが入れかわった回帰の係数であり，その分子は $s_{xy} = s_{yx}$ であるから同じであり，分母は $s_x{}^2$ が $s_y{}^2$ となって，

$$b' = \frac{s_{xy}}{s_y{}^2} \tag{3.38}$$

したがって明らかに $b'$ と $1/b$ とは等しくない。

　次ページの図 3.5 はこれら 2 つの回帰式を図示したものである。

　ここで $b$ と $b'$ の積を考えると

$$bb' = \frac{s_{xy}{}^2}{s_x{}^2 s_y{}^2} = r^2 \tag{3.39}$$

という興味深い関係が導かれる（84 ページの式 (3.69) を参照）。

　また，式 (3.37) で，$s_x{}^2$ はプラスであるから，共分散 $s_{xy}$ がプラスならば $b$

図3.5 2つの回帰直線

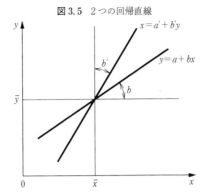

はプラス，$s_{xy}$ がマイナスならば $b$ もマイナスになることがわかる（$b'$ について
も同様）。

## 3.4 重 回 帰

前節で説明したように，身長 $x$ の差異を考え $x$ が同じ人の間でも体重 $y$ に
どれくらいの差異（分散）があるかを示す尺度が $s_{y \cdot x}{}^2$ であった。いいかえる
と，$s_{y \cdot x}{}^2$ は身長 $x$ の差異によるものとは考えられない体重の分散である。し
かし体重は身長だけでなく，太っているかやせているかによっても違うであ
ろう。そこでいま，それを表わすものとして胸囲を考えることとし，それを
$z$ で表わすと，体重 $y$ は身長 $x$ だけでなく胸囲 $z$ によっても違い，$y$ と $x$，$z$
との関係が線形であると考えると，次のような回帰方程式を考えることがで
きる。

$$\bar{y}_{xz} = a + bx + cz \tag{3.40}$$

これが $x$ および $z$ に対する $y$ の（線形）回帰である。この場合にもデータか
ら最小2乗法により，

$$\sum_{i=1}^{n} (y_i - \bar{y}_{x_i z_i})^2 = \sum_{i=1}^{n} [y_i - (a + bx_i + cz_i)]^2 \tag{3.41}$$

を最小にするように $a$，$b$，$c$ を決定することになる。式（3.41）の値を $S$ と
すると，$S$ は $a$，$b$，$c$ の値によって決定されるのであるから $a$，$b$，$c$ の関数
である。よって，

$$S(a,b,c) = \sum_{i=1}^{n} (y_i - \bar{y}_{x_i z_i})^2 \tag{3.42}$$

と書ける。$S(a,b,c)$ を最小にするためには，式 (3.7) について行なったのと同じように，$S$ を $a$, $b$, $c$ について偏微分した各式を 0 とおき，それら 3 式を満足するような $a$, $b$, $c$ を求める。すなわち，

$$\frac{\partial S}{\partial a} = \sum_i 2[y_i - (a + bx_i + cz_i)](-1) = 0 \tag{3.43}$$

$$\frac{\partial S}{\partial b} = \sum_i 2[y_i - (a + bx_i + cz_i)](-x_i) = 0 \tag{3.44}$$

$$\frac{\partial S}{\partial c} = \sum_i 2[y_i - (a + bx_i + cz_i)](-z_i) = 0 \tag{3.45}$$

であるから，これを整理すると，次のような正規方程式が得られる(注)。

$$na + b\sum_i x_i + c\sum_i z_i = \sum_i y_i \tag{3.46}$$

$$a\sum_i x_i + b\sum_i x_i^2 + c\sum_i x_i z_i = \sum_i x_i y_i \tag{3.47}$$

$$a\sum_i z_i + b\sum_i x_i z_i + c\sum_i z_i^2 = \sum_i z_i y_i \tag{3.48}$$

正規方程式 (3.46)〜(3.48) を解いて $a$, $b$, $c$ を求めれば，身長 $x$ と胸囲 $z$ に対する体重 $y$ の回帰方程式 (3.40) が得られるのである。

このような 2 つ以上の変数に対する回帰のことを**重回帰**あるいは**多元回帰** (multiple regression) という。これに対して 1 つの変数に対する回帰のことを**単純回帰** (simple regression) という。

単純回帰の場合と同じように，重回帰の計算のための正規方程式 (3.46)〜(3.48) に必要ないろいろな和の数値を求める計算表は表 3.6 のようになる。ここでも $y^2$ の列は後の必要のために計算しておく。

**【例 3.5】** 表 3.7 は，表 3.2 の男子大学生 25 人の身長と体重のデータに胸囲のデータを加えたものであるが，これについて $a$, $b$, $c$ を求めてみよう。

まず表 3.6 のように計算表（表 3.8）を作ってみる。

表 3.8 より $\sum_i y_i = 1{,}545$, $\sum_i x_i = 4{,}257$, $\sum_i z_i = 2{,}233$, $\sum_i x_i^2 = 725{,}389$, $\sum_i x_i z_i$

---

(注)　式 (3.43)〜(3.45) は式 (3.9) と式 (3.10) の場合と同様に整理すると，式 (3.43) は「回帰からの偏差の合計は 0 である」，式 (3.44) および式 (3.45) は「回帰からの偏差と，回帰変数 $x$ との積の合計および $z$ との積の合計はそれぞれ 0 である」ということを表わしている。すなわち，回帰からの偏差と回帰変数 $x$ および $z$ とは直交する。

表 3.6 重回帰の計算表

| | $y$ | $x$ | $z$ | $x^2$ | $xz$ | $xy$ | $z^2$ | $zy$ | $y^2$ |
|---|---|---|---|---|---|---|---|---|---|
| | $y_1$ | $x_1$ | $z_1$ | $x_1{}^2$ | $x_1 z_1$ | $x_1 y_1$ | $z_1{}^2$ | $z_1 y_1$ | $y_1{}^2$ |
| | $y_2$ | デ $x_2$ | $z_2$ | $x_2{}^2$ | $x_2 z_2$ | $x_2 y_2$ | $z_2{}^2$ | $z_2 y_2$ | $y_2{}^2$ |
| | $\vdots$ | ー $\vdots$ | $\vdots$ | $\vdots$ | $\vdots$ | $\vdots$ | $\vdots$ | $\vdots$ | $\vdots$ |
| | $y_i$ | タ $x_i$ | $z_i$ | $x_i{}^2$ | $x_i z_i$ | $x_i y_i$ | $z_i{}^2$ | $z_i y_i$ | $y_i{}^2$ |
| | $\vdots$ | $\vdots$ | $\vdots$ | $\vdots$ | $\vdots$ | $\vdots$ | $\vdots$ | $\vdots$ | $\vdots$ |
| | $y_n$ | $x_n$ | $z_n$ | $x_n{}^2$ | $x_n z_n$ | $x_n y_n$ | $z_n{}^2$ | $z_n y_n$ | $y_n{}^2$ |
| 計 | $\sum y$ | $\sum x$ | $\sum z$ | $\sum x^2$ | $\sum xz$ | $\sum xy$ | $\sum z^2$ | $\sum zy$ | $\sum y^2$ |

表 3.7 男子大学生 25 人の体重, 身長, 胸囲

| 学生 ($i$) | 体重 ($y$) | 身長 ($x$) | 胸囲 ($z$) |
|---|---|---|---|
| 1 | 62 | 171 | 83 |
| 2 | 71 | 180 | 98 |
| 3 | 53 | 169 | 83 |
| 4 | 78 | 173 | 100 |
| 5 | 59 | 173 | 90 |
| 6 | 54 | 163 | 82 |
| 7 | 62 | 168 | 92 |
| 8 | 60 | 176 | 90 |
| 9 | 62 | 173 | 89 |
| 10 | 60 | 174 | 88 |
| 11 | 50 | 164 | 84 |
| 12 | 66 | 171 | 87 |
| 13 | 69 | 172 | 90 |
| 14 | 63 | 172 | 90 |
| 15 | 62 | 175 | 85 |
| 16 | 65 | 163 | 93 |
| 17 | 53 | 163 | 85 |
| 18 | 52 | 162 | 85 |
| 19 | 60 | 167 | 88 |
| 20 | 67 | 170 | 93 |
| 21 | 70 | 173 | 94 |
| 22 | 67 | 170 | 92 |
| 23 | 56 | 170 | 87 |
| 24 | 68 | 175 | 100 |
| 25 | 56 | 170 | 85 |

$= 380{,}521$, $\sum_i x_i y_i = 263{,}532$, $\sum_i z_i{}^2 = 200{,}071$, $\sum_i z_i y_i = 138{,}692$ と求められるから, これらの値を式 (3.46)~(3.48) に代入すると, 次のような正規方程式 (3.49), (3.50), (3.51) が得られる。

表3.8　身長および胸囲に対する体重の重回帰の計算表

| 体重 ($y$) | 身長 ($x$) | 胸囲 ($z$) | $x^2$ | $xz$ | $xy$ | $z^2$ | $zy$ | $y^2$ |
|---|---|---|---|---|---|---|---|---|
| 62 | 171 | 83 | 29,241 | 14,193 | 10,602 | 6,889 | 5,146 | 3,844 |
| 71 | 180 | 98 | 32,400 | 17,640 | 12,780 | 9,604 | 6,958 | 5,041 |
| 53 | 169 | 83 | 28,561 | 14,027 | 8,957 | 6,889 | 4,399 | 2,809 |
| 78 | 173 | 100 | 29,929 | 17,300 | 13,494 | 10,000 | 7,800 | 6,084 |
| 59 | 173 | 90 | 29,929 | 15,570 | 10,207 | 8,100 | 5,310 | 3,481 |
| 54 | 163 | 82 | 26,569 | 13,366 | 8,802 | 6,724 | 4,428 | 2,916 |
| 62 | 168 | 92 | 28,224 | 15,456 | 10,416 | 8,464 | 5,704 | 3,844 |
| 60 | 176 | 90 | 30,976 | 15,840 | 10,560 | 8,100 | 5,400 | 3,600 |
| 62 | 173 | 89 | 29,929 | 15,397 | 10,726 | 7,921 | 5,518 | 3,844 |
| 60 | 174 | 88 | 30,276 | 15,312 | 10,440 | 7,744 | 5,280 | 3,600 |
| 50 | 164 | 84 | 26,896 | 13,776 | 8,200 | 7,056 | 4,200 | 2,500 |
| 66 | 171 | 87 | 29,241 | 14,877 | 11,286 | 7,569 | 5,742 | 4,356 |
| 69 | 172 | 90 | 29,584 | 15,480 | 11,868 | 8,100 | 6,210 | 4,761 |
| 63 | 172 | 90 | 29,584 | 15,480 | 10,836 | 8,100 | 5,670 | 3,969 |
| 62 | 175 | 85 | 30,625 | 14,875 | 10,850 | 7,225 | 5,270 | 3,844 |
| 65 | 163 | 93 | 26,569 | 15,159 | 10,595 | 8,649 | 6,045 | 4,225 |
| 53 | 163 | 85 | 26,569 | 13,855 | 8,639 | 7,225 | 4,505 | 2,809 |
| 52 | 162 | 85 | 26,244 | 13,770 | 8,424 | 7,225 | 4,420 | 2,704 |
| 60 | 167 | 88 | 27,889 | 14,696 | 10,020 | 7,744 | 5,280 | 3,600 |
| 67 | 170 | 93 | 28,900 | 15,810 | 11,390 | 8,649 | 6,231 | 4,489 |
| 70 | 173 | 94 | 29,929 | 16,262 | 12,110 | 8,836 | 6,580 | 4,900 |
| 67 | 170 | 92 | 28,900 | 15,640 | 11,390 | 8,464 | 6,164 | 4,489 |
| 56 | 170 | 87 | 28,900 | 14,790 | 9,520 | 7,569 | 4,872 | 3,136 |
| 68 | 175 | 100 | 30,625 | 17,500 | 11,900 | 10,000 | 6,800 | 4,624 |
| 56 | 170 | 85 | 28,900 | 14,450 | 9,520 | 7,225 | 4,760 | 3,136 |
| 1,545 | 4,257 | 2,233 | 725,389 | 380,521 | 263,532 | 200,071 | 138,692 | 96,605 |

$$\begin{cases} 25a+\quad 4{,}257b+\quad 2{,}233c = 1{,}545 & (3.49) \\ 4{,}257a+725{,}389b+380{,}521c = 263{,}532 & (3.50) \\ 2{,}233a+380{,}521b+200{,}071c = 138{,}692 & (3.51) \end{cases}$$

これを解くと，

$$a \fallingdotseq -82.7519, \quad b \fallingdotseq 0.346176, \quad c \fallingdotseq 0.958409$$

が得られるから，求める回帰方程式，

$$\bar{y}_{xz} = -82.752+0.346x+0.958z \tag{3.52}$$

となる。これより，身長 10 cm の増加は体重を 3.46 kg 増加させ，胸囲 10 cm の増加は体重 9.58 kg を増加させることがわかる。

以上，2 変数回帰についての説明は，一般に回帰変数 3 個以上の多変数回帰

$$\bar{y}_{x_i z_i \cdots} = a + b x_i + c z_i + \cdots \tag{3.53}$$

についても拡張できる。この場合，式（3.46）〜（3.48）にあたる正規方程式は，

$$\begin{cases} \dfrac{\partial S}{\partial a} = \sum_i 2[y_i - (a + b x_i + c z_i + \cdots)](-1) = 0 & (3.54) \\[3mm] \dfrac{\partial S}{\partial b} = \sum_i 2[y_i - (a + b x_i + c z_i + \cdots)](-x_i) = 0 & (3.55) \\[3mm] \dfrac{\partial S}{\partial c} = \sum_i 2[y_i - (a + b x_i + c z_i + \cdots)](-z_i) = 0 & (3.56) \\[3mm] \quad \vdots \qquad\qquad\qquad \vdots \qquad\qquad\qquad \vdots \end{cases}$$

から求められることに注意しておく。

## 3.5 重決定係数と重相関係数

2変数重回帰の場合にも，単純回帰と同様に $s_{y \cdot xz}{}^2$ を考えることができる。つまり，$y$ の分散の中には，$x$, $z$ という2つの要因を考えても依然として説明できない部分が考えられるのである。これは，

$$s_{y \cdot xz}{}^2 = \frac{1}{n} \sum_i (y_i - \bar{y}_{x_i z_i})^2 = \frac{1}{n} \sum_i [y_i - (a + b x_i + c z_i)]^2 \tag{3.57}$$

で計算される。一般には，3つ以上の変数 $x$, $z$, $\cdots$ の場合も同様に

$$s_{y \cdot xz \cdots}{}^2 = \frac{1}{n} \sum_i (y_i - \bar{y}_{x_i z_i \cdots})^2 = \frac{1}{n} \sum_i [y_i - (a + b x_i + c z_i + \cdots)]^2 \tag{3.58}$$

を考えることができるが，以下では，2回帰変数の場合について述べる。

いま，

$$s_r{}^2 = s_y{}^2 - s_{y \cdot xz}{}^2 \tag{3.59}$$

という尺度について考えてみると，これは2つの要因，身長 $x$ および胸囲 $z$ の差異を考えずに測定した体重 $y$ の分散 $s_y{}^2$ が，これらの要因を考慮したことによってどれだけ減少した（説明された）かを表わしている。そこで，

$$R^2 = \frac{s_r{}^2}{s_y{}^2} = \frac{s_y{}^2 - s_{y \cdot xz}{}^2}{s_y{}^2} = 1 - \frac{s_{y \cdot xz}{}^2}{s_y{}^2} \tag{3.60}$$

とおくと，$R^2$ は $y$ の分散のうち $x$ および $z$ によって説明される部分の割合

を示している。この $R^2$ のことを**重決定係数**（coefficient of multiple determination）といい，また $R=\sqrt{R^2}$ のことを**重相関係数**（multiple correlation coefficient）という。重決定係数 $R^2$ も単純回帰の決定係数 $r^2$ と同じように，その値は 0 から 1 までの範囲の値をとるが，**重相関係数 $R$ は，単純相関係数 $r$ の場合と違って，負の値はとらない**。すなわち，

$$0 \le R \le 1 \qquad (3.61)$$

である。これは，1 つの回帰変数と被回帰変数の間でならば両方の変化の方向が同じであるとか，逆であるということに意味があるが，2 つ以上の回帰変数の組と被回帰変数の間では，変化の方向の一致・不一致をいうことはできないからである。

**【例 3.6】** 【例 3.5】について，重決定係数および重相関係数を求めてみよう。

$s_y{}^2 = 44.96,\ s_{y \cdot xz}{}^2 = 12.18$（81 ページ【例 3.7】を見よ）であるから，

$$R^2 = 1 - 12.18/44.96 \doteqdot 0.729, \quad R = \sqrt{0.729} \doteqdot 0.854$$

と計算される。

この結果を単純回帰の場合の結果（70 ページ【例 3.3】）と比較すると，決定係数は 0.279 から 0.637 へと大きくなり，また回帰のまわりの体重の標準偏差も $s_{y \cdot x} = 5.69$ から $s_{y \cdot xz} = 4.04$ と小さくなっている。いま回帰式を身長や胸囲から体重を推定するために用いると考えたとき，身長だけから推定する単純回帰式（3.18）よりも身長と胸囲の両方を使って推定する重回帰式（3.52）の方が精度が良い（誤差が小さい）ことを示している。

さて，式（3.59）は，

$$s_y{}^2 = s_r{}^2 + s_{y \cdot xz}{}^2 \qquad (3.62)$$

と書き直すことができる。単純回帰の場合とまったく同じように，これは $s_y{}^2$ が $x$ および $z$ によって説明される部分 $s_r{}^2$ と，$x$ および $z$ によっては説明されない部分 $s_{y \cdot xz}{}^2$ との 2 つの部分に分解されることを示している。またこのような分解は，次のように個々のデータの平均からの偏差（A）を（B）と（C）の 2 つの部分に分解することによっても導くことができる。すなわち，

$$\underbrace{y_i - \bar{y}}_{\text{(A) 偏差}} = \underbrace{\bar{y}_{x_i z_i} - \bar{y}}_{\substack{\text{(B) } x \text{ および } z \text{ によ} \\ \text{って説明される部分}}} + \underbrace{y_i - \bar{y}_{x_i z_i}}_{\substack{\text{(C) } x \text{ および } z \text{ によっ} \\ \text{ては説明されない部分}}} \qquad (3.63)$$

より，

$$s_y{}^2 = \frac{1}{n} \sum_i (y_i - \bar{y})^2 = \frac{1}{n} \sum_i [(\bar{y}_{x_i z_i} - \bar{y}) + (y_i - \bar{y}_{x_i z_i})]^2$$

$$= \frac{1}{n}\sum_i [(\overline{y}_{x_iz_i}-\overline{y})^2 + (y_i-\overline{y}_{x_iz_i})^2 + 2(\overline{y}_{x_iz_i}-\overline{y})(y_i-\overline{y}_{x_iz_i})]$$

$$= \frac{1}{n}\sum_i (\overline{y}_{x_iz_i}-\overline{y})^2 + \frac{1}{n}\sum_i (y_i-\overline{y}_{x_iz_i})^2 + \frac{2}{n}\sum_i (\overline{y}_{x_iz_i}-\overline{y})(y_i-\overline{y}_{x_iz_i})$$

ここでの最後の式の第3項中の和は，$\overline{y}_{x_iz_i}=a+bx_i+cz_i$ を代入して計算すると，

$$\sum_i (\overline{y}_{x_iz_i}-\overline{y})(y_i-\overline{y}_{x_iz_i})$$

$$= \sum_i [(a+bx_i+cz_i)-\overline{y})][y_i-(a+bx_i+cz_i)]$$

$$= a\sum_i [y_i-(a+bx_i+cz_i)] + b\sum_i [y_i-(a+bx_i+cz_i)]x_i$$

$$+ c\sum_i [y_i-(a+bx_i+cz_i)]z_i - \overline{y}\sum_i [y_i-(a+bx_i+cz_i)]$$

となり，上式の最後の辺の各項は，正規方程式を求めるための式 (3.43)〜(3.45) を参照すれば，すべて0であることがわかる。したがって，

$$\sum_i (\overline{y}_{x_iz_i}-\overline{y})(y_i-\overline{y}_{x_iz_i}) = 0$$

ここで，

$$\frac{1}{n}\sum_i (\overline{y}_{x_iz_i}-\overline{y})^2 = s_r^2, \quad \text{および} \quad \frac{1}{n}\sum_i (y_i-\overline{y}_{x_iz_i})^2 = s_{y\cdot xz}^2$$

であるから式 (3.62) が成り立つ。

回帰からの偏差の平方和 $s_{y\cdot xz}^2$ は単純回帰の場合と同様な次の式によって計算すると便利である。

$$ns_{y\cdot xz}^2 = \sum_i [y_i-(a+bx_i+cz_i)]^2$$

$$= \sum_i y_i^2 - (a\sum_i y_i + b\sum_i x_iy_i + c\sum z_iy_i) \tag{3.64}$$

これは前述の一般的なルール式 (3.33) の適用されたものであり，単純回帰の場合の式 (3.32) に $c$ を含む項が1つ付け加わったものであるが，この証明も式 (3.32) の証明 (73ページの (注)) と同様であり，簡単であるので省略する。

**【例3.7】**【例3.6】について $s_{y\cdot xz}^2$ を求めてみよう。式 (3.64) から

$$s_{y\cdot xz}^2 = \frac{1}{25}[96{,}605-((-82.752)\times1{,}545+0.346\times263{,}532$$

$$+0.958\times138{,}692)] \doteqdot 12.18$$

したがって $s_{y \cdot xz} \fallingdotseq 3.49$ である。

## 3.6　相関関係と相関係数

　これまでは $x$ に対する $y$ の回帰関係において，$x$ が原因変数，$y$ が結果変数のように考えてきたが，実際には $x$，$y$ のどちらが原因，どちらが結果ということでなく，相互に関係があるというような場合がある。たとえば英語の試験の成績と数学の試験の成績の間の関係のような場合である。

　いま 15 人のクラスで英語と数学の試験の結果が表 3.9 のようであった。

**表 3.9**　15 人の英語，数学の成績

| 学生番号 | 1 | 2 | 3 | 4 | 5 | 6 | 7 | 8 | 9 | 10 | 11 | 12 | 13 | 14 | 15 |
|---|---|---|---|---|---|---|---|---|---|---|---|---|---|---|---|
| 英語 | 68 | 73 | 70 | 65 | 85 | 59 | 92 | 78 | 60 | 75 | 83 | 74 | 84 | 77 | 80 |
| 数学 | 52 | 58 | 63 | 55 | 88 | 60 | 85 | 60 | 55 | 70 | 75 | 50 | 85 | 68 | 78 |

　表 3.9 のデータを英語の点数 $(x)$ を横軸に，数学の点数 $(y)$ を縦軸にとってプロットしたものが図 3.6 である。この図から点は左下から右上の方向に散らばっており，これは英語の点数が高い（低い）学生は概して数学の点も高い（低い）ことを意味しているが，といっても英語の成績 $x$ と数学の成績 $y$ とでどちらが原因であり，どちらが結果であるというようなこと（因果関係）はいえない。このような関係を**相関**（correlation）**関係**という。

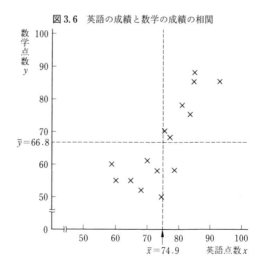

**図 3.6**　英語の成績と数学の成績の相関

　このような関係の強さをどのように測ったらよいかを考えてみる。そのためにまず成績が良いか悪いかを平均からの偏差，すなわち平均点をどれだけ上回っているか，あるいは下回っているかで考える。英語の点数であれば，$x-\bar{x}$，数学の点数であれば $y-\bar{y}$ を考える。そして2つの偏差の積

$$(x-\bar{x})(y-\bar{y}) \tag{3.65}$$

を考えると，この正負の符号は次の4つの場合のように決まる。

　（Ⅰ）　$x-\bar{x}>0,\ y-\bar{y}>0$ のとき　　$(x-\bar{x})(y-\bar{y})>0$

　（Ⅱ）　$x-\bar{x}<0,\ y-\bar{y}>0$ のとき　　$(x-\bar{x})(y-\bar{y})<0$

　（Ⅲ）　$x-\bar{x}<0,\ y-\bar{y}<0$ のとき　　$(x-\bar{x})(y-\bar{y})>0$

　（Ⅳ）　$x-\bar{x}>0,\ y-\bar{y}<0$ のとき　　$(x-\bar{x})(y-\bar{y})<0$

　この4つの場合を図示したものが図3.7である。ここで（Ⅰ）は英語の点数も数学の点数も良い（平均点以上の）学生の場合，逆に（Ⅲ）は両方とも悪い（平均点以下の）学生の場合，（Ⅱ）は数学の点数は良いが英語の点数が悪い学生の場合，（Ⅳ）は英語の点数は良いが数学の点数は悪い学生の場合を表わしている。

　そこで英語の点数が良い（悪い）学生は数学の点数も良い（悪い）という傾向がある場合には，この図上で（Ⅰ）と（Ⅲ）に入るものが多くなるので，式（3.65）の値のプラスのものが多くなり，その和，

$$\sum_i (x_i-\bar{x})(y_i-\bar{y}) \tag{3.66}$$

はプラスになる。表3.9の場合（図3.6）はそうである。これに対してもし英語の点数が良い（悪い）学生は逆に数学の点数は悪い（良い）という傾向があ

図3.7　4つの領域

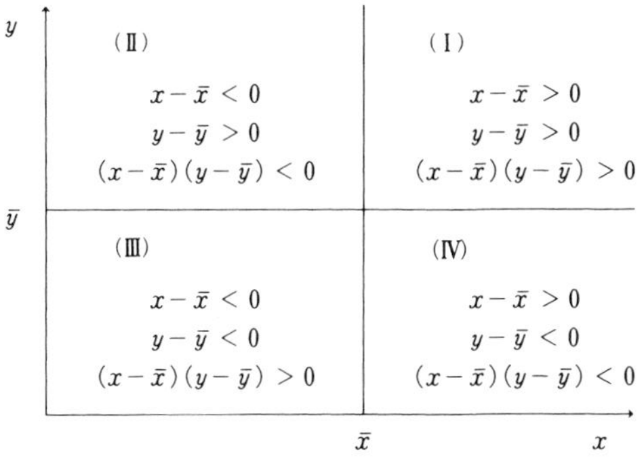

れば図 3.7 上で（Ⅱ）と（Ⅳ）に入るものが多くなり，式（3.66）はマイナスになる。なお，式（3.66）の積和をデータ数 $n$ で割ったもの，すなわち式（3.65）の平均値を，$x$ と $y$ の**共分散**（covariance）と呼び，$s_{xy}$ で表わす。すなわち

$$s_{xy} = \frac{1}{n}\sum_i (x_i - \bar{x})(y_i - \bar{y}) \tag{3.67}$$

である（74 ページ参照）。

　これまでは平均からの偏差をそのまま考えてきたが，いま偏差を標準偏差単位で測った標準化変量 $(x-\bar{x})/s_x, (y-\bar{y})/s_y$ を用いてその積の平均値

$$\frac{1}{n}\sum \frac{(x_i - \bar{x})}{s_x}\frac{(y_i - \bar{y})}{s_y} = \frac{s_{xy}}{s_x s_y} \tag{3.68}$$

を考えると，この正負についても上と同じことがいえる。そして式（3.68）すなわち $x$ と $y$ の標準化変量の共分散を $x$ と $y$ の**相関係数**といい，$r$ で表わす。すなわち

$$r = \frac{s_{xy}}{s_x s_y} \tag{3.69}$$

である。

　***3.3*** 節では，回帰の決定係数（3.25）の平方根（3.27）として相関係数を定義したが，それが上の相関係数の定義式（3.69）と一致することは次のように証明できる。$s_{y \cdot x}{}^2$ の定義式（3.22）を，式（3.15）により $\bar{y}=a+b\bar{x}$，および式（3.37）により $b=\dfrac{s_{xy}}{s_x{}^2}$ であることを利用して書き直すと，

$$
\begin{aligned}
s_{y \cdot x}{}^2 &= \frac{1}{n}\sum_i [y_i - (a+bx_i)]^2 \\
&= \frac{1}{n}\sum_i [(y_i - \bar{y}) + \bar{y} - (a+bx_i)]^2 \\
&= \frac{1}{n}\sum_i [(y_i - \bar{y}) - b(x_i - \bar{x})]^2 \\
&= s_y{}^2 - 2bs_{xy} + b^2 s_x{}^2 \\
&= s_y{}^2 - 2\frac{s_{xy}}{s_x{}^2}s_{xy} + \frac{s_{xy}{}^2}{s_x{}^4}s_x{}^2 \\
&= s_y{}^2 - \frac{s_{xy}{}^2}{s_x{}^2} = s_y{}^2\left(1 - \frac{s_{xy}{}^2}{s_x{}^2 s_y{}^2}\right)
\end{aligned}
$$

したがって，式（3.69）を使うと

$$\frac{s_{y\cdot x}^2}{s_y^2} = 1 - \frac{s_{xy}^2}{s_x^2 s_y^2} = 1 - r^2 \tag{3.70}$$

である。これは式（3.25）と同じことを表わしている。

【例3.8】 表3.9のデータから英語の成績 $x$ と数学の成績 $y$ の相関係数を求めてみよう。

$$s_x^2 = \frac{1}{15}\sum x^2 - \bar{x}^2 = \frac{85{,}307}{15} - \left(\frac{1{,}123}{15}\right)^2 \fallingdotseq 82.12$$

$$s_y^2 = \frac{1}{15}\sum y^2 - \bar{y}^2 = \frac{69{,}214}{15} - \left(\frac{1{,}002}{15}\right)^2 \fallingdotseq 152.03$$

$$s_x \fallingdotseq 9.06, \;\; s_y \fallingdotseq 12.33$$

$$s_{xy} = \frac{1}{15}\sum xy - \bar{x}\,\bar{y} = \frac{76{,}366}{15} - \left(\frac{1{,}123}{15}\right)\left(\frac{1{,}002}{15}\right) \fallingdotseq 89.97$$

であるから

$$r = \frac{s_{xy}}{s_x s_y} = \frac{89.97}{9.06 \times 12.33} \fallingdotseq 0.8053$$

## 3.7　順位相関係数

次に2つの変数 $x$, $y$ が順位を表わす数である場合について考えてみよう。

いま，ある会社の求人に対して応募してきた10人について筆記と面接との試験を行ない順位をつけたところ，表3.10のようであった。

表3.10　入社試験の成績順位

| 応募者番号 | 1 | 2 | 3 | 4 | 5 | 6 | 7 | 8 | 9 | 10 |
|---|---|---|---|---|---|---|---|---|---|---|
| 筆記試験順位（$x$） | 3 | 8 | 7 | 10 | 1 | 6 | 2 | 5 | 4 | 9 |
| 面接試験順位（$y$） | 2 | 10 | 7 | 9 | 3 | 8 | 1 | 4 | 5 | 6 |

この表からも筆記試験の成績の順位が上（下）の者は面接試験の成績の順位も概して上（下）であることがわかる。そこでこの2つの成績順位の間の関係の強さを測るために，このような順位の数字を使って相関係数を計算したものを**順位相関係数**（rank correlation coefficient）という。この計算のためには前出の式（3.69）をそのまま使ってももちろんよいが，$x$ と $y$ のどちらも1から10（一般には $n$ 組のデータがあるとして1から $n$）までの自然数であることから，$\bar{x}=\bar{y}$ であり，また $s_x^2 = s_y^2$ であることを利用すると計算が簡

単になる。まず，式（3.69）の分母について見ると，$s_x{}^2$ も $s_y{}^2$ も $1$ から $n$ までの自然数の分散であるから

$$s_x{}^2 = s_y{}^2 = \frac{1}{12}(n^2-1) \tag{3.71}$$

である（27 ページの【例 1.5】を参照）。

次に分子の $s_{xy}$ を計算するためには，$x$ と $y$ の差 $x-y$ の分散 $s_{x-y}{}^2$ を考え，

$$s_{x-y}{}^2 = s_x{}^2 + s_y{}^2 - 2s_{xy} \tag{3.72}$$

という関係を利用する。ここで，$s_x{}^2 = s_y{}^2$ であるから，

$$s_{xy} = \frac{(s_x{}^2 + s_y{}^2 - s_{x-y}{}^2)}{2} = \frac{2s_x{}^2 - s_{x-y}{}^2}{2}$$

$$= s_x{}^2 - \frac{s_{x-y}{}^2}{2} \tag{3.73}$$

ここで $x-y$ の平均値を $\overline{x-y}$ と書くと $\overline{x-y} = \bar{x} - \bar{y}$ であることに注意して

$$s_{x-y}{}^2 = \frac{1}{n}\sum_i (x_i - y_i - \overline{x-y})^2$$

$$= \frac{1}{n}\sum_i [x_i - y_i - (\bar{x} - \bar{y})]^2$$

$$= \frac{1}{n}\sum_i (x_i - y_i)^2 = \frac{1}{n}\sum_i d_i{}^2 \tag{3.74}$$

である。ここで $d_i = x_i - y_i$ である。したがって，以上の諸式を使って計算すれば，順位相関係数 $r$ は，

$$r = \frac{s_{xy}}{s_x s_y} = \frac{s_x{}^2 - s_{x-y}{}^2/2}{s_x{}^2} = 1 - \frac{s_{x-y}{}^2}{2s_x{}^2}$$

$$= 1 - \frac{\frac{1}{n}\sum d_i{}^2}{\frac{1}{6}(n^2-1)} = 1 - \frac{6\sum d_i{}^2}{n(n^2-1)} \tag{3.75}$$

が得られる。表 3.10 の例で順位相関係数を計算してみると，まず $d_i$ は下表のようになる。

| 応募者番号($i$) | 1 | 2 | 3 | 4 | 5 | 6 | 7 | 8 | 9 | 10 |
|---|---|---|---|---|---|---|---|---|---|---|
| $d_i$ | 1 | $-2$ | 0 | 1 | $-2$ | $-2$ | 1 | 1 | $-1$ | 3 |

したがって $\sum d_i{}^2 = 26$ であるから

$$r = 1 - \frac{6 \times 26}{10(10^2 - 1)} \doteq 0.842$$

となる。したがって，筆記試験と面接試験の順位の間にはかなり強いプラスの相関があるといえる。

## 【練 習 問 題】

1) 次に示すのは，10 の小さな宝石店について広告費支出（総経費に対する百分比）と純利益（売上高に対する百分比）とを調べたものである。

| 広告費 $(x)$ | 1.2 | 0.7 | 1.5 | 1.8 | 0.5 | 3.4 | 1.0 | 3.0 | 2.8 | 2.5 |
|---|---|---|---|---|---|---|---|---|---|---|
| 利　益 $(y)$ | 2.7 | 2.4 | 2.7 | 3.3 | 1.1 | 5.8 | 2.2 | 4.2 | 4.4 | 3.8 |

(a) このデータをプロットせよ。

(b) $x$ に対する $y$ の線形回帰を求め，(a)で作られたグラフ上にその直線を描け。

(c) 広告費用が $x = 2.0\%$ であるような店の純利益を推定せよ。

2) ある中古車センターにおいて，同一車種の中古車の使用年数と価格は下表のようになっていた。使用年数に対する価格の回帰直線と決定係数を求めよ。

| 使用年数（年） | 1 | 4 | 10 | 2 | 5 | 6 | 8 | 1 |
|---|---|---|---|---|---|---|---|---|
| 価　格（万円） | 64 | 35 | 11 | 47 | 27 | 36 | 30 | 59 |

3) 合板用ニカワの乾溜期間（日数）と 21℃ でのニカワの貯蔵可能月数との間の関係についての研究が行なわれた。次の結果は 10 の標本について観測されたものである。

| 乾 溜 期 間 $(x)$ | 1 | 2 | 3 | 4 | 4 | 5 | 5 | 6 | 6 | 7 |
|---|---|---|---|---|---|---|---|---|---|---|
| 貯蔵可能月数 $(y)$ | 4 | 5 | 6 | 5 | 6 | 8 | 7 | 10 | 11 | 10 |

これらのデータに最もよくあてはまる直線の式と決定係数を求めよ。また 5 日間乾溜されたニカワの貯蔵可能月数を予測せよ。

4) ある合成繊維の生産に使用される原材料が，湿度調節のされていない場所に保管されている。保管場所の相対湿度と原材料の標本の水分含有量（いずれも百分比）の観測値を，ある 10 日間について求めたところ，次のような結果が得られた。

| 湿　　　度 $(x)$ | 46 | 30 | 34 | 52 | 38 | 44 | 40 | 45 | 34 | 60 |
|---|---|---|---|---|---|---|---|---|---|---|
| 水分含有量 $(y)$ | 10 | 7 | 9 | 13 | 8 | 12 | 11 | 11 | 7 | 14 |

(a) これらのデータをプロットせよ。

(b) これらのデータから回帰直線を求めて，(a)で作られたグラフ上にその
直線を描け。

(c) 保管場所の湿度が50の場合に，保管されている原材料の水分含有量
を推定せよ。

5) あるコンピュータ・プログラミングの講習においては，各自のペースにあ
わせて受講していくことができる。下の表は，この講習を受けた10人の学
生たちが全部のコースを終えるのに要した時間数と，最後に行なったテスト
の点数の結果である。

| 要した時間 $(x)$ | 30 | 25 | 50 | 38 | 20 | 70 | 35 | 24 | 60 | 45 |
|---|---|---|---|---|---|---|---|---|---|---|
| テストの点数 $(y)$ | 80 | 80 | 45 | 70 | 95 | 20 | 50 | 90 | 25 | 50 |

(a) このデータをプロットせよ。

(b) これらのデータに回帰直線をあてはめ，(a)で得られたグラフ上にその
直線をプロットせよ。

(c) 決定係数を求めよ。

6) ブランデーの含有成分を調べる実験で，6種類のブランデーについて，次
のようなタンニン酸含有量とエステル含有量（いずれも100プルーフ濃度換
算での100リットルあたりグラム表示）を得た。

| タンニン酸 $(x)$ | 19 | 15 | 9 | 10 | 11 | 19 |
|---|---|---|---|---|---|---|
| エステル $(y)$ | 31.7 | 32.3 | 8.5 | 14.3 | 14.0 | 17.8 |

(a) これらのデータに最もよくあてはまる直線の式を求めよ。

(b) タンニン酸の含有量が12であるようなブランデーのエステル量はど
れだけか。

7) 次の表には日本の主な河川の長さと流域面積とを示してある。$x$ に対する
$y$ の回帰直線と決定係数を求めよ。

| | 石狩川 | 北上川 | 利根川 | 信濃川 | 淀　川 | 吉野川 | 筑後川 |
|---|---|---|---|---|---|---|---|
| 長　　さ (km) $x$ | 262 | 247 | 298 | 367 | 75 | 194 | 123 |
| 流域面積 (km²) $y$ | 14,300 | 10,200 | 16,840 | 12,050 | 8,240 | 3,650 | 2,860 |

8) 次の表は9回の地震について調べた地震の規模と最大被害距離（震央から
被害地点までの距離の最大のもの）とのデータである。地震規模に対する最

大被害距離の回帰直線と決定係数を求めよ。

| 地震規模(M) $x$ | 6.00 | 6.25 | 6.50 | 6.75 | 7.00 | 7.25 | 7.50 | 7.75 | 8.00 |
|---|---|---|---|---|---|---|---|---|---|
| 最大被害距離(km) $y$ | 20 | 26 | 35 | 25 | 47 | 30 | 35 | 80 | 65 |

9)　(a)　次のデータから正規方程式を求め，回帰直線 $y=a+bx$ を求めよ。

| $x$ | 1 | 2 | 3 | 4 | 5 |
|---|---|---|---|---|---|
| $y$ | 18 | 9 | 13 | 18 | 27 |

　(b)　同じデータから $y$ に対する $x$ の回帰直線 $x=c+dy$ を求めよ。

　(c)　(a)で求められた回帰直線 $y=a+bx$ を $x$ について解いた式 $x=-(a/b)+(y/b)$ は，(b)で求められた $y$ に対する $x$ の回帰直線式と等しくないことを確かめよ。また，両方の直線をグラフに示せ。

10)　次の各組のデータに対して，$x$，$z$ に対する $y$ の重回帰方程式を計算し，その決定係数を計算せよ。

　(a)

| $y$ | 8 | 10 | 5 | 9 |
|---|---|---|---|---|
| $x$ | 3 | 6 | 2 | 1 |
| $z$ | 3 | 4 | 2 | 3 |

　(b)

| $y$ | 33 | 52 | 50 | 47 | 38 |
|---|---|---|---|---|---|
| $x$ | 2 | 5 | 4 | 3 | 4 |
| $z$ | 41 | 57 | 64 | 70 | 45 |

11)　下記のデータについて，次の問に答えよ。

| $y$ | 21 | 22 | 19 | 31 | 19 | 14 | 8 | 24 | 22 | 12 |
|---|---|---|---|---|---|---|---|---|---|---|
| $x$ | 7 | 8 | 4 | 9 | 3 | 6 | 3 | 7 | 8 | 2 |
| $z$ | 1 | 4 | 9 | 9 | 6 | 2 | 1 | 9 | 7 | 5 |

　(a)　$x$，$z$ に対する $y$ の線形回帰を求めよ。

　(b)　推定値の標準偏差を計算せよ。

　(c)　$z$ を無視した場合の線形回帰を求めよ。

　(d)　(c)で得た直線に対する推定値の標準偏差を計算し，(b)で得た値と比較せよ。$x$ のほかに $z$ を加えたことによる効果は大きかったであろうか。

12)　次表は，ある 10 世帯の収入，家族数，消費支出を示したものである。

| 消費支出($y$) | 7 | 12 | 15 | 8 | 10 | 11 | 10 | 13 | 12 | 16 |
|---|---|---|---|---|---|---|---|---|---|---|
| 収　入($x$) | 9 | 13 | 18 | 9 | 14 | 13 | 13 | 14 | 15 | 20 |
| 家族数($z$) | 2 | 5 | 4 | 4 | 3 | 4 | 3 | 5 | 5 | 4 |

(a) 収入と家族数に対する消費支出の線形回帰を求めよ。

(b) 推定値の標準偏差を計算せよ。

(c) 家族数を考慮しない場合の線形回帰を求めよ。

(d) (c)で得た直線に対する推定値の標準偏差を計算し，(b)で得た値と比較せよ。

13) 50人の学生に代数学と物理学の試験をしたところ，代数学の成績 ($x$) と物理学の成績 ($y$) について，次の結果が得られた。$x$ に対する $y$ の線形回帰と相関係数を計算せよ。

$$\sum x = 3{,}990 \quad \sum x^2 = 323{,}610 \quad \sum y^2 = 338{,}375 \quad \sum y = 4{,}095$$
$$\sum xy = 330{,}450$$

14) 下の表は，12人の女性の年齢と血圧を示したものである。

| 年齢 ($x$) | 56 | 42 | 72 | 36 | 63 | 47 | 55 | 49 | 38 | 42 | 68 | 60 |
|---|---|---|---|---|---|---|---|---|---|---|---|---|
| 血圧 ($y$) | 147 | 125 | 160 | 118 | 149 | 128 | 150 | 145 | 115 | 140 | 152 | 155 |

年齢 $x$ に対する血圧 $y$ の線形回帰と相関係数とを求めよ。

15) 下の表は，ある会社に某大学から入社を希望した8人の学生について，3人の人事担当社員 A, B, C が書類や面接で順位づけした結果である。

| 受験者 | | 1 | 2 | 3 | 4 | 5 | 6 | 7 | 8 |
|---|---|---|---|---|---|---|---|---|---|
| 担当者 | A | 5 | 1 | 7 | 8 | 2 | 4 | 3 | 6 |
| | B | 3 | 2 | 7 | 8 | 1 | 6 | 4 | 5 |
| | C | 7 | 3 | 4 | 6 | 2 | 5 | 1 | 8 |

A, B, C のうちどの2人の判断が最もよく一致しているか。また最も大きく食い違っているのはどの2人か。

16) $s_{xy} = \dfrac{1}{n} \sum (x - \bar{x})(y - \bar{y}) = \dfrac{1}{n} \sum xy - \bar{x}\,\bar{y}$ を証明せよ。

【本章末の練習問題の解答は320〜323ページを見よ】

# 第4章 確　　率

　前章まででは，序説で述べた統計的記述に関する方法について説明してきたが，これからは標本から母集団への統計的推論の方法を説明する。そのためには確率の考え方などの基礎的準備が必要である。

## 4.1　順列と組合せ

　本章では後の章の理解に必要な程度の初等的な確率論の知識を述べるが，まず，そのための準備として，順列および組合せの基本的な知識をまとめておくことにしよう。

　いまここに3つの文字 $a, b, c$ がある。これらを1列に並べるとして，並べ方に何通りあるかを考えてみよう。まず第1の文字の選び方は $a, b, c$ のいずれかで3通りあり，それが決まれば次に第2の文字の選び方は残りの2文字のいずれかで2通りあり，そして第1と第2の文字が決まれば第3の文字は残った1文字に決まってしまう（図4.1（A）を見よ）。

　したがって答は $3 \times 2 \times 1 = 6$ 通りである。それを列挙すれば，

$$abc, \ acb, \ bac, \ bca, \ cab, \ cba$$

である。一般に $n$ 個の異なるものを並べる並べ方は，

$$n(n-1)(n-2) \cdots 3 \cdot 2 \cdot 1 = n!\tag{4.1}$$

通りだけである。$n!$ は $n$ の**階乗**（factorial）という。

$$1! = 1, \ 2! = 2, \ 3! = 6, \ 4! = 24, \ 5! = 120, \ \cdots\cdots$$

である。また $0! = 1$ と定義しておく。

図4.1　文字の並べ方

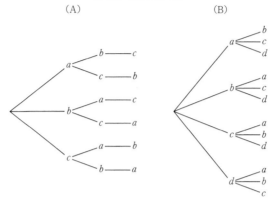

　次に今度は，4つの文字 $a$, $b$, $c$, $d$ があるとして，これらの中から2つの文字を選んで並べる並べ方は何通りあるかを考えてみよう。第1の文字の選び方は $a, b, c, d$ の4通りあり，それが決まったとすると第2の文字の選び方は残りの3つの文字からの3通りになる。したがって答は 4×3＝12 通りである（図4.1（B）を見よ）。それを列挙してみると，

$$ab, \ ac, \ ad, \ ba, \ bc, \ bd, \ ca, \ cb, \ cd, \ da, \ db, \ dc$$

である。一般的に，$n$ 個の異なるものの中から $r$ 個（$r \leq n$）を選んで並べる並べ方は，

$$n(n-1)(n-2)\cdots(n-r+1) \tag{4.2}$$

通りある。なおこれは $n!/(n-r)!$ に等しい。これを ${}_nP_r$ と書き，$n$ 個のものから $r$ 個をとった**順列**（permutation）という。すなわち

$$_nP_r = n(n-1)\cdots(n-r+1) = \frac{n!}{(n-r)!} \tag{4.3}$$

である。ここで ${}_nP_n = n!$ であることに注意しておこう。

　次に上の問題で，選び出された2つの文字の並べ方は問わず，どの2つの文字の組が選び出されるかだけを問題にする。すなわち，$a$, $b$, $c$, $d$ の4つの文字から2つの文字を選び出す方法は何通りあるかということである。今度は文字を並べる順序は関係ないのであるから，上に列挙した12通りのうち $ab$ と $ba$, $ac$ と $ca$, … などの各2通りはそれぞれ同じ2つの文字の組であるから区別されない。そこで答は 12÷2＝6 通りである。それを列挙すれば，

　　　　$ab,\ ac,\ ad,\ bc,\ bd,\ cd$

である。一般に $n$ 個の異なったものから $r$ 個を選ぶ選び方は ${}_nP_r/r!$ 通りである。ここでは，$n$ 個のものからの $r$ 個をとった順列のうち，同じ $r$ 個のものの組合せで並べ方だけが違っているもの（それは $r!$ 通りある）は区別されないからである。このように $n$ 個のものの中から $r$ 個を選ぶ選び方を $n$ 個のものから $r$ 個をとる**組合せ**（combination）といい，${}_nC_r$ あるいは $\binom{n}{r}$ という記号で表わす。すなわち

$$
{}_nC_r = \binom{n}{r} = \frac{{}_nP_r}{r!}
$$

$$
= \frac{n(n-1)\cdots(n-r+1)}{r!} = \frac{n!}{r!(n-r)!} \tag{4.4}
$$

である。なお，式（4.4）から

$$
{}_nP_r = {}_nC_r \times r! \tag{4.5}
$$

という関係が導かれることにも注意しておこう。これは $n$ 個のものから $r$ 個を選んで並べる並べ方（${}_nP_r$）は，$n$ 個のものから $r$ 個を選ぶ選び方（${}_nC_r$）と，選ばれた $r$ 個の並べ方を掛けたものであるという当然の関係を表わしている。

　〔**問 4.1**〕　${}_nC_r = {}_nC_{n-r}$ である。この理由を考えてみよ。

　これまでは $n$ 個のものがすべて異なるものと仮定してきたが，そうでないような場合もしばしばある。たとえば，すべて色の異なった 5 つの球があるというのでなく，3 つが白で 2 つが赤の 5 つの球があるというような場合である。このような場合の順列について次に考えてみよう。

　いま例として $a$ が 3 つ，$b$ が 2 つの 5 つの文字があるとする。このときこれらの並べ方は何通りあるかを考えてみる。仮に 5 つがすべて異なる文字であるとすれば，その並べ方はすでに見たように 5!＝120 通りである。しかし，それらの並べ方のうち，3 つの $a$ の並べ方 3!＝6 通りは互いに区別できない同じものであり，また 2 つの $b$ の並べ方 2!＝2 通りも互いに区別できないものである。5! 通りはそれら実際には区別できないものを区別して数えたものであるから，求める答は 5!/(3!・2!)＝120/(6・2)＝10 通りである。その 10

通りの順列を列挙すれば,

$$aaabb, \quad aabab, \quad aabba, \quad abaab, \quad ababa,$$

$$abbaa, \quad baaab, \quad baaba, \quad babaa, \quad bbaaa$$

である。これは $_5C_3$ に等しい。これは 5 つの文字を並べる 5 ヵ所のうちどの 3 ヵ所に $a$ を並べるかを決めることに等しいと考えても理解できるであろう。これと同じ例と考えることができるのは,野球選手が 5 回打席に立ったうちの 3 打席でヒットを打つときの打ち方である（ただし四死球はないとする）。上の例で $a$ をヒット, $b$ を凡打とすればよい。したがって 10 通りである。

〔問 4.2〕 10 円硬貨を 5 回投げて表が 3 回出る出方は $_5C_3$ 通りであることを説明せよ。

一般に, $n$ 個のものがあり,それらのうちには $k$ 種類の異なるものがあり, $n_1$ 個は第 1 の種類のもの, $n_2$ 個は第 2 の種類のもの,……, $n_k$ 個は第 $k$ の種類のものであるとすると $(n_1+n_2+\cdots+n_k=n)$,これらの $n$ 個のものの並べ方は,

$$\frac{n!}{n_1! n_2! \cdots n_k!} \tag{4.6}$$

通りである。

〔問 4.3〕 TOKYO という 5 文字を並べる並べ方は何通りあるか。 YOKOHAMA の場合はどうか。

## 4.2 確 率

ある事柄（以下,事象という）がおこるかおこらないか確実にはわからないとき,その事象のおこる確からしさの程度を表わす尺度が一般に**確率**（probability）と呼ばれるものである。それではこの確率はどのようにして評価されるか,これについてはいくつかのアプローチの仕方（考え方）がある。

(1) **先験的アプローチ（古典的アプローチ）**

確率論の歴史は,よく知られているように賭けごとにおける問題から始ま

った。そこでは銭投げ，サイコロ投げ，トランプ遊びなどの場合におこる事象が関心事である。このような場合には，ある事象 $A$ のおこる確率は，おこりうる結果について，そのあらゆる場合の数 $n$ と，その事象のおこる場合の数 $n_A$（したがっておこらない場合の数は $n-n_A$）とを数え上げることによって定められる。すなわち，これらの場合のすべてが同じように確からしく（あるいは少なくとも確からしさが異なると考えるべき十分な理由がなく），かつ明らかに互いに重複しないとき，事象 $A$ のおこる確率は $n_A/n$ であるとするのである。たとえばサイコロを 2 つ投げて目の和が 3 になるという事象 $A$ の確率を考えてみよう。まずおこりうるあらゆる場合の数は 1 と 1，1 と 2，1 と 3，……というように考え，最後は 6 と 6 までの 36 通りであって，これらはすべて同じように確からしく，かつ互いに重複しない。そしてそのうち $A$ のおこる場合の数 $n_A$ は 1 と 2，2 と 1 の 2 通りであるから，事象 $A$ のおこる確率は 2/36＝1/18 である。このような確率の評価は，サイコロが正確な正 6 面体であると考えられれば，実際にサイコロを投げて経験してみることを必要とはしないのであって，その意味で確率の評価は先験的（経験するより前の）判断にもとづいてなされているのである。そこでこのようにして定められる確率はしばしば**先験的確率**（a priori probability）と呼ばれる。このような先験的アプローチはどんな場合にも可能であるわけではないことはいうまでもない。たとえばサイコロが正確な正 6 面体でなく，ゆがんだものであるような場合にはこのアプローチ（考え方）はとれない。

(2)　**経験的アプローチ**

　6 面でも一見して明らかにゆがんだ（偏りのある）サイコロがある場合に，6 つの面の出る確率はみな同じであるとは考えられず，それを投げて 1 の目の出る確率はいくらかということを考えると，それは先験的には明らかではない。このような場合に確率を評価する 1 つの方法は，そのサイコロを実際に何回も投げてみることである。いま $n$ 回投げてみて 1 の目が $n_A$ 回出たとする。このとき $n_A/n$ を**相対頻度**という。ここで投げる回数 $n$ を大きくすると，この相対頻度がしだいに安定してある一定の値に落ち着く傾向を示すとき，その値をもってこのサイコロの 1 の目の出る確率とすることができる。いいかえると，このアプローチでは，ある事象 $A$ のおこる確率 $P\{A\}$ は，観察回数 $n$ を大きく，理論上では無限大 $\infty$ にしたときのその事象のおこる相

対頻度 $n_A/n$ の極限値（limit を lim と書き，$n$ を非常に大きくするということも lim と書く）として定められる。すなわち，
$n\to\infty$

$$P\{A\} = \lim_{n\to\infty} \frac{n_A}{n} \tag{4.7}$$

である。たとえば，ある生産工程から不良製品の発生する確率，あるメーカーの電球の寿命がある一定時間以上である確率，ある新薬がある病気の治療に効果的である確率，ある種のがんにかかった患者が5年以上生き延びられる確率（これを**5年生存率**という）など，このような経験的アプローチによって確率の値が定められる場合は多い。このような確率を，**経験的確率**（empirical probability）という。しかし経験的確率は同じ条件下での何回もの繰り返し観察の可能性を前提としており，これに対して，それが不可能であり，したがって経験的アプローチがとれないような場合も多い。たとえば，企業が開発したある新製品が市場で成功する確率のような場合である。

(3)　**主観的アプローチ**

1回限りとかあるいは同じ条件下で何回も数多く反復して観察することができないような事象について確率が問題になる場合には，確率はそれを使おうとする人の個人的な確信の度合によって決められるほかはない。このように個人的主観によって決められる確率を**主観的確率**（subjective probability）という。たとえば1回限りの賭けにおいては，賭けをする人はおこりうる結果に対してみずから主観的に評価した確率を考えるであろう。そこでそのような確率の評価は，同じ事象に対しても人によって必ずしも同一ではないであろう。

(4)　**公理的アプローチ**

どのようなアプローチにもとづいて確率の値を定めようと，およそ確からしさの尺度としての確率は以下で述べる3つの公理（性質）を満足させるものでなければならない。このような公理から出発して抽象的な数学的概念として確率を定義し，それについて数理の体系を展開していこうとするものが公理的アプローチである。確率測度の3つの公理は次のごとくである。

〈**公理1**〉　どのような事象 $A$ に対しても，その確率 $P\{A\}$ は0と1の間の値をとる。すなわち

$$0 \le P\{A\} \le 1 \tag{4.8}$$

〈公理2〉 あらゆる可能な事象全体の集合を $S$ とすれば,その確率 $P\{S\}$ は1である。すなわち,

$$P\{S\} = 1 \tag{4.9}$$

〈公理3〉 同時にはおこりえない(これを**互いに排反**という)有限個あるいは可付番無限個(無限個であるが,$1, 2, 3, \cdots$ と番号がつけられること)の事象を $A_1$, $A_2$, $A_3$, $\cdots$ とするとき,$A_1$, $A_2$, $A_3$, $\cdots$ のいずれかがおこる確率は,それぞれの事象がおこる確率の和に等しい。すなわち,$A_1$, $A_2$, $A_3, \cdots$ のいずれかがおこることを $A_1 \cup A_2 \cup A_3 \cup \cdots$ で表わせば,

$$P\{A_1 \cup A_2 \cup A_3 \cup \cdots\} = P\{A_1\} + P\{A_2\} + P\{A_3\} + \cdots \tag{4.10}$$

である。

以上のように確率論にはいろいろなアプローチが考えられるが,どのアプローチをとるかは人の関心の対象によって異なる。たとえば数学者は公理的アプローチで抽象的に理論を展開することを好むであろう。それに対して応用統計学者や実務家は,経験的アプローチをとることが多いであろうし,また主観的アプローチによらなければならないこともしばしばあるであろう。サイコロやトランプを使った賭けごとのような場合には,多くの場合先験的アプローチで事足りるであろう。このようにアプローチの相違はあるが,確率の基本的な数理は同じであり,以下本書では,1つのアプローチにこだわることなく,混合した考え方をとることにしよう。

〔問4.4〕 次のそれぞれの場合,確率を考えるために適当なアプローチは何か。
  (a) 今年セ・リーグでジャイアンツが優勝する確率
  (b) 1組のトランプのカードから1枚抜いたとき,そのカードがハートである確率
  (c) ある針金製造会社で作られている針金の単位長さあたりの不良箇所の数

## *4.3* 標 本 空 間

いま1枚の硬貨を投げるという簡単な実験について考えてみると,その可

能な結果としては表が出ることと裏が出ることの2つがある。この実験の結果は，たとえば図4.2のように直線上の2つの点で表わすことができる。ここでは表の得られる回数（0か1）に対応させて，0で裏（$T$）を，1で表（$H$）を表わしている。

図4.2 1枚の硬貨投げの標本空間

同様に硬貨を2枚投げる実験について考えてみると，可能な結果は，$TT$, $TH$, $HT$, $HH$ の4つである。そこで今度はこれらの結果を1枚目の裏表を $x$ 軸，2枚目の裏表を $y$ 軸にとった $x$-$y$ の2次元平面上の4つの点 $(0,0)$, $(0,1)$, $(1,0)$, $(1,1)$ に対応させて，図4.3のように表わすことができる。

さらに硬貨を3枚投げる実験について考えれば，8通りの結果が可能であ

図4.3 2枚の硬貨投げの標本空間
——2次元空間を用いた場合

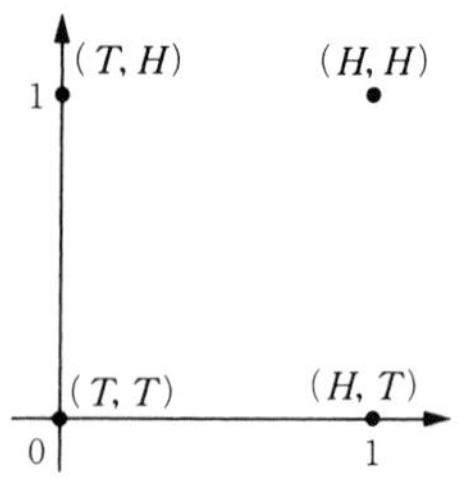

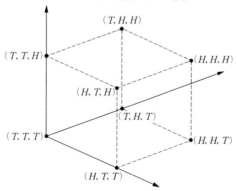

図4.4 3枚の硬貨投げの標本空間
——3次元空間を用いた場合

り，それらを図 4.4 のように $x$-$y$-$z$ の 3 次元空間上の 8 つの点に対応させて表わすことができる。

ただし，ここで注意すべきことは，このように実験の可能な結果を空間上の点に対応させて考えることは便宜上の問題であり，したがってたとえば 2 枚の硬貨投げの場合でも，図 4.3 のように 2 次元の空間を用いずに，図 4.5 のように直線上の 4 つの点を用いてもよいということである。

**図 4.5　2 枚の硬貨投げの標本空間**
──1 次元空間を用いた場合

TT　TH　HT　HH

いずれにせよ，以上の例で見たように，実験あるいは観察のあらゆる可能な結果を表わす点の集合を**標本空間**（sample space）あるいは**事象空間**（event space）という。以下では標本空間を $S$ で表わす。このとき標本空間 $S$ の各点は，それぞれ 1 つの可能な結果あるいは事象に対応するものであり，それは**標本点**（sample point）と呼ばれる。

〔問 4.5〕　硬貨 1 枚とサイコロ 1 個を投げる実験について標本空間を考えよ。

## *4.4*　標本点と確率

ところで標本空間 $S$ の各標本点にはそれぞれある一定の確率が付与される。それはその標本点に対応している観察結果（事象）の確率である。この確率は，*4.2* 節で述べたようなアプローチのどれによって解釈されるものでもよいが，ただ確率測度に関する 3 つの公理だけは満足させるものでなければならない。図 4.3 の例について見れば，硬貨が偏りのないものであれば，先験的アプローチにより 4 つの標本点にはすべて等しく 1/4 という確率が付与されるであろう。経験的確率の解釈をとれば，ある標本点に付与される確率は，実験を非常に多くの回数繰り返したとき，その標本点に対応する結果（事象）が現われるであろう割合にほぼ等しくなければならない。抽象的数理では 3 つの公理さえ満たしていれば各標本点にどのような確率の値が付与されてもよいのであるが，実際には現実的な値が付与されなければ得られる結果は現実的ではありえない。したがって，標本点に対してどのような確率が

付与されているかを考えることは統計的研究の重要な第一歩である。

〔問 4.6〕 〔問 4.5〕における標本空間の標本点に付与される確率を考えよ。

　説明の便宜上，以下ではまず標本空間が有限個の標本点からなるものと仮定して話を進める。そこで標本点が全体で $n$ 個あるとし，各標本点に付与された確率を $p_1$, $p_2$, $\cdots$, $p_n$ とする。

　さて，可能な結果のうちのどれがおこった場合でも，ある事象 $A$ がおこったかあるいはおこらなかったかのどちらであるかをいえるとしよう。このことは，各標本点が $A$ がおこるかあるいは $A$ がおこらないかのいずれかの場合に分類できるということを意味する。たとえば図4.3の例で，表 $(H)$ が少なくとも1枚出るという事象を $A$ とすれば，3つの標本点 $TH, HT$ および $HH$ は $A$ がおこる場合に分類され，残りの1つの標本点 $TT$ は $A$ がおこらない場合に分類される。

　このとき，事象 $A$ がおこる確率は $A$ がおこる場合に分類されたすべての標本点の確率の和である。いま $A$ がおこる確率を $P\{A\}$ という記号で表わせば，

$$P\{A\} = \sum_A p_i \tag{4.11}$$

のように書くことができるであろう。ここで $\sum_A$ は $A$ がおこる場合に分類された標本点について確率の和をとることを意味している。上述の例では，

$$P\{A\} = P\{TH\}+P\{HT\}+P\{HH\} = \frac{1}{4}+\frac{1}{4}+\frac{1}{4} = \frac{3}{4}$$

である。

〔問 4.7〕 上例で表 $(H)$ が1枚だけ出るという事象を $B$ とするとき，$B$ の標本点を考え $P\{B\}$ を求めよ。

　次の例としてサイコロを2回投げるという実験の場合を考えよう。標本空間は36通りの可能な結果に対応して36個の点からなる。いま第1回目に出る目の数を $x$ 軸に，第2回目に出る目の数を $y$ 軸にとって標本空間を図示すれば，図4.6のようになる。サイコロが偏りのないものであれば，これらの

図 4.6　サイコロを 2 回投げる場合の標本空間

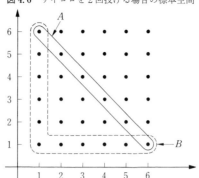

36 個の点にはすべて同じ 1/36 の確率が付与されていると考えられる。

　このとき，たとえば 2 回の目の和が 7 になるという事象を $A$ とすれば，図 4.6 で実線 $A$ によって囲まれた 6 つの標本点が事象 $A$ がおこる場合に対応し，したがって

$$P\{A\} = \frac{1}{36} + \frac{1}{36} + \frac{1}{36} + \frac{1}{36} + \frac{1}{36} + \frac{1}{36} = \frac{6}{36} = \frac{1}{6}$$

となる。また 2 回のうち少なくとも 1 回 1 の目が出るという事象を $B$ とすれば，図で破線 $B$ で囲まれた 11 個の標本点がそれに対応し，したがって

$$P\{B\} = \frac{1}{36} + \frac{1}{36} + \cdots + \frac{1}{36} = \frac{11}{36}$$

となる。

　〔問 4.8〕　サイコロを 2 回投げて 1 回だけ 3 の目が出るという事象を $C$ とするとき，図 4.6 に $C$ の標本点を示せ。また $P\{C\}$ はいくらか。

　以上の例では，各標本点にはすべて等しい確率が付与された。単純なチャンス・ゲームではこのような場合がふつうである。しかし，各標本点には必ずしも等しい確率が付与されるとは限らない。むしろ付与される確率が異なるのがふつうである。いまそのような場合の仮説例として，6 の目が 1 の目に変えられたサイコロ，すなわち 1 の目が 2 面あり，6 の目がなく，他の目は 1 面ずつというように改造されたサイコロを 2 回投げることを考える。この

図 4.7　改造されたサイコロの場合の標本空間

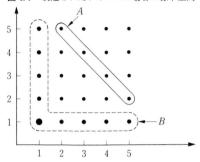

場合の標本空間は図 4.7 のように示すことができる。

　ここには $(1,1)$ から $(5,5)$ まで 25 通りの可能な結果に対応して 25 個の標本点が含まれるが，それぞれに付与される確率はすべてが等しくはない。すなわち標本点 $(1,1)$ には確率 4/36＝1/9 が，8 個の標本点 $(1,2)$, $(1,3)$, $(1,4)$, $(1,5)$, $(2,1)$, $(3,1)$, $(4,1)$, $(5,1)$ にはそれぞれ 2/36＝1/18 が，そして残りの 16 個の標本点にはそれぞれ 1/36 が付与される（図中には各標本点はそれに付与される確率の大きさに比例した大きさの点で示されている）。ここで前例と同じように目の和が 7 になるという事象を $A$ とすれば，図中の実線 $A$ で囲まれた 4 つの標本点が事象 $A$ に対応し，したがって $A$ のおこる確率はそれらの標本点に付与された確率の和，すなわち

$$P\{A\} = \frac{1}{36} + \frac{1}{36} + \frac{1}{36} + \frac{1}{36} = \frac{4}{36} = \frac{1}{9}$$

である。同様に少なくとも 1 回 1 の目が出るという事象 $B$ に対応する標本点は，図中の破線 $B$ で囲まれた 9 個の点であり，したがって

$$P\{B\} = \frac{1}{9} + \frac{1}{18} + \frac{1}{18} + \cdots + \frac{1}{18} = \frac{1}{9} + \frac{8}{18} = \frac{5}{9}$$

である。前例のふつうのサイコロの場合と比べて違いがあることがわかる。

　〔問 4.9〕　上のサイコロで 1 回だけ 3 の目が出るという事象を $C$ とするとき $P\{C\}$ はいくらか。1 回だけ 1 の目が出る事象 $D$ の $P\{D\}$ はいくらか。

なお，どのような場合でも，標本空間 $S$ は可能な結果に対応する標本点の

全体から構成されるものであるから，$S$ に付与される確率はすべての標本点に付与された確率の和，すなわち 1 である。つまり，

$$P\{S\} = 1 \tag{4.12}$$

である。

次に，ある事象 $A$ のおこらないこと，すなわち $A$ でない事象のおこることを $A$ の**余事象**（complementary event）がおこるという。

$A$ の余事象を $\overline{A}$ と書けば，

$$P\{\overline{A}\} = 1 - P\{A\} \tag{4.13}$$

である。標本空間 $S$ におけるすべての標本点は $A$ か $\overline{A}$ のどちらかに必ず対応し，$S$ に付与される確率は 1 であるから，

$$P\{S\} = P\{A\} + P\{\overline{A}\} = 1$$

となり，式（4.13）が成り立つことは明らかである。ある事象の確率を考える場合に，次の例のようにその余事象の確率から考えた方がよい場合がしばしばある。

【**例 4.1**】　4 枚の硬貨を投げたとき，少なくとも 1 枚表が出る確率を求めてみよう。

少なくとも 1 枚表が出るという事象を $A$ とすると，$A$ の余事象 $\overline{A}$ は，1 枚も表が出ないという事象である。1 枚も表の出ない確率 $P\{\overline{A}\}$ は $(1/2)^4$ $=1/16$ であるから

$$P\{A\} = 1 - P\{\overline{A}\} = 1 - \frac{1}{16} = \frac{15}{16}$$

となる。

## 4.5　加　法　定　理

確率論の応用は，ただ 1 つの事象ではなく，いくつかの関連した事象にかかわることが多い。簡単にするために 2 つの事象 $A_1$ および $A_2$ の場合について考えてみよう。2 つの事象 $A_1$ および $A_2$ のうち少なくともその 1 つがおこることの確率を**和事象** $A_1 \cup A_2$（あるいは $A_1 + A_2$ と書く，以下では $\cup$ の代わりに＋を用いる）の確率といい，$P\{A_1 + A_2\}$ で表わす。また $A_1$ および $A_2$ の両方がともにおこることの確率を，**積事象**（$A_1 A_2$ と書く）の確率，あるい

図 4.8　加法定理の図解

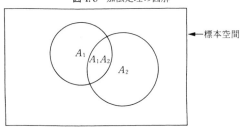

は $A_1$ と $A_2$ とが同時におこる確率という意味で $A_1$ と $A_2$ の**同時確率**（joint probability）といい，$P\{A_1A_2\}$ で表わす。このとき次の**加法定理**が成り立つ。

$$P\{A_1+A_2\} = P\{A_1\}+P\{A_2\}-P\{A_1A_2\} \tag{4.14}$$

この証明は図 4.8 によってなされる。いま標本空間が図 4.8 の四角形内にある標本点の集合によって表わされるとし，事象 $A_1$ がおこることに対応する標本点が図の円形の領域 $A_1$ の内部の点で，そして事象 $A_2$ がおこることに対応する標本点が円形の領域 $A_2$ の内部の点で表わされるとする。

このとき和事象 $A_1+A_2$ の確率 $P\{A_1+A_2\}$ は定義により，2 つの領域 $A_1$ および $A_2$ をあわせた領域の内部の標本点の確率の合計である。$P\{A_1\}$ は領域 $A_1$ 内の標本点の確率の合計であり，$P\{A_2\}$ は領域 $A_2$ 内の標本点の確率の合計であるから，$P\{A_1\}+P\{A_2\}$ は 2 つの円の重なった領域 $A_1A_2$ 内の標本点の確率の合計を 2 回重複して加えていることになる。したがってその重複分 $P\{A_1A_2\}$ を引くということで式（4.14）が成り立つ。

【例 4.2】　1 から 10 までのそれぞれの数字を記した 10 枚のカードがある。このカードを 1 枚抜いたとき，その数字が 2 または 3 で割り切れる数である確率はいくらかを考えてみよう。

2 で割り切れる数であるという事象を $A_1$，3 で割り切れる数であるという事象を $A_2$ とする。1 から 10 までの数字のカードのうち 2 で割り切れるものは 2, 4, 6, 8, 10 の数字の 5 枚，また 3 で割り切れるものは 3, 6, 9 の数字の 3 枚である。したがって $P\{A_1\}=5/10$，$P\{A_2\}=3/10$ となる。また 2 および 3 の両方で割り切れる数は 6 の数字だけで，1 枚である。よって $P\{A_1A_2\}=1/10$，これらを図に示してみると次のようになる。

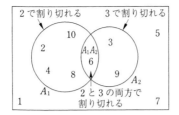

よって2または3で割り切れる数である確率は,

$$P\{A_1+A_2\} = P\{A_1\}+P\{A_2\}-P\{A_1A_2\}$$
$$= \frac{5}{10}+\frac{3}{10}-\frac{1}{10} = \frac{7}{10}$$

となる。なお,2でも3でも割り切れないのは,1, 3, 7の3枚である。

2つの事象 $A_1$ および $A_2$ が共通の標本点をまったくもたない場合がある。このとき $A_1$ と $A_2$ とは**互いに排反**(mutually exclusive)であるという。一方の事象がおこれば他方はおこりえないからである。このときには領域 $A_1A_2$ 内には標本点はないわけであるから $P\{A_1A_2\}=0$ であり,したがって式(4. 14)は,

$$P\{A_1+A_2\} = P\{A_1\}+P\{A_2\} \tag{4.15}$$

となる。

**【例4.3】** 1組のトランプの中からカードを1枚抜くとき,この1枚がハートであるかまたはクラブのキングである確率を求めてみよう。

ハートのカードを抜く事象を $A_1$,クラブのキングを抜く事象を $A_2$ とすると,事象 $A_1, A_2$ は互いに排反である。よって $P\{A_1A_2\}=0$。52枚のカードのうちハートの枚数は13枚であるから $P\{A_1\}=13/52$,またクラブのキングは1枚しかないから $P\{A_2\}=1/52$,したがって,

$$P\{A_1+A_2\} = P\{A_1\}+P\{A_2\} = \frac{13}{52}+\frac{1}{52} = \frac{7}{26}$$

となる。

**【例4.4】** 上の例で,カードを1枚抜いたとき,これがハートであるかまたはキングである確率を求める問題になるとどうかを考えてみよう。

上例と同様に,ハートを抜く事象を $A_1$,キングを抜く事象を $A_2$ とすれば,ハートは52枚中13枚あるから,$P\{A_1\}=13/52$,キングのカードは52枚中4枚あるから $P\{A_2\}=4/52$ となる。また,ハートのキングは52枚中1枚であるから,$P\{A_1A_2\}=1/52$ となる。したがって,

$$P\{A_1+A_2\} = P\{A_1\}+P\{A_2\}-P\{A_1A_2\} = \frac{13}{52}+\frac{4}{52}-\frac{1}{52} = \frac{4}{13}$$

となる。

　式（4.14）および式（4.15）は，3つ以上の事象の場合にも容易に一般化できる。たとえば3つの事象 $A_1$, $A_2$, $A_3$ の場合には，式（4.14）は，

$$P\{A_1+A_2+A_3\} = P\{A_1\}+P\{A_2\}+P\{A_3\}$$
$$-P\{A_1A_2\}-P\{A_2A_3\}-P\{A_3A_1\}$$
$$+P\{A_1A_2A_3\} \qquad (4.16)$$

となる。

　〔問 4.10〕　式（4.16）の証明を図 4.8 のような図によって考えてみよ。

## 4.6　条件つき確率と乗法定理

　加法定理の式（4.14）によって和事象の確率を計算するためには，積事象 $A_1A_2$ の確率 $P\{A_1A_2\}$ が必要である。その計算規則を与えるものが乗法定理であるが，そのためにはまず**条件つき確率**（conditional probability）の考え方を理解しなければならない。

　いまサイコロを2回投げ，第1回の目が3であることがわかっているとき，2回の目の和が7以上になる確率を考えてみよう。第1回の目が3であるという事象を $A_1$，目の和が7以上であるという事象を $A_2$ とすれば，それは $A_1$ という条件のもとで $A_2$ がおこる確率を考えるということであり，このような確率を条件つき確率という。ここで $A_1$ および $A_2$ は図 4.9 に示したようになる（第1回目の目を横軸，2回目の目を縦軸にとった）。

　$A_1$ は標本空間全体 $S$ を示した図 4.9 の中の 36 個の点のうち 6 個の標本点からなり，$A_2$ は 21 個の標本点からなる。第1回の目が3であるときに，目の和が7以上になる確率は，$A_1$ の 6 個の標本点のうち $A_2$ の標本点でもある（すなわち $A_1A_2$ の標本点）3 個の点に対応する事象のおこる確率であるから 3/6＝1/2 と考えられる。したがって，求める条件つき確率は 1/2 である。

　一般的に，いま事象 $A_1$ が確実におこる（あるいは実際におこった）という条件のもとで事象 $A_2$ がおこるかどうかということが問題であるとする。$A_1$

図4.9 条件つき確率の図解

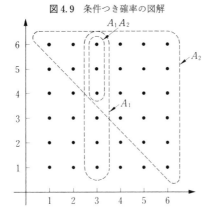

がおこることが確実であるということは，図4.8で標本空間が領域 $A_1$ の内部の標本点に限定され小さくなっていることを意味する。すなわち $A_1$ を新しく全体の標本空間と考えればよいということである。したがって，この小さくなった新しい標本空間 $A_1$ においてその中の標本点にどのような確率を付与したらよいかということを考えなければならない。このとき注意すべきことは，各標本点に新しく付与される確率（以下これを $\pi$ と書く）は，もとの標本空間において各点に付与されていた確率（以下これを $p$ と書く）に比例的になっていなければならないということである。たとえば，もとの標本空間 $S$ において，$A_1$ 内のある標本点 $a$ が，同じく $A_1$ 内の他の標本点 $b$ の2倍の確率を付与されていたとすれば，新しい縮小された標本空間においても標本点 $a$ は標本点 $b$ の2倍の確率を付与されなければならない。$A_1$ がおこらない場合を除いて考えるということは，このような2つの標本点間の確率の相対的大きさの関係に影響しないからである。そこで必要なことは，$A_1$ 内の標本点に対して，もとの標本空間 $S$ で付与されていた確率 $p$ に，ある定数 $c$ を乗じて新しい確率 $\pi$ とし，そのとき新しい標本空間 $A_1$ 内の標本点の確率 $\pi$ の合計が1になるようにすることである。すなわち，もとの標本空間 $S$ で標本点 $i$ に付与された確率を $p_i$，新しい標本空間でその標本点に付与する確率を $\pi_i$ とすれば，

$$\pi_i = cp_i \text{ で，} \sum_{A_1} \pi_i = 1 \tag{4.17}$$

となるように $\pi_i$ は決められる。したがって

$$\sum_{A_1} c p_i = c \sum_{A_1} p_i = c P\{A_1\} = 1 \tag{4.18}$$

であり，これから

$$c = \frac{1}{P\{A_1\}} \tag{4.19}$$

$$\pi_i = \frac{p_i}{P\{A_1\}} \tag{4.20}$$

となる。この $\pi_i$ は，標本点 $i$ の $A_1$ についての条件つき確率と呼ばれる。図 4.9 の例では，$P\{A_1\}=1/6$ であるから，$c=1/(1/6)=6$ である。そしてすべての標本点について $p_i=1/36$ であるから，$A_1$ がおこったという条件のもとでは，$A_1$ 内の各点には $6\times(1/36)=1/6$ の確率が与えられる。

　以上のようにして新しい標本空間とそこでの確率が決定されれば，あとはその標本空間内での任意の事象の確率を定義どおりに計算することができる。ただし，ここでの確率はすべて $A_1$ がおこるという条件つきの確率である。そこで $A_2$ という事象を考え，$A_1$ についての条件つきの $A_2$ の確率を $P\{A_2|A_1\}$ という記号で表わすことにすれば，式 (4.20) から，次のようになる。

$$P\{A_2|A_1\} = \sum_{A_1 A_2} \pi_i = \frac{\sum_{A_1 A_2} p_i}{P\{A_1\}} \tag{4.21}$$

　ここで第 2 辺の確率 $\pi_i$ の和は $A_2$ のおこる場合に対応する標本点の確率の和であるが，$A_1$ のおこることを条件としているので，領域 $A_1 A_2$ の内部の標本点についての和になる。最後の辺の分子の和は，もとの標本空間 $S$ での確率を領域 $A_1 A_2$ 内の標本点について合計したものであるから，$P\{A_1 A_2\}$ である。したがって式 (4.21) は，

$$P\{A_2|A_1\} = \frac{P\{A_1 A_2\}}{P\{A_1\}} \tag{4.22}$$

となる。これが条件つき確率の計算公式である。この式の右辺で分子は $A_1$ と $A_2$ との同時確率であり，分母は $A_2$ がおこるか否かに関係なく $A_1$ のおこる確率で，これを $A_1$ の**周辺確率**（marginal probability）と呼ぶことがある。これらの用語を使うと，式 (4.22) は，**$A_1$ を条件とする $A_2$ の条件つき確率は，$A_1$ と $A_2$ の同時確率を $A_1$ の周辺確率で割ったものに等しい**，というこ

とを表わしている。ここで分母が 0 でないこと，すなわち事象 $A_1$ について
は $P\{A_1\} \neq 0$ が仮定されている。確率が 0 であるような事象のおこることを
条件とすることは無意味だからである。

　式 (4.22) から直ちに次の**乗法定理**が得られる。

$$P\{A_1 A_2\} = P\{A_1\} P\{A_2 | A_1\} \tag{4.23}$$

　式 (4.22) は $P\{A_1\} \neq 0$ のときにのみ成り立つが，$P\{A_1\} = 0$ のときには，
式 (4.22) の右辺は 0 であるとして，一般的に式 (4.22) は成り立つものとす
ることができる。

　$A_1$ と $A_2$ は形式的にはどちらを条件とすることも可能であるから，式 (4.
23) で $A_1$ と $A_2$ とを入れかえると次の式が得られる。

$$P\{A_1 A_2\} = P\{A_2\} P\{A_1 | A_2\} \tag{4.24}$$

**【例 4.5】**　ある箱に 100 個の品物が入っている。いま，この品物の不良品をキ
　　ズの種類によって $A_1$ 型，$A_2$ 型のキズに分けてみると，10 個に $A_1$ 型のキズ
　　があり，6 個に $A_2$ 型のキズ，また，$A_1$, $A_2$ 両方のキズがあるものが 3 個で
　　あった。この箱から抜き出された 1 個の品物が $A_1$ 型のキズをもっているこ
　　とがわかっているとき，それがまた $A_2$ 型のキズをもつ確率はいくらか。ま
　　た，$A_2$ 型のキズをもっていることがわかっているとき，$A_1$ 型のキズをもも
　　つ確率はいくらかを考えてみよう。

　　　$A_1$ 型のキズをもつ品物を抜き出す確率を $P\{A_1\}$ で表わすと，$P\{A_1\} =$
　　$10/100$ である。また，両方の型のキズをもつ品物を抜き出す確率 $P\{A_1 A_2\}$
　　は $3/100$ であるから

$$P\{A_2 | A_1\} = \frac{P\{A_1 A_2\}}{P\{A_1\}} = \left(\frac{3}{100}\right) \Big/ \left(\frac{10}{100}\right) = \frac{3}{10}$$

　　となる。同様に考えて，$P\{A_2\} = 6/100$ であるから

$$P\{A_1 | A_2\} = \frac{P\{A_1 A_2\}}{P\{A_2\}} = \left(\frac{3}{100}\right) \Big/ \left(\frac{6}{100}\right) = \frac{1}{2}$$

　　である。

　次に，いま $P\{A_1\}$ も $P\{A_2\}$ もともに 0 でないとして

$$P\{A_2 | A_1\} = P\{A_2\} \tag{4.25}$$

であるとき，事象 $A_2$ は事象 $A_1$ から確率的な意味で独立，あるいはもっと簡
単に**独立**（independent）であるという。この呼び方は，$A_2$ のおこる確率が
$A_1$ がおこるという条件を加えても変わらないという性質に由来するもので

ある。

$A_2$ が $A_1$ から独立のとき，式（4.25）により式（4.23）は

$$P\{A_1 A_2\} = P\{A_1\} P\{A_2\} \tag{4.26}$$

となる。逆に，式（4.26）が成り立つとき，それと式（4.23）とを比較すれば式（4.25）が得られ，$A_2$ は $A_1$ から独立であることがわかる。

もし $A_2$ が $A_1$ から独立であれば，式（4.24）と式（4.26）の右辺を等置することにより，

$$P\{A_1 | A_2\} = P\{A_1\} \tag{4.27}$$

が得られる。これは $A_1$ が $A_2$ から独立であることを意味している。したがって，もし $A_2$ が $A_1$ から独立であれば，$A_1$ は $A_2$ から独立であるということにもなる。この相互独立性から，式（4.26）が成り立つとき，2つの事象 $A_1$ および $A_2$ は独立であるという。

【例 4.6】　袋に赤球が3個，白球が5個，あわせて8個入っている。この袋の中から球を1個取り出して何色であるか調べた後，取り出した球をもとの袋に戻し，もう一度，球を1個取り出す。このとき，1回目が赤球で，2回目が白球である確率はいくらか。もし1回目に取り出した球をもとに戻さない場合にはどうかを考えてみよう。

1回目に取り出された球が赤球であるという事象を $A_1$，2回目に取り出された球が白球であるという事象を $A_2$ とすると，$P\{A_1\}=3/8$ である。2回目に球を取り出すとき最初取り出した球をもとに戻す場合には，もとと同じ8個（赤球3個，白球5個）の中から1個を取り出すわけであり，1回目に取り出された球が何色であったかということは，2回目の球が何色であるかに何の影響も与えない。したがって $A_1$ と $A_2$ は独立な事象であると考えてよい。よって $P\{A_2\}=P\{A_2|A_1\}=5/8$ である。ゆえに，

$$P\{A_1 A_2\} = P\{A_1\} P\{A_2\} = \frac{3}{8} \times \frac{5}{8} = \frac{15}{64}$$

となる。

1回目の赤球をもとに戻さない場合には，残り7個（赤球2個，白球5個）の中から1個を取り出すわけであり，したがって2回目が白球である確率は $P\{A_2|A_1\}=5/7$ であるから

$$P\{A_1 A_2\} = P\{A_1\} P\{A_2|A_1\} = \frac{3}{8} \times \frac{5}{7} = \frac{15}{56}$$

となる。このとき $A_1$ と $A_2$ とは独立ではない。

以上のような乗法定理と独立の定義とは，3つ以上の事象についても拡張することができる。たとえば3つの事象 $A_1$, $A_2$, $A_3$ の場合には，乗法定理は

$$P\{A_1 A_2 A_3\} = P\{A_1 A_2\} P\{A_3 | A_1 A_2\}$$
$$= P\{A_1\} P\{A_2 | A_1\} P\{A_3 | A_1 A_2\} \tag{4.28}$$

となり，$A_1$, $A_2$, $A_3$ が独立のときには

$$P\{A_1 A_2 A_3\} = P\{A_1\} P\{A_2\} P\{A_3\} \tag{4.29}$$

となる。

## ▶ *4.7* ベイズの定理とベイジアン理論

次のような問題を考えてみよう。ある製品のメーカーとしてはA，B，Cの3社がある。この製品は外見上はまったく同じで，どの社の製品か見分けがつかない。3社の市場シェアはA社50％，B社30％，C社20％である。過去の経験では各社製品の不良率はA社10％，B社20％，C社25％である。いまどのメーカー製のものかわからずに市場でこの製品を1個買ったところ，それが不良品であった。それがA社製，B社製，C社製である確率はそれぞれいくらか。

この問題は次のように考えて解くことができる。まず，市場で買ったある1個がA社製，B社製，C社製である確率を $P\{A\}$, $P\{B\}$, $P\{C\}$ とすれば，市場シェアから

$$P\{A\} = 0.5, \quad P\{B\} = 0.3, \quad P\{C\} = 0.2 \tag{4.30}$$

である。そして製品が不良であるという事象を $F$ とすれば，各社ごとの不良率から

$$P\{F|A\} = 0.1, \quad P\{F|B\} = 0.2, \quad P\{F|C\} = 0.25 \tag{4.31}$$

である。

ここで私たちが求めるものは，ある1個の製品が不良であることがわかったとき，それがA社製，B社製，C社製である確率であるが，それは条件つき確率 $P\{A|F\}, P\{B|F\}, P\{C|F\}$ である。$P\{A|F\}$ について考えれば，条件つき確率の計算式（4.22）を応用して

$$P\{A\,|\,F\} = \frac{P\{AF\}}{P\{F\}} \tag{4.32}$$

である。

　ここで，分子の同時確率 $P\{AF\}$ は乗法定理より，

$$P\{AF\} = P\{A\}P\{F\,|\,A\} = 0.5 \times 0.1 = 0.05 \tag{4.33}$$

である。

　次に分母の確率 $P\{F\}$（どの会社製であるかを問わず，製品が不良である確率，すなわち $F$ の周辺確率）は次のようにして求められる。製品が不良であるのは，A 社製で不良，B 社製で不良，C 社製で不良の 3 つの場合のいずれかであり，それらの確率は $P\{AF\}$，$P\{BF\}$，$P\{CF\}$ である。したがって

$$
\begin{aligned}
P\{F\} &= P\{AF\} + P\{BF\} + P\{CF\}\\
&= P\{A\}P\{F\,|\,A\} + P\{B\}P\{F\,|\,B\} + P\{C\}P\{F\,|\,C\}\\
&= 0.5 \times 0.1 + 0.3 \times 0.2 + 0.2 \times 0.25\\
&= 0.05 + 0.06 + 0.05 = 0.16
\end{aligned}
\tag{4.34}
$$

である。そこで式 (4.32) から

$$P\{A\,|\,F\} = \frac{0.05}{0.16} = \frac{5}{16}$$

である。同様にして

$$P\{B\,|\,F\} = \frac{P\{BF\}}{P\{F\}} = \frac{0.06}{0.16} = \frac{6}{16}$$

$$P\{C\,|\,F\} = \frac{P\{CF\}}{P\{F\}} = \frac{0.05}{0.16} = \frac{5}{16}$$

である。

　ここでこの問題について基本的なことを考えてみると，その製品を買ったとき，それは A 社製か B 社製か C 社製かのいずれかであることはすでに決まっているはずであり，したがってそれが不良品であったとしても，$P\{A\,|\,F\}$ か $P\{B\,|\,F\}$ か $P\{C\,|\,F\}$ のいずれかが 1 であり，他は 0 であるはずであるから，それが A 社製である確率はいくらかというような問題は無意味であると主張することもできるであろう。しかしこの主張に対しては次のように反論することができる。たしかに上の 3 つの確率のどれかが 1 で他は 0 であるが，そのどれが 1 であるかが明確にいえない限り，上記の主張は意味がない。われわれはそこで問題の製品が A 社製である可能性はどれくら

いか，B社製である可能性は……，というように考えるのであり，それはきわめて自然な考え方といえるであろう。

　この問題は一般的に，次のように説明することができる。いま，ある事象（結果）の原因としていくつかの事象（同時にはおこらないものとする）が考えられ，それぞれの原因がある確率をもち，その原因から結果である事象のおこる確率がわかっているとする。ここでその結果が実際におこったとき，その原因がどれである確率がいくらかというのが問題である。しかし結果がおこったときには原因はどれか1つに決まっているはずであり，どれかの確率が1で他は0であるはずであるから，上記のような確率，すなわち**原因の確率**にはどんな意味があるのかということが問題になる。しかし原因がどれと特定できない以上，どれでありそうかという意味で確率を考えることができるというのが，ベイズ（Thomas Bayes, 1702〜61年。イングランドの牧師）が導き出した定理を用いる立場である。このような立場を**ベイジアン理論**（Bayesian theory）という。

　以上のようなベイジアン理論の考え方は非常に広い応用範囲をもち，また私たちが日常経験しているいろいろな事柄においても無意識的に用いられている。1つの例が犯罪事件における犯人の特定化である。たとえば，ある殺人事件で最終的に容疑者がいずれも単独犯と考えられる $A, B, C$ の3人にしぼられたとする。真犯人は $A, B, C$ のいずれか1人であるから犯人である確率 $P(A)$, $P(B)$, $P(C)$ のどれかが1で，他は0である。しかしそうはいっても，誰が真犯人かわからない以上無意味である。そこで物的証拠や状況証拠（たとえば，アリバイ）などから，$A, B, C$ のそれぞれがどれくらい犯人らしい（くさい）かを明らかにし，それを確率 $P(A)$, $P(B)$, $P(C)$ の推定値とするのである。この例は前述の不良品の問題と本質的に同じ問題であり，そのとき用いられるのはベイジアン理論の考え方である。

　**ベイズの定理**を一般的なかたちで書くと次のようになる。いま事象 $A$（結果事象）の原因として $n$ 個の事象 $B_1, B_2, \cdots, B_n$（互いに排反）が考えられる。そして原因 $B_k$ $(k=1, 2, \cdots, n)$ は，$P\{B_k\}$ という確率をもっているとする（$\sum_{k=1}^{n} P_k = 1$）。また原因 $B_k$ から結果 $A$ のおこる確率すなわち条件つき確率 $P\{A|B_k\}$ がわかっているとする。ここで $A$ がおこったとき，それが原因 $B_k$ $(k=1, 2, \cdots, n)$ によるものである確率 $P\{B_k|A\}$ を考えると，条件つき確

率の計算式（4.22）および乗法定理（4.23）を利用して，次式で求められる。

$$P\{B_k|A\} = \frac{P\{AB_k\}}{P\{A\}} = \frac{P\{AB_k\}}{\sum_{i=1}^{n}P\{AB_i\}} = \frac{P\{B_k\}P\{A|B_k\}}{\sum_{i=1}^{n}P\{B_i\}P\{A|B_i\}}$$

(4.35)

ここで $P\{B_i\}(i=1, 2, \cdots, n)$ を原因 $B_i$ の**事前確率**といい，$P\{B_k|A\}$ を $B_k$ の**事後確率**（事象 $A$ がおこった後のという意味で）という。ベイズの定理は，事象 $B_k$ の事前確率 $P\{B_k\}$ が，事象 $A$ がおこったという情報によって事後確率 $P\{B_k|A\}$ に修正されること（そこでは $A$ の $B$ についての条件つき確率が用いられる）を表わしていると解釈することができる。上記の不良品の例でいえば，たとえば A 社の市場シェアは 50% であるから，購入したものがたまたま A 社の製品である確率は 0.5 であると考えられるが，その製品が不良品だとわかると，A 社製品は不良率が相対的に低いので，それが A 社製であると考えられる確率は 50% より小さくなり，5/16（約 31%）となるのである。C社の場合はその逆である。すなわち，C 社の製品は不良率が高いので，不良品だとわかると C 社製ではないかという疑いが強まるのである（20% から31% へと大きくなる）。

図 4.10 は以上のようなベイズの定理の働きを図示したものである。

**図 4.10**　ベイズの定理

（注）　ベイジアン理論の応用については，宮川公男『意思決定論（新版）』中央経済社，2010 年刊（第 7 章）を参照されたい。

【練　習　問　題】

1)　8 人の中から 3 人の委員を選ぶ方法は何通りあるか。

2)　男 5 人，女 3 人の中から男 2 人，女 2 人を選ぶ方法は何通りあるか。

3)　A 市と B 市の間には 5 本の自動車道路がある。ある人が A 市と B 市の間を往復するとき，次のそれぞれの場合に A 市から B 市に行って帰る方法は

何通りあるか。

 (a) 往復とも同一ルートを走ってはならない。

 (b) 往復ともどういうルートを通ってもよい。

4) (a) "jeep" という語に含まれている文字によって作られる順列の数はいくらか。

 (b) 数字 5, 5, 5, 6, 7, 8 によって作られる異なる 6 桁の数はいくつあるか。

5) (a) "greater" という語に含まれる文字によって作られる順列の数はいくらか。

 (b) 数字 3, 3, 3, 5, 5, 7 によって作られる異なる 6 桁の数はいくつあるか。

 (c) 8 個の記号 *, *, *, *, ¥, ¥, ¥, ＋ によって作られる異なる 8 字のコードはいくつあるか。

6) 20 回硬貨を投げたとき，ちょうど 5 回表が出る場合は何通りあるか。また 2 回以下しか表が出ない場合は何通りか。

7) $P\{A\}=0.24$, $P\{B\}=0.52$, $P\{AB\}=0.12$ であるような 2 事象 $A$, $B$ があるとき，以下の値を求めよ。ただし $\overline{A}$, $\overline{B}$ は $A$, $B$ の余事象を表わすものとする。

 (a) $P\{\overline{A}\}$ (b) $P\{\overline{B}\}$ (c) $P\{A+B\}$ (d) $P\{\overline{A}B\}$

 (e) $P\{A\overline{B}\}$ (f) $P\{\overline{A}\,\overline{B}\}$

8) $A$ と $B$ とが互いに排反な事象であるとし，$P\{A\}=0.28$, $P\{B\}=0.54$ であるとき，以下の値を求めよ。

 (a) $P\{\overline{A}\}$ (b) $P\{\overline{B}\}$ (c) $P\{AB\}$ (d) $P\{A+B\}$

 (e) $P\{\overline{A}\,\overline{B}\}$

9) $P\{A\}=0.4$, $P\{B|A\}=0.3$, $P\{\overline{B}|\overline{A}\}=0.2$ とするとき，以下の値を求めよ。

 (a) $P\{\overline{A}\}$ (b) $P\{B|\overline{A}\}$ (c) $P\{B\}$ (d) $P\{AB\}$

 (e) $P\{A|B\}$

10) $A$ と $B$ とが独立事象であり，$P\{A\}=0.35$ および $P\{B\}=0.60$ とするとき，以下の確率を求めよ。

 (a) $P\{A|B\}$ (b) $P\{AB\}$ (c) $P\{A+B\}$ (d) $P\{\overline{A}\,\overline{B}\}$

11) 次にあげた 2 つの事象 $A$, $B$ について排反であるものを選び出せ。

 (a) 2 個のサイコロを同時に投げ，一方に 5 の目 ($A$)，もう一方に 6 の目 ($B$) が出る。

 (b) 東京都に住んでいること ($A$) と，東京都で働いていること ($B$)。

   (c)　18歳未満であること（$A$）と，選挙権をもっていること（$B$）。

   (d)　1組52枚のトランプから1枚を引き抜くとき，ハートの札が出ること（$A$）と，エースの札が出ること（$B$）。

   (e)　5回コインを投げ，2回表が出ること（$A$）と，3回表が出ること（$B$）。

**12)**　ある集団について調べたところ，雑誌 A，B，C およびそれらを取り混ぜて読んでいる者の割合は次のとおりであった。

    Aのみ：9.8%　　　　AおよびB：5.1%

    Bのみ：22.9%　　　AおよびC：3.7%

    Cのみ：12.1%　　　BおよびC：6.0%

    AおよびBおよびC：2.4%

  この結果から，3つの雑誌のうちで少なくとも1つを読んでいる者は何%か。また，この全集団から無作為に1人を選んだときその人が A の読者，B の読者，A または B の読者である確率はそれぞれいくらか。

**13)**　次にあげた一対の事象 $A$, $B$ のうち，独立事象はどれか。

   (a)　コインを2回投げて，1回目に表（$A$）と2回目に表（$B$）が出ること。

   (b)　6月生まれ（$A$）で，近視であること（$B$）。

   (c)　酔っぱらい運転であること（$A$）と，事故をおこすこと（$B$）。

   (d)　女子大の教師であること（$A$）と，女性であること（$B$）。

   (e)　互いに排反である2つの事象（$A, B$）。

**14)**　3つのボール a, b, c を3つの箱 I，II，III に入れる実験を行なう。

   (a)　おこりうるすべての結果を列挙せよ。

   (b)　(a)の標本空間において，2つの事象，$A_1$：（I の箱にボールが1つ入っている），$A_2$：（II の箱にボールが1つ入っている）を考えるとき，$A_1$, $A_2$, $A_1 A_2$, $A_1 + A_2$ はそれぞれいくつの標本点を含んでいるか。

   (c)　すべての標本点に等確率を与え

$$P\{A_1 + A_2\} = P\{A_1\} + P\{A_2\} - P\{A_1 A_2\}$$

  を確かめよ。

**15)**　3枚の硬貨を投げたとき，少なくとも2枚表が出る確率を求めよ。

**16)**　乱数サイ（正20面体のサイコロで，0から9までの10個の数字が2面ずつの割合で記されているもの，184ページを見よ）を2回投げたとき，9の目がちょうど1回出る確率を求めよ。また，2回とも偶数の目が出る確率を求めよ。

**17)**　箱の中に赤球4個，青球3個，黄球2個，白球1個が入っている。この箱から球を3個取り出したとき，取り出した球が赤球が2個，青球が1個であ

る確率を求めよ。

18)　サイコロ2個を投げる実験で，次の事象のおこる確率を求めよ。

(a)　出た目の和が10にならない。

(b)　どちらか一方が3以下の目である。

(c)　2つのサイコロの目が同じでない。

19)　1組のトランプ52枚のカードの各1枚が同様の確からしさで抜き取られるものとすると，抜き取られた1枚のカードが次の場合の確率を求めよ。

(a)　赤のエース

(b)　赤のカード

(c)　エース，10あるいは赤のジャック

(d)　黒のジャックあるいは赤のクィーン

(e)　クラブかエースかのいずれか

(f)　クラブでもなくエースでもない

20)　正確な硬貨3枚，両面が表になった不正な硬貨2枚の入った箱がある。この箱から1枚の硬貨を取り出し，それを2回投げたとき表が2回出る確率を求めよ。

21)　ある都市では，運転免許の最初の試験で合格する確率は0.75である。2回目以降は，何回不合格になるとしても，合格の確率は0.60である。4回目の試験でやっと免許がとれる確率はいくらか。

22)　秋期に雨の日の次の日が雨である確率は0.80であり，晴れの日の次の日が雨である確率は0.40である。どの日も雨か晴れかのいずれかに分類され，ある日の天候が前日の天候にだけ依存するものとすると，ある雨の日の後3日雨の日が続き，それから2日晴れの日があり，最後に1日雨の日がある確率を求めよ。

23)　ある将棋選手権戦の決勝でA，Bの2棋士が争うことになった。両棋士の実力は，6:4でA棋士が上回っている。7回戦で4回先勝したものが勝ちとするとき，5回戦までで勝負が決定する確率はいくらか。

24)　ある野球選手の第1打席でヒットを打つ確率は1/3，ヒットを打った次の打席でヒットを打つ確率は2/3，ヒットを打たなかった次の打席でヒットを打つ確率は1/3である。この選手は残り5打席のうち，3回以上ヒットを打てば首位打者になれる。5打席とも四死球や敬遠がないとして，この選手が首位打者になれる確率を求めよ。

25)　箱Aには不良品が2個，良品が3個入っており，箱Bには不良品が2個，良品が1個入っている。これら2つの箱のいずれかを無作為に選び，その選

ばれた箱から品物1個を無作為に取り出すものとする。その品物が良品で
あったとすれば，その品物が箱Aから取り出された確率はいくらか。

26)　A, B, Cの3人が各々1回ずつ1つの的をねらって射撃する。各人が的
を射抜く確率は，A：0.40，B：0.25，C：0.20である。この的に1つの弾丸が
当たっていることがわかったとき，それがA, B, Cの3人のどの銃から撃
たれたものであるか，3人について，それぞれの確率を求めよ。

27)　ある大企業でなんらかの不満をもっているすべての女子社員のうち，
20%は仕事がおもしろくないことにその原因があり，50%は給料が安いと
いう実感にその原因があり，30%は上司を嫌っている（これらの2つ以上の
不満をもつものはすぐ辞めてしまうので1人もいない）。彼女らが退職する
確率はこれら3つの場合に対応してそれぞれ，0.60，0.40，0.90である。ある
女子社員が不満のために退職したとき，その原因が上記3つのそれぞれであ
る確率を求めよ。

28)　*4.7*節での不良率の問題で，その製品を1個買ったときそれが良品であ
ったとすれば，それがA社製，B社製，C社製である確率はそれぞれいくら
か。

29)　成人男子がある病気にかかる確率は10%である。その病気の検査法は
100%信頼できるわけではなく，その信頼性は次のとおりである。すなわち
実際に病気にかかっている人の検査結果が正しく陽性（病気）と出る確率は
80%，誤って陰性（病気でない）と出る確率は20%であり，実際は健康であ
る人の検査結果が正しく陰性と出る確率は90%，誤って陽性と出る確率は
10%である。
　　そこで自分は健康には自信があり，平均的な90%よりは高い95%の確率
でその病気にはかかっていないだろう思っていたある男性社員が陽性とい
う検査結果を知らされた。このときその人が自分は病気ではないと思う確
率は95%よりも下がる（病気であると思う確率が5%より上がる）であろ
う。ベイズの定理の考え方を使ってその確率を求めよ。

【本章末の練習問題の解答は323〜324ページを見よ】

# 第5章　確率変数と確率分布

　本章では統計的推論において基本的に重要な概念である確率変数と確率分布について説明する。まず確率変数とはそれがどのような値をとるか確率的に決まる変数である。そして，確率分布とは確率変数がとりうるいろいろな値に対して確率がどのように対応しているかを表わすものである。そしてここでも平均値（確率変数については期待値ということが多い）と分散とが重要な基礎的概念である。

## *5.1* 確 率 変 数

　いま硬貨を2枚投げるという実験で表が何枚出るかを考えてみよう。この場合，標本空間を第4章 *4.3* 節の図4.3と同じように図5.1のような2次元平面上に表わす。ここで表の数を表わす変数を $x$ とすれば，$x$ は標本点

図5.1　確率変数の例（2枚の硬貨投げでの表の枚数）

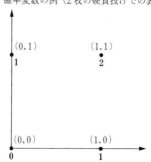

$(0,0)$ においては $0$ という値をとり，標本点 $(1,0)$ および $(0,1)$ においては $1$ という値を，そして標本点 $(1,1)$ においては $2$ という値をとることになる（図 5.1 では各標本点の下に太字でこれらの値を示した）。

　このように，ある標本空間の各標本点に対応してその値が決まるような変数を**確率変数**（random variable）という。いいかえると，確率変数とはある標本空間上で定義される変数である。

　次の例として，2 個サイコロを投げたときに出る目の和を $x$ とすれば，$x$ は 2 から 12 までの整数値をとりうる変数である。この場合の標本空間は図 5.2 のように 36 個の点からなるものとして表わすことができ，各標本点には点線で囲まれたグループごとに $x$ の 2 から 12 までの値（太字の数字）が対応する。たとえば，3 つの標本点 $(1,3)$, $(2,2)$, $(3,1)$ には $x$ の値 4 が対応する。

図 5.2　確率変数の例（2 回投げたときのサイコロの目の和）

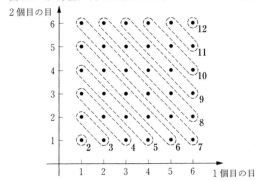

　もう 1 つの例をあげよう。1 組のトランプカード 52 枚の中から 4 枚を抜くとき，その中のハートの枚数を $x$ とすれば，$x$ は 0，1，2，3，4 の整数値をとりうる変数である。この場合の標本空間は 52 枚の中から 4 枚をとる組合せの数 $_{52}C_4 = 270{,}725$ 個の標本点からなっている（これはぼう大な数なので図には描き表わせない）。そしてそのうちたとえば $x=3$ という値が対応するのは $_{13}C_3 \times {}_{39}C_1 = 11{,}154$ 個の標本点である（4 枚のうちにハートが 3 枚入るのは，13 枚のハートの中から 3 枚をとるとり方 $_{13}C_3$ と，残りの 39 枚から 1 枚をとるとり方 $_{39}C_1$ との積だけの場合の数がある）。

　以上いくつかの例で見たが，標本空間上のどの点におこるかは確率的に決まるものであり，変数 $x$ はそれに対応して値が決まるものであるということ

から確率変数と呼ばれるのである。

　以上のように，確率変数は標本空間上で定義される変数であるが，標本空間上の各標本点にはそれぞれある確率が付与されているから，確率変数のとる各値に対して，対応する標本点の確率（確率変数の同じ値に対して複数の標本点が対応する場合にはそれらの標本点の確率の合計）が付与されると考えることができる。硬貨を2枚投げるという例では，$x$ が0という値をとるのは標本点 $(0,0)$ においてであり，それに付与されている確率は $1/4$ であるから，$x$ が0という値をとるのは $1/4$ の確率である。$x$ が1という値をとるのは標本点 $(1,0)$ と $(0,1)$ においてであり，これらにはそれぞれ $1/4$ の確率が付与されているから，$x$ が1という値をとるのは $(1/4)+(1/4)=1/2$ の確率である。同様に，$x$ が2という値をとるのは標本点 $(1,1)$ に対応し，その確率は $1/4$ である。そこで $x$ の値と確率の対応は表5.1のようになる。

表5.1　確率変数の値と確率の対応
（$x$ は2枚の硬貨投げでの表の数）

| $x$ | 0 | 1 | 2 | 計 |
|---|---|---|---|---|
| 確率 | 1/4 | 1/2 | 1/4 | 1 |

　次に2個のサイコロを投げるとき，出る目の和という確率変数について考えれば，図5.2の標本空間上の36個の標本点にはそれぞれ $1/36$ という確率が付与されているから，変数がとりうる11個の値と確率との対応は表5.2のようになる。

表5.2　確率変数の値と確率の対応
（$x$ は2個サイコロを投げるときの目の和）

| $x$ | 2 | 3 | 4 | 5 | 6 | 7 | 8 | 9 | 10 | 11 | 12 | 計 |
|---|---|---|---|---|---|---|---|---|---|---|---|---|
| 確率 | 1/36 | 2/36 | 3/36 | 4/36 | 5/36 | 6/36 | 5/36 | 4/36 | 3/36 | 2/36 | 1/36 | 1 |

　以上のように，標本点に確率変数の値が対応し，そして標本点には確率が付与されていることから，確率変数の値にも確率が付与されることになる（図5.3を見よ）。したがって，**確率変数とは，そのとりうる各値に対してそれぞれある一定の確率が付与され（あるいは対応し）ているような変数である**ということができる。

　さてここでもう1つの例として，2個のサイコロを投げるとき，出る大きい方の目（同じときにはその目）というものを考えてみると，それも確率変数

図 5.3　確 率 変 数

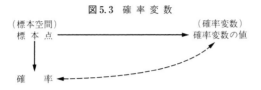

図 5.4　2 個のサイコロの大きい方の目の数

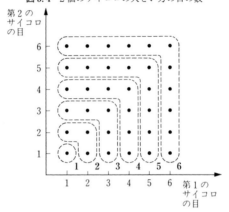

表 5.3　確率変数の値と確率の対応
（$x$ は 2 個のサイコロの大きい方の目の数）

| $x$ | 1 | 2 | 3 | 4 | 5 | 6 | 計 |
|---|---|---|---|---|---|---|---|
| 確率 | 1/36 | 3/36 | 5/36 | 7/36 | 9/36 | 11/36 | 1 |

である。そしてそれは図 5.2 と同じ 36 個の標本点からなる標本空間上で定義される確率変数である。しかし各標本点に対応する確率変数の値は図 5.2 と異なり，図 5.4 のようになる。この確率変数のとりうる値は 1 から 6 までの整数値であり，それら 6 個の値と確率との対応は表 5.3 のようになる。

　この例からわかることは，1 つの同じ標本空間上で考えることのできる確率変数は 1 つではなく，いろいろといくつでも定義することができるということである。上例では，2 個のサイコロの目の和という確率変数と，2 個のサイコロの大きい方の目という確率変数とが，ともに同じ標本空間上で定義されたのである。

　〔問 5.1〕　2 個のサイコロを投げるとき小さい方の目の数（同じときはその数）

という確率変数について標本点，確率変数の値，および確率の対応を図および表に示せ。

〔問 5.2〕 上例と同じ標本空間上で定義できる確率変数の例をさらに2つあげ，それぞれについて確率変数の値と確率との対応を表示せよ。

## 5.2 確 率 分 布

以上で確率変数の概念が明らかにされたが，次に確率分布について説明しよう。そのためにさらにいくつかの例を追加的に考えてみよう。

いまサイコロを投げて出る目の数を考えてみると，それは一定（定数）ではなく，1から6までの6つの整数値をとることができる確率変数である。そして1から6までの6つの値をそれぞれ1/6の確率でとる。そこでこの変数を $x$ で表わせば，$x$ がとる値とそれに対応する確率（これを $P(x)$ で表わす）とを表5.4のように表示することができる。

表5.4 サイコロの目の数と確率

| $x$ | 1 | 2 | 3 | 4 | 5 | 6 | 計 |
|------|-----|-----|-----|-----|-----|-----|-----|
| $P(x)$ | 1/6 | 1/6 | 1/6 | 1/6 | 1/6 | 1/6 | 1 |

次の例として，硬貨を3枚投げたとき，表の出る枚数を考えてみると，それは0から3までの整数値をとりうる変数である。そして表の出る枚数を $x$ とし，それに対応する確率 $P(x)$ を計算して表示すれば表5.5のようになる。

表5.5 硬貨を3枚投げて表の出る枚数と確率

| $x$ | 0 | 1 | 2 | 3 | 計 |
|------|-----|-----|-----|-----|-----|
| $P(x)$ | 1/8 | 3/8 | 3/8 | 1/8 | 1 |

もう1つの例としてサイコロを投げるとき，はじめて1の目が出るまでに投げる回数を $x$ とすれば，それは，1，2，3，… という整数値をとる変数であり，理論上は無限大までの値をとる。1回目に1の目が出る確率は1/6，1回目は1の目以外で2回目に1の目が出る確率は $5/6 \times 1/6$，1，2回目は1の目以外で3回目にはじめて1の目が出る確率は $5/6 \times 5/6 \times 1/6$，… というように考えて，$x$ とそれに対応する確率 $P(x)$ を表示すれば表5.6のようになる。

この例がこれまでの3つの例と異なる点は，他の3つの例では変数のとり

表5.6　サイコロを投げてはじめて1の目が出るまでの回数 $x$ と確率

| $x$ | 1 | 2 | 3 | $\cdots$ | $k$ | $\cdots$ | 計 |
|---|---|---|---|---|---|---|---|
| $P(x)$ | 1/6 | (5/6)(1/6) | $(5/6)^2(1/6)$ | $\cdots$ | $(5/6)^{k-1}(1/6)$ | $\cdots$ | 1 |

うる値が有限個であるのに対し，この例ではそれが理論的には無限個であることである。しかし無限個といっても，1，2，3，… と勘定できる。いいかえると番号がつけられるような無限個である。このような無限個を**可付番無限**（countably infinite）という。

〔問 5.3〕　サイコロを投げて1の目が2度出るまでの回数を $x$ とするとき，$P(x)$ を表示せよ。

　以上いくつかの例で見たように，とりうる値の各々に対して確率が対応しているような変数が確率変数であるが，このとき確率変数のとる各々の値に対して確率が対応する仕方あるいはルール，すなわち確率変数 $x$ の関数としての確率 $P(x)$ を，その確率変数の**確率分布関数**（probability distribution function）あるいは簡単に**確率分布**という。

　確率変数 $x$ はそのとりうる値のどれかをとることは確実であり，したがってそれらの値のどれかをとる確率は1である。確率分布は，全体として1の確率が，それぞれの値にどのように配分（distribute）されているかを表わすものである。ところで，上の例で見たように，全体として1の確率が変数のとりうるいろいろな値に配分される仕方，すなわち確率分布にはいろいろなものがありうる。表5.4の例，すなわちサイコロを投げて出る目の数の場合には1から6までの値に一様に1/6の確率が配分されている。そこでこのような確率分布は**一様分布**（uniform distribution）と呼ばれる（図5.5参照）。これに対して表5.2の例，すなわち2つのサイコロの目の和という確率変数の場合では，2から12までの整数値に対して，図5.6のように三角形の形に確率が配分されている。そこでこのような確率分布は**三角分布**（triangular distribution）と呼ばれる。

　また表5.5の例では，0から3までの値に対して，確率は後に **6.1** 節で説明するように一般的には二項展開式と呼ばれる式（145ページの式（6.3））から求められる $_3C_x(1/2)^x(1-1/2)^{3-x}$ によって配分されている。そこでこの

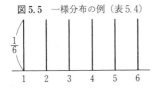

図5.5　一様分布の例（表5.4）

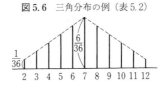

図5.6　三角分布の例（表5.2）

図5.7　二項分布の例（表5.5）

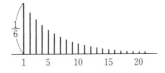

図5.8　幾何分布の例（表5.6）

ような確率分布は，**二項分布**（binomial distribution）と呼ばれる（図5.7参照）。そして表5.6の例では，$x = 1, 2, 3, \cdots$ の値に対して確率は $P(x) = (5/6)^{x-1}(1/6)$ という式で配分され，これは $x$ の値が大きくなるに従って確率は幾何級数的に小さくなることを意味している（図5.8参照）。そこでこのような確率分布は**幾何分布**（geometric distribution）と呼ばれる。

　さて以上の4つの例では，確率変数 $x$ のとることができる値はとびとびの値，すなわち離散的な値であり，それらの値の中間の値はとらない。このような確率変数を**離散**（discrete）**確率変数**という。これに対して，ある範囲内で連続的にどのような値でもとりうるような確率変数を**連続**（continuous）**確率変数**という。たとえば1本の針を投げたとき，落ちた針がある基準線となす角度 $x$ を考えれば，$x$ は0°から360°まで（弧度で0から $2\pi$ まで）の間のどんな値でも連続的にとりうる。もちろん，実際には測定可能な最小単位があるから，それより細かく連続的な値を考えても意味がないが，理論的には完全に連続的と考えることができる。

▶　このような連続確率変数の場合には，確率変数や確率分布を前述のように定義するのは厳密には不都合である。連続変数の場合にはそのとりうる値の数は非可付番無限大であり，その各々に，たといいかに小さくとも0でない確率が対応するとすれば，確率の合計は無限大になってしまうからである。したがって，連続確率変数の場合には，そのとりうる各値に対応する確率はすべて0である。これは，理論的には直線の面積は0であることを考えれば理解できるであろう。もし直線がたといいかに小さくとも0でない面積をもつとすれば，連続的領域をもつどんな図

形も，その中には非可付番無限本の直線を含むから，その面積は無限大ということになってしまう。

　そこで連続確率変数の場合には，変数のとりうる値についてある1点ではなく，ある区間を考えるときに，それにある確率が対応することになる。それはちょうど，概念的には面積のない直線に0でないある幅を与えれば面積が0でなくなるのと同じである。そこで連続変数の場合には，**確率変数**とはそのとりうる値の任意の区間（幅をもった）に対してそれぞれある一定の確率が対応するような変数であるという定義がなされる。そして，そのとりうる値のそれぞれに対しては**確率密度**（probability density）が対応するという。この確率密度は，直線の例でいえばその長さに対応するものである。連続確率変数の場合には，そのとりうる値に対しては確率密度が対応するというのが正確である。

　確率変数 $x$ の値に確率密度が対応する関係を $f(x)$ と書き，これを**確率密度関数**（probability density function）あるいは単に**密度関数**（density function）という。そこで，いま確率密度関数 $f(x)$ をもつ連続確率変数 $x$ が $a$ と $b(a<b)$ の間の値をとる確率 $P(a≤x≤b)$ は，$f(x)$ を区間 $[a, b]$ の間で積分したもの，すなわち

$$P(a≤x≤b) = \int_a^b f(x)dx \tag{5.1}$$

で定められる。すなわちそれは，$f(x)$ の表わす曲線の下の部分の区間 $[a, b]$ の面積である（図5.9を参照）。

図5.9　確率密度関数と確率

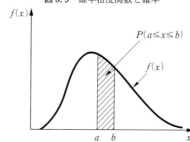

　先にあげた針を投げたときの角度の例について考えてみると，まったくくせのない投げ方をするとすれば，落ちた針が基準線となす角度は0

図5.10　投げた針の角度の確率密度関数

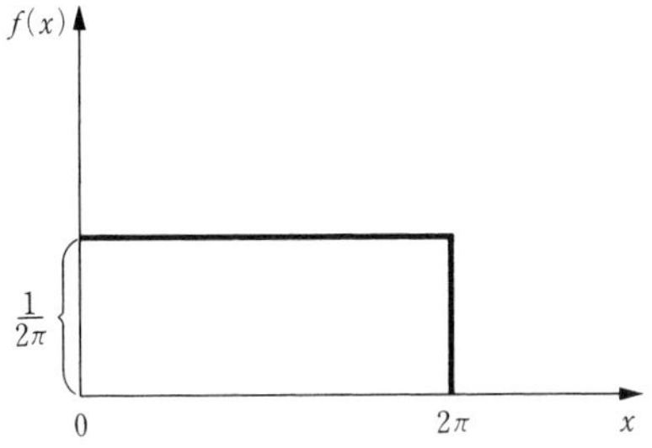

から $2\pi$（360°）までの間のどの値をもまったく同じ可能性でとると考えられるから，確率密度はその区間で一定である（全体の確率は 1 であるから，密度関数の高さは $1/2\pi$ である）。これを図示すれば図 5.10 のようになる。これは矩形のかたちをしていることから，このような確率分布を**矩形分布**（rectangular distribution）という。

## *5.3* 期　待　値

いま 3 枚の硬貨を投げるとき，表の出る枚数を $x$ とすれば，$x$ は 0，1，2，3 のいずれかの値をとる確率変数であり，その確率分布は表 5.5（123 ページ）に示したとおりである。ここで，たとえば $x=1$ の場合，すなわち $P(1)=3/8$ について考えれば，それは数多く反復して 3 枚の硬貨を投げるとき 1 枚だけ表の出る場合の割合（相対的頻度）であると考えられる。このように考えると，たとえば 1,000 回実験を繰り返すとき，おおよそ $1{,}000 \times 1/8 = 125$ 回は 1 枚も表が出ず，$1{,}000 \times 3/8 = 375$ 回は表が 1 枚，同じく 375 回は表が 2 枚，そして 125 回は 3 枚とも表が出ると私たちは期待するであろう。そこで，そのような期待回数を使って 1,000 回の実験で表が平均的に何枚出るかを考えてみると，表の出る枚数は 1,000 回の実験全体で

$$0 \times 125 + 1 \times 375 + 2 \times 375 + 3 \times 125 = 1{,}500 \text{ 枚}$$

と期待されるから，1 回あたりでは表の出る枚数は 1,500 枚/1000＝1.5 枚と期待される。これが 3 枚の硬貨を投げたときの表の出る枚数 $x$ の**期待値**（expected value または expectation）あるいは**平均値**（mean value）である。この 1.5 という結果は，上式の両辺を 1,000 で割ったものを考えれば，$x$ の可能

なすべての値にそれぞれの確率を掛けて加えあわせたものになっていることがわかる。すなわち

$$0 \times \frac{1}{8} + 1 \times \frac{3}{8} + 2 \times \frac{3}{8} + 3 \times \frac{1}{8} = 1.5$$

$$= 0 \times P(0) + 1 \times P(1) + 2 \times P(2) + 3 \times P(3)$$

である。

　また，2個のサイコロを投げたとき，出る目の和の平均値は，表5.2（121ページ）より目の和が2，3，4，5，6，7，8，…，12に対してその確率が1/36，2/36，3/36，4/36，5/36，6/36，5/36，…，1/36であるから，上と同じように考えて，目の和にそれぞれの確率を掛けて足し合わせると，次のようになる。

$$2 \times \frac{1}{36} + 3 \times \frac{2}{36} + 4 \times \frac{3}{36} + 5 \times \frac{4}{36} + 6 \times \frac{5}{36} + 7 \times \frac{6}{36} + 8 \times \frac{5}{36}$$

$$+ 9 \times \frac{4}{36} + 10 \times \frac{3}{36} + 11 \times \frac{2}{36} + 12 \times \frac{1}{36} = 7$$

　以上のような期待値は理論的平均値ないしは概念的な平均値である。実際には，私たちは1回の実験で $x$ がその期待値をとることは必ずしも期待しない。事実，先の硬貨の例では期待値は1.5枚であるが，実際には表が1.5枚出るということはありえないことである。また2個のサイコロの目の和の場合のように，1回の実験で期待値7が現われることはあっても，その確率は6/36であり，私たちはそれを常に期待できるわけではない。しかし，多数回の実験における目の和の平均値はその期待値7の近くになると期待することができるのである。期待値の代わりに単に平均値ということが実際には多いが，期待値と平均値とをとくに区別する場合には，**確率の考え方が入っているかいないか**によるのである。

　以上の考察から，一般的には期待値は次のように定義される。$x$ の期待値を $E(x)$ という記号で表わすと[注]，$x$ が確率分布 $P(x)$ をもつ離散確率変数であるとき，

$$E(x) = \sum_x x P(x) \tag{5.2}$$

---

（注）　ここで $E(x)$ と関数記号とを混同して，$E(x)$ を $x$ の関数と読むことのないようにしなければならない。以下本書では，$E$ を関数記号としては用いない。

で定義される。ここで $\sum_{x}$ は $x$ のとりうる値のすべてにわたって和をとることを意味する。なお $E(x)$ の代わりに $\mu$（平均を表わす mean という言葉から，英文字の小文字の $m$ にあたるギリシャ文字でミューと読む）という記号を用いることも多い。式（1.3）の算術平均 $\bar{x}$ は式（5.2）で $x$ のとりうるすべての値に対して $P(x)=1/n$ とした場合にあたる。

先の3枚の硬貨の例，2個のサイコロの例では，期待値はそれぞれ

$$\mu = E(x) = \sum_{x=0}^{3} xP(x) = 1.5$$

$$\mu = E(x) = \sum_{x=2}^{12} xP(x) = 7$$

である。

もし，$x$ が連続確率変数で，その密度関数が $f(x)$ であるとすれば，$x$ の期待値は（$x$ のとりうる値を一般的に $-\infty$ から $+\infty$ までとして），和の記号 $\sum$ の代わりに積分記号 $\int$ を使って，

$$\mu = E(x) = \int_{-\infty}^{+\infty} xf(x)dx \tag{5.3}$$

で定義される。

▶ たとえば前節での，1本の針を投げたとき，落ちた針がある基準線となす角度 $x$ の例で考えてみると，その確率密度関数は，$0 \leq x \leq 2\pi$ で $f(x)=\dfrac{1}{2\pi}$ であるから，

$$\begin{aligned}
\mu = E(x) &= \int_0^{2\pi} xf(x)dx \\
&= \int_0^{2\pi} x\frac{1}{2\pi}dx = \frac{1}{2\pi}\int_0^{2\pi} xdx \\
&= \frac{1}{2\pi}\left[\frac{x^2}{2}\right]_0^{2\pi} = \frac{1}{2\pi}\left(\frac{(2\pi)^2}{2} - \frac{0^2}{2}\right) \\
&= \pi
\end{aligned}$$

となる。

これまでは確率変数 $x$ 自身の期待値を考えてきたが，ときとして私たちは $x$ のある関数の期待値を考える場合がある。いま $x$ が離散確率変数であるとき，$x$ の関数 $u(x)$ を考えると，$u(x)$ の期待値は，

$$E[u(x)] = \sum_{x} u(x)P(x) \tag{5.4}$$

で定義される。$x$ が連続変数である場合には，

$$E[u(x)] = \int_{-\infty}^{+\infty} u(x)f(x)dx \tag{5.5}$$

である。

　3枚の硬貨投げでの表の数 $x$ の例で，たとえば $u(x)=2x^2+1$ の場合について考えれば，

$$E[u(x)] = E(2x^2+1) = \sum_{x=0}^{3}(2x^2+1)P(x)$$

$$= 1\times\frac{1}{8}+3\times\frac{3}{8}+9\times\frac{3}{8}+19\times\frac{1}{8} = 7$$

である。

　ここで期待値に関する簡単な基本的性質を述べておこう。$c$ を定数，$u(x)$ および $v(x)$ を確率変数 $x$ の関数とするとき，

(1)　$E(c) = c$ $\qquad\qquad$ (5.6)

(2)　$E(cx) = cE(x)$ $\qquad\qquad$ (5.7)

(3)　$E[cu(x)] = cE[u(x)]$ $\qquad\qquad$ (5.8)

(4)　$E[u(x)+v(x)] = E[u(x)]+E[v(x)]$ $\qquad$ (5.9)

が成り立つ。

　先の3枚の硬貨の例で，$E(2x^2+1)$ を求めた場合について考えれば，$u(x)=2x^2,\ v(x)=1$ とすれば，

$$E(2x^2+1) = E(2x^2)+E(1) \quad 式（5.9）により$$

$$= 2E(x^2)+1 \quad 式（5.8）および式（5.6）により$$

$$= 2\sum_{x=0}^{3}x^2P(x)+1$$

$$= 2\left[0^2\times\frac{1}{8}+1^2\times\frac{3}{8}+2^2\times\frac{3}{8}+3^2\times\frac{1}{8}\right]+1$$

$$= 2\times3+1 = 7$$

となり，これは当然先に求めた値と一致する。

## *5.4* 分　　散

　確率変数 $x$ について，期待値からの偏差の2乗の期待値を分散（variance）といい，通常 $\sigma^2$ という記号（$\sigma$ は英文字の小文字の $s$ にあたるギリシャ文字で，

シグマと読む）で表わす。すなわち，

$$\sigma^2 = E[\{x-E(x)\}^2] = E[(x-\mu)^2] \tag{5.10}$$

である。これは前節での $x$ の関数 $u(x)$ を

$$u(x) = [x-E(x)]^2 = (x-\mu)^2$$

とした場合である。なお第1章で説明した $s$ と同様，$\sigma$ を**標準偏差** (standard deviation) という。また確率変数 $x$ の分散であることをはっきりさせるために $\sigma^2$ を $V(x)$ という記号で表わすこともある。期待値 $E(x)$ の場合と同様に，$V(x)$ は $V$ が $x$ の関数であることを示しているのでない。

式 (5.10) は，$x$ が離散変数のときは，

$$\sigma^2 = \sum_x (x-\mu)^2 P(x) \tag{5.11}$$

となり，$x$ が連続変数の場合には，

$$\sigma^2 = \int_{-\infty}^{+\infty} (x-\mu)^2 f(x) dx \tag{5.12}$$

となる。

前の硬貨の例では，$\mu = 1.5$ であるから，

$$\sigma^2 = \sum_{x=0}^{3} (x-1.5)^2 P(x)$$

$$= (0-1.5)^2 \times \frac{1}{8} + (1-0.5)^2 \times \frac{3}{8} + (2-1.5)^2 \times \frac{3}{8} + (3-1.5)^2 \times \frac{1}{8}$$

$$= 0.75$$

である。また，サイコロの例では，$\mu = 7$ であるから，

$$\sigma^2 = \sum_{x=2}^{12} (x-7)^2 P(x)$$

$$= (2-7)^2 \times \frac{1}{36} + (3-7)^2 \times \frac{2}{36} + (4-7)^2 \times \frac{3}{36} + (5-7)^2 \times \frac{4}{36}$$

$$+ (6-7)^2 \times \frac{5}{36} + (7-7)^2 \times \frac{6}{36} + (8-7)^2 \times \frac{5}{36}$$

$$+ (9-7)^2 \times \frac{4}{36} + (10-7)^2 \times \frac{3}{36} + (11-7)^2 \times \frac{2}{36}$$

$$+ (12-7)^2 \times \frac{1}{36} = \frac{35}{6}$$

である。

▶　針投げで落ちた針のなす角度の例（129 ページ）では，$\mu=\pi$ であるから，

$$\sigma^2 = \int_0^{2\pi} (x-\pi)^2 f(x)dx = \int_0^{2\pi} (x-\pi)^2 \frac{1}{2\pi} dx$$

$$= \frac{1}{2\pi}\int_0^{2\pi} (x-\pi)^2 dx = \frac{1}{2\pi}\left[\frac{(x-\pi)^3}{3}\right]_0^{2\pi} = \frac{1}{2\pi}\left(\frac{\pi^3}{3} - \frac{(-\pi)^3}{3}\right)$$

$$= \frac{\pi^2}{3}$$

である。

次に分散 $\sigma^2$ について期待値の性質を使って計算すると

$$\sigma^2 = E[(x-\mu)^2] = E[x^2 - 2\mu x + \mu^2]$$

$$= E(x^2) - E(2\mu x) + E(\mu^2) \quad \text{式 (5.9) により}$$

$$= E(x^2) - 2\mu E(x) + \mu^2 \quad \text{式 (5.8) および式 (5.6) により}$$

$$= E(x^2) - 2\mu\mu + \mu^2 = E(x^2) - \mu^2$$

となり，重要な分散の計算式として次式が得られる。

$$\sigma^2 = E(x^2) - \mu^2 = E(x^2) - [E(x)]^2 \tag{5.13}$$

すなわち，分散は **2 乗の期待値（平均値）から期待値（平均値）の 2 乗を引く**ことによって求められる。これは 26 ページの式（1.34）と同じもの（平均値と期待値との違いを除き）であり，よく記憶すべききわめて重要な式である。

　分散についてのもう 1 つの重要な事柄は，確率変数の分散について第 1 章で説明した記述統計量における分散と同じく，1 次式 $y=ax+b$ の分散 $V(y)$ について式（1.32）（25 ページ）のように

$$V(y) = a^2 V(x) \tag{5.14}$$

が成り立つことである。

## ▶ 5.5 積　　率

　確率分布の性質について議論する場合に重要な 1 つの一般的な概念は**積率**（moment）という概念である。多くの場合，ある確率分布を扱うのに，その分布の全体を考察するのではなく，そのいくつかの性質，とくに少数の積率について検討すれば十分である。以下で説明するように，平均値や分散もそれぞれ積率の一種である。そこで，以下では積率について説明する。

　$x$ を離散確率変数とし，便宜上そのとりうる値は非負の整数値 0，1，2，

…, ∞ とする。そして $x$ の確率分布を $P(x)$ とする。このとき，$x^k$ の期待値

$$\mu_k' = E(x^k) = \sum_x x^k P(x) \tag{5.15}$$

を，$x$ の確率分布の **$k$ 次の原点積率**（$k$th moment about the origin）という。このとき，1 次の原点積率 $\mu_1'$ は定義により平均値であり，簡単のためにこれを $\mu$ と書く。

よく用いられるのは平均値のまわりの積率である。すなわち，

$$\mu_k = E[(x-\mu)^k] = \sum_x (x-\mu)^k P(x) \tag{5.16}$$

を，**平均値のまわりの $k$ 次の積率**（$k$th moment about the mean）あるいは **$k$ 次の中心積率**（$k$th central moment）という。これは原点積率が 0 という原点をもとに計算されているのに対して，中心積率は平均値という中心をもとに計算されていることによる。ここで中心積率は $'$ のつかない $\mu$ で表わし，原点積率は $'$ のついた $\mu$ で区別して表わしている。このとき，

$$\mu_1 = \sum_x (x-\mu) P(x) = \sum_x x P(x) - \mu \sum_x P(x) = \mu - \mu = 0$$

である。また 2 次の中心積率 $\mu_2$ は定義により分散であり，とくに $\sigma^2$ と書かれる。したがって標準偏差 $\sigma$ は $\sqrt{\mu_2}$ である。

確率分布の $k$ 次の積率は，ふつうその確率分布をする確率変数の $k$ 次の積率とも呼ばれる。したがって，$\mu_k'$ や $\mu_k$ を，確率変数 $x$ の $k$ 次の積率といってもよい。

分散すなわち 2 次の中心積率 $\mu_2$ を計算するためには，定義式

$$\mu_2 = \sum_x (x-\mu)^2 P(x) \tag{5.17}$$

によるよりも，1 次および 2 次の原点積率から，

$$\mu_2 = \mu_2' - \mu^2 \tag{5.18}$$

によって計算する方が通常，簡単である。式 (5.18) は式 (5.13) と同じものであり，証明は 132 ページに示したとおりである。そこでも強調したように，式 (5.18) は分散の計算式として記憶すべききわめて重要な式である。

以上は離散確率変数の場合であるが，連続確率変数の場合にも同様に積率を定義することができる。いま $x$ を連続確率変数とし，そのとりうる値の範

囲を $(-\infty, +\infty)$ としておけば一般的である。$x$ の確率密度関数を $f(x)$ とする。このとき，

$$\mu_k' = \int_{-\infty}^{+\infty} x^k f(x) dx \tag{5.19}$$

を $k$ 次の原点積率といい，

$$\mu_k = \int_{-\infty}^{+\infty} (x-\mu)^k f(x) dx \tag{5.20}$$

を $k$ 次の中心積率という。ここで $\mu=\mu_1'=$ 平均値であり，$\mu_2=\sigma^2=$ 分散である。この場合にも分散の計算式（5.18）は同様に成り立つ。

## ▶ *5.6* 積率母関数

　積率を求めるには式（5.15）あるいは式（5.19）によって直接に計算しても簡単であることもあるが，積率母関数と呼ばれるものを用いるとより簡単に求められることが多い。また，積率母関数は理論的研究目的のためにも有用である。いま整数値をとる離散確率変数 $x$ を考え，その確率分布を $P(x)$ とする。このとき，$\theta$（ギリシャ文字，シータと読む）の次のような関数

$$M_x(\theta) = \sum_x e^{\theta x} P(x) \tag{5.21}$$

を確率変数 $x$ の**積率母関数**（moment generating function）という（これは積率を生み出す関数という意味）。この関数はパラメータ $\theta$ のみの関数であるが，考察の対象となっている確率変数を示すために添字 $x$ が付されている。パラメータ $\theta$ はなんら実体的な意味をもつものではなく，ただ積率を計算するための助けとなるような数学的手段として導入されているものである。

　ここで式（5.21）は収束するものと仮定し，$M_x(\theta)$ からどのようにして積率が求められるかを示そう。そのために $e^{\theta x}$ をベキ級数に展開して項別に和を求める。$e^z$ のベキ級数展開は，

$$e^z = 1+z+\frac{z^2}{2!}+\frac{z^3}{3!}+\frac{z^4}{4!}+\cdots \tag{5.22}$$

であるから，$z=\theta x$ とした式（5.22）を式（5.21）に代入すると，

$$M_x(\theta) = \sum_x \left(1+\theta x+\frac{\theta^2 x^2}{2!}+\frac{\theta^3 x^3}{3!}+\frac{\theta^4 x^4}{4!}+\cdots\right) P(x)$$

$$= \sum_x P(x) + \theta \sum_x x P(x) + \frac{\theta^2}{2!} \sum_x x^2 P(x) + \frac{\theta^3}{3!} \sum_x x^3 P(x)$$
$$+ \frac{\theta^4}{4!} \sum_x x^4 P(x) + \cdots$$

となるから，結局

$$M_x(\theta) = 1 + \theta \mu_1' + \frac{\theta^2}{2!} \mu_2' + \frac{\theta^3}{3!} \mu_3' + \frac{\theta^4}{4!} \mu_4' + \cdots \qquad (5.23)$$

が得られる。これから，この展開式における $\theta^k/k!$ の係数が $k$ 次の原点積率になっていることがわかる。したがって，$x$ の積率はこの展開式から次のようにして求めることができる。

　もし特定の積率を求めたいならば，$M_x(\theta)$ を $\theta$ について適当な回数だけ微分し，そこで $\theta=0$ とすればよい。たとえば $\mu_1'(=\mu)$ を求めるには，$M_x(\theta)$ を $\theta$ について微分すれば，

$$\frac{dM_x(\theta)}{d\theta} = \mu_1' + \theta \mu_2' + \frac{\theta^2}{2!} \mu_3' + \frac{\theta^3}{3!} \mu_4' + \cdots \qquad (5.24)$$

となるから，ここで $\theta=0$ とすれば，右辺の第 2 項以下はすべて 0 となり，$\mu_1'$ が得られる。そのことを次式で表わす。

$$\left. \frac{dM_x(\theta)}{d\theta} \right|_{\theta=0} = \mu_1' \qquad (5.25)$$

$\mu_2'$ を求めるには，$M_x(\theta)$ を $\theta$ について 2 回微分すれば（すなわち式（5.24）を $\theta$ についてもう一度微分すれば），式（5.24）で $\mu_1'$ は消えて

$$\frac{d^2M_x(\theta)}{d\theta^2} = \mu_2' + \theta \mu_3' + \frac{\theta^2}{2!} \mu_4' + \cdots \qquad (5.26)$$

となるから，ここで $\theta=0$ とすれば，

$$\left. \frac{d^2M_x(\theta)}{d\theta^2} \right|_{\theta=0} = \mu_2' \qquad (5.27)$$

が得られる。一般に，

$$\left. \frac{d^kM_x(\theta)}{d\theta^k} \right|_{\theta=0} = \mu_k' \qquad (5.28)$$

である。すなわち，**$k$ 次の原点積率 $\mu_k'$ を求めるためには，積率母関数 $M_x(\theta)$ を $\theta$ について $k$ 回微分して，$\theta=0$ とすればよい**。なお，積率母関数を利用する具体例は次章で説明する（たとえば二項分布について 150 ページを

見よ）。

　以上では確率変数 $x$ が離散変数である場合について述べたが，$x$ が連続変数である場合には，その確率密度関数を $f(x)$ とすれば，積率母関数 $M_x(\theta)$ は，

$$M_x(\theta) = \int_{-\infty}^{+\infty} e^{\theta x} f(x) dx \tag{5.29}$$

で定義される。以下同様にして，ベキ級数展開式（5.23）および積率を求めるための式（5.28）が成り立つことがわかる。

## ▶ 5.7　2変数の確率分布

　いままでは1つの確率変数 $x$ について考えてきた。しかし同時に2つ以上の確率変数を考えなければならない場合がある。以下では2つの確率変数 $x, y$ の場合について考えてみよう。なお，ここでは離散変数の例で説明する。

　いま，壺の中に赤球2個，青球3個，白球2個，計7個の球が入っているとする。この中から無作為に3個の球を取り出したとき，その中の赤球の数を $x$，青球の数を $y$ とする。そのとき白球の数は当然 $(3-x-y)$ である。

　このとき，赤球の数が $x$，青球の数が $y$ である確率を $P(x, y)$ と書けば，$x$ は 0, 1, 2，$y$ は 0, 1, 2, 3 という値をとることができ，

$$P(x, y) = \frac{{}_2C_x \times {}_3C_y \times {}_2C_{3-x-y}}{{}_7C_3} \tag{5.30}$$

である。式（5.30）の分母は，全体で7個の球の中から3個が選ばれるあらゆる場合の数であり，${}_7C_3 = 35$ である。分子は，選ばれた3個の中に，赤球が2個の中から選ばれた $x$ 個，青球が3個の中から選ばれた $y$ 個，そして白球が2個の中から選ばれた $(3-x-y)$ 個含まれる場合の数であるから，それら3つの場合の数，${}_2C_x$，${}_3C_y$，${}_2C_{3-x-y}$ を掛けあわせたものである。ここで $x$ および $y$ がとりうる値の組合せを考えて，この式（5.30）によって $P(x, y)$ を計算すれば表5.7のようになる。

　このように2つの確率変数を同時に考えた確率分布を**同時確率分布**（joint probability distribution）という。また表5.7の右端の列の数値は各行の確率の合計であるが，それは $y$ の値のいかんにかかわらず $x$ が 0, 1 あるいは 2

表5.7　2変数の確率分布 $P(x,y)$

| $x$ \\ $y$ | 0 | 1 | 2 | 3 | $P(x)$ |
|---|---|---|---|---|---|
| 0 | 0 | 3/35 | 6/35 | 1/35 | 2/7 |
| 1 | 2/35 | 12/35 | 6/35 | 0 | 4/7 |
| 2 | 2/35 | 3/35 | 0 | 0 | 1/7 |
| $P(y)$ | 4/35 | 18/35 | 12/35 | 1/35 | 1 |

の値をとる確率

$$P(x) = \sum_{y=0}^{3} P(x,y) \qquad x = 0, 1, 2 \tag{5.31}$$

であり，これを $x$ の**周辺確率分布**（marginal probability distribution）という。
同様に表5.7の最下端の行の数値は各列の確率の値を合計したもの

$$P(y) = \sum_{x=0}^{2} P(x,y) \qquad y = 0, 1, 2, 3 \tag{5.32}$$

であり，$y$ の周辺確率分布である。

　ここでも各変数について平均値と分散を考えることができる。たとえば $x$
について平均値 $E(x)$ と分散 $V(x)$ を考えてみると，

$$E(x) = \sum_x \sum_y x P(x,y) = \sum_x x \sum_y P(x,y) = \sum_x x P(x) \tag{5.33}$$

$$V(x) = \sum_x \sum_y [x - E(x)]^2 P(x,y)$$

$$= \sum_x [x - E(x)]^2 \sum_y P(x,y)$$

$$= \sum_x [x - E(x)]^2 P(x) \tag{5.34}$$

である。$y$ についても同様である。

　ここで和 $x+y$ について期待（平均）値を考えると，

$$E(x+y) = \sum_x \sum_y (x+y) P(x,y)$$

$$= \sum_x \sum_y x P(x,y) + \sum_x \sum_y y P(x,y)$$

$$= \sum_x x P(x) + \sum_y y P(y) = E(x) + E(y) \tag{5.35}$$

すなわち，**和の期待値は期待値の和である**。

　次に積 $xy$ について期待（平均）値を考えると，確率の乗法定理（109 ページの式（4.23）で $A_1$ を $x$，$A_2$ を $y$ とする），$P(x,y)=P(x)P(y|x)$ を用いて

$$E(xy) = \sum_x \sum_y xyP(x,y) = \sum_x \sum_y xyP(x)P(y|x)$$

$$= \sum_x x[\sum_y yP(y|x)]P(x) = E[xE(y|x)] \qquad (5.36)$$

である。ここで

$$E(y|x) = \sum_y yP(y|x) \qquad (5.37)$$

は，$x$ をある一定の値としたときの $y$ の期待値であり，**$x$ について条件つきの $y$ の期待値**という。また式（5.36）は $x$ と $y$ とを入れかえて

$$E(xy) = E[yE(x|y)] \qquad (5.38)$$

と書くこともできる。ここで $E(x|y)$ は $y$ について条件つきの $x$ の期待値である。

　いま $x$ と $y$ とが独立である場合には

$$P(x,y) = P(x)P(y) \qquad (5.39)$$

であるから

$$E(xy) = \sum_x \sum_y xyP(x,y) = \sum_x xP(x)\sum_y yP(y)$$

すなわち

$$E(xy) = E(x)E(y) \qquad (5.40)$$

となる。すなわち，**$x$ と $y$ が独立ならば，積の期待値は期待値の積である**。なお，$x$ と $y$ が独立のときには

$$P(y|x) = P(y) \qquad (5.41)$$

であるから，式（5.37）から

$$E(y|x) = \sum_y yP(y) = E(y) \qquad (5.42)$$

であること，すなわち条件つき確率についてと同様に，$x$ についての $y$ の条件つき期待値は $x$ を含まず，したがって条件のつかない $y$ の期待値に等しいことを注意しておく。

## ▶ *5.8* 共分散と相関係数

次に $x$ と $y$ について

$$Cov(x,y) = E[(x-E(x))(y-E(y))] \qquad (5.43)$$

で定義される $Cov(x,y)$ を $x$ と $y$ の**共分散**（covariance）といい，$\sigma_{xy}$ と書くこともある（共分散の意味については第3章 *3.6* 節，84ページを参照）。この右辺を計算すると

$$Cov(x,y) = E(xy)-E[xE(y)]-E[E(x)y]+E(x)E(y)$$
$$= E(xy)-E(x)E(y)-E(x)E(y)+E(x)E(y)$$

であるから，結局

$$Cov(x,y) = E(xy)-E(x)E(y) \qquad (5.44)$$

である。この式は分散の計算式（5.13）に対応する共分散の計算式として重要な式である。この式で $y$ を $x$ にしてみれば式（5.13）と同じになることがわかる。ここで $x$ と $y$ が独立ならば式（5.40）から

$$Cov(x,y) = 0 \qquad (5.45)$$

である。すなわち，**独立な2つの確率変数の共分散は0である**。

次に $x+y$ の分散 $V(x+y)$ を計算してみると，

$$V(x+y) = E[x+y-E(x+y)]^2$$
$$= E[x-E(x)+y-E(y)]^2$$
$$= E[x-E(x)]^2+E[y-E(y)]^2$$
$$\quad +2E[(x-E(x))(y-E(y))]$$

すなわち

$$V(x+y) = V(x)+V(y)+2Cov(x,y) \qquad (5.46)$$

である。同様にして $x-y$ の分散 $V(x-y)$ も

$$V(x-y) = V(x)+V(y)-2Cov(x,y) \qquad (5.47)$$

であることがわかる。そして $x$ と $y$ が独立の場合には

$$V(x\pm y) = V(x)+V(y) \qquad (5.48)$$

である。すなわち**独立な2つの確率変数の和（または差）の分散は各変数の分散の和に等しい**。なお，このことは確率変数の数がもっと多く3つ以上の場合でも一般に成り立つ。

次に

$$\rho(x,y) = \frac{Cov(x,y)}{\sqrt{V(x)}\sqrt{V(y)}} = \frac{\sigma_{xy}}{\sigma_x \sigma_y} \tag{5.49}$$

で定義される $\rho(x,y)$ を $x$ と $y$ の**相関係数** (correlation coefficient) といい, $\rho_{xy}$ とも書く ($\rho$ は英文字の $r$ に対応するギリシャ文字で, ローと読む)。なお,

$$\rho(x,y) = E\left[\left(\frac{x-E(x)}{\sigma_x}\right)\left(\frac{y-E(y)}{\sigma_y}\right)\right] \tag{5.50}$$

と書き直すことができるから, **相関係数は標準化変量の共分散である**ということができる。また, 式 (5.49) から

$$\sigma_{xy} = \rho(x,y)\sigma_x\sigma_y \tag{5.51}$$

と書くことができることも注意しておく。

以上の説明を表 5.7 の例について見ると

$$E(x) = 0\times\frac{2}{7}+1\times\frac{4}{7}+2\times\frac{1}{7} = \frac{6}{7}$$

$$E(y) = 0\times\frac{4}{35}+1\times\frac{18}{35}+2\times\frac{12}{35}+3\times\frac{1}{35} = \frac{9}{7}$$

である。次に $E(y|x)$ を $x=0$ の場合について求めてみる。表 5.7 の第 1 行について条件つき確率 $P(y|0)$ を計算すれば

$$P(0|0) = \frac{0}{2/7} = 0, \quad P(1|0) = \frac{3/35}{2/7} = \frac{3}{10}$$

$$P(2|0) = \frac{6/35}{2/7} = \frac{6}{10}, \quad P(3|0) = \frac{1/35}{2/7} = \frac{1}{10}$$

であるから

$$E(y|0) = 0\times0+1\times\frac{3}{10}+2\times\frac{6}{10}+3\times\frac{1}{10} = \frac{9}{5}$$

同様にして

$$E(y|1) = 0\times\frac{1}{10}+1\times\frac{6}{10}+2\times\frac{3}{10}+3\times0 = \frac{6}{5}$$

$$E(y|2) = 0\times\frac{2}{5}+1\times\frac{3}{5}+2\times0+3\times0 = \frac{3}{5}$$

ここで式 (5.36) によって $E(xy)$ を計算すれば

$$E(xy) = 0\times E(y|0)\times\frac{2}{7}+1\times E(y|1)\times\frac{4}{7}+2\times E(y|2)\times\frac{1}{7}$$

$$= 0 \times \frac{9}{5} \times \frac{2}{7} + 1 \times \frac{6}{5} \times \frac{4}{7} + 2 \times \frac{3}{5} \times \frac{1}{7} = \frac{6}{7}$$

である。したがって $x$ と $y$ の共分散は式（5.44）により

$$Cov(x,y) = \frac{6}{7} - \left(\frac{6}{7}\right)\left(\frac{9}{7}\right) = -\frac{12}{49}$$

である。$\sigma_x = \sqrt{20}/7$, $\sigma_y = \sqrt{24}/7$ であるから，

$$\rho_{xy} = \frac{-12/49}{(\sqrt{20}/7)(\sqrt{24}/7)} = -\frac{\sqrt{30}}{10} \doteqdot -0.548$$

である。

## 【練習問題】

1) 5枚のカードに，1, 2, 3, 4, 5の番号を書く。この5枚のカードから無作為に2枚を抜いたとき，それらのカードの番号の和を $x$ とする。$x$ のとりうる値とそれに対する確率の表を作れ。

2) 2つのサイコロを投げて，目の和が偶数ならば0，奇数ならば1という確率変数 $x$ を考えるとき，$x$ の確率分布を求めよ。

3) 15個の品物の中に3個の不良品が混じっている箱がある。いまこの中から5個を取り出すとき，それに含まれる不良品の数を $x$ とする。$x$ の確率分布関数 $P(x)$ を求め，$x$ の各々の値に対する確率も計算せよ。

4) 右図のような周囲の長さが10の円盤（針が0から10の間の目盛上の任意の点で等確率で静止するようにできている）がある。$x$ を目盛0から針の静止する点まで，目盛に沿って右まわりに測った長さとするとき，確率密度関数 $f(x)$ を求めよ。

5) ある菓子会社が，製品の包み紙を返送してくれた人たちを対象に賞金を出すことにした。賞金は，1等5万円を10人に，2等3万円を100人に，3等1,000円を3,000人にした。このとき，

   (a) 15万人の人たちが包み紙を送ってくるとすると，各人の賞金の期待値はいくらか。

   (b) 10万人の人たちが包み紙を送ってくるとし，包み紙の送付には60円が必要とすると，それだけ出して送る価値があるか。

6) AとBが硬貨投げの賭けをする。3枚の硬貨を投げて，3枚全部が表だと

AはBから30円もらえ，2枚が表なら20円，1枚が表なら10円もらえる。しかし，表が1枚も出なければ，50円をBに支払わなくてはならない。この場合，Aにとってこの賭けの期待金額はいくらか。

7) A，B2人が2つのサイコロを使って次のような賭けをするとする。2つのサイコロを投げて目の和を$x$とするとき，$x$が偶数のときはAはBから$x$枚だけ100円硬貨をもらい，$x$が奇数のときはAはBに$x$枚だけ100円硬貨を与える。このときAがもらう金額（支払うときは負の値）の期待値と分散を求めよ。

8) サイコロ1個を投げて3の目が出ると600円もらえるものとする。このゲームを公正なものにするには，3の目以外が出たとき，相手には何円支払うことにすればよいか。

9) 55歳の男性が，むこう1年間生存する確率は0.989であるとする。ある55歳の男性が，200万円の保険受益と引換えに1年間に支払うべき保険料はいくらか。

10) 正6面体のサイコロ2個を同時に投げて出る目の和を4で割ったときの余りを$x$とする。

   (a) $x$はとりうる値が0, 1, 2, 3の確率変数とみなせる。$x$の確率分布を求めよ。

   (b) $x$の分布の平均値と分散を求めよ。

11) 壺の中に8個の赤い球と4個の白い球とが入っている。この壺の中から，同時に2個の球を無作為に抜き取るものとするとき，次の問に答えよ。

   (a) 抜き取られた赤い球の数が0, 1, 2である確率は，それぞれいくらか。

   (b) 赤い球1個あたり1,000円，白い球1個あたり500円もらえるとすれば，もらえる金額の期待値はいくらか。また分散はいくらか。

   (c) もしも抜き取られた赤い球1個あたりに300円もらえるものとすると，このゲームを公正なものにするには，抜き取られる白い球1個についてどれだけのペナルティを課すべきか。

【本章末の練習問題の解答は324〜325ページを見よ】

# 第6章　主な確率分布

　前章で説明したように，確率変数とはそのとりうる値に対して確率（ある
いは確率密度）が対応しているような変数であり，その値と確率（あるいは確
率密度）の対応の仕方（確率の分配のされ方）が確率分布である。ところで確
率分布には，前章でもそのいくつかの例で見たように，いろいろなものがあ
る。そこで以下本章では，それらのうちの最も重要な確率分布のいくつかに
ついて説明しよう。

## 6.1　二　項　分　布

　まず最も基本的で重要なものが二項分布である。
　いま1回の観察である事象がおこる確率が$p$であり，この$p$は何回でも反
復される観察において一定であるとする。たとえば硬貨を投げて表が出る
（この場合$p=1/2$）とか，サイコロを投げて1の目が出る（この場合$p=1/6$）と
か，あるいは打撃力（ヒットを打てる確率，打率）が3割（この場合$p=0.3$）の
打者がヒットを打つというような事象の場合である。このとき，$n$回の観察
のうち$x$回その事象がおこる確率$P(x)$を考えてみよう。
　まず具体的な例として，3回サイコロを投げるとき1の目の出る回数を考
えてみよう。その回数は0回，1回，2回および3回の4つの場合がある。0
回の確率は3回とも1の目以外が出る確率であるから，簡単に$(5/6)\times$
$(5/6)\times(5/6)=(5/6)^3=125/216$であることがわかる。1の目が1回出る確
率を求めるためには，まず第1回に1の目が出てあとの2回は1の目以外が

出るという場合の確率を求めると，それは，$(1/6) \times (5/6) \times (5/6) = (1/6)$ $(5/6)^2$ である。しかし1の目が1回出るということは，それが2回目に出てもよいし，また3回目に出てもよい。2回目に出る場合の確率は $(5/6) \times (1/6) \times (5/6) = (1/6)(5/6)^2$ であり，3回目に出る場合の確率は $(5/6) \times (5/6) \times (1/6)$ で，同じく $(1/6)(5/6)^2$ である。したがって1の目が1回出る確率はこれら3つの場合の確率の合計，すなわち $3 \times (1/6)(5/6)^2 = 75/216$ である。同様に考えて，1の目が2回出る確率は $3 \times (1/6)^2(5/6) = 15/216$ である。また1の目が3回出る確率は $(1/6)^3 = 1/216$ である。以上をまとめると，1の目が $x$ 回出る確率 $P(x)$ は表6.1のようになる。

**表6.1**　3回のサイコロ投げでの1の目の出る回数の確率分布

| $x$ | 0 | 1 | 2 | 3 |
|---|---|---|---|---|
| $P(x)$ | $\left(\dfrac{5}{6}\right)^3 = \dfrac{125}{216}$ | $3\left(\dfrac{1}{6}\right)\left(\dfrac{5}{6}\right)^2 = \dfrac{75}{216}$ | $3\left(\dfrac{1}{6}\right)^2\left(\dfrac{5}{6}\right) = \dfrac{15}{216}$ | $\left(\dfrac{1}{6}\right)^3 = \dfrac{1}{216}$ |

　次に，一般的な場合について考えてみよう。いま確率 $p$ をもつ事象が $n$ 回の観察中 $x$ 回おこるということを考えてみると，その1つの場合は，はじめに続けて $x$ 回その事象がおこり，あとの $(n-x)$ 回はまったくその事象がおこらないというケースである。いまその事象がおこることを○印で，おこらないことを×印で表わすことにすれば，このケースは次のように表わされる。

$$\underbrace{\bigcirc\bigcirc\cdots\cdots\bigcirc}_{x \,回}\underbrace{\times\times\times\cdots\cdots\times}_{(n-x)\,回}$$

　○の確率は $p$，×の確率は $1-p$（これを $q$ と書く）であり，各回が独立であるから，上のケースのおこる確率は，

$$\underbrace{p \cdot p \cdots\cdots p}_{x \,個} \cdot \underbrace{q \cdot q \cdot q \cdots\cdots q}_{(n-x)\,個} = p^x q^{n-x}$$

である。しかし $n$ 回のうち $x$ 回その事象がおこるということは上のような順序でおこる場合に限らない。いいかえると，$x$ 個の○印と $(n-x)$ 個の×印を並べる並べ方は上の順序以外にもいろいろある。それは $n$ ヵ所のうちから $x$ ヵ所を選ぶ（そしてそこを○とし，それ以外を×とする）仕方だけ，すなわち $_nC_x = n!/x!(n-x)!$ 通りある（93ページの式（4.4）を参照）。そしてその各々が $p^x q^{n-x}$ の確率をもつから，結局，確率 $p$ をもつ事象が $n$ 回の観察で $x$

回おこる確率（これを $P(x)$ と書く）は

$$P(x) = {}_nC_x p^x q^{n-x} = \frac{n!}{x!(n-x)!} p^x q^{n-x} \tag{6.1}$$

であるということになる。式 (6.1) は，$n$ と $p$ とが与えられれば，$x$ のとりうる値 (0, 1, 2, …, $n$) の各々に対してその値が定まるので，$P(x\,;n,p)$ と書くこともある。式 (6.1) で表わされる確率分布は**二項分布**（binomial distribution）と呼ばれ，この頭文字の b をとって $B(n,p)$ と略記することができる。

**【例 6.1】** 10 回硬貨を投げて表の出る回数を $x$ とすれば，その確率は $n=10$, $p=1/2$ の場合，すなわち $B(10,1/2)$ であるから，

$$\begin{aligned}
P\left(x\,;10,\frac{1}{2}\right) &= {}_{10}C_x\left(\frac{1}{2}\right)^x\left(1-\frac{1}{2}\right)^{10-x} \\
&= \frac{10!}{x!(10-x)!}\left(\frac{1}{2}\right)^{10}
\end{aligned} \tag{6.2}$$

である。これを $x$ のとりうる値 (0, 1, 2, …, 10) の各々について計算すれば表 6.2 のような結果が得られる。

表 6.2　10 回の硬貨投げで表の出る回数の確率分布

| $x$ | 0 | 1 | 2 | 3 | 4 | 5 | 6 | 7 | 8 | 9 | 10 | 計 |
|---|---|---|---|---|---|---|---|---|---|---|---|---|
| $P\left(x\,;10,\dfrac{1}{2}\right)$ | 0.001 | 0.010 | 0.044 | 0.117 | 0.205 | 0.246 | 0.205 | 0.117 | 0.044 | 0.010 | 0.001 | 1.000 |

〔問 6.1〕　打率 3 割の打者が 5 打席で 3 本ヒットを打つ確率はいくらか（四死球はないとする）。

▶　二項分布という名称は，式 (6.1) が $p$ と $q$ の二項式のべき乗 $(p+q)^n$ の展開（二項展開）式における一般項のかたちになっているという二項展開関係による。

$$\begin{aligned}
(p+q)^n &= {}_nC_0 p^0 q^n + {}_nC_1 p^1 q^{n-1} + {}_nC_2 p^2 q^{n-2} + \cdots + {}_nC_n p^n q^0 \\
&= \sum_{x=0}^{n} {}_nC_x p^x q^{n-x} = \sum_{x=0}^{n} P(x) = 1
\end{aligned} \tag{6.3}$$

これは，$p+q$ を $n$ 回掛けあわせるとき，各回で $p$ か $q$ のどちらかを選んで掛けたものをすべてのケースについて合計するわけであるから，

$n$ 回のうちどの $x$ 回で $p$ を選ぶ（残りの $(n-x)$ 回は $q$ を選ぶ）かを考え，$x$ を 0 回から $n$ 回までのすべてのケースについて合計しているのである。

二項分布で $n=1$ の場合を**ベルヌーイ分布**または**単位二項分布**という。すなわち

$$P(x) = p^x q^{1-x} \qquad x = 0 \text{ または } 1 \tag{6.4}$$

である。これをわかりやすくいえば，$x$ は確率 $q$ で 0 という値を，確率 $p$ で 1 という値をとる確率変数である。一般の二項分布は，それぞれが同じパラメータ $p$ のベルヌーイ分布をする $n$ 個の独立な確率変数の和の分布であると考えることができる。この知識を使えば，後に二項分布の平均値と分散を求めることが簡単にできる（149 ページを参照）。

二項分布の確率は，$n$ と $p$ とが与えられれば，$x=0$, 1, 2, …, $n$ の各値に対して計算できるが，そのとき次の関係式を用いれば便利である。

$$\frac{P(x+1)}{P(x)} = \frac{\dfrac{n!}{(x+1)!(n-x-1)!}p^{x+1}q^{n-x-1}}{\dfrac{n!}{x!(n-x)!}p^x q^{n-x}}$$

$$= \frac{(n-x)p}{(x+1)q} \tag{6.5}$$

したがって

$$P(x+1) = \frac{(n-x)p}{(x+1)q} P(x) \tag{6.6}$$

この式 (6.6) を用いれば，$x=0$ の場合，すなわち $P(0)$ の計算から始めて，逐次的に $x=1$, 2, 3, … のときの値を求めることができる。

**【例 6.2】**　サイコロを 5 回投げるときの 1 の目の出る回数の分布は，$n=5$，$p=1/6$ の二項分布である。したがって，

$$P(0) = {}_5C_0 \left(\frac{1}{6}\right)^0 \left(\frac{5}{6}\right)^5 = \left(\frac{5}{6}\right)^5 \doteqdot 0.40188$$

$$P(1) = \frac{(5-0)(1/6)}{(0+1)(5/6)} P(0) = 1 \times P(0) \doteqdot 0.40188$$

$$P(2) = \frac{(5-1)(1/6)}{(1+1)(5/6)} P(1) = 0.4 \times P(1) \doteqdot 0.16075$$

$$P(3) = \frac{(5-2)(1/6)}{(2+1)(5/6)} P(2) = 0.2 \times P(2) \doteqdot 0.03215$$

$$P(4) = \frac{(5-3)(1/6)}{(3+1)(5/6)} P(3) = 0.1 \times P(3) \doteqdot 0.00321$$

$$P(5) = \frac{(5-4)(1/6)}{(4+1)(5/6)} P(4) = 0.04 \times P(4) \doteqdot 0.00013$$

となる。

　次に二項分布の平均値，分散および標準偏差を求めてみよう。結論を先にいえば，**二項分布の平均値は $np$，分散は $npq$，標準偏差は $\sqrt{npq}$** である。この知識はこれからしばしば使われるのでよく記憶しておくべききわめて重要なものである。

　この証明は良いアイディアの一例であるので，興味のある読者のために以下に示しておこう。まず定義から直接求めてみると，平均値は，

$$\mu = E(x) = \sum_{x=0}^{n} xP(x)$$

$$= \sum_{x=0}^{n} x \frac{n!}{x!(n-x)!} p^x q^{n-x}$$

ここで，$x=0$ の項は 0 であるから，和は $x=1$ からでよい。そこで，上式 $x$ と $x!$ の中の $x$ とを消去して

$$\mu = \sum_{x=1}^{n} \frac{n!}{(x-1)!(n-x)!} p^x q^{n-x}$$

これを $n!=n(n-1)!$，$p^x = p \cdot p^{x-1}$ を使って次のように書き直す。

$$\mu = \sum_{x=1}^{n} \frac{n(n-1)!}{(x-1)!(n-x)!} p \cdot p^{x-1} q^{n-x}$$

上のように書き直したのは計算上のテクニックである。ここで $n$ と $p$ を和の記号 $\sum$ の外に出すと，

$$\mu = np \sum_{x=1}^{n} \frac{(n-1)!}{(x-1)!(n-x)!} p^{x-1} q^{n-x}$$

いま $y=x-1$ とおけば，$x=1$ のときは $y=0$，$x=n$ のときは $y=n-1$ であり，また $n-x=n-1-(x-1)=n-1-y$ であることに注意して，和のとり方を $x$ から $y$ に書き直せば，

$$\mu = np \sum_{y=0}^{n-1} \frac{(n-1)!}{y!(n-1-y)!} p^y q^{n-1-y}$$

となる。ここで和の値は，確率 $p$ をもつ事象が $(n-1)$ 回の観察で $y$ 回おこる確率を $y$ のとりうるすべての値，0 から $(n-1)$ までについて加えたもの

であるから，当然1である．したがって，上式で和の部分は1になり，

$$\mu = np \tag{6.7}$$

である．

　**【例6.3】**【例6.2】のサイコロを5回投げて1の目の出る回数の場合，$n=5$, $p=1/6$ であるから，$\mu=5\times(1/6)=5/6$ である．

　次に分散は，132ページの計算式（5.13）により求める．すなわち分散は $x$ の2乗の期待値から期待値の2乗を引いたものであるから，まず $x$ の2乗の期待値 $E(x^2)$ を計算する．そのために計算上のアイディアとして $x^2=x(x-1)+x$ と書き直し和の期待値は期待値の和という関係を用いる．すなわち，

$$E(x^2) = E[x(x-1)+x] = E[x(x-1)]+E(x) \tag{6.8}$$

　ここで $E(x)$ はすでに求めたから，$E[x(x-1)]$ を求めればよい．ここでは平均値を求めたときと同様な書き直しのやり方を用いる．

$$E[x(x-1)] = \sum_{x=0}^{n} x(x-1)P(x) = \sum_{x=0}^{n} x(x-1)\frac{n!}{x!(n-x)!}p^x q^{n-x}$$

　この和において，$x=0$ および $x=1$ の項は $x(x-1)$ という因数のために0となるから，和は $x=2$ からとればよい．したがって，$x(x-1)$ と $x!$ の中の $x(x-1)$ を消去して，

$$E[x(x-1)] = \sum_{x=2}^{n} \frac{n!}{(x-2)!(n-x)!}p^x q^{n-x}$$
$$= \sum_{x=2}^{n} \frac{n(n-1)(n-2)!}{(x-2)!(n-x)!}p^2 p^{x-2}q^{n-x}$$

ここで，$n(n-1)p^2$ を和の記号 $\sum$ の外に出すと，上式は

$$E[x(x-1)] = n(n-1)p^2\sum_{x=2}^{n} \frac{(n-2)!}{(x-2)!(n-x)!}p^{x-2}q^{n-x}$$

いま，前と同様に考えて $z=x-2$ とおけば，$x=2$ のとき $z=0$, $x=n$ のとき $z=n-2$ であるから，$n-x=n-2-(x-2)=n-2-z$ に注意して，和のとり方を $x$ から $z$ に書き直せば，

$$E[x(x-1)] = n(n-1)p^2\sum_{z=0}^{n-2} \frac{(n-2)!}{z!(n-2-z)!}p^z q^{n-2-z}$$

となる．ここで上式における和は，確率 $p$ をもつ事象が $(n-2)$ 回の観察で $z$ 回おこる確率を $z$ のとりうるすべての値（0から $n-2$ まで）について加えたものであるから1であり，したがって，

$$E[x(x-1)] = n(n-1)p^2$$

となる。

またE($x$)=$np$であるから，これらを式（6.8）に代入して

$$E(x^2) = n(n-1)p^2+np = n^2p^2+np(1-p) \qquad (6.9)$$

である。分散$\sigma^2=\mu_2$を求めるには式（5.13）と上の結果とを用いて，

$$\sigma^2 = E(x^2)-[E(x)]^2 = n^2p^2+np(1-p)-(np)^2$$
$$= np(1-p) = npq$$

したがって結局，

$$\sigma^2 = npq \qquad (6.10)$$

が得られる。ゆえに標準偏差は，

$$\sigma = \sqrt{npq} \qquad (6.11)$$

である。

【例6.4】　サイコロの例【例6.2】では$n$=5，$p$=1/6，$q$=5/6だから，

$$\sigma^2 = 5\times\frac{1}{6}\times\frac{5}{6} = \frac{25}{36}$$
$$\sigma = \sqrt{\frac{25}{36}} = \frac{5}{6}$$

である。

〔問6.2〕【例6.1】の二項分布の平均値と分散を求めよ。

　二項分布の平均値と分散は，以上のような長く面倒な計算によらなくとも，実はもっとずっと簡単に，二項分布で$n$=1の場合，すなわち**ベルヌーイ分布の平均値は$p$であり，分散は$pq$である**，ということから求めることができる。ベルヌーイ分布をする変数は0か1かの値をとり，確率$q$で0，確率$p$で1をとるから，その平均値は簡単に

$$0\times q+1\times p = p \qquad (6.12)$$

と求められる。2乗の平均値は，

$$0^2\times q+1^2\times p = p$$

であるから，分散はそれから平均値$p$の2乗を引き，

$$p-p^2 = p(1-p) = pq \qquad (6.13)$$

と，これも簡単に求められる。

前に注意したように（146ページ），二項分布をする変数は同じパラメータ $p$ でベルヌーイ分布をする $n$ 個の変数の和であるから，その平均値は $n$ 個の各変数の平均値 $p$ の和であり，したがって $np$ である。また $n$ 個の変数は独立であるから，分散は各変数の分散 $pq$ の $n$ 個の和であり（139ページを見よ），したがって $npq$ である。これらは式（6.7）および式（6.10）と一致する。

▶  二項分布の平均値と分散を積率母関数を利用して求めてみよう。まず二項分布の積率母関数を求めると，

$$M_x(\theta) = \sum_{x=0}^{n} e^{\theta x} P(x)$$
$$= \sum_{x=0}^{n} e^{\theta x} \frac{n!}{x!(n-x)!} p^x q^{n-x}$$
$$= \sum_{x=0}^{n} \frac{n!}{x!(n-x)!} (pe^{\theta})^x q^{n-x}$$

この最後の式を二項展開式（6.3）とくらべれば，（6.3）で $p$ が $pe^{\theta}$ に変わっただけであるから，上式は次のように書けることがわかる。

$$M_x(\theta) = (q + pe^{\theta})^n \tag{6.14}$$

これが二項分布の積率母関数である。

ここで $\mu_1' = \mu$ を求めるためには135ページ式（5.25）により，

$$\mu_1' = \mu = \left.\frac{dM_x(\theta)}{d\theta}\right|_{\theta=0} = \left.npe^{\theta}(q + pe^{\theta})^{n-1}\right|_{\theta=0} = np$$

そして $\mu_2'$ を求めると，135ページ式（5.27）により，

$$\mu_2' = \left.\frac{d^2 M_x(\theta)}{d\theta^2}\right|_{\theta=0} = \left.npe^{\theta}(q + pe^{\theta})^{n-2}(q + npe^{\theta})\right|_{\theta=0}$$
$$= np(q + np) = n^2 p^2 + npq$$

となり，これは式（6.9）に等しい。以下，分散を求める手続きは前と同じように，これから平均値 $np$ の2乗 $n^2 p^2$ を引けば $npq$ となる。

このように，微分についての基本的な数学的知識を使えば積率母関数を利用することにより積率を簡単に求められることがわかる。

## *6.2* ポワソン分布

　世の中には1回の観察でおこる確率はきわめて小さいが，非常に多く観察回数が繰り返されるというケースがいろいろと存在する。たとえば，工場生産で大量生産される製品の場合，1個の製品が不良品である確率はきわめて小さいが，毎日何千個とか何万個とか大量に生産されるので，そのような大量の製品の中には1日のうちに不良品がいくつかできたりする。同様に，自動車による交通事故について考えてみると，1台の車が1日の間に交通事故をおこす確率はきわめて小さいが，毎日何万台，何百万台というようにたくさんの車が走っており，その中には何台かが事故をおこす。このような事象は，二項分布において $p$ はきわめて小さいが $n$ が非常に大きい場合と考えることができる。そして，その場合の確率分布として求められるものがポワソン分布である。

　二項分布の確率式 (6.1) の計算は，観察回数 $n$ が大きくなければ別に困難ではない。しかし $n$ が大きくなると，式 (6.1) を用いる場合に必要となる計算はめんどうになる。したがって，もし二項分布について $n$ が大きい場合に簡単でしかも良い近似法があれば便利であろう。そのような近似法を与えるものとして2つの重要な確率分布がある。1つは $p$ がきわめて小さいときの近似であり，あと1つはそうでないときに用いられるものである。そしてポワソン分布は前者，すなわち $p$ がきわめて小さい場合に用いられるものである（後者の場合に用いられるのは正規分布である。170ページを見よ）。

　ポワソン分布が二項分布からどのように導き出されるかを説明するために，自動車交通事故による死亡者の発生の例で考えてみよう。たとえば東京都内（警視庁管内）での死亡事故発生の様子を何日かについて示したものが図 6.1 のようであるとする。ここでは×印で事故が発生した時刻を示している。これによれば，第1日には早朝に1件の事故，第2日は昼近くに1件，夕方と夜に各1件の計3件，第3日は0，第4日は朝と夕方に各1件，第5日は0，

**図6.1** 死亡事故の発生

……ということがわかる。このような1日あたりの死亡事故件数の確率分布は，次のようにして二項分布から導き出すことができる。

　いま1日を非常に細かく（たとえば1分単位に）きざむと，その短いきざみの1つ1つにおいては，1件の事故がおこる確率はきわめて小さいから2件以上の事故が同時におこるという可能性はほとんど無視できるであろう。そうすれば各きざみにおいては1件の死亡事故がおこるかおこらないかのどちらかであると考えることができる。いま1日を$n$個のきざみに分割し，1つのきざみにおいて死亡事故のおこる確率を$p$とすれば，1日に$x$件の死亡事故がおこるということは，$n$個のきざみのうち$x$個のきざみにおいて死亡事故がおこることを意味するから，$x$の確率分布は二項分布，

$$_nC_x\, p^x(1-p)^{n-x} \tag{6.15}$$

で求めることができる。ところで二項分布の平均値は$np$であるから，

$$m = np \tag{6.16}$$

と書けば，$m$は1日の平均死亡事故件数である。ここで1日を非常に細かくきざむということはきざみの数$n$を非常に大きくすることである。そのとき，たとえば1分きざみを30秒きざみと長さを半分にすればきざみの数$n$は2倍になるが，そのときそのきざみの間に死亡事故がおこる確率$p$は半分になるから，それは$n \times p$を一定の値にしたままで$n$を大きくするということである。

▶　そこで$m = np =$ 一定という条件のもとで$n$を無限に大きくしたときの式（6.15）の極限を求めてみる。$n \to \infty$のとき$p \to 0$となることに注意しておく。まず式（6.15）を次のように書き直す。

$$\frac{n(n-1)(n-2)\cdots(n-x+1)}{x!}\, p^x(1-p)^{n-x}$$

この分母と分子に$n^x$を掛け，分子の$n^x$は$p^x$と一緒にして整理をすると，

$$\frac{n(n-1)(n-2)\cdots(n-x+1)}{n^x x!}(np)^x(1-p)^{n-x}$$

$$= \frac{n(n-1)(n-2)\cdots(n-x+1)}{n\cdot n\cdots\cdot n}\frac{m^x}{x!}(1-p)^{n-x}$$

$$= \frac{\left(1-\dfrac{1}{n}\right)\left(1-\dfrac{2}{n}\right)\cdots\left(1-\dfrac{x-1}{n}\right)}{(1-p)^x}\frac{m^x}{x!}(1-p)^n$$

となる。ここで $n\to\infty$ とすると，$p\to 0$，そして，

$$\lim_{n\to\infty}\frac{\left(1-\frac{1}{n}\right)\left(1-\frac{2}{n}\right)\cdots\left(1-\frac{x-1}{n}\right)}{(1-p)^x}=1$$

である。また $(1-p)^n$ は

$$(1-p)^n=\left[(1-p)^{-\frac{1}{p}}\right]^{-np}=\left[(1-p)^{-\frac{1}{p}}\right]^{-m}$$

と書くことができる。ところで，自然対数の底 $e(=2.71828\cdots)$ は，

$$e=\lim_{z\to 0}(1+z)^{\frac{1}{z}} \tag{6.17}$$

で定義されるから，この式で $z=-p$ とおけば，

$$\lim_{p\to 0}\left[(1-p)^{-\frac{1}{p}}\right]^{-m}=e^{-m} \tag{6.18}$$

が得られる。したがって求める極限の確率分布は，

$$P(x)=\frac{m^x e^{-m}}{x!} \tag{6.19}$$

である。

　以上のようにして二項分布の極限として導かれた確率分布式（6.19）を**ポワソン分布**（Poisson distribution）と呼ぶ。この分布は $m$ というただ１つのパラメータによって特徴づけられており，この $m$ は後に見るように分布の平均値である。以上の結果を次のような定理として述べておく。

　〈定 理〉　二項分布が適用できる試行において，試行回数 $n$ を無限に大きくするとき，１回の試行である事象のおこる確率 $p$ が $np=m=$ 一定という関係が保たれるようにして０に近づくならば，その二項分布は平均値 $m$ のポワソン分布に近づく。

　図6.2および図6.3は，二項分布がどれくらい急速にポワソン分布に近づくかをみるために，$m=np=4$ として，$p=1/3$（したがって $n=12$）の場合と，$p=1/24$（したがって $n=96$）の場合とについて，二項分布（実線）とポワソン分布（点線）とを比較したものである。図6.2ではまだ２つの分布はかなり食い違っているが，図6.3では２つの分布がほとんど一致していることがわかる。実際的応用においては，$n$ が非常に大きく $p$ が非常に小さいといっても，極端に大きい，小さい値でなくてよく，大体において $n\geq 100$ で $p\leq 0.05$ であれば二項分布はポワソン分布でほぼ十分によく近似できるとされている。

図 6.2 　$n=12$, $p=1/3$ の二項分布と
　　　　$m=4$ のポワソン分布の比較

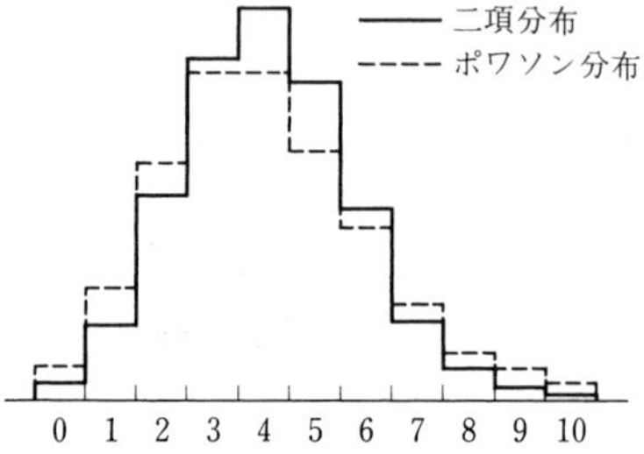

図 6.3 　$n=96$, $p=1/24$ の二項分布と
　　　　　$m=4$ のポワソン分布の比較

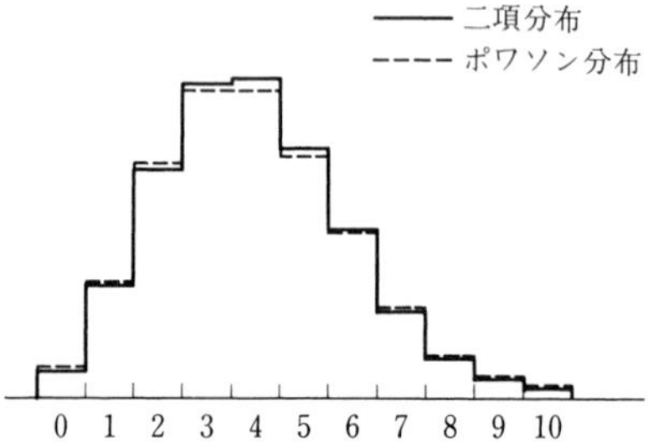

　　一般に，ポワソン分布の確率を求めるためにはいちいち式（6.19）で計算する必要はない。いろいろな $m$ の値に対して確率を計算したものが表として利用できるので，それを用いればよい。本書の巻末にも付表1として収録してある（334〜335ページ）。

　　ポワソン分布が応用できる問題はこの世の中に広く存在する（章末の練習問題13)〜23）を見よ）が，この分布は，非常に多くの独立な観察回数のうちほんの少数の場合にしか発生しないような出来事の場合によくあてはまる。このことから**小数の法則**（または**少数の法則**〔law of small numbers〕）と呼ばれることがある。

　　ポワソン分布の有名な古典的例としては，昔のプロシャの騎兵隊の訓練で，兵士が落馬しその馬にけられて死亡するという事故の数（1軍団あたり）がある。そのようにめずらしい（確率の小さい）事故でも，多数の兵士のいる軍団の訓練について観察すると，少数ではあるが発生するのである。

【**例6.5**】　5枚の硬貨を64回投げたとき5枚とも表の出る回数が 0, 1, …, 64回である確率を求めてみる。

　　これらの確率の値を正確に求めるには $p=1/32$（すなわち5枚の硬貨を投げたとき5枚とも表の出る確率），$n=64$（すなわち硬貨を投げる回数）として二項分布の公式（6.1）に当てはめれば求められる。

$$P(x) = {}_{64}C_x\left(\frac{1}{32}\right)^x\left(1-\frac{1}{32}\right)^{64-x} \qquad x=0,1,2,\cdots \qquad (6.20)$$

　　これに対してポワソン分布で確率を求めるには，$m=np=64\times(1/32)=2$ の場合を考えればよい。両者の結果を比較すると表6.3のようになり，$n, p$ の値はこの程度でも小数点以下2桁まではまったく同じであることがわか

表6.3　$n=64, p=1/32$ の二項分布と
$m=2$ のポワソン分布の比較

| $x$ | 二項分布 | ポワソン分布 |
|---|---|---|
| 0 | 0.131 | 0.135 |
| 1 | 0.271 | 0.271 |
| 2 | 0.275 | 0.271 |
| 3 | 0.183 | 0.180 |
| 4 | 0.090 | 0.090 |
| 5 | 0.035 | 0.036 |
| 6 | 0.011 | 0.012 |
| 7 | 0.003 | 0.003 |
| 8 | 0.001 | 0.001 |
| 9 | 0.000 | 0.000 |
| 10 | 0.000 | 0.000 |

る。

【**例 6.6**】　ある自動ねじ製作機がねじを切る場合，平均 2,000 本に 1 本の割合で溝のない不良品を生じる。そしてこのねじは 1,000 本ずつ包装される。二項分布の近似としてポワソン分布を用い，1 包の中に $x$ 本の溝なしねじが含まれている確率を求めてみよ。また 1,000 本入りの包のうちそのどれくらいが不合格品をまったく含んでいないと推定できるか。2 本以上の溝なしねじが入っていると考えられる包の割合はどれだけであろうか。

　不良品の生じる確率は 2,000 本に 1 本の割合であるから $p=1/2,000$ となる。また，$n=1,000$（1,000 本ずつ包装されるから）として，$m=np=1,000 \times 1/2,000=0.5$ である。よって 1 包の中に $x$ 本の溝なしねじが含まれている確率は，

$$P(x) = \frac{0.5^x e^{-0.5}}{x!} \tag{6.21}$$

のポワソン分布で与えられる。ただし $x=0, 1, 2, \cdots$。

　次に 1,000 本入りの包のうち不合格品をまったく含んでいない確率は，上式の $x$ に 0 を代入すれば求められるから，

$$P(0) = 0.5^0 e^{-0.5}/0! = e^{-0.5} \doteqdot 0.607$$

となる（巻末の付表 1（334〜335 ページ）を用いる）。また 2 本以上の溝なしねじが入っていると考えられる包の割合は，

$$1 - \{P(0) + P(1)\}$$

で求められる。そこで $P(1)$ を求めると，巻末の付表 1 より，

$$P(1) \doteqdot 0.303$$

となる。したがって，求める割合は次のようになる。

$$1-\{0.607+0.303\} = 0.09$$

さて次にポワソン分布の平均値と分散を求めてみよう。結論を先にいえば，**ポワソン分布の平均値は $m$，分散も同じく $m$ である。**

▶ この証明は，まず定義により，

$$\mu = E(x) = \sum_{x=0}^{\infty} xP(x) = \sum_{x=0}^{\infty} x\frac{m^x e^{-m}}{x!}$$

$x=0$ の項は $0$ であるから，和は $x=1$ からでよい。したがって，

$$\mu = \sum_{x=1}^{\infty} x\frac{m^x e^{-m}}{x!}$$

であるから，この右辺を変形すると，

$$\sum_{x=1}^{\infty} x\frac{m^x e^{-m}}{x!} = m\sum_{x=1}^{\infty} \frac{m^{x-1} e^{-m}}{(x-1)!}$$

ここで $y=x-1$ とおくと，$x=1$ のとき $y=0$ であることに注意して，

$$m\sum_{x=1}^{\infty} \frac{m^{x-1} e^{-m}}{(x-1)!} = m\sum_{y=0}^{\infty} \frac{m^y e^{-m}}{y!} = m$$

となる。上式の中央の項で和の部分はポワソン分布（変数 $y$）のあらゆる値について確率の和であり $1$ であるからである。すなわち，**ポワソン分布の平均値は $m$ である。**なお，このことは上記のような証明によらなくとも，式（6.16）により $m$ は二項分布の平均値 $np$ に等しくおかれたのであるから，二項分布の極限であるポワソン分布においても平均値であることは明らかである。

▶ ポワソン分布の分散を計算するためには，二項分布の場合と同じテクニックを用いる。132 ページ式（5.13），

$$\sigma^2 = E(x^2) - [E(x)]^2 = \sum_{x=0}^{\infty} x^2 P(x) - \mu^2$$

と，$x^2 = x(x-1)+x$ という関係，および $\mu=m$ を使うと，

$$\sigma^2 = \sum_{x=0}^{\infty} [x(x-1)+x]\frac{m^x e^{-m}}{x!} - m^2$$

$$= \sum_{x=0}^{\infty} x(x-1)\frac{m^x e^{-m}}{x!} + \sum_{x=0}^{\infty} x\frac{m^x e^{-m}}{x!} - m^2$$

ここで第 2 項は平均値 $m$ であるから，

$$\sigma^2 = \sum_{x=0}^{\infty} x(x-1)\frac{m^x e^{-m}}{x!} + m - m^2$$

となる。この右辺の第1項において，$x=0$，$x=1$ のときの値は0であるから，和は $x=2$ からでよい。したがって，

$$\sum_{x=0}^{\infty} x(x-1)\frac{m^x e^{-m}}{x!} = \sum_{x=2}^{\infty} x(x-1)\frac{m^x e^{-m}}{x!}$$

$$= m^2 \sum_{x=2}^{\infty} \frac{m^{x-2} e^{-m}}{(x-2)!}$$

ここで $z=x-2$ とおくと，$x=2$ のとき $z=0$ であることに注意して，

$$m^2 \sum_{x=2}^{\infty} \frac{m^{x-2} e^{-m}}{(x-2)!} = m^2 \sum_{z=0}^{\infty} \frac{m^z e^{-m}}{z!}$$

となる。ここの右辺で $m^2$ を除いたものは，変数名が $z$ になっているだけで，ポワソン分布のあるゆる値についての確率の和であるから1である。したがって，

$$\sigma^2 = m^2 + m - m^2 = m$$

である。すなわち**ポワソン分布の分散は平均値と同じであり，$m$ である。**

　この結果もまた二項分布の分散が $npq$ であることを利用すれば簡単に得られる。$np=m$ であり，$q=1-p$ であるから，$npq=m(1-p)$ であり，ここで $p \to 0$ とすれば $m$ となる。

▶　以上のことをポワソン分布の積率母関数を利用して求めてみる。

$$M_x(\theta) = \sum_{x=0}^{\infty} e^{\theta x} P(x) = \sum_{x=0}^{\infty} e^{\theta x} \frac{m^x e^{-m}}{x!}$$

$$= \sum_{x=0}^{\infty} (e^\theta m)^x e^{-e^\theta m} \cdot e^{e^\theta m} \cdot e^{-m} \cdot \frac{1}{x!}$$

$$= e^{e^\theta m} \cdot e^{-m} \sum_{x=0}^{\infty} \frac{(e^\theta m)^x e^{-e^\theta m}}{x!}$$

ところで，$\sum_{x=0}^{\infty} \frac{(e^\theta m)^x e^{-e^\theta m}}{x!} = 1$ であるから（平均値が $e^\theta m$ のポワソン分布の確率の合計），

$$M_x(\theta) = e^{(e^\theta - 1)m} \tag{6.22}$$

となる。この式（6.22）がポワソン分布の積率母関数である。よって，

$$E(x) = \frac{dM_x(\theta)}{d\theta}\bigg|_{\theta=0} = me^\theta e^{(e^\theta-1)m}\bigg|_{\theta=0} = m$$

$$E(x^2) = \frac{d^2 M_x(\theta)}{d\theta^2}\bigg|_{\theta=0} = m\{e^\theta e^{(e^\theta-1)m} + me^\theta e^{(e^\theta-1)m} e^\theta\}\bigg|_{\theta=0}$$

$$= m(m+1) = m^2 + m$$

したがって，

$$\sigma^2 = E(x^2) - [E(x)]^2 = m^2 + m - m^2 = m$$

となる。

# ▶ *6.3* 超幾何分布

　二項分布は $n$ 回の観察でおこる事象が独立であるということを前提にして導かれたものである。しかしながら，有限個のものの集まりの中から $n$ 個のものを選び出すという場合を考えると，$n$ 回の観察事象は独立ではない。たとえば，52枚（ジョーカーを除いた）のトランプ・カードの中から1枚ずつ次々に10枚のカードを抜くという場合について考えてみると，抜かれた1枚のカードがたとえばハートである確率は，次々にカードが抜かれるたびに変化する。10枚のうち最初のカードがハートである確率は 1/4 であるが，2枚目のカードがハートである確率は，最初に抜かれたカードがハートであれば 12/51 であり，ハートでなければ 13/51 となる。3枚目以後のカードも，その前に抜かれたカードが何であるかによってハートである確率は変化する。したがってこの場合には $p=1/4$ というように一定ではなく，二項分布という確率分布は適用できない。このような場合に適当な確率分布が**超幾何分布**（hypergeometric distribution）であり，それは次のようにして導き出される（しかしもし抜いたカードを元に戻し52枚にしてまた抜くというようにすれば，いつも $p=1/4$ で一定であり，二項分布で考えることができる）。

　いま全体で $N$ 個のものがある集まりの中から $n$ 個を選び出すとしよう。$N$ 個のものの中で，ある性質（これを性質 $A$ と呼ぶ）をもっているものの割合を $p$ とする。したがって全体で $Np$ 個のものが性質 $A$ をもっていることになる。いま選び出される $n$ 個の中で性質 $A$ をもつものの数を $x$ 個とすれば，問題は $x$ の確率分布を求めることである。そのためには場合の数を数えるという方法による。

　$N$ 個のものから $n$ 個を選ぶ選び方は全体で ${}_N C_n$ 通りである。$n$ 個のうち $x$ 個は性質 $A$ をもつわけであるから，それらは性質 $A$ をもつ $Np$ 個の中から選ばれなければならず，その選ばれ方は ${}_{Np} C_x$ 通りである。残りの $(n-x)$ 個は性質 $A$ をもたない $(N-Np)$ 個の中から選ばれなければならず，その選ばれ方は ${}_{N-Np} C_{n-x}$ 通りである。したがって，$n$ 個のうち $x$ 個が $Np$ 個の中

から，そして $(n-x)$ 個が $(N-Np)$ 個の中から選ばれる方法は ${}_{Np}C_x \times {}_{N-Np}C_{n-x}$ 通りである。ゆえに求める確率分布 $P(x)$ は，

$$P(x) = \frac{{}_{Np}C_x \times {}_{N-Np}C_{n-x}}{{}_N C_n} \qquad (6.23)$$

である。これが超幾何分布の確率分布である。たとえば 1 組のトランプ 52 枚の中から 10 枚を選ぶとき，その中のハートの枚数を $x$ とすれば，$x$ は $N=52$，$p=1/4$ で $Np=13$，$n=10$ の超幾何分布

$$P(x) = \frac{{}_{13}C_x \times {}_{39}C_{10-x}}{{}_{52}C_{10}} \qquad (6.24)$$

に従う。

ここで次のことを注意しておこう。

いま全体の個数 $N$ が非常に大きい場合を考えると，その中から比較的少数の $n$ 個のものを選び出すとき，選び出されたものを元に戻さなくても 1 個ずつ次々に選び出すたびに割合 $p$ はほとんど変化がないと考えてもよいであろう。いいかえると，このような場合には二項分布を用いても誤差は非常に小さく，無視できるであろう。しかし $N$ が比較的小さく，$n$ が $N$ のうちのかなりの割合を占める場合には，二項分布を用いると誤差は大きい。要するに，**超幾何分布は $n$ にくらべて $N$ が非常に大きくなると二項分布に近づくのである。**

上のトランプの例では，全体で 52 枚の中から 10 枚を選ぶとき，1 枚ずつ選ぶたびにそれを元に戻さずに残りのカードから次を選ぶ（これを**非復元抽出**という）と考えているので，1 枚選ぶたびに残りのカードの中のハートの割合が変わっていく。それに対して，もし 1 枚選ぶたびにそれを元に戻して 52 枚にしてから次のカードを選ぶ（これを**復元抽出**という）とすれば，ハートの割合は常に 1/4 である。したがって，非復元抽出の場合には超幾何分布，復元抽出の場合には二項分布が用いられるということができる。ただし，全体を構成するものの数 $N$ が抽出される数 $n$ にくらべてきわめて大きい場合（これを $N \gg n$ と書く）には，非復元抽出の場合でも二項分布を用いることができる。たとえば，世論調査で何百万人とか何千万人もの人の中から何百人とか何千人かを選んで意見を聞くような場合である。

例として，赤 10 個，白 90 個，計 100 個の球の中から 10 個の球を選ぶとき

$(N=100,\ p=1/10,\ n=10)$，その中に 2 個以下しか赤球が含まれない確率を求めてみよう。それは正確には超幾何分布から，

$$P\{x \le 2\} = \sum_{x=0}^{2} \frac{{}_{10}C_x \times {}_{90}C_{10-x}}{{}_{100}C_{10}} \doteqdot 0.94$$

である。これに対して二項分布で $p=0.1$ として計算すると，

$$P\{x \le 2\} = \sum_{x=0}^{2} {}_{10}C_x (0.1)^x (0.9)^{10-x} \doteqdot 0.93$$

という近似値が得られる。この場合 $N(100)$ が $n(10)$ にくらべてかなり大きいので，二項分布でもかなり良い近似となる。

　ここで**超幾何分布の平均値と分散**を求めると次のようになる。

$$\mu = E(x) = np \tag{6.25}$$

$$\sigma^2 = E[(x-\mu)^2] = \frac{N-n}{N-1} np(1-p) \tag{6.26}$$

〔証明〕　二項分布の平均値と分散を求めた場合と同様の計算上の考え方とテクニックを使って証明する。

$$E(x) = \sum_{x=0}^{n} x \binom{Np}{x} \binom{N-Np}{n-x} \Big/ \binom{N}{n}$$

$$= \sum_{x=1}^{n} x \frac{Np!}{x!(Np-x)!} \binom{N-Np}{n-x} \Big/ \frac{N!}{n!(N-n)!}$$

$$= \sum_{x=1}^{n} \frac{Np(Np-1)!}{(x-1)!(Np-x)!} \binom{N-Np}{n-x} \Big/ \frac{N(N-1)!}{n(n-1)!(N-n)!}$$

ここで $y=x-1$ とおけば，上式は次のように書き直すことができる。

$$E(x) = \frac{Npn}{N} \sum_{y=0}^{n-1} \binom{Np-1}{y} \binom{N-1-(Np-1)}{n-1-y} \Big/ \binom{N-1}{n-1}$$

ここで右辺の和は，性質 $A$ をもつものともたないものがそれぞれ $(Np-1)$ 個と $(N-Np)$ 個で，合計 $(N-1)$ 個ある中から $(n-1)$ 個をとり出すとき，その中に $A$ をもつものが $y$ 個含まれる確率を，$y$ のあらゆる可能な値にわたって加えたものであるから，当然 1 に等しい。ゆえに式 (6.25) が得られる。

　分散を求めるためには，式 (5.13)（132 ページ）と $x^2 = x(x-1)+x$ を利用した式 (6.8)（148 ページ）を用いて

$$\sigma^2 = E[(x-\mu)^2] = E(x^2) - \mu^2 = E[x(x-1)+x] - \mu^2$$

$$= E[x(x-1)] + \mu - \mu^2$$

ここで最後の辺の第1項を計算すると

$$E[x(x-1)] = \sum_{x=0}^{n} x(x-1)\binom{Np}{x}\binom{N-Np}{n-x}\bigg/\binom{N}{n}$$

$$= \sum_{x=2}^{n} x(x-1)\frac{Np!}{x!(Np-x)!}\binom{N-Np}{n-x}\bigg/\frac{N!}{n!(N-n)!}$$

$$= \sum_{x=2}^{n} \frac{Np(Np-1)(Np-2)!}{(x-2)!(Np-x)!}\binom{N-Np}{n-x}\bigg/\frac{N(N-1)(N-2)!}{n(n-1)(n-2)!(N-n)!}$$

$z=x-2$ とおけば，上式は次のように書き直すことができる。

$$E[x(x-1)]$$

$$= \frac{Np(Np-1)n(n-1)}{N(N-1)}\sum_{z=0}^{n-2}\binom{Np-2}{z}\binom{N-2-(Np-2)}{n-2-z}\bigg/\binom{N-2}{n-2}$$

ここで右辺の和は前と同様に考えて1である。ゆえに

$$E[x(x-1)] = \frac{p(Np-1)n(n-1)}{(N-1)}$$

となるから，これと式 (6.25) とを上の $\sigma^2$ の式に代入して

$$\sigma^2 = \frac{p(Np-1)n(n-1)}{(N-1)} + np - (np)^2$$

$$= \frac{N-n}{N-1}np(1-p)$$

が得られる（証明終り）。

　以上の結果を二項分布の場合と比較してみると，平均値はいずれも $np$ で同じであるが，分散は，超幾何分布の場合，二項分布の分散 $np(1-p)$ に $(N-n)/(N-1)$ という係数が乗じられており，この係数の値は $n=1$ のときに1，$n>1$ のときには1より小であるから，一般に超幾何分布の分散は二項分布の分散より小であることがわかる。この係数は**有限母集団修正係数**と呼ばれる。この呼び方は全体の数 $N$ が有限で，あまり大きくないということからきている。また，$N$ が $n$ にくらべて非常に大きくなるとこの係数はほとんど1になるから二項分布の場合に近くなることもわかる。

　〔問 6.3〕 超幾何分布の分散はなぜ二項分布の分散より小さくなるか。先にあげたトランプの例で考えてみよ。

## ▶ *6.4* 矩 形 分 布

最も簡単な連続確率分布は**矩形分布**（rectangular distribution）である。こ
れはある区間 $[a, b]$ で一定の確率密度をもち，それ以外のところでは密度が
0であるような分布である。すなわち密度関数は，

$$f(x) = \begin{cases} \dfrac{1}{b-a} & a \leq x \leq b \\ 0 & \text{その他} \end{cases} \tag{6.27}$$

で表わされる。これを図示したものが図6.4である。

矩形分布の1つの例としては次のような場合が考えられる。いま図6.5の
ような円形のルーレット盤を考え，指針がその中心を軸としてまったくなめ
らかに回転するとする。ここで指針を回転させ，0点から指針の止まった位
置までの円周にそった長さを $x$ とする。円周の長さを $c$ とすれば，$x$ は密度
関数 $f(x)=1/c$ の矩形分布をすると考えることができる。

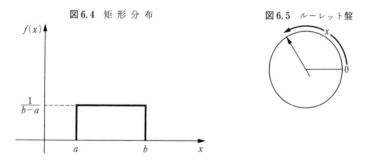

図6.4 矩 形 分 布    図6.5 ルーレット盤

矩形分布の積率は積分についての数学的知識を使ってきわめて簡単に求め
ることができる。たとえば，$a=0$, $b=1$ の場合について $\mu_k{}'$ を求めてみると，

$$\mu_k{}' = \int_0^1 x^k dx = \left[ \frac{1}{k+1} x^{k+1} \right]_0^1$$

$$= \frac{1}{k+1} \tag{6.28}$$

となる。

したがって平均値 $\mu$ は，

$$\mu = \mu_1' = \frac{1}{2} \tag{6.29}$$

であり，分散 $\mu_2$ は，

$$\mu_2 = \mu_2' - \mu^2 = \frac{1}{3} - \left(\frac{1}{2}\right)^2 = \frac{1}{12} \tag{6.30}$$

である。

▶　矩形分布の積率母関数も簡単に求められる。$a=0$, $b=1$ ならば，

$$M_x(\theta) = \int_0^1 e^{\theta x} dx = \frac{e^\theta - 1}{\theta} \tag{6.31}$$

である。これから $k$ 次の積率 $\mu_k'$ を求めるためには，この式における $e^\theta$ を展開して，

$$M_x(\theta) = \frac{1}{\theta}\left(1 + \theta + \frac{\theta^2}{2!} + \frac{\theta^3}{3!} + \cdots - 1\right)$$
$$= 1 + \frac{\theta}{2!} + \frac{\theta^2}{3!} + \cdots + \frac{\theta^k}{(k+1)!} + \cdots \tag{6.32}$$

とする。$\mu_k'$ は $\theta^k/k!$ の係数であるから，$\mu_k' = k!/(k+1)! = 1/(k+1)$ となり，これは当然先に求めた結果の式（6.28）と一致する。

## 6.5　正 規 分 布

### 6.5.1　正規分布 $N(\mu, \sigma^2)$

　連続分布の中で最もしばしば現われる代表的なものは**正規分布**（normal distribution）である。そして正規分布は統計学において最も重要な分布である。いま正規分布をする確率変数を $x$ で表わせば，$x$ はあらゆる実数値すなわち $-\infty$ から $+\infty$ までのどんな値でもとりうる変数であり，その確率密度関数は，

$$f(x) = \frac{1}{\sqrt{2\pi}\,\sigma} e^{-\frac{(x-\mu)^2}{2\sigma^2}} \tag{6.33}$$

で表わされる（ただし $\pi$ は円周率，$e$ は自然対数の底）。後にわかるように，ここで $\mu$ は平均値，$\sigma^2$ は分散である。式（6.33）から明らかなように，**正規分布は平均値 $\mu$ と分散 $\sigma^2$ とによって完全に決定される**。いいかえると，$\mu$ と $\sigma^2$ とが正規分布を決定する 2 つのパラメータである。そこで式（6.33）の正規分布を $N(\mu, \sigma^2)$ という記号で表わすことが多い。以下本書でもこの記号

図6.6　正規分布

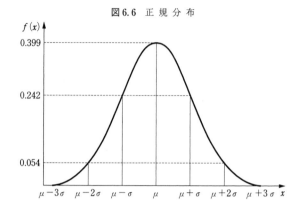

図6.7　σが同じでμが異なる正規分布　　図6.8　μが同じでσが異なる正規分布

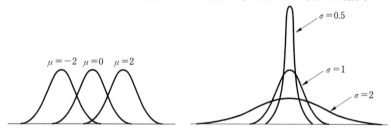

法を用いる。

　正規分布の密度関数式（6.33）を図示すると，図6.6のようにベルを伏せ
たような対称形になる（図の縦軸の数値はσ＝1としたときのもの，一般にはこ
の1/σ）。したがって正規分布は**ベル・カーブ**と呼ばれることも多い。$f(x)$
の値は$x＝\mu$のところで最大となり，$x$と$\mu$との差が大となるに従って減少
し0に近づいていく。また$x＝\mu-\sigma$および$x＝\mu+\sigma$のところに曲線の変曲
点がある。$\sigma$が同じで$\mu$が異なることは，図6.7に例示したように，分布の
形は同じで中心だけが異なることを表わしており，これに対して$\mu$が同じで
$\sigma$が異なることは，図6.8のように中心が同じ位置にあり，分布のばらつき
（分散度）が異なることを表わす。

### 6.5.2　標準正規分布

以上のように，正規分布$N(\mu, \sigma^2)$に従う変数$x$は，$\mu$と$\sigma$との差によりさ

まざまに区別されるが，それらはすべて $x$ を

$$z = \frac{x-\mu}{\sigma} \tag{6.34}$$

によって，いわゆる標準化変量 $z$ に変換すると，同一の密度関数

$$g(z) = \frac{1}{\sqrt{2\pi}} e^{-\frac{z^2}{2}} \tag{6.35}$$

をもつことになる。式（6.35）は明らかに，式（6.33）において，

$$\mu = 0 \tag{6.36}$$
$$\sigma = 1 \tag{6.37}$$

の場合にあたっており，したがって $z$ は $N(0,1)$ という分布であることがわかる。これを**標準正規分布**（standard normal distribution）という。以上のように，どのような正規分布であっても，式（6.34）によって標準正規分布 $N(0,1)$ に変換されるから，正規分布の性質は，$N(0,1)$ について調べておけばよい。図 6.9 は式（6.34）による変換を図解したものである。

図 6.9　標準正規分布への変換

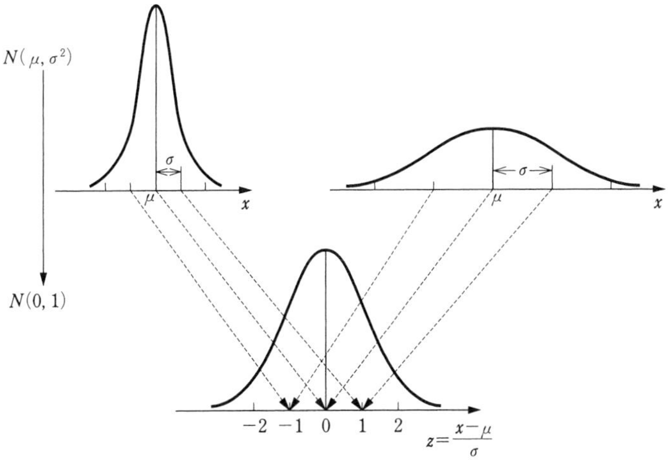

標準正規分布に従う変数 $z$ については，$z$ の任意の値に対する確率密度 $g(z)$ の値，および $z$ が任意の区間の間の値をとる確率を求めることができるよう数値表が作成されており，その数値表を用いれば，式（6.34）の関係から任意の正規分布 $N(\mu, \sigma^2)$ について確率密度や確率を求めることができる。

数値表は本書巻末に付してある（確率密度は巻末の付表 2-1（336 ページ），確率
は付表 2-2（337 ページ））。以下**数値表の用い方**について説明しよう。

　まず $N(0,1)$ の確率密度 $g(z)$ から $N(\mu,\sigma^2)$ の**確率密度 $f(x)$ を求める**た
めには，$f(x)$ の図における横軸は $g(z)$ の図における横軸の $\sigma$ 倍の目盛りに
なっており，両者とも曲線下の面積は 1 でなければならないことから，曲線
$f(x)$ の高さは，各点において，対応する $g(z)$ の高さの $1/\sigma$ 倍でなければな
らないことになる。したがって式（6.34）で対応する $x$ と $z$ に対して，

$$f(x) = \frac{1}{\sigma} g(z) \tag{6.38}$$

である。

　**【例 6.7】**　$N(20,2^2)$ において $f(23)$ を求める。

　　$x=23$ に対する $z$ の値は式（6.34）より $(23-20)/2=1.5$ であるから，
$\sigma=2$ として式（6.38）により，

$$f(23) = \frac{1}{2} g(1.5)$$

　　巻末付表 2-1（336 ページ）より，$g(1.5)=0.1295$ であるから，

$$f(23) = \frac{1}{2} \times 0.1295 = 0.06475$$

　　である。

　実際に必要になるのは，確率密度を求める場合よりも**確率を求める**場合の
方がずっと多い。$N(\mu,\sigma^2)$ に従う確率変数 $x$ が任意の区間 $(a \le x \le b)$ にあ
る確率 $P_r(a \le x \le b)$ を求めるためには，式（6.34）により $x$ を $z$ に変換して，

$$P_r\{a \le x \le b\} = P_r\left\{\frac{a-\mu}{\sigma} \le z \le \frac{b-\mu}{\sigma}\right\} \tag{6.39}$$

を用いればよい。

　**【例 6.8】**　$N(20,2^2)$ において $P_r\{21 \le x \le 23\}$ を求める。

　　$x$ を $z=(x-20)/2$ に変換すれば，

$$P_r\{21 \le x \le 23\} = P_r\left\{\frac{21-20}{2} \le z \le \frac{23-20}{2}\right\}$$
$$= P_r\{0.5 \le z \le 1.5\}$$

　　ここで数値表（巻末付表 2-2（337 ページ））を用いるためには

$$P_r\{0.5 \le z \le 1.5\} = P_r\{0 \le z \le 1.5\} - P_r\{0 \le z < 0.5\}$$

　　と計算すればよい（図 6.10 を参照）。ここで数値表より

$$P_r\{0 \leq z \leq 1.5\} = 0.4332$$
$$P_r\{0 \leq z < 0.5\} = 0.1915$$

がわかる。よって，

$$P_r\{21 \leq x \leq 23\} = 0.4332 - 0.1915 = 0.2417$$

次に，上の例で $P_r(18 \leq x \leq 25)$ を求める問題を考えると，

$$P_r\{18 \leq x \leq 25\} = P_r\left\{ \frac{18-20}{2} \leq z \leq \frac{25-20}{2} \right\}$$
$$= P_r\{-1 \leq z \leq 2.5\}$$
$$= P_r\{-1 \leq z < 0\} + P_r\{0 \leq z \leq 2.5\}$$

**図 6.10** 正規分布の確率の計算――$P_r\{21 \leq x \leq 23\}$ の場合

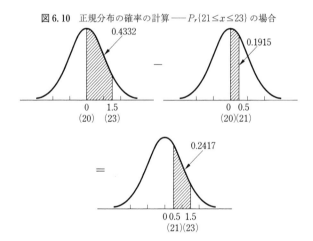

**図 6.11** 正規分布の確率の計算――$P_r\{18 \leq x \leq 25\}$ の場合

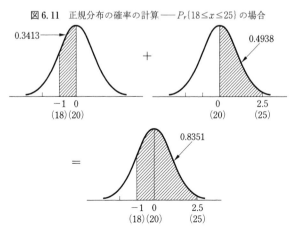

表6.4　標準正規分布のよく用いられる値

| 範　　囲 | 確　　率(%) |
|---|---|
| −0.67〜+0.67 | 約50 |
| −1.00〜+1.00 | 68.27（約2/3） |
| −1.64〜+1.64 | 90 |
| −1.96〜+1.96 | 95 |
| −2.00〜+2.00 | 95.45 |
| −2.33〜+2.33 | 98.02 |
| −2.58〜+2.58 | 99.01 |
| −3.00〜+3.00 | 99.73 |

表6.5　正規分布表のよく用いられる値（付表2-2より）

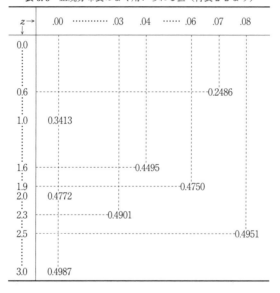

であるから（図6.11を参照），左右対称性から $P_r\{-1 \leq z \leq 0\} = P_r\{0 \leq z \leq 1\}$ であることに注意して，数値表により，

$$P_r\{18 \leq x \leq 25\} = 0.3413 + 0.4938 = 0.8351$$

正規分布の確率についてはしばしば用いられる数字がある．表6.4はそのような数値を一覧表にしたものであり，それらは巻末の付表2-2から数値を抜き出して作られた表6.5から求められたものである．

#### ▶ *6.5.3* 正規分布の積率母関数

　正規分布の平均値および分散がそれぞれ $\mu$ および $\sigma^2$ であることは，積率母関数を利用すれば簡単に証明することができる。そこで正規分布の積率母関数を求めてみよう。積率母関数の定義式（5.21）（134 ページ）から，

$$M_x(\theta) = E(e^{\theta x}) = \int_{-\infty}^{\infty} e^{\theta x} \frac{1}{\sqrt{2\pi}\,\sigma} e^{-\frac{(x-\mu)^2}{2\sigma^2}} dx$$

$$= \frac{1}{\sqrt{2\pi}\,\sigma} \int_{-\infty}^{\infty} e^{-\frac{1}{2\sigma^2}[(x-\mu)^2 - 2\sigma^2\theta x]} dx$$

ここで $e$ のベキ指数の〔　〕内を変形すると，

$$\begin{aligned}
(x-\mu)^2 - 2\sigma^2\theta x &= x^2 - 2\mu x + \mu^2 - 2\sigma^2\theta x \\
&= x^2 - 2(\mu+\sigma^2\theta)x + (\mu+\sigma^2\theta)^2 \\
&\quad - (\mu+\sigma^2\theta)^2 + \mu^2 \\
&= [x - (\mu+\sigma^2\theta)]^2 - 2\mu\sigma^2\theta - \sigma^4\theta^2
\end{aligned}$$

となるから，

$$M_x(\theta) = \frac{1}{\sqrt{2\pi}\,\sigma} \int_{-\infty}^{\infty} e^{-\frac{1}{2\sigma^2}[x-(\mu+\sigma^2\theta)]^2} e^{\mu\theta + \frac{1}{2}\sigma^2\theta^2} dx$$

$$= e^{\mu\theta + \frac{1}{2}\sigma^2\theta^2} \int_{-\infty}^{\infty} \frac{1}{\sqrt{2\pi}\,\sigma} e^{-\frac{1}{2\sigma^2}[x-(\mu+\sigma^2\theta)]^2} dx$$

　ここの最後の辺で積分の項は平均が $\mu+\sigma^2\theta$，分散が $\sigma^2$ の正規分布の密度関数を全範囲にわたって積分したものであるから1である。したがって，

$$M_x(\theta) = e^{\mu\theta + \frac{1}{2}\sigma^2\theta^2} \tag{6.40}$$

が得られる。

　式（6.40）を用いて1次および2次の原点積率および分散を求めてみよう。

$$\mu_1' = E(x) = \frac{dM_x(\theta)}{d\theta}\bigg|_{\theta=0} = (\mu+\sigma^2\theta)e^{\mu\theta+\frac{1}{2}\sigma^2\theta^2}\bigg|_{\theta=0} = \mu$$

$$\mu_2' = E(x^2) = \frac{d^2M_x(\theta)}{d\theta^2}\bigg|_{\theta=0} = [(\mu+\sigma^2\theta)^2+\sigma^2]e^{\mu\theta+\frac{1}{2}\sigma^2\theta^2}\bigg|_{\theta=0}$$

$$= \mu^2 + \sigma^2$$

したがって分散は，

$$\mu_2 = \mu_2' - \mu^2 = \mu^2 + \sigma^2 - \mu^2 = \sigma^2$$

となる。

　また，標準正規分布 $N(0,1)$ に従う変数 $z$ の積率母関数 $M_z(\theta)$ は，式（6.40）で $\mu=0$，$\sigma^2=1$ の場合を考えればよいから，

$$M_z(\theta) = e^{\frac{1}{2}\theta^2} \tag{6.41}$$

であることがわかる。

### 6.5.4　正規分布による二項分布の近似

　先に **6.2** 節で，$n$ が大きくかつ $p$ が小さい場合の二項分布の近似としてポワソン分布を導き出した。これに対して，二項分布において $p$ が小さくない場合で $n$ が大きいときには正規分布によって良い近似が得られる。

　この近似の程度が，どのくらいかを見るために数値例をとってみよう。

　いま $n=12$，$p=1/3$ の二項分布 $P(x)={}_{12}C_x\left(\dfrac{1}{3}\right)^x\left(\dfrac{2}{3}\right)^{12-x}$ を考える。$n=12$ は決して大きな数とはいえないから，近似は良好であるとは期待できないと考えられる。しかし，実際には近似はかなり良いのである。そのことを調べるために，

$$P(x) = \frac{12!}{x!(12-x)!}\left(\frac{1}{3}\right)^x\left(\frac{2}{3}\right)^{12-x} \tag{6.42}$$

を $x$ の各値 $(0,1,2,\cdots,12)$ について計算してみる。そのためには式（6.6）より，

$$P(x+1) = \frac{12-x}{x+1}\cdot\frac{1}{2}P(x)$$

であるから，まず $P(0)$ を計算すれば，この式により次々に以下の値が求められる。

$$
\begin{array}{lll}
P(\,0\,) = 0.007707 & P(\,1\,) = 0.046244 & P(\,2\,) = 0.127171 \\
P(\,3\,) = 0.211952 & P(\,4\,) = 0.238446 & P(\,5\,) = 0.190757 \\
P(\,6\,) = 0.111275 & P(\,7\,) = 0.047689 & P(\,8\,) = 0.014903 \\
P(\,9\,) = 0.003312 & P(10) = 0.000497 & P(11) = 0.000045 \\
P(12) = 0.000002 & &
\end{array}
$$

　この二項分布をグラフに描いたものが図 6.12 である。この図はすでに正規分布にある程度よく似ているように見えるであろう。

　この近似度をもっとよく調べるために，たとえば $x$ の値が 6 以上になる確率を，上の二項分布から計算した値と正規分布で近似した値とで比較してみ

図 6.12　$n=12, p=1/3$ の二項分布

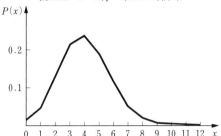

よう。二項分布によれば，求める確率は，

$$P_r\{x \geq 6\} = P(6) + P(7) + \cdots + P(12) = 0.178$$

である。

　これに対して正規分布で近似するためには，正規分布が平均値 $\mu$ と標準偏差 $\sigma$ とで完全に決定されることから，この二項分布と同じ $\mu$ と $\sigma$ とをもつ正規分布を考えればよい。そこで式（6.7）と式（6.11）とから，

$$\mu = np = 12 \times \left(\frac{1}{3}\right) = 4$$

$$\sigma = \sqrt{npq} = \sqrt{12 \times \left(\frac{1}{3}\right) \times \left(\frac{2}{3}\right)} \fallingdotseq 1.63$$

であるから，$N(4, 1.63^2)$ を用いることになる。ここで注意しておくべきことは，正規分布は連続分布であるから，離散分布である二項分布において変数が 6 以上の値をとる確率を近似するためには，四捨五入を考えて連続変数が 5.5 以上の値をとる確率を求めればよいということである。そこで，$N(4, 1.63^2)$ で $P_r\{x \geq 5.5\}$ を求める。そのために $x=5.5$ に対応する $z$ の値を計算すれば，

$$z = \frac{x - \mu}{\sigma} = \frac{5.5 - 4}{1.63} \fallingdotseq 0.92$$

であるから，求める確率は，

$$P_r\{z \geq 0.92\} = P_r\{0 \leq z < \infty\} - P_r\{0 \leq z < 0.92\}$$
$$= 0.5 - 0.321 = 0.179$$

である。これと先に求めた正確な値 0.178 と比較すれば，誤差はわずか 0.001 である。

　もっと短い区間についての近似度を調べるために，もう 1 つの例として，

$x$ の値が 6 になる確率を求めてみよう。二項分布によれば，それは $P(6)=$ 0.111 である。これに対して $N(4, 1.63^2)$ によれば，それは，

$$P_r\{5.5 \le x < 6.5\} = P_r\left\{\frac{5.5-4}{1.63} \le z < \frac{6.5-4}{1.63}\right\}$$
$$= P_r\{0.92 \le z < 1.53\}$$
$$= 0.116$$

と近似される。この近似の誤差は約 0.005 にすぎない。

　以上の例で見たように，$n$ があまり大きくないにもかかわらず，正規分布による近似はかなり正確である。$n$ がもっと大きくなれば近似はもっと良好

表 6.6　二項分布 $(p=1/3)$ の確率

| $x$ \ $n$ | 10 | 12 | 15 | 20 | 30 |
|---|---|---|---|---|---|
| 0 | 173 | 77 | 23 | 3 | 0 |
| 1 | 867 | 462 | 171 | 30 | 1 |
| 2 | 1,951 | 1,272 | 599 | 143 | 6 |
| 3 | 2,601 | 2,120 | 1,299 | 429 | 27 |
| 4 | 2,276 | 2,384 | 1,948 | 911 | 89 |
| 5 | 1,366 | 1,908 | 2,143 | 1,457 | 232 |
| 6 | 569 | 1,113 | 1,786 | 1,821 | 484 |
| 7 | 163 | 477 | 1,148 | 1,821 | 829 |
| 8 | 31 | 149 | 574 | 1,480 | 1,192 |
| 9 | 3 | 33 | 223 | 987 | 1,457 |
| 10 | 0 | 5 | 67 | 543 | 1,530 |
| 11 | — | 0 | 15 | 247 | 1,392 |
| 12 | — | 0 | 3 | 92 | 1,101 |
| 13 | — | — | 1 | 28 | 762 |
| 14 | — | — | 0 | 7 | 463 |
| 15 | — | — | 0 | 1 | 247 |
| 16 | — | — | — | 0 | 116 |
| 17 | — | — | — | 0 | 48 |
| 18 | — | — | — | 0 | 17 |
| 19 | — | — | — | 0 | 5 |
| 20 | — | — | — | 0 | 2 |
| 21 | — | — | — | — | 0 |
| 22 | — | — | — | — | 0 |
| 23 | — | — | — | — | 0 |
| 24 | — | — | — | — | 0 |
| 25 | — | — | — | — | 0 |
| 計 | 10,000 | 10,000 | 10,000 | 10,000 | 10,000 |

になるであろう。

表6.6 には，$n$ が大きくなるに従って二項分布がどのように正規分布に近づいていくかを示すために，$p=1/3$ の場合について $n=10$, 12, 15, 20 および 30 に対して二項分布の確率を計算してある（表では，わかりやすく合計が 10,000 になるように示してある）。これをグラフにした図 6.13 により，$n$ が大きくなると二項分布が正規分布に近づく様子が視覚的に読み取れる。

**図 6.13** 二項分布の正規分布への接近

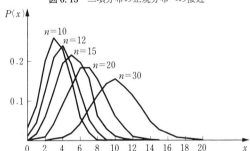

**【例 6.9】** 1 個のサイコロを 180 回投げるとき，6 の目が 25 回以上 40 回以下出る確率はいくらか。

この確率を正規分布で近似することにより求めるとすると，平均は，

$$\mu = np = 180 \times \frac{1}{6} = 30$$

であり，分散は，

$$\sigma^2 = npq = 180 \times \frac{1}{6} \times \frac{5}{6} = 25$$

と計算されるから，$N(30, 5^2)$ で $P_r\{24.5 \leq x < 40.5\}$ を求めればよい。ゆえに

$$
\begin{aligned}
P_r\{24.5 \leq x < 40.5\} &= P_r\left\{ \frac{24.5-30}{5} \leq z < \frac{40.5-30}{5} \right\} \\
&= P_r\{-1.1 \leq z < 2.1\} \\
&= P_r\{-1.1 \leq z < 0\} + P_r\{0 \leq z < 2.1\} \\
&= 0.3643 + 0.4821 = 0.8464
\end{aligned}
$$

となる。

以上ここで記憶すべき重要なことは，**二項分布 $B(n, p)$ は $n$ が大きくなるとき，正規分布 $N(np, npq)$ に近づく**，ということである。

## 【練習問題】

1) $n=6$, $p=1/4$ の二項分布の平均値と標準偏差を確率分布から直接計算し，その結果を式（6.7）および式（6.11）で求めたものと比較せよ。

2) 次の二項分布の平均値と分散を求めよ。

　　(a) $n=50$, $p=\dfrac{1}{2}$ 　　　　　(b) $n=100$, $p=\dfrac{1}{5}$

　　(c) $n=400$, $p=\dfrac{1}{5}$ 　　　　　(d) $n=900$, $p=\dfrac{1}{3}$

3) 正確な硬貨を8回投げたとき，表の出る回数の平均値と分散を求めよ。

4) 二項分布の式を使って，次の確率を求めよ。

　　(a) 正確なサイコロを6回投げるとき，ちょうど2回4の目が出る確率

　　(b) 正確なサイコロを6回投げるとき，たかだか2回4の目が出る確率

　　(c) 正確な硬貨を9回投げるとき，ちょうど3回表が出る確率

　　(d) 正確な硬貨を9回投げるとき，たかだか3回表が出る確率

5) あるゴルフ練習場で使われているすべての新しいゴルフボールのうち，その5%が最初打ったときにひどくいたんでしまうものとするとき，4個の新しいゴルフボールのうち，(a)ちょうど1個だけがひどくいたむ確率，および，(b)たかだか1個だけがひどくいたむ確率を求めよ。

6) あるミシン・セールスマンの戸別訪問に応じたすべての女性たちのうちの20%が結局ミシン1台を買うことになるとすれば，このセールスマンの戸別訪問に応じた6人の女性のうち，たかだか1人しかそのミシンを買わない確率はいくらか。

7) ある都市での調査では，平日の朝9時から10時の間に電話をかけた場合，平均4本に1本の割合で話し中である。この都市の電話帳から無作為に選んだ番号で10回電話をかけたとき，3回以上話し中である確率はいくらか。

8) ある型の溶接機による1,000個の溶接箇所を検査したところ，不良部分が102ヵ所発見されたという。この溶接機で10ヵ所を溶接したとき，不良箇所がそれぞれ0，1，2である場合の確率を求めよ。

9) 10問からなるある多項選択式テストで，各問に3つの解答（イ），（ロ），（ハ）（ただし，その中の1つだけが正しい）が与えられている。いまサイコロを投げて，各問に1または2が出たら（イ），3または4の目が出たら（ロ），5または6の目が出たら（ハ）と答えるとき，以下の確率を求めよ。

　　(a) ちょうど4問に正解する確率

　　(b) このテストを通るには，少なくとも7問に正解しなければならないと

すれば，この方法によってこのテストに通る確率

10）継電器の検査において，1回の試行に対し接触不良である確率を 0.02 とし，この確率は非常に多くの試行を繰り返す間も変わらないものとする。1回ごとの試行の結果は独立であるとして，次の値を求めよ。

   (a)　はじめて接触不良がおこるのが 10 回目の試行である確率

   (b)　3 番目の接触不良が 10 回目の試行でおこる確率

11）400 通の納品書のファイルのうち 8 通に誤りがある。このファイルの中から 5 通の納品書を無作為に抜き取るとき，それらのどれにも誤りのない確率はいくらか。ポワソン分布を使って計算せよ。またこの問題で $p = 8/400 = 0.02$ の場合の二項分布を使って計算し，結果を比較してみよ。

12）ある工場の 90 人の従業員のうち 60 人が組合員であり，残りはそうではない。全従業員から 4 人がくじで選ばれて，ある問題を解決するための委員会のメンバーになるとすれば，そのうちの 2 人が組合員であり，残りはそうではない確率はいくらか。このとき，$p = 60/90 = 2/3$ の二項分布を使って計算した場合の結果と比較してみよ。

13）成功の確率 $p = 0.02$ とするとき，100 個の独立な試行のうち，4 回成功する確率をポワソン分布を使って求めよ。

14）出荷予定の大量の教科書のうち 3% は製本が不完全である。これらの教科書の中から無作為に抜き取られた 200 冊中，ちょうど 5 冊の製本が不完全である確率をポワソン分布を使って求めよ。

15）ある動物園の管理事務所には，平均 1 日 4 人の迷子の届出がある。ポワソン分布を使って次の確率を求めよ。

   (a)　ある任意の 1 日に 1 人も迷子の届出がない確率

   (b)　ある任意の 1 日に 2 人の迷子の届出がある確率

   (c)　ある任意の 1 日に 5 人の迷子の届出がある確率

16）平均的な夏の場合，自動車は 1 万 km を走るごとに，1 回の不具合をおこすことがわかった。ある車が 2 万 km 走るときに $x$ 回の不具合がおこる確率はいくらか。

17）ある製品の不良率が 2% であるとき，この製品 200 個の中に不良品が 2 個含まれる確率はいくらか。

18）あるミックスナッツの缶詰の表示によると，少なくとも 1 個のカシューナッツがどの缶にも入っていなければならない。ところが，ある工場で作られたミックスナッツの缶詰のうち 1.2% にはカシューナッツが入っていない。この工場で作られた 300 個の缶詰のうち，ちょうど 2 個の缶詰にカシューナ

ッツが入っていない確率はいくらか。

**19)** ある本の校正刷りには, 20 ページごとに平均 1 個の誤植がある。各ページにそれぞれ 0, 1, 2 個の誤植が発見される確率はいくらか。

**20)** ある郵便局の配達区域内で書留便を配達する場合, 受取人が不在などのために, ある 1 日に配達できない書留便の数は $m = 4$ のポワソン分布に従うことがわかった。このとき

  (a) ある 1 日に配達できない書留数がちょうど 1 通である確率

  (b) ある 1 日に配達できない書留数がたかだか 2 通である確率

を求めよ。

**21)** ある病院の電話交換台には平均 10 分に 5 回急病人搬入の電話のコールが入る。$m = 5$ のポワソン分布を使って以下の確率を計算せよ。

  (a) ある任意の 10 分に 1 回もコールの入らない確率

  (b) ある任意の 10 分にちょうど 2 回コールの入る確率

  (c) ある任意の 10 分にちょうど 5 回コールの入る確率

**22)** ある高速道路の料金所への車の到着台数が 1 分間に平均 4 台のポワソン分布に従うものとする。ある 1 分間の到着台数が 6 台以上となる確率はいくらか。また, 2 台以上の確率はいくらか。

**23)** ある金融会社が 1 日あたり平均 3 枚の不渡小切手を受け取るとするとき,

  (a) 任意の 1 日にちょうど 1 枚, 2 枚, …, 10 枚の不渡小切手を受け取る確率を求めよ。また, この分布の平均値を計算し, $\mu = m$ であることを確かめよ。

  (b) (a)の計算結果より, このポワソン分布の分散を計算し, $\sigma^2 = m$ であることを確かめよ。

**24)** 次の $z$ について, $-z$ と $z$ の間の正規曲線下の面積を求めよ。

  (a) $z = 1$   (b) $z = 2$   (c) $z = 3$   (d) $z = 1.96$   (e) $z = 2.33$

  (f) $z = 2.58$

**25)** 次の場合の $z$ の値を求めよ。

  (a) 0 と $z$ の間の正規曲線下の面積が 0.45

  (b) $z$ の右側の正規曲線下の面積が 0.04

  (c) $z$ の右側の正規曲線下の面積が 0.93

  (d) $z$ の左側の正規曲線下の面積が 0.65

  (e) $z$ の左側の正規曲線下の面積が 0.03

  (f) $-z$ と $z$ の間の正規曲線下の面積が 0.6

**26)** $N(10, 2^2)$ に従う確率変数 $x$ について, 次の問に答えよ。

(a)　$x \leq 13$ である確率

(b)　$x \geq 6$ である確率

(c)　$6 \leq x < 13$ である確率

27)　平均値 $\mu = 57.4$，および標準偏差 $\sigma = 8.4$ の正規分布に従う確率変数を考える。このとき，この確率変数が次の区間に含まれる確率を求めよ。

(a)　$(-\infty, 70.0)$　　(b)　$(-\infty, 51.1)$　　(c)　$(59.5, 76.3)$

(d)　$(44.8, 74.2)$　　(e)　$(72.1, \infty)$　　(f)　$(49.0, \infty)$

28)　平均値 $\mu = 71.8$，および標準偏差 $\sigma = 5.6$ の正規分布に従う確率変数を考える。この確率変数が，(a) 78.8 未満，(b) 60.6 よりも大きい，(c) 74.6 と 80.2 の間，(d) 63.4 と 80.2 の間のある値をとる確率を求めよ。

29)　ある缶詰には正味 500 g と表示されている。この缶詰が $\mu = 520$ g，$\sigma = 10$ g で生産管理されているとき，正味が 500 g 以下になる確率を求めよ。

30)　ある正規分布の平均が $\mu = 78.0$ であるとする。86.4 の右側のこの正規曲線下の面積が全面積の 20% であるとき，この分布の標準偏差を求めよ。

31)　ある確率変数が標準偏差 $\sigma = 21.5$ の正規分布に従うものとする。この確率変数が 120.5 未満のある値をとる確率が 90% であるとき，この分布の平均値を求めよ。

32)　ある検問所で記録された車のスピードのデータによると，そこを通過する車は平均時速 60.5 km，標準偏差 7.4 km で，だいたい正規分布に従っている。このとき

(a)　時速 70 km をこえている車は全体の何%か。

(b)　時速 48 km よりも遅い車は全体の何%か。

(c)　時速 56 km から時速 64 km までの車は全体の何%か。

33)　ある商品の 1ヵ月の売上個数は，平均 250 個，標準偏差 30 個の正規分布をする。90% の確率で品切れをおこさないようにするには，月初めにどれだけの在庫を準備しておけばよいか。ただし，各月の需要はすべて月初めの在庫で満たすものとする。

34)　ある商店で 1 週間あたりの客の数を調べたところ平均 340 人，標準偏差 26 人でほぼ正規分布をしていることがわかった。来週中の来店者に景品（1 人に 1 個）を出すことを計画しているが，95% の確率で，全部の来店者に景品をわたせるようにするためには，景品をどれだけ準備しておいたらよいか。なお景品を出すことによって，来店者の分布は変わらないとする。

35)　ある電球メーカーの電球の寿命は，平均 300 時間，標準偏差 35 時間である。電球の寿命の分布は正規分布で近似されるものとして，次の問に答えよ。

(a)　320 時間以上の寿命をもつ電球は全体の何%か。

(b)　寿命が 250 時間から 350 時間の電球は全体の何%か。

(c)　ある電球の寿命が長い方から 25% 以内に入るためには，寿命が何時間以上でなければならないか。

36)　ある試験の平均点は 72.8 点，標準偏差 15 点であった。試験の点数が正規分布をしているとみなすと，

(a)　88 点以上は何%いるか。

(b)　32 点未満は何%いるか。

(c)　高い方から 12% までの点数に A という成績をつけるとすれば，A の最低点はいくらか。

(d)　低い方から 25% までの点数を落第とするならば，及第の限界点はいくらか。

37)　作業 A を完了するのに必要な平均時間は 75 分で，標準偏差は 15 分であり，作業 B を完了するのに必要な平均時間は 100 分で，標準偏差は 10 分である。正規分布を仮定すると，作業 B の平均所要時間よりも長く時間のかかる作業 A の割合はいくらか。また作業 A の平均所要時間よりも短い時間ですむ作業 B の割合はいくらか。

38)　ある大会社の 2,400 人の従業員の I.Q.（知能指数）は，平均 112，標準偏差 12 で近似的に正規分布をしている。経験によると，ある特定の作業をする人は，少なくとも I.Q. 105 に見合う知能をもっていなければならないが，I.Q. 125 以上の人は，その作業に退屈し，みじめな気持ちになってしまう。I.Q. だけに基づいていえば，2,400 人の従業員中何人がこの作業への適性をもっているといえるか。

39)　ある市の自動車運転者の 20% は，1 年に少なくとも 1 回の事故をおこしている。無作為に選んだ運転者 400 人のうち 18% 以上の者が 1 年に少なくとも 1 回事故をおこす確率はいくらか（正規分布で近似せよ）。

40)　1 枚の硬貨を 14 回投げて 4 回表が出る確率を，

(a)　二項分布の公式を使う

(b)　正規分布で近似する

ことにより求めよ。

41)　ある選挙において，各 1 票が候補者 A 氏に投票される確率が 0.6 であるとする。いま，無作為に 100 票をとってみたとすると，A 氏の得票が 50% 以下である確率はいくらか。

42)　1 つのサイコロを 1,000 回投げたとき，1 の目が 180 回以上出る確率と，1

の目が 140 回以上 200 回以下出る確率を求めよ。

43）　あるテレビ局によると，その局の月曜映画劇場の視聴率は 36% であると
いっている。この数字が正しいとするとき，月曜のその放映時間に電話調査
した 400 人の視聴者中 125 人よりも多くの人がその映画を見ている確率は
いくらか。

44）　ある商品の製造業者は，自社で製造したもののうち平均 2% が，販売後
60 日以内に修理が必要になることを知っている。その製造業者の出荷した
商品 800 個のうち，少なくとも 20 個が販売後 60 日以内に修理を要する確率
はいくらか。

45）　ある給油所で 40% の客がクレジット・カードを使うとすると，400 人の
客のうち 180 人以上の人がクレジット・カードを使う確率はいくらか。

46）　あるパーティのために 1,000 通の招待状が郵送されたものとする。任意
の 1 人がこの招待に応じる確率が 0.10 であるとすると，1,000 人中 80 人未
満の人しか招待に応じない確率はいくらか。

47）　1 回の観察においてある事象がおこる確率を $p$ とするとき，その事象が
はじめておこるまでに $x$ 回の観察を行なわなければならないとすれば，$x$ は
1，2，3，… の値をとる確率変数であり，その確率分布は

$$P(x) = (1-p)^{x-1}p \tag{6.43}$$

である。これを**幾何分布**という（125 ページ参照）。この幾何分布の平均値
と分散を求めよ。

48）　確率密度関数が次の式で表わされる確率分布を**指数分布**（exponential
distribution）という。

$$f(x) = \mu e^{-\mu x} \qquad x \geq 0 \tag{6.44}$$

この指数分布の平均値と分散を求めよ。

49）　練習問題 47）において，その事象が $r$ 回おこるまでに $x$ 回の観察を行な
わなければならないとすれば，$x$ は $r$，$r+1$，$r+2$，…… の値をとる確率変
数であり，その確率分布は，

$$P(x) = {}_{x-1}C_{r-1}p^r q^{x-r} \tag{6.45}$$

である（$q=1-p$）。これを**負の二項分布**（negative binomial distribution）と
いう。これを証明せよ。またこの分布の平均値と分散を求め，その結果を幾
何分布の場合と比較してみよ。

【本章末の練習問題の解答は 325〜327 ページを見よ】

# 第 *7* 章　標 本 分 布

　統計的推論とは標本にもとづいて母集団について推論することであるが，そこで基本的な役割を果たすのが標本分布の考え方である。それは推論のために標本から計算されるいろいろな変量（それを統計量という）がそれぞれどのような確率分布をするかということである。本章では基本的な標本分布，すなわち統計量の確率分布について説明する。

## *7.1*　母集団と標本

　いま，新聞社が世論調査によって現在の内閣に対する国民の支持率を調べようとする場合を考えてみよう。新聞社が調べて読者に知らせたいと思っているのは，国民（有権者）全体の中の内閣支持者の割合である。しかしながら，何千万人という有権者の全部について調べることは，事実上不可能である。そこで新聞社は，有権者全体の中から何百人あるいは何千人というような人たちを選んで，それらの人たちについて支持か非支持かを調べ，それにもとづいて有権者全体では支持率はどうであろうかを推測するのである。

　この例の場合，新聞社が知りたいと思っている有権者全体の集まり，一般には推測の対象となる全体の集団のことを**母集団**（population）といい，これに対して母集団の中から選ばれる一部分の集まりのことを**標本**（sample）という。そして標本についての調査，すなわち**標本調査**（sample survey）にもとづいて母集団の性質について推測することを，**統計的推測**あるいは**統計的推論**（statistical inference）という<sup>(注)</sup>。

　母集団全体を調べずに標本調査によらなければならない場合はきわめて多いが，その理由としては次のようなことがある。

　第1に，多くの場合，母集団は概念的にのみ存在するものであり，まだ実在しているものでないということがある。たとえば，ある生産工程における製品の不良率を問題にする場合に，母集団はその生産工程でこれまで生産されたものだけでなく，これから生産されるであろうものも含めた製品の全体であり，その中にはまだ生産されていないものも含んでいるからである。また，ある病気に対する新薬の効果を知ろうとするとき，母集団はその病気にかかった人全体の集団であり，その中にはまだ現実にその病気にかかっていない人も含まれるのである。さらにもう1つの例をあげれば，穀物の収量に対するある植物ホルモンの効果を推定したいというとき，母集団はまだ植えられていない（これから植えられるであろう）その穀物の集団を意味するであろう。

　第2に，調査することは破壊を意味することがある。たとえばケーブル製品の強度をテストすることは，それを破断して調べるのであるからその破壊を意味する。電球の寿命を推定するためのテストも破壊テストである。このような場合には母集団全体を調べることは無意味である。わかりやすい例でいえば，スープの味をみるためには1さじすくって飲んでみて鍋全体のスープの味を判断するのであり，味見のために全部を飲んでしまっては意味がないのである。

　第3に，母集団の全体を調べることが物理的に可能でありかつ意味があっても，時間や資源（お金や人手など）の制約からそれができない場合がある。新聞社による世論調査のような場合はその例である。

　以上のような理由から，一部分の標本から母集団全体に適用できるような情報を引き出すべく標本調査が行なわれるのである。

　ところで，このような標本調査のためには，母集団から選び出された標本が母集団を片寄らずに正しく代表するようなものでなければならない。たとえば，スープの味見をするのによくかきまぜてから1さじすくってみるのは，

---

　（注）　標本調査ではなく，母集団全体について調査する場合もある。たとえば人口の総数や年齢別構成，職業別構成などを調べるために5年ごとに行なわれている国勢調査はそうである。このような調査は**全数調査**あるいは**センサス**（census）と呼ばれる。

1 さじが全体の味をよく代表するようにするためである。いいかえると標本は**代表的標本**（representative sample）でなければならない。そのような代表的標本を選ぶための方法はいろいろあり，それについて議論するのが**標本抽出論**（sampling theory）である。最も単純でわかりやすい方法は，**単純無作為抽出**（simple random sampling）と呼ばれる方法である。この方法は，公平なくじ引きのような方法で，母集団を構成するどの個体についてもそれが標本に選ばれる機会（確率）が同じであるようにする方法である。そしてこのような方法によるとき，母集団についての標本からの推測が，確率の概念に裏づけられたものになる。このことは以後の説明で明らかになるであろう。

▶ 乱数表と乱数サイ

無作為標本を作るためには母集団の各構成単位が同じ確率で標本に選ばれるようにしなければならないが，そのために**乱数表**あるいは**乱数サイ**を用いることができる。乱数表は，表 7.1 にその一部を示したように，0 から 9 までの 10 個の数字が同じ出現確率（1/10）でまったく不規則に並んでいる表である。乱数サイは正 20 面体のサイコロ（次ページの図 7.1 を見よ。乱数サイは通常赤，青，黄の 3 色の 3 個がワンセットで市販されている）で，0 から 9 までの数字が各 2 面ずつに記されており，したがって 10 個の各数字の出現確率はすべて 2/20＝1/10 である。したがって乱数表はこの乱数サイを何回も振って出た数字を並べることによって作ることができる。

乱数表を用いて無作為標本をどのように作ったらよいかを説明するために，例として母集団の単位数が仮に 500 であり，そこから大きさ 10 の標本を抜き取る場合について考えてみよう。母集団の単位に 001 から 500 までの一連番号をつけ，乱数表の数字を任意の場所から始めて 3 桁ごとに区切ってとる。たとえば表 7.1 の 5 行目の最初から始めて横にとったとすれば，

    776  064  406  423  636  194  164  207  662  870
    730  254  022  321  138  ……

のようになるから，それらのうち 501 以上のものおよび 000 は除いて最初の 10 個の数字をとり，その番号の単位を標本に選べばよい。したがって標本としては，

    064  406  423  194  164  207  254  022  321  138

表7.1　乱 数 表

| | | | |
|---|---|---|---|
| 1 | 21 13 87 97 98 | 15 09 19 28 95 | 17 46 24 25 30 | 54 53 33 20 24 |
| 2 | 60 40 95 10 04 | 28 34 46 74 24 | 76 36 31 65 09 | 66 07 48 24 12 |
| 3 | 54 12 87 10 78 | 80 72 10 08 61 | 89 86 09 81 05 | 99 44 72 30 33 |
| 4 | 27 60 16 59 05 | 94 19 66 19 23 | 64 75 71 53 75 | 70 42 16 21 78 |
| 5 | 77 60 64 40 64 | 23 63 61 94 16 | 42 07 66 28 70 | 73 02 54 02 23 |
| 6 | 21 13 89 18 03 | 54 96 90 71 16 | 54 81 96 43 93 | 65 56 50 88 78 |
| 7 | 74 44 94 70 70 | 89 02 02 98 63 | 98 14 01 83 85 | 63 10 88 36 23 |
| 8 | 12 64 77 83 05 | 85 58 86 91 65 | 74 52 46 05 17 | 54 70 35 77 45 |
| 9 | 81 74 15 22 91 | 52 88 59 59 16 | 62 28 12 17 92 | 95 46 18 89 69 |
| 10 | 16 70 79 41 32 | 16 09 07 58 81 | 62 45 09 41 68 | 31 72 56 85 05 |
| 11 | 63 25 82 70 77 | 28 74 92 83 67 | 50 96 29 09 85 | 31 16 17 56 82 |
| 12 | 81 48 61 28 19 | 55 62 75 86 42 | 73 57 87 01 24 | 34 84 97 24 69 |
| 13 | 99 72 38 79 26 | 45 35 04 11 25 | 47 59 29 37 63 | 38 62 27 07 97 |
| 14 | 13 05 14 36 88 | 04 25 15 63 45 | 96 71 56 02 99 | 79 80 66 77 66 |
| 15 | 98 93 74 05 62 | 28 11 10 57 50 | 86 62 91 91 22 | 12 68 04 05 97 |
| 16 | 32 19 19 41 77 | 90 48 74 11 98 | 85 31 17 17 46 | 27 44 17 06 80 |
| 17 | 19 92 81 57 06 | 24 89 16 88 88 | 32 95 83 38 80 | 41 21 59 59 23 |
| 18 | 09 39 56 82 83 | 56 91 38 07 01 | 36 07 19 47 08 | 21 55 42 54 41 |
| 19 | 56 64 82 15 46 | 43 37 35 77 39 | 41 97 08 76 83 | 13 30 61 96 21 |
| 20 | 63 86 49 19 69 | 43 35 26 37 85 | 76 83 14 37 97 | 48 07 12 05 19 |
| 21 | 63 85 42 83 22 | 84 01 50 84 53 | 63 96 09 83 17 | 51 52 54 50 15 |
| 22 | 34 69 06 14 22 | 05 35 60 49 46 | 34 91 38 04 81 | 49 63 38 57 95 |
| 23 | 59 95 38 69 72 | 05 83 52 59 86 | 87 44 79 79 55 | 21 26 68 71 06 |
| 24 | 99 34 41 78 35 | 10 40 47 17 65 | 11 71 20 84 21 | 68 12 62 61 05 |
| 25 | 78 24 39 17 45 | 14 81 57 10 44 | 73 41 82 26 14 | 48 55 95 76 01 |

図7.1　乱数サイ

の番号のものが選ばれることになる。

　なお，表7.1の乱数表では0から9までの数字が一様の確率で現われるの
で，それは，**一様乱数表**と呼ばれるが，乱数表には一様ではない確率で数字
の現われるものもある（たとえば正規分布の確率に従って数字の現われる**正規乱
数表**，巻末付表8（346ページ））。現在ではコンピュータで乱数を発生させるソ
フトウェアがあるので，大量に乱数を用いる必要がある場合にはそれを利用

するのが便利である。

## *7.2*　母集団特性値と標本統計量

　また世論調査の例に戻って考えてみよう。新聞社が知りたいと思っているのは母集団における内閣支持率（支持者の割合）であり，いまこれを $p$ で表わす。$p$ は有権者全体の内閣に対する態度，すなわち母集団のある１つの性質を表わしている。このようなものを**母集団特性値**あるいは**母集団パラメータ**（population parameter）という。この $p$ の値はある特定の時点で考えれば一定である（時点が変われば変化するであろうが）。

　いまここで $p$ の値を推測するために $n$ 人の人が選ばれるとしよう。この人数 $n$ を**標本の大きさ**（sample size）という。この選ばれた $n$ 人の中に何人かの内閣支持者がいるであろうが，その人数は決して確定した数ではない。それは $n$ 人にたまたまどのような人が選ばれるかによって異なってくるであろう。いま $n$ 人の中の支持者の数を $x$ 人とすれば，たまたま支持者が少なくしか選ばれなければ $x$ は小さい値になるであろうし，たまたま支持者が多く選ばれれば $x$ の値は大となろう。このように，$x$ は標本の $n$ 人にどのような人が選ばれるかによって変化する。いいかえると，$x$ は標本ごとに変化する変数である。このように標本が異なることにもとづく変化を標本抽出による変動，あるいはもっと簡単に**標本変動**（sampling fluctuation）という。これは抽出変動といってもよい。母集団における支持者の比率 $p$ について推測するために，標本における支持者の比率 $x/n$（これを $\hat{p}$ と書こう）を手がかりとすることができるが，$p$ は一定であるのに対して，$\hat{p}$（$p$ ハットと読む）は上述のように標本変動をする変数であることを注意しなければならない。次ページの図 7.2 は支持者を○，非支持者を×で表わして，母集団から大きさ $n$ の標本が抽出される場合の一例を示している。この図では標本として７人の人が選ばれ，そのうち３人が支持者である場合 $n=7$, $x=3$ が示されている。

　上例における標本比率 $\hat{p}$ のように，母集団の特性値についての推測のために標本から求められるものを，**標本統計量**（sample statistic）あるいは簡単に**統計量**（statistic）という。そこで**統計的推測**（statistical inference）とは，**標本統計量にもとづいて母集団特性値についての推測を行なうことである**という

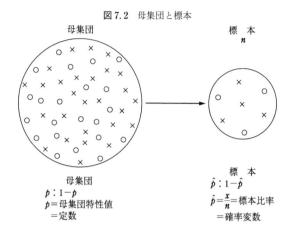

図7.2 母集団と標本

ことができる。ここで重要なのは統計量の標本変動であり，それは標本が無作為標本であるときなんらかの確率法則に従う。いいかえると，統計量は確率変数であり，したがってある確率分布をもっている。この確率分布をその統計量の**標本分布**（sampling distribution）という。すなわち，標本分布とは**標本統計量の確率分布**であるということである。

　いま母集団における内閣支持率が，仮に40％，すなわち $p=0.4$ であるとしよう。この母集団から5人の標本を選んで（$n=5$）支持者の数 $x$ を調べるとすれば，$x$ は 0，1，2，3，4，5 のいずれかの値となり，したがって標本の中の支持者の割合 $\hat{p}=x/5$ は，どのような5人が選ばれるかによって，0，0.2，0.4，0.6，0.8，1 と6通りの異なる値をとりうる（図7.3には $n=5$ の標本を抽出した場合の6通りを例示してある）。これが標本比率 $\hat{p}$ の標本変動である。そして $x$ は $n=5$，$p=0.4$ の二項分布をする確率変数であると考えることができるから（厳密には超幾何分布であるが，母集団がきわめて大きいので二項分布と考えてもよい。159〜160ページを参照），それを用いて $\hat{p}$ の確率分布 $p(\hat{p})$（標本分布）は表7.2のように計算される。

　母集団比率 $p$ の値を標本比率 $\hat{p}$ で推測しようとするとき，当然それは常に正しいというわけにはいかない。しかし表7.2によれば，それが正しい（$\hat{p}=p=0.4$）確率は 0.3456 であることがわかる。また $\hat{p}$ が $p$ の真の値 0.4 からどれくらい外れているか，すなわちどれだけの**誤差**をもち，またその確率がどれくらいあるかということもわかる。これは母集団から標本が無作為に抽出

**図7.3** $x$ あるいは $\hat{p}$ の標本変動

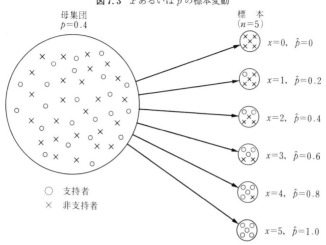

母集団
$p=0.4$

標 本
$(n=5)$

$x=0, \hat{p}=0$

$x=1, \hat{p}=0.2$

$x=2, \hat{p}=0.4$

$x=3, \hat{p}=0.6$

$x=4, \hat{p}=0.8$

$x=5, \hat{p}=1.0$

○ 支持者
× 非支持者

**表7.2** $\hat{p}$ の標本分布

| $\hat{p}$ | 0 | 0.2 | 0.4 | 0.6 | 0.8 | 1.0 |
|---|---|---|---|---|---|---|
| $P(\hat{p})$ | 0.0778 | 0.2592 | 0.3456 | 0.2304 | 0.0768 | 0.0102 |

されていることによるものである。このように無作為抽出を用いることによって**確率モデル**（いまの場合二項分布）を適用することが可能になるのであり，それが無作為標本を用いることの最大のメリットである。

次にもう１つ例をあげよう。表7.3は数多くの大学生の身長の度数分布表（仮設例）であり，図7.4はそれを図示したものである[(注)]。ここでは簡単化のため階級幅を5cmにとり，かつ級の中央値が区切りのよい数になるようにしてある。いまこの母集団から無作為抽出によって何人かの標本を選んで母集団の平均値を推測することを考えると，それは身長の数字を書いたたくさんのチップが表7.3の相対度数割合で入った壺の中から何枚かを目隠しして取り出すようなものである。たとえば図7.5には５枚のチップ（５人の標本）を５回取り出した場合が例示されている。

ここでもまた，母集団の平均値 $\mu$ は一定値（これは母集団の値であるから本当はわかっていないのであるが，ここでは標本分布を説明するために仮に170とし

---

（注）　図7.4の曲線は度数分布の柱状図をなめらかにならしたものであり，それは正規分布を想定している。

図7.4　身長の度数分布（母集団）

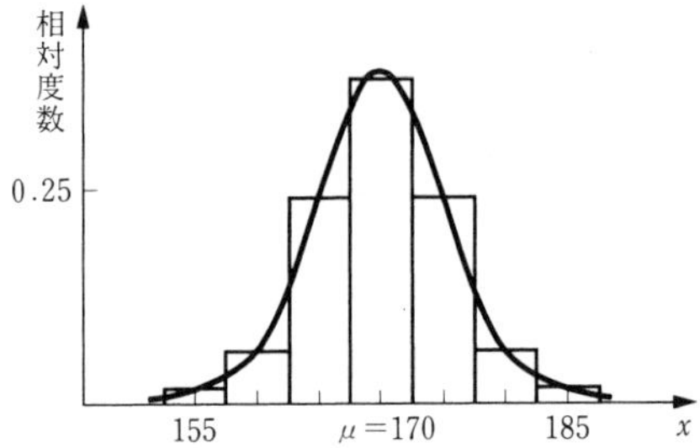

表7.3　身長の相対度数分布

| 階 級 値 $x$ | 相対度数 $P(x)$ |
|---|---|
| 155 cm | 1% |
| 160 | 6 |
| 165 | 24 |
| 170 | 38 |
| 175 | 24 |
| 180 | 6 |
| 185 | 1 |
| | 100 |

図7.5　$\bar{x}$ の標本変動

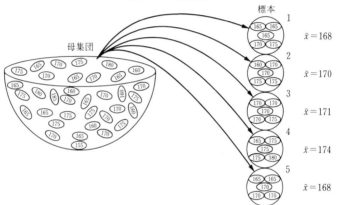

　ている）であるのに対し，標本の平均値 $\bar{x}$ は標本が異なれば異なった値をとる。それは図7.5の標本2の場合のようにたまたま $\bar{x}$ が $\mu$ に一致する場合もあれば，標本1や標本5の場合のように $\bar{x}$ が $\mu$ より小さな値になったり，標本3や標本4の場合のように $\mu$ より大きな値になったりする。すなわち $\bar{x}$ は標本変動をする。

　しかしながら，標本が平均値 $\mu$ の母集団からとられたものである以上，標本平均値 $\bar{x}$ の標本変動は $\mu$ の値とまったく無関係ではありえない。いいかえると，$\bar{x}$ の標本分布は $\mu$ となんらかの関係をもっているはずである。再びいいかえるならば，$\bar{x}$ には $\mu$ についての情報が含まれているはずである。一般に $\mu$ の値は未知であるから，$\mu$ についての推論のために標本から求められた $\bar{x}$ の中に含まれている情報をどのように引き出すかが統計的推測の中心

問題であるということができる。

　いま $\bar{x}$ の標本分布がどのようなものになるかを調べるために，図7.4 の母集団から大きさ5の標本を100回繰り返してとるという実験を行ない，その結果を記録したものが表7.4 である（図7.5 はこのうちのはじめの5回を示したものである）。

▶　この実験は実際には乱数表を用いて次のようにして行なった。まず身長の7つの階級に2桁の乱数を表7.4 の第3欄に示したように割り当てる。これは00から99までの100個の2桁の数を，表7.3 の度数分布に従って割り当てたものである。たとえば身長155 cm には1個の数00が割り当てられているので全体の1%にあたり，160 cm には01から06までの6個の数が割り当てられているので全体の6%にあたる。以下同様にして，165 cm には07から30までの24個の数が，……というように，表7.3 の度数割合に比例して数が割り当てられている。

　ここで乱数表から2桁の乱数を5つ読み取り，上記の割当てからそれぞれの属する階級に度数を記録して第1回の実験が終わる。いま乱数が10, 09, 73, 25, 33 であったとすると，乱数が07〜30 が3個，31〜68 が1個，69〜92 が1個であるから表7.4 の実験1の欄のように記録される。次にまた2桁の乱数を5つ読み取り，それが76, 52, 01, 35, 86 であったとすれば，それは実験2の欄のように記録される。このようにして100回の実験を繰り返した結果について100個の $\bar{x}$ を計算することができる。

　なお，ここでは計算を簡単にするため，$y=(x-170)/5$ によって $x$ を $y$ に1次変換して簡単な数にし，各実験について下の行の $\bar{y}$ を計算してから $\bar{x}=5\bar{y}+170$ によって最下行の $\bar{x}$ を求めている。

　表7.5 は以上の実験から得られた100個の標本平均値の度数分布表であり，図7.6 の実線の柱状図はそれを図示したものである（実線の曲線はそれをなめらかにしたもの）。図7.6 には母集団の分布（図7.4）をも重ねて示してあるが（破線の柱状図とそれをなめらかにした破線の曲線），両者を比べると，$\bar{x}$ の分布は母集団の分布と大体同じ平均値をもつが，標準偏差がおおよそ半分弱になっていることがわかる。このことは後に理論的に確認される（理論的には標準偏差は元の $1/\sqrt{5}$ 倍になる）。

表7.4　標本平均値 $\bar{x}$ の

| $x$ | $y$ | 乱数の割当て | 実 | | | | | | | | | | | | | |
|---|---|---|---|---|---|---|---|---|---|---|---|---|---|---|---|---|
| | | | 1 | 2 | 3 | 4 | 5 | 6 | 7 | 8 | 9 | 10 | 11 | 12 | 13 | 14 |
| 155 | -3 | 00 | | | | | | | | | | 一 | | | | |
| 160 | -2 | 01～06 | | | 一 | | | 一 | | | 丅 | | | 一 | | |
| 165 | -1 | 07～30 | 下 | | | | 丅 | 一 | | 一 | 丅 | 丅 | 一 | 下 | | 一 |
| 170 | 0 | 31～68 | 一 | 丅 | 正 | | 下 | 下 | 下 | 下 | 丅 | 一 | 丅 | 丅 | 一 | 下 |
| 175 | 1 | 69～92 | 一 | 丅 | 一 | 下 | | 一 | | 一 | | 一 | 一 | 一 | | 一 |
| 180 | 2 | 93～98 | | | | | | 一 | | | | 一 | | | | 一 |
| 185 | 3 | 99 | | | | | | | | | | | | | | |
| | | $\bar{y}$ | -2/5 | 0 | 1/5 | 4/5 | -2/5 | -3/5 | 3/5 | 0 | -1 | -4/5 | -1/5 | -1/5 | -2/5 | 1/5 |
| | | $\bar{x}$ | 168 | 170 | 171 | 174 | 168 | 167 | 173 | 170 | 165 | 166 | 169 | 169 | 168 | 171 |

| $x$ | $y$ | 乱数の割当て | 実 | | | | | | | | | | | | | |
|---|---|---|---|---|---|---|---|---|---|---|---|---|---|---|---|---|
| | | | 35 | 36 | 37 | 38 | 39 | 40 | 41 | 42 | 43 | 44 | 45 | 46 | 47 | 48 |
| 155 | -3 | 00 | | | | | | | | | | | | | | |
| 160 | -2 | 01～06 | | 一 | 丅 | | 一 | | | 一 | | | | | 一 | |
| 165 | -1 | 07～30 | 丅 | 一 | | 一 | | 一 | 一 | | | 丅 | 丅 | | 一 | |
| 170 | 0 | 31～68 | 丅 | | 一 | 正 | 下 | 丅 | 正 | 下 | 下 | 一 | 丅 | 下 | 丅 | 丅 |
| 175 | 1 | 69～92 | | 丅 | 一 | | 一 | | 丅 | | 一 | 丅 | 丅 | 一 | 丅 | 下 |
| 180 | 2 | 93～98 | 一 | 一 | | | | | | | | | | 一 | | |
| 185 | 3 | 99 | | | | | | | | | | | | | | |
| | | $\bar{y}$ | 0 | 1/5 | -4/5 | -1/5 | -1/5 | 1/5 | -1/5 | -1/5 | 2/5 | 0 | -1/5 | 2/5 | -1/5 | 3/5 |
| | | $\bar{x}$ | 170 | 171 | 166 | 169 | 169 | 171 | 169 | 169 | 172 | 170 | 169 | 172 | 169 | 173 |

| $x$ | $y$ | 乱数の割当て | 実 | | | | | | | | | | | | | |
|---|---|---|---|---|---|---|---|---|---|---|---|---|---|---|---|---|
| | | | 69 | 70 | 71 | 72 | 73 | 74 | 75 | 76 | 77 | 78 | 79 | 80 | 81 | 82 |
| 155 | -3 | 00 | | | | | | | | | | | | | | |
| 160 | -2 | 01～06 | | | | | | | | | | 一 | 一 | | | 一 |
| 165 | -1 | 07～30 | | 丅 | | | 一 | 一 | 丅 | 一 | 丅 | | | 一 | 一 | |
| 170 | 0 | 31～68 | 下 | 丅 | 下 | 丅 | 一 | 丅 | 丅 | 丅 | 丅 | 一 | | 下 | 下 | 一 |
| 175 | 1 | 69～92 | 一 | 一 | 一 | 下 | 下 | 一 | 一 | 丅 | 一 | 下 | 下 | 一 | 一 | 下 |
| 180 | 2 | 93～98 | 一 | | | | | 一 | | | | | 一 | | | |
| 185 | 3 | 99 | | | 一 | | | | | | | | | | | |
| | | $\bar{y}$ | 3/5 | -1/5 | 4/5 | 3/5 | 2/5 | 2/5 | -1/5 | 1/5 | -1/5 | 1/5 | 3/5 | 0 | 0 | 1/5 |
| | | $\bar{x}$ | 173 | 169 | 174 | 173 | 172 | 172 | 169 | 171 | 169 | 171 | 173 | 170 | 170 | 171 |

$$y = \frac{x-170}{5}, \quad \bar{x} = 5\bar{y}+170, \quad \mu_x = 170, \quad \mu_y = 0$$

標本分布を調べる実験

| | | | | | | | | | 験 | | | | | | | | | | |
|---|---|---|---|---|---|---|---|---|---|---|---|---|---|---|---|---|---|---|---|
| 15 | 16 | 17 | 18 | 19 | 20 | 21 | 22 | 23 | 24 | 25 | 26 | 27 | 28 | 29 | 30 | 31 | 32 | 33 | 34 |
| 丅 | 一 | | | 一 | | | 一 | | 一 | | 一 | | | | | 正 | 一 | | |
| 一 | 丅 | 干 | 丅 | | | 一 | 一 | 一 | 干 | 一 | 丅 | | | 丅 | 一 | 丅 | 丅 | 干 | |
| 丅 | | 丅 | 干 | 干 | 干 | 丅 | 干 | 一 | 丅 | 干 | 干 | 丅 | 丅 | | 一 | 丅 | 丅 | 一 | |
| | 一 | | 一 | 一 | 干 | 丅 | | 一 | | | | 干 | 丅 | 干 | | | | | 正 |
| | 一 | | | 一 | | | 丅 | | | | | | 一 | | | | | | |
| −1 | 0 | −3/5 | −2/5 | 3/5 | −1/5 | 1 | 1/5 | −3/5 | 4/5 | −3/5 | −3/5 | −2/5 | 3/5 | 4/5 | 1/5 | −7/5 | −4/5 | −3/5 | 4/5 |
| 165 | 170 | 167 | 168 | 173 | 169 | 175 | 171 | 167 | 174 | 167 | 167 | 168 | 173 | 174 | 171 | 163 | 166 | 167 | 174 |

| | | | | | | | | | 験 | | | | | | | | | | |
|---|---|---|---|---|---|---|---|---|---|---|---|---|---|---|---|---|---|---|---|
| 49 | 50 | 51 | 52 | 53 | 54 | 55 | 56 | 57 | 58 | 59 | 60 | 61 | 62 | 63 | 64 | 65 | 66 | 67 | 68 |
| 一 | | 一 | | | | | | | 一 | | | | | 一 | 一 | | | | |
| | 一 | 丅 | 丅 | 一 | 一 | 一 | | 一 | | 一 | 一 | 一 | 丅 | 丅 | | | | | |
| 干 | 干 | 丅 | 一 | 一 | 干 | 干 | 干 | 丅 | 干 | 干 | 干 | 丅 | | 丅 | 丅 | 一 | 丅 | 一 | 干 |
| | 一 | 丅 | | | 一 | 干 | 丅 | | | 丅 | 一 | | 干 | 一 | | 丅 | 丅 | 干 | 丅 |
| 一 | | | | | | | 一 | | | | | | | | | | | | |
| 0 | 0 | 1/5 | 0 | −2/5 | 1/5 | 1/5 | 0 | 3/5 | 2/5 | −3/5 | 2/5 | 2/5 | 0 | −2/5 | −4/5 | 0 | 0 | 1/5 | 2/5 |
| 170 | 170 | 171 | 170 | 168 | 171 | 171 | 170 | 173 | 172 | 167 | 172 | 172 | 170 | 168 | 166 | 170 | 170 | 171 | 172 |

| | | | | | | | | 験 | | | | | | | | | |
|---|---|---|---|---|---|---|---|---|---|---|---|---|---|---|---|---|---|
| 83 | 84 | 85 | 86 | 87 | 88 | 89 | 90 | 91 | 92 | 93 | 94 | 95 | 96 | 97 | 98 | 99 | 100 |
| | | | | | 一 | | 一 | | | | 一 | 丅 | | | | | |
| 一 | 丅 | 一 | 丅 | 丅 | 丅 | 一 | 丅 | | 丅 | 一 | 一 | 一 | 干 | | 丅 | 一 | |
| 丅 | 丅 | 正 | 一 | 一 | 丅 | 正 | 丅 | 丅 | 丅 | 丅 | 丅 | 丅 | 一 | 一 | 干 | | 干 |
| 丅 | 一 | | 一 | 丅 | | | 丅 | 一 | 丅 | 丅 | | 一 | 一 | 丅 | 丅 | | |
| | | | 一 | | | 一 | | | | | | | 一 | 一 | | | |
| 1/5 | −1/5 | −1/5 | 1/5 | 0 | −4/5 | −1/5 | 0 | 0 | −1/5 | 1/5 | 1/5 | −1/5 | −4/5 | −2/5 | 2/5 | 2/5 | 1/5 |
| 171 | 169 | 169 | 171 | 170 | 166 | 169 | 170 | 170 | 169 | 171 | 171 | 169 | 166 | 168 | 172 | 172 | 171 |

**表7.5**　100個の標本平均値の度数分布表(実験結果)

| 身　長 | 階級値 $x$ | 度　数 |
|---|---|---|
| cm<br>160～162 | cm<br>161 | 0 |
| 163～165 | 164 | 3 |
| 166～168 | 167 | 21 |
| 169～171 | 170 | 52 |
| 172～174 | 173 | 23 |
| 175～177 | 176 | 1 |
| 178～180 | 179 | 0 |
| 計 | ― | 100 |

（注）　表7.4より。

**図7.6**　100個の標本平均値の度数分布

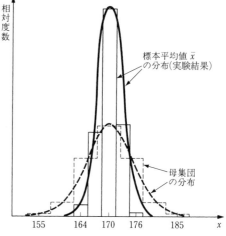

## *7.3* 標本比率 $\hat{p}$ の標本分布

　前節で標本抽出に伴う統計量の確率的変動，すなわち標本分布について，数値例を用いて説明した。次にもっと正確に標本分布を導き出してみよう。まず本節では標本比率 $\hat{p}$ の標本分布を考える。

　内閣支持率の調査の例のように，母集団が $p:1-p$ で A，B 2つのグループに分かれている場合に，それから大きさ $n$ の標本を無作為に抽出するとき，A に属するものの数を $x$ とすれば，$x$ は二項分布に従う確率変数である(注)。したがって $x$ の平均値 $E(x)$ は $np$ であり，分散 $V(x)$ は $np(1-p)=npq$ である。また標本の大きさ $n$ が大であるとき，$x$ の分布は近似的に正規分布である。すなわち，$x$ の分布は近似的に $N(np, npq)$ である（173ページを見よ）。

　そこで標本比率 $\hat{p}=x/n$ の分布については次のことがいえる。まず $\hat{p}$ の期待値 $E(\hat{p})$ は，期待値の性質 (5.7)（130ページ）から

$$E(\hat{p}) = E\left(\frac{x}{n}\right) = \frac{1}{n}E(x) = \frac{1}{n}np = p \tag{7.1}$$

（注）　これは母集団の大きさが無限あるいはきわめて大きい場合であり，有限である場合には，$x$ は超幾何分布に従う確率変数である（158～159ページ参照）。

であり，分散 $V(\hat{p})$ は，分散の性質 (5.14)（132 ページ）から（$a=1/n$ の場合）

$$V(\hat{p}) = V\left(\frac{x}{n}\right) = \frac{1}{n^2}V(x) = \frac{1}{n^2}npq = \frac{pq}{n} \tag{7.2}$$

である。以上をまとめると次のことがいえる。

---

標本比率 $\hat{p}$ の標本分布は，$n$ が大きいとき近似的に正規分布 $N\left(p, \dfrac{pq}{n}\right)$ である。したがって $z = \dfrac{\hat{p}-p}{\sqrt{pq/n}}$ は近似的に標準正規分布 $N(0,1)$ に従う。

---

ここで $n$ がしだいに大きくなると，$\hat{p}$ の分散 $pq/n$ はどんどん小さくなり 0 に近づくことがわかる。$\hat{p}$ の平均は $p$ であるから，これは $n$ が大きくなるとき $\hat{p}$ はいくらでも $p$ に近くなる（確率的に $p$ の近くに集中する）ことを意味する。たとえば，野球の打者の打率は打数が多くなればその打者の真の実力にどんどん近くなるということである。このようなことを**大数の法則**（law of large numbers）という。

【例 7.1】 プロ野球における規定打数の例。K 投手は打撃力もある選手といわれている。その証拠に今シーズンは現在までに 4 割 3 分 8 厘の打率（16 打数 7 安打）をあげている。しかし打数が不足（規定打数に達していない）ということでベスト・テンに顔を出していない。おそらくそのことをふつうの人は不思議に思わないし，打数が足りないから当然のように思っているであろう。打数が少なければ，実際は打撃力の低い選手がたまたま高打率を記録することもありうるからだということまでは考えているかもしれない。規定打数があるのはそのためであるが，しかし打数が少ない場合に打率が真の打撃力からどれほど違ったものになる可能性があるかは，標本分布の知識によらなければならない。実際，K 投手の場合について計算してみると，彼の真の打撃力が 2 割 5 分しかないとしても，16 打数で 7 本以上ヒットを打てる可能性は約 8% もあるのである。

## *7.4* 標本平均値 $\bar{x}$ の標本分布 —— 平均値と分散

*7.2* 節で大学生の身長の例について標本平均値 $\bar{x}$ の標本変動を実験例を用いて説明した。それによると，$\bar{x}$ の平均値は母集団の平均値 $\mu$ にほぼ等しく，標準偏差は母集団の標本偏差 $\sigma$ より小さくなるのではないかということ

がわかった。そこで以上の結果を正確に計算で導き出してみよう。

まず $\bar{x}$ の平均値 $E(\bar{x})$ は,

$$E(\bar{x}) = E\left[\frac{1}{n}(x_1+x_2+\cdots+x_n)\right] = \frac{1}{n}E(x_1+x_2+\cdots+x_n)$$

$$= \frac{1}{n}\left[E(x_1)+E(x_2)+\cdots+E(x_n)\right]$$

ここで $x_1$, $x_2$, $\cdots$, $x_n$ は全部同じ母集団からの標本であるから,$E(x_1)=E(x_2)=\cdots=E(x_n)=\mu$ である。したがって上式の最後の [　] 内は $n\mu$ であり,

$$E(\bar{x}) = \mu \tag{7.3}$$

次に $\bar{x}$ の分散 $V(\bar{x})$ を求めると,

$$V(\bar{x}) = V\left[\frac{1}{n}(x_1+x_2+\cdots+x_n)\right] = \frac{1}{n^2}V(x_1+x_2+\cdots+x_n)$$

しかるに $x_1$, $x_2$, $\cdots$, $x_n$ は無作為標本であるから互いに独立であり,したがって和の分散はそれぞれの分散の和に等しい（139 ページの式 (5.48) についての説明を見よ）。

$$V(x_1+x_2+\cdots+x_n) = V(x_1)+V(x_2)+\cdots+V(x_n)$$

$x_1$, $x_2$, $\cdots$, $x_n$ は同一母集団からの標本であるから,$V(x_1)=V(x_2)=\cdots=V(x_n)=\sigma^2$ である。したがって,

$$V(\bar{x}) = \frac{1}{n^2}n\sigma^2 = \frac{\sigma^2}{n} \tag{7.4}$$

である。以上から次のことがわかる。

> 平均値 $\mu$, 分散 $\sigma^2$ の母集団からとられた大きさ $n$ の標本の平均値 $\bar{x}$ の期待値は $\mu$, 分散は $\sigma^2/n$ である。したがって $\bar{x}$ の分散は標本数 $n$ に反比例し,標準偏差は $\sqrt{n}$ に反比例する。

とくに $\bar{x}$ の分散について次のように考えればよく理解できるであろう。まず $\bar{x}$ の分散は母集団の分散 $\sigma^2$ が小さければ小さいほど,すなわち母集団が同質的であるほど小さい。身長の例で考えれば,母集団の中の人たちの身長が似たようなものでみな $\mu$ に近い値であれば（$\sigma^2$ が小さい）,標本に選ばれる人たちの身長もほぼ同じようなものであり,したがってその平均値 $\bar{x}$ も $\mu$

に近い値となるであろう。すなわち $\bar{x}$ の分散は小さい。しかし母集団の中の人たちの身長がまちまちであれば（$\sigma^2$ が大きい），標本に選ばれた人たちの中にたまたま平均値 $\mu$ よりもかなり大きい人が多かったり，あるいは小さい人が多かったりすることがあり，したがって，その平均値 $\bar{x}$ が $\mu$ よりかなり大きかったり小さかったりするであろう。すなわち $\bar{x}$ の分散は大きい。

　次に，$\bar{x}$ の分散は標本の大きさ $n$ が大きいほど小である。身長の例でいえば，標本に選ばれる人数が少なければ，選ばれた人たちがたまたまみな大きい人ばかりだったり，逆に小さい人ばかりであったりする可能性があり，$\bar{x}$ は大きくなったり小さくなったりして，その分散は大きくなる。しかし選ばれる人数が多くなれば，大きい人や小さい人が混じって選ばれるという可能性が高くなり，たまたま大きい人ばかりあるいは小さい人ばかり選ばれて，$\bar{x}$ が $\mu$ から大きくはずれる可能性は小さくなる。すなわち $\bar{x}$ の分散は小さくなる。これは人数が多くなればなるほどそうである。

## 7.5　$\bar{x}$ の標本分布 —— 中心極限定理

　**7.4** 節では $\bar{x}$ の平均値と分散とが求められた。しかし $\bar{x}$ の分布の形はどうなるかについては述べなかった。そこで次にそれを考えてみよう。

　$\bar{x}$ の分布の形はもちろん標本がとられる母集団の分布の形に依存する。まず母集団の分布が正規分布であるときは $\bar{x}$ の分布も正規分布である。このことは，いくつかの独立な確率変数のそれぞれが正規分布に従うとき，それらの変数の任意の1次結合（1次式）はやはり正規分布に従うということから導かれる[(注)]。

$$\bar{x} = \frac{1}{n}\sum x_i = \frac{1}{n}x_1 + \frac{1}{n}x_2 + \cdots + \frac{1}{n}x_n$$

であり，これは $x_1,\ x_2,\ \cdots,\ x_n$ の1次結合だからである。そして前節での結果の式 (7.3) および (7.4) を使うと，次のようにまとめていうことができる。

---

　（注）　たとえば，2つの独立な確率変数 $x_1$ および $x_2$ が，それぞれ $N(\mu_1, \sigma_1{}^2)$ および $N(\mu_2, \sigma_2{}^2)$ に従うとき，1次結合 $a_1 x_1 + a_2 x_2$（$a_1$ および $a_2$ は定数）は $N(a_1\mu_1 + a_2\mu_2, a_1{}^2\sigma_1{}^2 + a_2{}^2\sigma_2{}^2)$ に従う。

> 　母集団の分布が正規分布 $N(\mu, \sigma^2)$ であるとき，そこからとられた大きさ $n$ の無作為標本 $x_1, x_2, \cdots, x_n$ の平均値 $\bar{x}$ の標本分布は正規分布 $N(\mu, \sigma^2/n)$ である。したがって，
>
> $$z = \frac{\bar{x} - \mu}{\sigma/\sqrt{n}} \tag{7.5}$$
>
> の分布は標準正規分布 $N(0, 1)$ である。

　次に，母集団の分布が正規分布でない場合はどうであろうか。具体的な数値例で見てみよう。簡単な例として，まず母集団の分布が表 7.6 のような一様分布である場合を考えてみよう。

　いまこの母集団から大きさ $n=2$ の標本をとって平均値 $\bar{x}$ を求めると，$\bar{x}$ のとりうる値は 1.0（標本が 1 と 1 の場合），1.5（1 と 2 あるいは 2 と 1 の場合），2.0（1 と 3，2 と 2，3 と 1 の場合），2.5（2 と 3，3 と 2 の場合），3.0（3 と 3 の場合）であり，その確率分布は表 7.7 のようになる。これは三角分布であり，明らかに正規分布ではない。

**表 7.6**　一様分布（図 7.7 の母集団）

| $x$ | 1 | 2 | 3 | 計 |
|---|---|---|---|---|
| $P(x)$ | $\frac{1}{3}$ | $\frac{1}{3}$ | $\frac{1}{3}$ | 1 |

**表 7.7**　$\bar{x}$ の確率分布（表 7.6 の母集団，$n=2$）

| $\bar{x}$ | 1.0 | 1.5 | 2.0 | 2.5 | 3.0 | 計 |
|---|---|---|---|---|---|---|
| $P(\bar{x})$ | $\frac{1}{9}$ | $\frac{2}{9}$ | $\frac{3}{9}$ | $\frac{2}{9}$ | $\frac{1}{9}$ | 1 |

　しかしながら母集団の分布にくらべると正規分布の形に一歩近づいているといえる。実際，標本の数 $n$ をだんだん大きくしていくとき，$\bar{x}$ の分布の形はしだいに正規分布のような形になっていくことがわかる。図 7.7 はこの母集団からの標本平均値の分布が，$n=2, 3, 5, 10, 20$ と $n$ が大きくなるに従って正規分布の形に近づいていく様子を示したものである。

　次に図 7.8 および図 7.9 には，母集団の分布がさらに異なる 2 つの場合（表 7.8 の対称な二項分布と表 7.9 の非対称分布）について，**標本数 $n$ が大きくなるに従って $\bar{x}$ の分布が正規分布に近づいていく様子**が示されている。図

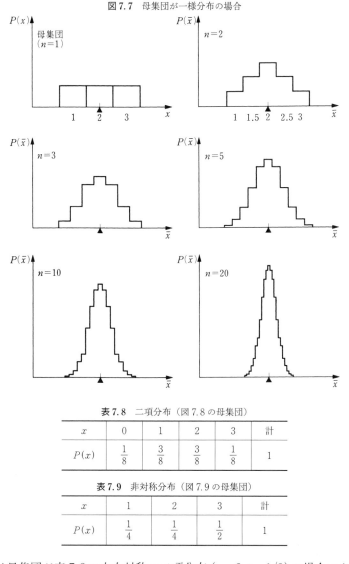

図 7.7 母集団が一様分布の場合

表 7.8 二項分布（図 7.8 の母集団）

| $x$ | 0 | 1 | 2 | 3 | 計 |
|---|---|---|---|---|---|
| $P(x)$ | $\frac{1}{8}$ | $\frac{3}{8}$ | $\frac{3}{8}$ | $\frac{1}{8}$ | 1 |

表 7.9 非対称分布（図 7.9 の母集団）

| $x$ | 1 | 2 | 3 | 計 |
|---|---|---|---|---|
| $P(x)$ | $\frac{1}{4}$ | $\frac{1}{4}$ | $\frac{1}{2}$ | 1 |

7.8 は母集団が表 7.8 の左右対称の二項分布（$n=3, p=1/2$）の場合であり，$n$ が大きくなるとき対称の分布のままで正規分布に近づいていく．とくに注目されるのは図 7.9 の場合で，ここでは母集団の分布が非対称（表 7.9）であるにもかかわらず，$n$ が大きくなるに従ってだんだん非対称の度合いが小さ

図7.8 母集団が二項分布 ${}_3C_x\left(\dfrac{1}{2}\right)^x\left(\dfrac{1}{2}\right)^{3-x}$ （表7.8）の場合

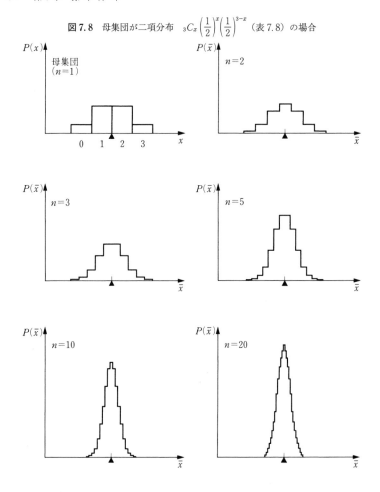

くなり，$n=20$ になると $\bar{x}$ の分布は対称なものとほとんど見分けがつかなくなっている。

　以上のような正規分布への接近は，次のような**中心極限定理**（central limit theorem）として述べることができ，これは正規分布が広く多くの場合に適用可能性をもっていることの根拠となっている。

〈中心極限定理〉　分布がどのようなものであっても，平均値 $\mu$，分散 $\sigma^2$
　　をもつ母集団からとられた大きさ $n$ の標本の平均値 $\bar{x}$ の分布は，$n$

図7.9 母集団が非対称分布（表7.9）の場合

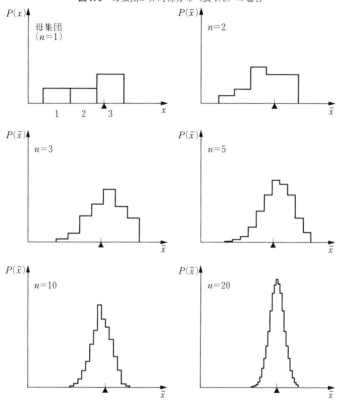

が大となるとき正規分布 $N(\mu, \sigma^2/n)$ に近づく。

したがって，

$$z = \frac{\bar{x} - \mu}{\sigma/\sqrt{n}}$$

の分布は，$n$ が大となるとき標準正規分布 $N(0,1)$ に近づく。

## 7.6 t 分 布

### 7.6.1 標準正規分布（z）から t 分布（t）へ

前節まででは，$\bar{x}$ の標本分布について考え，

$$z = \frac{\bar{x} - \mu}{\sigma / \sqrt{n}} \qquad (7.6)$$

という統計量が，母集団が正規分布をする場合には標本数 $n$ の大きさのいかんにかかわらず，そうでない場合には $n$ が大きくなるとき近似的に，標準正規分布に従うことを説明した。式 (7.6) は $\sigma$ の一定の値に対しては $\bar{x}$ と $\mu$ の間の関係を表わしているものと考えられるから，いま $\sigma$ の値が既知のものである場合には，上述のことを利用して $\bar{x}$ から $\mu$ について次のような推論を行なうことができる。この推論については詳しくは次の第8章以後に譲るが，ここでは標本分布として非常に広く用いられる $t$ 分布をよく理解するために導入的な説明をしておく。

たとえば，$N(0,1)$ に従う変数が $-1.96$ と $+1.96$ の間の値をとる確率は 95% であるから（168ページ表6.4を見よ），

$$P_r\left\{-1.96 < \frac{\bar{x} - \mu}{\sigma / \sqrt{n}} < 1.96\right\} = 0.95 \qquad (7.7)$$

と書くことができる。そこでこの左辺のカッコの中を書き直せば，

$$P_r\left\{\bar{x} - 1.96\frac{\sigma}{\sqrt{n}} < \mu < \bar{x} + 1.96\frac{\sigma}{\sqrt{n}}\right\} = 0.95 \qquad (7.8)$$

となる。この式 (7.8) は，未知の母集団平均値 $\mu$ の値が，

$$\left(\bar{x} - 1.96\frac{\sigma}{\sqrt{n}}, \ \bar{x} + 1.96\frac{\sigma}{\sqrt{n}}\right) \qquad (7.9)$$

という区間にあることが 95% 確実であると推論できる（区間推定，詳しくは次章参照）ということを表わしている。

以上では $\sigma$ の値は既知であるとしたのであるから，標本平均値 $\bar{x}$ から区間 (7.9) を数値的に計算することができるのであるが，しかし $\mu$ の値が未知であるのに $\sigma$ の値が既知であるということは実際にはほとんどないといっても良い。もし $\sigma$ が未知であるとすれば，$\sigma$ を含んでいる区間 (7.9) は数値的に計算はできない。

そこで考えられることは，$\sigma$ の代わりにその推定値を用いることである。その推定値は標本から計算されることになるが，ここで問題はその推定値としてどのようなものを使えばよいかということである。

まず常識的に考えれば，第1章で定義した分散

$$s^2 = \frac{1}{n} \sum_{i=1}^{n} (x_i - \overline{x})^2 \tag{7.10}$$

を使い（25 ページの（1.30）の再掲），その平方根の $s$ を $\sigma$ の推定値とすればよいと考えられる。しかしその常識的な考えは適当ではないのである。適当なものは，$s^2$ ではなく，$s^2$ における $n$ の代わりに $n-1$ を使った次の式

$$\hat{\sigma}^2 = \frac{1}{n-1} \sum_{i=1}^{n} (x_i - \overline{x})^2 \tag{7.11}$$

で定義される $\hat{\sigma}^2$ の平方根 $\hat{\sigma}$ である（ここで $\hat{\sigma}$ は帽子をかぶった $\sigma$ の意味でシグマ・ハットと読む）。この $\hat{\sigma}^2$ は**標本分散**，$\hat{\sigma}$ は**標本標準偏差**と呼ばれる。そこで式（7.6）で $\sigma$ の代わりに $\hat{\sigma}$ を用い，$z$ の代わりに $t$ と書き，

$$t = \frac{\overline{x} - \mu}{\hat{\sigma}/\sqrt{n}} \tag{7.12}$$

が用いられる。この $t$ は自由度 $n-1$（説明は 204 ページ）の **$t$ 分布**（t-distribution）という確率分布に従うことが知られている[注]。

$s^2$ も $\hat{\sigma}^2$ もデータ $x$ の平均値 $\overline{x}$ からの偏差の 2 乗の $n$ 個の和を分子としているのであるから，和の個数 $n$ で割った $s^2$ の方が偏差の 2 乗の平均という意味での分散としては常識的にわかりやすいと考えられるが，そうでなく $n-1$ で割った $\hat{\sigma}^2$ の方がよいというわけである。なぜか。それはきわめて重要なことであるから以下に詳しく説明する。

### 7.6.2 なぜ $n$ ではなく $n-1$ で割るのか

分散は平均値からの偏差の 2 乗の平均であるから，もし母集団の平均値 $\mu$ がわかっていれば，$n$ 個のデータ $x_1, x_2, \cdots, x_n$ の $\mu$ からの偏差の 2 乗の和を $n$ で割った，

$$\overline{\sigma}^2 = \frac{1}{n} \sum_{i=1}^{n} (x_i - \mu)^2 \tag{7.13}$$

によってその推定値を計算すればよいと考えられる。しかし $\mu$ がわからないため $\mu$ の代わりに $\overline{x}$ を用いた式（7.10）の $s^2$ を式（7.13）の $\overline{\sigma}^2$ と比較してみると，両者の違いは，データから計算した標本平均値 $\overline{x}$ からの偏差をとる

---

（注） この分布を最初に導き出したのはイギリス人 W. S. Gosset であるが，彼はその論文において Student というペンネームを用いたため，$t$ 分布は**スチューデントの $t$ 分布**とも呼ばれる。

かあるいは母集団の平均値 $\mu$ からの偏差をとるかという点にある。

　ところで，第1章（18ページ）で説明したように，任意の定数 $a$ からの偏差の2乗和 $\sum_{i=1}^{n}(x_i-a)^2$ は，$a=\bar{x}$ としたときに最も小さくなる（式（1.19））。したがって $a=\mu$ としたとき不等式

$$\sum_{i=1}^{n}(x_i-\bar{x})^2 \leq \sum_{i=1}^{n}(x_i-\mu)^2 \tag{7.14}$$

が成り立ち，ゆえに両辺を $n$ で割れば，

$$s^2 \leq \bar{\sigma}^2 \tag{7.15}$$

が成り立つ。一般的には，真の母集団平均値が使えればそれを使った $\bar{\sigma}^2$ の方が，母集団分散 $\sigma^2$ に近い推定値になるはずである。だとすれば，式（7.15）は，**$s^2$ は真の母集団分散を過小に推定する傾向がある**（$s^2$ は $\sigma^2$ の推定値としては小さすぎる）ことを示している。そこで，$s^2$ におけるように $\sum(x_i-\bar{x})^2$ を $n$ で割らずに，$n$ より小さい $n-1$ で割って過小推定を修正してやろうというのが $\hat{\sigma}^2$ である。

　なお，$n$ より小さい数はもちろん $n-1$ 以外にもあるのになぜ $n-1$ でなければいけないかということが疑問になる。それは $n-1$ で割るとき過小推定がちょうど適当に修正されることが以下のように証明されるからである。

$$\blacktriangleright \quad \sum_i(x_i-\mu)^2 = \sum_i(x_i-\bar{x}+\bar{x}-\mu)^2$$
$$= \sum_i(x_i-\bar{x})^2+\sum_i(\bar{x}-\mu)^2+\sum_i 2(x_i-\bar{x})(\bar{x}-\mu)$$

ここで第2項は $n(\bar{x}-\mu)^2$ であり，第3項は $2(\bar{x}-\mu)\sum_i(x_i-\bar{x})=0$（算術平均の第二の性質，17ページ，式（1.18））であるから，上式の両辺の期待値を考えれば，

$$E[\sum_i(x_i-\mu)^2] = E[\sum_i(x_i-\bar{x})^2]+nE(\bar{x}-\mu)^2$$

となる。和の期待値は期待値の和であることに注意して，左辺は $n\sigma^2$，右辺第2項内の期待値は $\bar{x}$ の分散で $\sigma^2/n$ であるから，第2項は $n\times\sigma^2/n=\sigma^2$ であり，したがって上式は，

$$n\sigma^2 = E[\sum_i(x_i-\bar{x})^2]+\sigma^2$$

となる。これから

$$E[\sum_i(x_i-\bar{x})^2] = n\sigma^2-\sigma^2 = (n-1)\sigma^2 \tag{7.16}$$

が得られる。この式の左辺の期待値括弧内は式 (7.11) から $(n-1)\hat{\sigma}^2$ であるから

$$E[(n-1)\hat{\sigma}^2] = (n-1)E(\hat{\sigma}^2) = (n-1)\sigma^2$$

である。したがって,

$$E(\hat{\sigma}^2) = \sigma^2 \tag{7.17}$$

であり, $\hat{\sigma}^2$ は平均的にちょうど $\sigma^2$ になること, そして $s^2 = \dfrac{n-1}{n}\hat{\sigma}^2$ であるから,

$$E(s^2) = E\left(\frac{n-1}{n}\hat{\sigma}^2\right) = \frac{n-1}{n}\sigma^2 \tag{7.18}$$

これは $s^2$ が $\sigma^2$ を平均的に過小に推定する傾向があることを表わしている (もっと簡単な証明法としては $\chi^2$ 分布という分布の知識を使ったものが 208～209 ページにある)。

### 7.6.3　*t* 分布の性質 (自由度とは何か)

以上の知識を基礎に **t 分布の性質**について重要なポイントをまとめておこう。

まず第 1 に, *t* 分布は標準正規分布のようにただ 1 つではなく, 標本数 $n$ の違いによって違ったものになる。その $n$ から 1 を引いた $n-1$ を *t* 分布の自由度といい, それが *t* 分布の唯一のパラメータである。

第 2 に, *t* 分布の形は自由度は違ってもすべて 0 を中心として左右対称であり (したがって **t 分布の平均値は 0 である**), 一見したところ標準正規分布とよく似たベル型である。しかし両者を詳しく比較すると, 次のような相違点のあることがわかる。標準正規分布にくらべて *t* 分布の方が分布の頂点は低い。両者とも曲線の下の面積は 1 であるから, したがって**標準正規分布よりも t 分布の方がスソ野を長くひく**ことになる。このような両者の相違は, $n$ が小さければ小さいほど顕著である。そして $n$ が大きくなると両者の相違はしだいに小さくなり, **$n$ が無限大になると, t 分布は標準正規分布に一致する** (図 7.10 を見よ)。このことは, *t* 分布の分散 (標準偏差) は標準正規分布の 1 より大きく, $n$ が大きくなるほど小さくなって 1 に近づくということを意味している。実際, **t 分布の分散は $n/(n-2)$ である** (ただし $n>2$)。

このような 2 つの分布の違いは, 式 (7.6) と式 (7.12) とを比較してみれ

図7.10　$t$　分　布

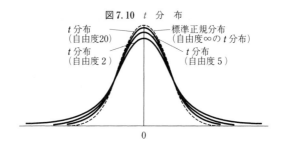

ば理解できるであろう。式（7.6）においては，**$z$ の標本変動は分子の $\bar{x}$ の標本変動によるだけである**（$\bar{x}$ だけが確率変数で，それ以外は全部定数）。これに対して式（7.12）においては，**$t$ の標本変動は分子の $\bar{x}$ だけでなく，分母の $\hat{\sigma}$ の標本変動によってもひきおこされる**（$\bar{x}$ だけでなく $\hat{\sigma}$ も確率変数）。いいかえると，$t$ においては分子・分母ともに確率変数なのである。したがって，$z$ よりも $t$ の方が標本変動がより大きく，そこで $t$ 分布の方がスソ野を長くひくと考えられるのである。また，$\hat{\sigma}$ は $n$ が小さいほど標本変動が大きく，したがって $t$ の標本変動も大きく，標準正規分布との差が大きくなる。それに対して，$n$ が十分に大きければ $\hat{\sigma}$ は $\sigma$ に近い値になると考えてもよいであろうから，$n$ が大きくなるに従って $t$ の分布は標準正規分布に近づくはずである。

　$t$ 分布について第3に指摘しておかなければならない重要なことは，その分布の形は標本の大きさ $n$ だけに依存し，未知の母集団パラメータ（$\mu$ および $\sigma$）には一切依存しないことである。ここで $n-1$ を $t$ 分布の**自由度**（degrees of freedom，d. f. と略記する）という。$t$ 分布の形は自由度さえ与えれば一意的に決まる。いいかえると，$t$ 分布は自由度というただ1つのパラメータをもつ。$n-1$ を自由度というのは，式（7.11）で $\hat{\sigma}$ を求めるときに，$n$ 個のものの和を，$n$ でなく $n-1$ で割っていることに関係がある。

　以上説明したようにして，$\bar{x}$ の標本分布から導き出される標準正規分布をする変数 $z$（式（7.6））において，$\sigma$ が未知の場合，そのかわりに $\hat{\sigma}$ を用いた式（7.12）で定義される変数 $t$ の確率分布は自由度 $n-1$ の $t$ 分布と呼ばれる。ここで重要な言葉は自由度という言葉であり，それは $\hat{\sigma}$ の計算に用いられているものである。以下その意味について説明しておこう。

　（7.11）で $\hat{\sigma}^2$ を計算するための平方和 $\sum_{i=1}^{n}(x_i-\bar{x})^2$ は $n$ 個の標本平均から

の偏差 $x_i-\overline{x}$ $(i=1, 2, \cdots, n)$ を含むものであるが，これらの $n$ 個の偏差は合計すると必ず 0 になる。すなわち，

$$\sum_{i=1}^{n} (x_i-\overline{x}) \equiv 0 \tag{7.19}$$

である（第 1 章，17 ページの式 (1.18) の再掲）。したがって $n$ 個の偏差 $x_1-\overline{x}$, $x_2-\overline{x}$, $\cdots$, $x_n-\overline{x}$ のすべてがどんな値でも自由にとれるわけではない。それらのうち $(n-1)$ 個は自由に決められるが，残りの 1 個は合計が 0 ということから自動的に決まってしまう。たとえば，合計が 0 になるような数字を自由に 3 個いってみよといわれたとき，はじめの 2 個はどんな数字でも自由にいえるが，3 個目は合計 0 ということから自由にはいえない。そこで自由度は 3－1＝2 であるという。一般に，合計が 0 である **$n$ 個の偏差 $x_i-\overline{x}$ ($i=1, 2, \cdots, n$) の自由度は $n-1$ である**という。したがって標本分散は，**標本平均からの $n$ 個の偏差の 2 乗和を自由度 $n-1$ で割ったものである**ということができる。

　$t$ 分布についてあと 1 つ注釈を加えておこう。前述したように，$t$ 分布の方が標準正規分布よりもスソ野を長くひいているのであるから，**分布の中央にある一定の確率を含むような区間の幅は $t$ 分布の方が広くなる**。たとえば中央に 95% の確率を含む区間は，標準正規分布の場合には $(-1.96, +1.96)$ であったが，$t$ 分布の場合にはそれより広い区間になる。そして $n$ あるいは自由度が小さいほどその区間は広くなる。図 7.11 には具体的に，$n＝3$（自由度 ＝2）と $n＝21$（自由度 20）の 2 つの場合について，中央に 95% の確率を含む区間を示してあるが，自由度が 2 の場合にはその区間は $(-4.30, +4.30)$ であり，自由度が 20 の場合には $(-2.09, +-2.09)$ である。自由度が大となるに従って，この区間は標準正規分布の場合の $(-1.96, +1.96)$ に近づいて自由度が $\infty$ になるとそれに完全に一致する。

　$t$ 分布を用いれば，母集団標準偏差 $\sigma$ の値がわからない場合でも母集団平均値 $\mu$ についての推論を行なうことができる。たとえば自由度 $n-1$ の $t$ 分布において中央に 95% の確率を含む区間（両端に 2.5% ずつ残す区間）を

$$(-t_{0.025}(n-1), t_{0.025}(n-1)) \tag{7.20}$$

と書けば，

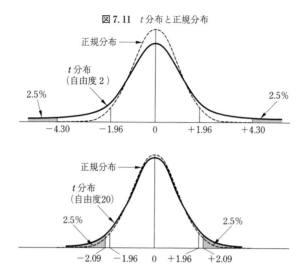

図 7.11　$t$ 分布と正規分布

$$P_r\left\{-t_{0.025}(n-1) < \frac{\bar{x}-\mu}{\hat{\sigma}/\sqrt{n}} < t_{0.025}(n-1)\right\} = 0.95 \qquad (7.21)$$

であるから,

$$P_r\left\{\bar{x}-t_{0.025}(n-1)\frac{\hat{\sigma}}{\sqrt{n}} < \mu < \bar{x}+t_{0.025}(n-1)\frac{\hat{\sigma}}{\sqrt{n}}\right\} = 0.95$$

$$(7.22)$$

が得られる。これを式（7.8）とくらべると，$t_{0.025}(n-1) > 1.96$ であるから，$\sigma$ がわかっているために標準正規分布が使える場合との相違がよくわかるであろう。

このような相違は，$\sigma$ がわかっていて標準正規分布が使える場合にくらべて，$t$ 分布の場合には $\sigma$ がわかっていないという不利な条件があるのであるから，それだけ統計的推論の精度が悪くなるという当然のことを表わしているのである。$\hat{\sigma}$ を $\sigma$ の推定値として同等のものと考えると，式（7.9）より式（7.22）の方が，同じ 95% の確率で真の平均値を含む区間の幅としてより広いものを考えなければならない。そしてこの幅は自由度 $n-1$（したがって標本データ数 $n$）が小さいほど広くとらなければならないのである。

## ▶ *7.7*　標本分散の標本分布と $\chi^2$ 分布

　これまでは，母集団の平均値 $\mu$ についての統計的推論に用いられる標本平均値 $\bar{x}$ に関係する標本分布について考えてきた。そこで次に母集団の分散 $\sigma^2$ についての推論に関係する標本分布について述べよう。

　$\sigma^2$ の推定のために用いられる標本分散 $\hat{\sigma}^2$ は，

$$\hat{\sigma}^2 = \frac{1}{n-1} \sum_{i=1}^{n} (x_i - \bar{x})^2 \tag{7.23}$$

で定義されることはすでに述べた。この $\hat{\sigma}^2$ は平均的には（期待値は）母集団の分散 $\sigma^2$ に等しくなる（式 (7.17)）が，当然標本によってその値は変動し，$\sigma^2$ より大きくなったり小さくなったりする。そこで

$$C^2 = \frac{\hat{\sigma}^2}{\sigma^2} \tag{7.24}$$

という比率を考えると，これは平均的には 1 という値になるが，標本によって 1 より大きかったり小さかったりする。それでは $C^2$ は 1 のまわりにどのように分布するであろうか。

　この $C^2$ は**修正カイ 2 乗**（$\chi^2$）（adjusted chi-square distribution）と呼ばれ，その分布は図 7.12 に示したようになる[(注)]。この分布の形は $t$ 分布の場合と同じく自由度と呼ばれるパラメータ（いまの場合 $n-1$）によって異なる。図 7.

**図 7.12**　修正 $\chi^2$ 分布

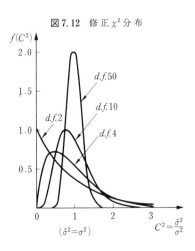

12 はいくつかの自由度（d.f.）について修正 $\chi^2$ 分布を図に示したものである。

$C^2$ の分子も分母もともに正（分子は非負）であるから，$C^2$ は常に正（非負）である。そして標本数 $n$ が小さいときには分布の右の方にスソを長くひく非対称形であるが，$n$ が大きくなると非対称度はだんだん小さくなっていき，ついには正規分布に近くなっていく。$\hat{\sigma}^2$ は平均的には $\sigma^2$ に等しいから，図 7.12 の分布は自由度（d.f.）の値がいくつであってもすべて平均値が 1 である。そして $n$ が大きくなるに従って 1 のまわりに集中する度合いが大きくなっていく。このことは，$n$ が大きくなるに従って $\hat{\sigma}^2$ が $\sigma^2$ の推定値としてだんだん正確さを増していくことを意味している。

ところで，一般的には $C^2$ よりも次の $\chi^2$ 分布が用いられることが多い。式 (7.24) の $C^2$ に対して

$$\chi^2 = (n-1)C^2 = \frac{(n-1)\hat{\sigma}^2}{\sigma^2} \tag{7.25}$$

の分布を自由度が $n-1$ の **$\chi^2$ 分布**という。$C^2$ と $\chi^2$ の関係は以上のように単純なものであり，互いに簡単に変換できる。$C^2$ の長所は，自由度のいかんにかかわらず，それが 1 を平均値として分布していることであり，$C^2$ の方が意味がわかりやすいであろう。

しかし，統計数理的には $\chi^2$ の方が基本であるので，次に $\chi^2$ について一般的な説明を加えておこう。

母集団が正規分布 $N(\mu, \sigma^2)$ をするとき，それからの $n$ 個の標本値を $x_1$, $x_2$, $\cdots$, $x_n$ とすれば

$$\chi^2 = \sum_{i=1}^{n}\left(\frac{x_i - \mu}{\sigma}\right)^2 \tag{7.26}$$

は自由度 $n$ の $\chi^2$ 分布をする。これは**標準正規分布 $N(0, 1)$ からの $n$ 個の独立な標本値の平方和は自由度 $n$ の $\chi^2$ 分布をする**といいかえることもできる。

図 7.13 はいくつかの自由度について $\chi^2$ 分布の形を図示したものである。

また式 (7.26) で $\mu$ の代わりに $\bar{x}$ を用いたもの

---

（注）　$\chi^2$ はカイ 2 乗と読むが，ギリシャ文字 $\chi$ の 2 乗ということではなく，$\chi^2$ という 1 つの記号である。$C^2$ についても同様である。なお母集団の分布は正規分布であると仮定する。

図 7.13　$\chi^2$ 分布

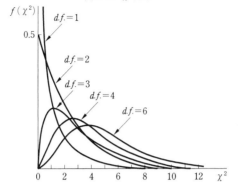

$$\chi^2 = \sum_{i=1}^{n}\left(\frac{x_i-\overline{x}}{\sigma}\right)^2 = \frac{(n-1)\hat{\sigma}^2}{\sigma^2} \tag{7.27}$$

は自由度が 1 だけ減り，$n-1$ の $\chi^2$ 分布をする。自由度が 1 減ることは，$t$ 分布の場合と同様であり，式 (7.27) の中の $n$ 個の偏差 $(x_i-\overline{x})$ の自由度が $n-1$ であるからである。

　$\chi^2$ 分布の重要な性質として，**自由度 $n$ の $\chi^2$ 分布の平均値はその自由度 $n$ に等しく，分散は自由度の 2 倍 $2n$ に等しい**，ということがある。したがって，式 (7.27) の $\chi^2$ の自由度は $n-1$ であることから

$$E(\chi^2) = E\left[\frac{(n-1)\hat{\sigma}^2}{\sigma^2}\right] = \frac{(n-1)}{\sigma^2}E(\hat{\sigma}^2) = n-1$$

により

$$E(\hat{\sigma}^2) = \sigma^2 \tag{7.28}$$

が導かれる。これは 203 ページの式 (7.17) のもう 1 つの簡単な証明法である。

　なお，**$\chi^2$ 分布と $t$ 分布**との間には次の式 (7.29) のような関係がある。自由度 $n$ の $t$ 分布 $t(n)$ は，分子が標準正規分布をする変数，分母が自由度 $n$ の $\chi^2$ 変数を自由度で割ったものの平方根，すなわち

$$t(n) = \frac{N(0,1)}{\sqrt{\chi^2(n)/n}} \tag{7.29}$$

である。ここで分子と分母は独立という仮定がある。そこで前出の式 (7.12) は，式 (7.5) および式 (7.27) を用い，式 (7.29) で $n$ を $n-1$ として，

$$t = \frac{\overline{x}-\mu}{\sigma/\sqrt{n}} \Bigg/ \sqrt{\sum_{i=1}^{n}\left(\frac{x_i-\overline{x}}{\sigma}\right)^2 \Bigg/ (n-1)} = \frac{\overline{x}-\mu}{\sigma/\sqrt{n}} \Bigg/ \frac{\hat{\sigma}}{\sigma} \qquad (7.30)$$

から導かれたものである。

　また $\chi^2$ 分布には**加法性**という性質がある。すなわち，いま $\chi_1{}^2$ が自由度 $n_1$ の $\chi^2$ 分布，$\chi_2{}^2$ が自由度 $n_2$ の $\chi^2$ 分布をし，両者が独立のとき，和 $\chi^2 = \chi_1{}^2 + \chi_2{}^2$ は自由度 $n_1+n_2$ の $\chi^2$ 分布をする。また自由度 $n$ の $\chi^2$ 分布をするある $\chi^2$ が，自由度 $n_1$ の $\chi^2$ 分布をする $\chi_1{}^2$ と自由度 $n_2$ の $\chi^2$ 分布をする $\chi_2{}^2$ との和で表わされ，そして $n=n_1+n_2$ のとき，$\chi_1{}^2$ と $\chi_2{}^2$ とは独立である。なお，この加法性は3つ以上の独立な $\chi^2$ 分布についても成り立つ。

　$\chi^2$ 分布の応用例は第8章の **8.5** 節および第9章の **9.4**，**9.5**，**9.6** 節にある。

## ▶ *7.8　F 分　布*

　2つの確率変数 $\chi_1{}^2$ および $\chi_2{}^2$ があり，これらが互いに独立で，それぞれ自由度 $m$ および $n$ の $\chi^2$ 分布をするとき，

$$F = \frac{\chi_1{}^2/m}{\chi_2{}^2/n} \qquad (7.31)$$

はやはり1つの確率変数になるが，この変数の確率分布を**自由度 $m$ および $n$ の $F$ 分布**という。なお分子の自由度 $m$ を**第1自由度**，分母の $n$ を**第2自由度**ということがある。この $F$ 分布を $F_n^m$ と書くことにする。

　図7.14は $m=n$ の場合のいくつかの自由度について $F$ 分布の形を図示したものである。

　$F$ 分布については，検定などに用いられるために，有意水準 $\alpha$ に対して，いろいろな $m$ および $n$ の値について

$$P_r\{F > F_n^m(\alpha)\} = \alpha$$

が成立する臨界値 $F_n^m(\alpha)$ の表が作成されている（巻末の付表6，341〜344 ページ）。なお，この表を用いるときには式（7.31）の値が1より大きくなるようにして，すなわち分子が分母より大きくなるように $\chi_1{}^2$ と $\chi_2{}^2$ を決めて用いる。

　ここで $t$ 分布と $F$ 分布の間には次の式（7.32）のような関係があることが

図7.14　$F$ 分 布

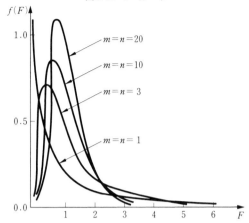

わかる。式（7.29）の両辺を2乗すると

$$(t(n))^2 = \frac{[N(0,1)]^2}{\chi^2(n)/n} = \frac{\chi^2(1)/1}{\chi^2(n)/n} = F_n^1 \tag{7.32}$$

であるから，**自由度 $n$ の $t$ 分布をする変数の2乗は自由度1および $n$ の $F$ 分布をする**ことになる。

また，$F$ 分布で分子と分母の $\chi^2$ 変数を入れかえた分布を考えるとき

$$F_m^n(\alpha) = 1/F_n^m(1-\alpha) \tag{7.33}$$

という関係がある。なお，$F$ 分布の平均値は次のようになる。

$$E(F) = \frac{n}{n-2} \qquad (n>2) \tag{7.34}$$

$F$ 分布の応用例は，第9章の **9.7，9.8** 節にある。

## 7.9　いろいろな確率分布の間の関係 —— まとめ

以上，前章と本章を通じていろいろな確率分布について説明してきたが，それらの間の関係を要約して示したものが図7.15である。この図は主要な確率分布および標本分布の間の関係を整理して頭に入れておくために非常に有用なものである。

図 7.15   いろいろな確率分布と標本分布の間の関係

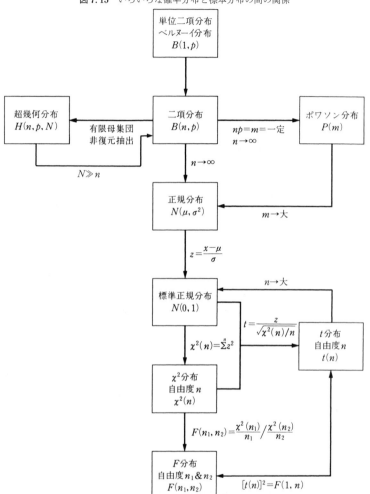

【練習問題】

1)　本章であげられた例以外に，標本調査によらなければならない例を考えてみよ。

2)　男子 100 人，女子 50 人のグループがある。10 組のペアを作るとき，どのようにしたらよいか。乱数表の使い方を考えよ。

3)　乱数表から 5 桁の数字をとり，その中に含まれている 0, 1, 2 または 3 の割合を調べる。これを 100 回繰り返した結果を表 7.2 と比較せよ。

4)　3 割の打率をもつ野球選手が 20 打数で 2 割 5 分以下の打率しかあげられない確率はいくらか。また，100 打数でならばどうか。

5)　正 20 面体の乱数サイ 2 個を投げて出た目の数の平均をとる実験を 20 回繰り返して，その平均値と標準偏差を求めよ（乱数サイがない場合は，乱数表から 2 個ずつ 20 回とってもよい）。

6)　乱数表から 2 桁の数（00〜99）40 個をとるとき，

　(a)　和が 2,100 よりも大きくなる確率

　(b)　和が 1,800 よりも小さくなる確率

を求めよ。

7)　母集団の分布が $N(50, 64)$ であるとき，$n = 100$ の確率標本で平均値 $\bar{x}$ が 49 以下となる確率はいくらか。また，$n = 400$ の場合はどうか。

8)　母集団の標準偏差 $\sigma$ が 20 であるとき，$n = 100$ の確率標本で標本平均値を計算して $|\bar{x} - \mu| \leq 3$ となる確率を求めよ。

9)　長期間にわたって収集された統計によると，ある市場で売買された食肉牛の体重は，平均 860 kg，標準偏差 180 kg の正規分布でよく近似できることがわかっている。これらの食肉牛 400 頭からなる無作為標本の平均体重が，

　(a)　850 kg 未満である

　(b)　875 kg よりも重い

　(c)　845 kg から 870 kg の間にある

　(d)　840 kg 未満であるか，あるいは 880 kg よりも重い

確率はいくらか。

10)　A 君は通学に，電車とバスを利用する。いままでの経験から，電車，乗りかえ，バスに要する時間は，平均，標準偏差が，それぞれ右のような値をとる正規分布に従うことがわかっている。学校が 8 時半に始まるとして，7 時半に電車に乗るとすると，A 君が遅刻する確率はいくらか。ただし各乗物などの所要時

| | （平均±標準偏差） |
|---|---|
| 電　車 | 30 分 ± 1 分 |
| 乗りかえ | 5 分 ± 1 分 |
| バ　ス | 15 分 ± 3 分 |
| 徒　歩 | 5 分 ±0.5 分 |

間は互いに関係ないものとする。

11)　東京駅から15時ちょうどの列車に乗りたいとする。タクシーを利用したいが，道路の混雑状況などのため，東京駅までの所要時間は不確実である。過去の経験から平均所要時間は27分，標準偏差は6分であり，タクシー降り場からホームまで3分かかる。また地下鉄を利用すると，地下鉄の駅まで歩いて平均8分，標準偏差が1分，東京駅までの平均所要時間が22分，標準偏差が2分，降りてから列車のホームまで6分かかる。

　　(a)　14時20分にタクシーに乗車したとすれば，列車に乗り遅れる確率はいくらか。また，14時20分に家を出て地下鉄を利用したとすれば，列車に乗り遅れる確率はいくらか。

　　(b)　列車に乗り遅れる確率を1%以下におさえるためには，遅くとも何時何分にタクシーに乗らなければならないか。また，地下鉄を利用する場合は，何時に家を出なければならないか。

　　(c)　いま，タクシーの待ち時間も不確定とし，待ち時間の平均を5分，標準偏差を2分とすれば，乗り遅れる確率を1%以内におさえるためには，何時何分までに家を出なければならないか。ただし，タクシーの待ち時間と駅までの所要時間は，互いに関係ないものとする。

12)　1個のサイコロを投げて偶数の目が出たら右へ，奇数の目が出たら左へ，図のように移動する。これを7回繰り返してどの箱に落ちるかを実験する。この操作を100回繰り返して各箱に落ちる度数を調べてみよ（本書冒頭の口絵写真，確率器械の説明参照）。

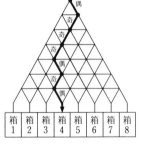

13)　**比率の標本分布は平均値の標本分布の1つの特殊ケースである。**このことを明らかにせよ。

14)　和が0であるような数字を4個いってみよ。何個自由にいえるか。同じく10個の場合はどうか。一般に $n$ 個の場合はどうか（自由度の意味）。

【本章末の練習問題の解答は327〜328ページを見よ】

# 第8章　推　　定

　本章と次章では，統計的推論の2つの基本的なタイプである推定と検定の
問題を扱う。ここでは前章で学んだ標本分布が基本的に重要な役割を果たす。

## 8.1　統計的推論 ── 推定と検定

　統計的推論（statistical inference）は，母集団の一部分，すなわち標本につい
ての観察にもとづいて，母集団の性質に関するなんらかの推測的議論を行な
うことを意味する。いいかえると，標本の中に含まれている母集団の性質に
ついての情報を利用して，母集団の性質を推測することである。
　統計的推論の第1のタイプである**推定**（estimation）は，母集団の特徴を表
わすなんらかの特性値（これを**パラメータ**〔parameter〕，あるいは**母数**という）
の未知の値を，標本の観察にもとづいて推測することである。たとえば，全
有権者（母集団）の中で，現在の内閣を支持している人の割合（特性値）がど
れだけかを，何千人かの人（標本）を選んで調べた結果にもとづいて推測する
ことである。また，ある病気の治療のために開発された新薬がその病気にか
かった人のうちのどれくらいの割合の人に効果があるか，何百人かの患者を
選んでその割合がいくらかを推測することである。これに対して，統計的推
論の第2のタイプである**検定**（testing）は，母集団の性質について私たちが想
定すること（これを**仮説**という）が標本の観察結果によって支持されるかどう
か，いいかえると，母集団の性質について私たちが先験的に設ける仮説が標
本の経験的観察と矛盾しないかどうかを調べることである。内閣の支持率の

例でいえば，全有権者中の支持率（母集団特性値）がたとえば50%を割っていると考えること（仮説）が，何千人かの人（標本）を調べた結果と食い違わず，支持されるかどうかを吟味することである。また新薬の効果の例では，その効果がまったくない（0%）といえるか，あるいはたとえば30%の人にあるといえるかどうかというようなことを問題にする。いいかえると，推定では母集団パラメータの値はいくらかということを問題にするのに対し，検定では母集団パラメータの値がある特定の値であると考えてもよいかどうかということを問題にするのである。

　以上のような推定や検定において基本的に重要な役割を果たすものが，前章で説明した統計量，およびその分布，すなわち標本分布である。推定も検定も，上述のように標本についての観察結果にもとづいてなされるが，その場合に私たちは標本を使っていろいろな統計量を計算する。そのような統計量としては，推定あるいは検定のそれぞれの目的に適したものが選ばれる。一般に，推定の目的のために用いられる統計量を**推定統計量**あるいは**推定量**（estimator），検定のために用いられる統計量を**検定統計量**（test statistic）あるいは**検定量**と呼ぶ。そこで，推定および検定の主要な問題は，推定量あるいは検定量の選択とその使用法を考えることである。まず，本章では推定の基本的な場合について述べる。

## *8.2* 区間推定——比率

### *8.2.1* 比率の区間推定

　私たちは，多くの場合において比率の推定の問題にぶつかる。たとえば，国民（有権者）の何%が現在の内閣を支持しているか，あるテレビ番組の視聴率はどれだけか，自動車を所有している世帯の割合はどれくらいか，ある工程で作られる製品のうち不良品であるものはどれだけの割合か，ある製薬会社が開発した新薬がどれくらいの割合の患者に効果があるか，等々である。

　〔**問 8.1**〕　上にあげた例のほかに比率の推定の問題の例をあげてみよ。

　このような比率の推定のためには，それぞれの場合に標本から得られる相

対頻度の情報が用いられる。いま $n$ 回の観察（標本）のうち $x$ 回だけある事がらがおこったとすれば，その事柄の相対頻度（標本比率）は $x/n$ であり，私たちはこの標本比率を，推定しようとする真の比率（母集団比率）$p$ の推定値として用いることができる。たとえば，3,000 人の有権者（標本）を調べて 1,800 人が現内閣を支持すると回答したとすれば，有権者全体（母集団）の内閣支持率は 60% と推定するのである。

しかし推定統計量 $x/n$ は，私たちが知りたいと思っている母集団比率 $p$ とたまたま一致し，したがって推定が的中することもあるであろうが，むしろ $p$ とピタリと一致しないのがふつうと考えた方がよい。すなわち $x/n$ による推定には誤差がつきまとうのである。それは $x/n$ が選ばれた標本のいかんによって異なること，すなわち標本変動をもつためである。しかしながら，標本が母集団比率 $p$ の母集団からとられたものである以上，$x/n$ の標本変動は $p$ とは無関係ではありえない。すなわち，標本には母集団に関する情報が含まれているのである。前章で見たように，$x$ は $n$, $p$ をパラメータとする二項分布をするのである。

やはり前章で見たように，二項分布は $n$ が大きいとき正規分布に近くなる。二項分布 $B(n, p)$ の平均値は $np$，分散は $npq$，したがって標準偏差は $\sqrt{npq}$ であるから，$B(n, p)$ は $n$ が大となるとき $N(np, npq)$ に近くなる。したがって，$x$ を $n$ で割った標本比率 $x/n$ の分布は，平均値 $\mu = p$，分散 $\sigma^2 = pq/n$ の正規分布 $N(p, pq/n)$ で近似することができる（193 ページ参照）。

以上のような知識を使えば，私たちは母集団の比率 $p$ の推定のために次のように計算することができる。

いま $x/n$ を次のように標準化して変数 $z$ に変換する。

$$z = \frac{\dfrac{x}{n} - p}{\sqrt{\dfrac{pq}{n}}} \tag{8.1}$$

このとき，$z$ は標準正規分布 $N(0, 1)$ に従うことになるから，その値がたとえば $-1.96$ と $+1.96$ の間にある確率は 95% である（168 ページ，表6.4 より）。すなわち，

$$Pr\left\{-1.96 < \frac{\dfrac{x}{n}-p}{\sqrt{\dfrac{pq}{n}}} < 1.96\right\} = 0.95 \tag{8.2}$$

である。

　式（8.2）のカッコ内の不等式は，その中央項の2乗が1.96の2乗より小さいことを意味しているから，$q=1-p$ であることに注意して，次のように書き直すことができる。

$$\left(\frac{x}{n}-p\right)^2 < (1.96)^2 \frac{p(1-p)}{n} \tag{8.3}$$

　これを整理すると，$p$ についての2次不等式，

$$(n+3.84)p^2 - (2x+3.84)p + \frac{x^2}{n} < 0 \tag{8.4}$$

が得られる。いまこの不等式を等式にして得られる $p$ についての2次方程式の2つの根を $p_1$ および $p_2$ とすれば（ここでは $p_1<p_2$ とする），式（8.4）が成り立つということは $p_1<p<p_2$ を意味する（図8.1を見ればわかるように，式（8.4）の左辺の2次式が表わす曲線（放物線）の値は $p$ が $p_1$ と $p_2$ の間でマイナスになっている）から，式（8.2）は，

$$Pr\{p_1 < p < p_2\} = 0.95 \tag{8.5}$$

と同じことである（$p<p_1$ あるいは $p>p_2$ の範囲では放物線の値はプラスになってしまう）。

図8.1　式（8.4）の2根

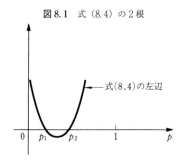

　したがって式（8.5）は次のことを意味している。**母集団における比率 $p$ は $p_1$ と $p_2$ の間の値であることが 95% 確かである**。すなわち，そういっても 5% は誤りであるかもしれないが，95% は正しいであろう，ということである。

式 (8.5) のように母集団の未知のパラメータの値をある区間の間にあると
いう形で推定することを**区間推定**（interval estimation）という。そして，その
区間を**信頼区間**（confidence interval）といい，未知のパラメータがその区間に
含まれると考えたときそれが正しい（すなわち信頼できる）と確信できる程度
を**信頼係数**（confidence coefficient）という。したがって，上述の区間 $(p_1, p_2)$
は，信頼係数 95% の $p$ の信頼区間であるということになる。

【例 8.1】 喫煙者 400 人をランダムに選んで，ある銘柄のたばこを一番好む人
の数を調べたところ，95 人であった。喫煙者全体の中でその銘柄を一番好
むものの割合 $p$ を，信頼係数 95% で区間推定してみよう。

$$n = 400, \quad x = 95$$

として，式 (8.4) を等式にしたもの，すなわち，

$$(400+3.84)p^2 - (2 \times 95 + 3.84)p + \frac{95^2}{400} = 0$$

を解くと，2 つの根 $p_1 = 0.198$，$p_2 = 0.282$ が得られる。したがって (0.198,
0.282) が信頼係数 95% の $p$ の信頼区間である。すなわち，この銘柄を一番
好む喫煙者の割合は，19.8% と 28.2% の間にあると考えても，95% の確率
で正しいであろう。

式 (8.5) では信頼係数が 95% の信頼区間を考えているが，もっと信頼係
数を高くしたいとすれば，式 (8.2) における限界値 1.96 を変えればよい。た
とえば 99% にしたいとすれば，1.96 の代わりに 2.58 を用いればよい。逆に
もっと低い信頼係数，たとえば 90% でよいとすれば，1.64 という値を用いれ
ばよい（正規分布の確率，168 ページ，表 6.4 より）。**一般に信頼係数を高くする
と信頼区間は広くなり，逆に信頼係数を低くすれば信頼区間は狭くなる。**こ
れは考えれば理の当然であろう。信頼区間を広くすればその間に真のパラメ
ータの値が含まれる可能性は当然高くなり，狭くすれば低くなるからである。

標本数および信頼係数と信頼区間の幅との関係を一例（$x/n = 0.35$ の場合）
について見ると下表のようになる。

| 信頼係数 ＼ 標本数 | $n = 100$ $(x = 35)$ | $n = 1,000$ $(x = 350)$ | $n = 10,000$ $(x = 3,500)$ |
|---|---|---|---|
| 90% | 0.2766～0.4312 | 0.3257～0.3751 | 0.3422～0.3579 |
| 95% | 0.2637～0.4474 | 0.3211～0.3801 | 0.3407～0.3594 |
| 99% | 0.2398～0.4789 | 0.3122～0.3898 | 0.3378～0.3624 |

　この表から，信頼係数を一定とすると，標本数が大となるほど信頼区間の幅は狭くなること，すなわち狭い幅で推定できること（それは標本数の平方根に反比例する。たとえば標本数が 100 倍になれば信頼区間の幅は $1/\sqrt{100}=1/10$ になる），また，標本数を一定にすると，信頼係数が高くなるほど信頼区間の幅は広くなる（広い幅で推定しなければならない）ことを確かめることができるであろう。

　**【例 8.2】** 【例 8.1】で信頼係数を 99% として区間推定を行なってみよう。

　　式 (8.4) で $3.84 \div (1.96)^2$ の代わりに $6.66 \div (2.58)^2$ を用いると，2 次方程式の根として，$p_1 = 0.187$, $p_2 = 0.296$ が得られる。したがって，$(0.187, 0.296)$ が信頼係数 99% の $p$ の信頼区間である。信頼区間が【例 8.1】の場合より広くなっていることがわかる。

　〔**問 8.2**〕　上例で信頼係数 90% の信頼区間を求めよ。

### 8.2.2 近似計算法

　上に説明した方法は，式 (8.2) のカッコ内の不等式を $p$ について正確に解く方法であるが，近似的には次のように解いてもよい。いま，式 (8.2) を書き直すと，

$$P_r\left\{\frac{x}{n} - 1.96\sqrt{\frac{pq}{n}} < p < \frac{x}{n} + 1.96\sqrt{\frac{pq}{n}}\right\} = 0.95 \qquad (8.6)$$

となる。ここで不等式の両端の辺で，$p$ の代わりにその推定値 $x/n$, $q$ の代わりに $1-(x/n)$ を用いると，

$$P_r\left\{\frac{x}{n} - 1.96\sqrt{\frac{\frac{x}{n}\left(1-\frac{x}{n}\right)}{n}} < p < \frac{x}{n} + 1.96\sqrt{\frac{\frac{x}{n}\left(1-\frac{x}{n}\right)}{n}}\right\}$$
$$= 0.95 \qquad (8.7)$$

となるから，前述の式 (8.4) のような 2 次方程式を解く必要はない。この近似的計算でも，多くの場合，実際的には十分である。

　**【例 8.3】** 【例 8.1】について近似計算で $p$ の信頼区間を求めてみよう。

$$\frac{95}{400} - 1.96\sqrt{\frac{\frac{95}{400}\left(1-\frac{95}{400}\right)}{400}} < p < \frac{95}{400} + 1.96\sqrt{\frac{\frac{95}{400}\left(1-\frac{95}{400}\right)}{400}}$$

$$0.196 < p < 0.279$$

が得られ，これは前の結果（0.198<p<0.282）とあまり変わらない。

### ▶ *8.2.3* 図による方法

比率の区間推定は図によって行なうこともできる。いま，式（8.4）の不等式を等式にしたもの，

$$(n+3.84)p^2 - \left(2n\frac{x}{n}+3.84\right)p + n\left(\frac{x}{n}\right)^2 = 0 \tag{8.8}$$

を $p$ について解くと，2次方程式の根の公式から，

$$p = \frac{\left(2n\dfrac{x}{n}+3.84\right) \pm \sqrt{\left(2n\dfrac{x}{n}+3.84\right)^2 - 4n(n+3.84)\left(\dfrac{x}{n}\right)^2}}{2(n+3.84)} \tag{8.9}$$

が得られる。この式（8.9）は，$n$ が与えられたものとして，$p$ を $x/n$ の2価関数として表わしたものと考えることができる。そこで，$x/n$ を横軸に，$p$ を縦軸にとって，式（8.9）のグラフを描くことができる。図8.2は，$n=400$ に対して式（8.9）のグラフを描いたものである。この図から $x/n$ の値に対応する $p$ の2つの値を読み取ることによって，$p$ の95％の信頼区間を求めることができる。このような図を用いるとき，信頼区間の数字を2桁まではほぼ正確に図から読み取ることができる。

　【例8.4】　【例8.1】について図8.2から $p$ の信頼区間を求めてみよう。

　　　$x/n=95/400=0.2375$ であるから，図8.2で横軸の値0.2375に対する縦軸の値を読むと0.19と0.28が読み取れる。したがって，$p$ の95％の信頼区間

**図8.2** グラフによる比率の区間推定

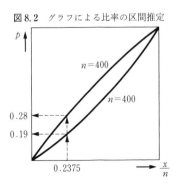

は（0.19, 0.28）である。

　図 8.2 のような図を，$n$ のいろいろな値について作っておけば，それぞれの $n$ について，任意の標本比率 $x/n$ に対する信頼係数 95% の信頼区間を図から読み取ることができる。巻末付表 9-1 および 9-2（347, 348 ページ）は，信頼係数 95% および 99% の場合に「比率の信頼区間」を読み取るために作られたものである。

## *8.3*　区間推定 —— 平均値

### *8.3.1*　平均値の区間推定 —— 大標本の場合

　私たちが平均値の推定を問題にしなければならない場合は非常に多い。工場で工具がある種の作業をするのに平均どれくらいの時間がかかるだろうか。あるメーカー製の電球の平均寿命はどれくらいであろうか。ある銘柄のたばこ 1 本あたりのニコチン含有量はどれくらいであろうか。ある商品を 1 世帯が平均どれくらい購入しているであろうか，等々。このような例を数えあげればきりがない。

　〔問 8.3〕　上にあげた例のほかに平均値の推定の問題の例をあげてみよ。

　平均値の推定において，まず第 1 に，前章で述べた標本平均値の標本分布について成り立つ次の事柄を利用することができる。$\bar{x}$ を，平均 $\mu$，分散 $\sigma^2$ の母集団からの大きさ $n$ のランダムな標本の平均値とすれば，$\bar{x}$ の標本分布の平均値は $\mu$，分散は $\sigma^2/n$ である（193〜195 ページ参照）。そして，母集団の分布が正規分布であれば，$\bar{x}$ の分布は $n$ の値に関係なく正規分布である（195〜196 ページ参照）が，母集団の分布が正規分布でなくとも，$n$ が大きければ $\bar{x}$ の分布は正規分布にきわめて近くなる（中心極限定理，198 ページ参照）。

　そこでいま，大標本の場合を考えると，母集団の分布の形に関係なく，$\bar{x}$ の分布は $N(\mu, \sigma^2/n)$ と考えてもよいから，

$$z = \frac{\bar{x} - \mu}{\sigma/\sqrt{n}} \tag{8.10}$$

の分布は標準正規分布 $N(0, 1)$ となる。したがって，

$$P_r\left\{-1.96 < \frac{\overline{x}-\mu}{\sigma/\sqrt{n}} < 1.96\right\} = 0.95 \tag{8.11}$$

が成り立つ。これを変形すれば，

$$P_r\left\{\overline{x}-1.96\frac{\sigma}{\sqrt{n}} < \mu < \overline{x}+1.96\frac{\sigma}{\sqrt{n}}\right\} = 0.95 \tag{8.12}$$

が得られる。これは，母集団の平均値 $\mu$ の信頼係数 95% の信頼区間を表わすものである。

しかし，式 (8.12) で表わされる信頼区間を計算するためには，母集団の標準偏差 $\sigma$ の値がわかっていなければならないが，通常 $\sigma$ の値はわかっていないから，$\sigma$ の代わりに推定値として標本標準偏差 $\hat{\sigma}$ を用いる。ここで $\hat{\sigma}$ は，

$$\hat{\sigma}^2 = \frac{1}{n-1}\sum_{i=1}^{n}(x_i-\overline{x})^2 \tag{8.13}$$

によって定義される（201ページ，式 (7.11)）。このとき，式 (8.12) は，

$$P_r\left\{\overline{x}-1.96\frac{\hat{\sigma}}{\sqrt{n}} < \mu < \overline{x}+1.96\frac{\hat{\sigma}}{\sqrt{n}}\right\} = 0.95 \tag{8.14}$$

と近似的に考えることになる。

**【例 8.5】** 在庫中のある種の銅線 40 巻の各々の破断強度を調べたところ，次のような結果が得られた。

(単位：ポンド)

| | | | | | | | | | | |
|---|---|---|---|---|---|---|---|---|---|---|
| 565 | 578 | 573 | 570 | 575 | 572 | 580 | 576 | 583 | 589 | 570 | 568 |
| 585 | 574 | 596 | 571 | 570 | 563 | 579 | 595 | 572 | 564 | 580 | 568 |
| 570 | 575 | 589 | 581 | 575 | 569 | 572 | 584 | 580 | 571 | 574 | 581 |
| 579 | 577 | 573 | 586 | | | | | | | |

この結果から，この種の銅線の平均破断強度を信頼係数 95% で区間推定してみよう。

$\overline{x}$ と $\hat{\sigma}$ を計算すると，$\overline{x}=576.30$，$\hat{\sigma}=7.83$ が得られるから，母集団平均値 $\mu$ の信頼係数 95% の信頼区間は，近似的に

$$576.30-1.96\frac{7.83}{\sqrt{40}} < \mu < 576.30+1.96\frac{7.83}{\sqrt{40}}$$

すなわち

$$573.87 < \mu < 578.73$$

である。

　これまでは信頼係数が 95% の信頼区間を考えてきたが，もっと高い信頼係数，たとえば 99% の場合の信頼区間はどうなるであろうか。この場合には，その区間が真の平均値を含む確率を 99% と前より高くするわけであるから，区間の幅は当然広くならなければならない。標準正規分布 $N(0, 1)$ に従う変数 $z$ については，

$$P_r\{-2.58 < z < 2.58\} = 0.99 \tag{8.15}$$

であるから，式（8.14）で 1.96 の代わりに 2.58 が入り，近似的に

$$P_r\left\{\bar{x} - 2.58\frac{\hat{\sigma}}{\sqrt{n}} < \mu < \bar{x} + 2.58\frac{\hat{\sigma}}{\sqrt{n}}\right\} = 0.99 \tag{8.16}$$

が得られる。

**【例 8.6】**【例 8.5】について，$\mu$ の 99% の信頼区間を求めてみる。

$$576.30 - 2.58\frac{7.83}{\sqrt{40}} < \mu < 576.30 + 2.58\frac{7.83}{\sqrt{40}}$$

　すなわち，

$$573.11 < \mu < 579.49$$

となる。前よりも信頼区間が広くなっていることがわかる。

### 8.3.2　平均値の区間推定 ── 正規母集団で小標本の場合

　**8.3.1** で説明した方法は標本が大きい場合の方法である。前章（201 ページ）で説明したように，標本数が小さい場合には，$z = \dfrac{\bar{x} - \mu}{\sigma/\sqrt{n}}$ において $\sigma$ の代わりに $\hat{\sigma}$ を用いた

$$t = \frac{\bar{x} - \mu}{\hat{\sigma}/\sqrt{n}} \tag{8.17}$$

は，標準正規分布ではなく，自由度 $n-1$ の $t$ 分布に従うものと考えられなければならない（ただし母集団は正規分布とする）。したがって，たとえば信頼係数 95% の $\mu$ の区間推定を考えるためには，標準正規分布の代わりに自由度 $n-1$ の $t$ 分布について 95% の確率を含む範囲を考えればよい。いま，図 8.3 に示したように，自由度 $n-1$ の $t$ 分布でその値以上の値が現われる確率が 2.5% になるような値を $t_{0.025}(n-1)$ と書くことにすれば，$t$ 分布が 0 を中心にして左右対称であることから

$$P_r\{-t_{0.025}(n-1) < t < t_{0.025}(n-1)\} = 0.95 \tag{8.18}$$

図8.3 t 分 布

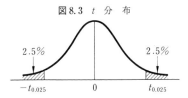

2.5%　　　　　　　　　　　　2.5%

$-t_{0.025}$　　　　　0　　　　　$t_{0.025}$

である。ここで $t$ に式（8.17）を代入すると，

$$Pr\left\{-t_{0.025}(n-1) < \frac{\overline{x}-\mu}{\hat{\sigma}/\sqrt{n}} < t_{0.025}(n-1)\right\} = 0.95 \qquad (8.19)$$

したがって，

$$Pr\left\{\overline{x}-t_{0.025}(n-1)\frac{\hat{\sigma}}{\sqrt{n}} < \mu < \overline{x}+t_{0.025}(n-1)\frac{\hat{\sigma}}{\sqrt{n}}\right\} = 0.95$$

$$(8.20)$$

が得られる。この式（8.20）が信頼係数 95% の $\mu$ の信頼区間である。

　式（8.20）を大標本の場合の式（8.14）と比較してみると，式（8.14）では 95% の信頼係数に対応して 1.96 という標準正規分布の場合の値が用いられているのに対し，式（8.20）では自由度 $n-1$ の $t$ 分布の場合の値 $t_{0.025}(n-1)$ が用いられている。205～206 ページで説明したように，一般に $t_{0.025}(n-1)$ ＞1.96 であり，したがって式（8.20）の方が信頼区間の幅が広いものになる。これは小標本の方が条件が悪いことを表わしているものであり，当然のことである。

　**【例 8.7】**　ある電球会社で製造した 10 個の電球の寿命を測定したところ，次のようなデータを得た。

（単位：時間）

| | | | | | | | |
|---|---|---|---|---|---|---|---|
| 2,529 | 2,520 | 2,516 | 2,772 | 2,593 | 2,592 | 2,565 | 2,645 |
| 2,561 | 2,639 | | | | | | |

　この結果から，この電球会社製造の電球の平均寿命を信頼係数 95% で区間推定してみよう。

　$n=10$, $\overline{x}=2{,}593.20$, $\hat{\sigma}=77.48$ と計算されるから，

$$t = \frac{2{,}593.20-\mu}{77.48/\sqrt{10}}$$

は自由度 $n-1=10-1=9$ の $t$ 分布から得られた 1 つの値である。$t$ 分布表

（巻末付表 3，338 ページ）から，$t_{0.025}(9)=2.262$ であるから，

$$-2.262 < \frac{2{,}593.20-\mu}{77.48/\sqrt{10}} < 2.262$$

であると考えて正しい確率は 95% である。これを $\mu$ について解けば，

$$2{,}593.20-2.262\frac{77.48}{\sqrt{10}} < \mu < 2{,}593.20+2.262\frac{77.48}{\sqrt{10}}$$

$$\therefore\quad 2{,}537.78 < \mu < 2{,}648.62$$

が信頼係数 95% の信頼区間である。

### ▶ *8.3.3* 区間推定の実験

　平均値の区間推定の考え方をよりよく理解するために，次のような標本実験を行なってみよう。いま母集団の分布として $N(75, 5^2)$ を想定する。この母集団から大きさ 4 の標本を抽出し，標本平均値 $\bar{x}$ と，信頼係数 95% および 90% の信頼区間を，式（8.12）より，およびそこで 1.96 の代わりに 1.64 を用いた式により計算する。標本抽出のためには，標準正規分布 $N(0, 1)$ の乱数を用い，それを 5（標準偏差の値）倍して 75 を加えるという手続きをとればよい。表 8.1 にはこのような実験を 50 回繰り返した結果が示されている。表 8.2 はこの実験に用いられた正規乱数である。たとえば表 8.1 における標本①のはじめの値（72.0）は表 8.2 における最初の正規乱数（−0.60）を使って，$5\times(-0.60)+75=72.0$ と求められたものであり，次の値（68.0）は次の正規乱数（−1.40）を使って $5\times(-1.40)+75=68.0$ と求められたものである。

　この結果を見ると，信頼係数 95% の信頼区間（$\bar{x}\pm1.96(5/\sqrt{4})=x\pm4.9$）については，50 の標本のうち 2 つの場合（＊印の付してあるもの）を除いた 48 の標本の場合，すなわち 95% の場合に信頼区間の中に母集団の真の平均値 75 が含まれていることがわかる。すなわち 95% の場合に区間推定が正しいという結果になっている。また信頼係数 90% の信頼区間（$\bar{x}\pm1.64(5/\sqrt{4})=\bar{x}\pm4.1$）については，50 の標本のうち 5 つの＊印の場合を除いて，ちょうど 90% にあたる 45 の標本の場合に信頼区間の中に母集団平均値 75 が含まれている。信頼係数を低くすると信頼区間の幅は狭くなるから，当然その中に真の平均値が含まれない場合が増える。図 8.4 および図 8.5 は表 8.1 の一部分を図示したものである。

表 8.1　信頼区間を作る実験

| | 標　　　本 | | | | $\overline{x}$ | 信頼係数　95% $\overline{x}\pm1.96\dfrac{5}{\sqrt{4}}$ | | | 信頼係数　90% $\overline{x}\pm1.64\dfrac{5}{\sqrt{4}}$ | | |
|---|---|---|---|---|---|---|---|---|---|---|---|
| ① | 72.0 | 68.0 | 68.7 | 74.0 | 70.68 | (65.78 | 75.58) | | (66.58 | 74.78) | * |
| ② | 75.1 | 78.8 | 82.8 | 71.0 | 76.93 | (72.03 | 81.83) | | (72.83 | 81.03) | |
| ③ | 74.7 | 75.5 | 68.3 | 84.7 | 75.80 | (70.90 | 80.70) | | (71.70 | 79.90) | |
| ④ | 64.1 | 73.3 | 80.4 | 78.4 | 74.05 | (69.15 | 78.95) | | (69.95 | 78.15) | |
| ⑤ | 64.4 | 66.1 | 78.1 | 74.8 | 70.85 | (65.95 | 75.75) | | (66.75 | 74.95) | * |
| ⑥ | 78.7 | 73.7 | 72.8 | 73.7 | 74.73 | (69.83 | 79.63) | | (70.63 | 78.83) | |
| ⑦ | 76.1 | 81.0 | 76.0 | 68.1 | 75.30 | (70.40 | 80.20) | | (71.20 | 79.40) | |
| ⑧ | 84.8 | 88.0 | 82.1 | 69.9 | 81.20 | (76.30 | 86.10) | * | (77.10 | 85.30) | * |
| ⑨ | 86.2 | 79.3 | 77.0 | 67.6 | 77.53 | (72.63 | 82.43) | | (73.43 | 81.63) | |
| ⑩ | 72.5 | 77.6 | 68.1 | 71.1 | 72.33 | (67.43 | 77.23) | | (68.23 | 76.43) | |
| ⑪ | 70.5 | 71.5 | 74.5 | 87.6 | 76.03 | (71.13 | 80.93) | | (71.93 | 80.13) | |
| ⑫ | 74.5 | 82.3 | 74.6 | 76.0 | 76.85 | (71.95 | 81.75) | | (72.75 | 80.95) | |
| ⑬ | 79.0 | 78.4 | 74.7 | 74.2 | 76.58 | (71.68 | 81.48) | | (72.48 | 80.68) | |
| ⑭ | 75.7 | 69.6 | 71.4 | 74.1 | 72.70 | (67.80 | 77.60) | | (68.60 | 76.80) | |
| ⑮ | 66.3 | 78.0 | 77.1 | 80.4 | 75.45 | (70.55 | 80.35) | | (71.35 | 79.55) | |
| ⑯ | 70.9 | 68.3 | 75.4 | 75.5 | 72.53 | (67.63 | 77.43) | | (68.43 | 76.63) | |
| ⑰ | 68.4 | 74.9 | 79.5 | 82.3 | 76.28 | (71.38 | 81.18) | | (72.18 | 80.38) | |
| ⑱ | 83.0 | 77.9 | 75.0 | 73.2 | 77.28 | (72.38 | 82.18) | | (73.18 | 81.38) | |
| ⑲ | 75.0 | 69.7 | 79.2 | 63.6 | 71.88 | (66.98 | 76.78) | | (67.78 | 75.98) | |
| ⑳ | 72.5 | 72.8 | 72.0 | 76.4 | 73.43 | (68.53 | 78.33) | | (69.33 | 77.53) | |
| ㉑ | 76.8 | 72.5 | 77.7 | 80.1 | 76.78 | (71.88 | 81.68) | | (72.68 | 80.88) | |
| ㉒ | 75.5 | 72.6 | 82.4 | 71.8 | 75.58 | (70.68 | 80.48) | | (71.48 | 79.68) | |
| ㉓ | 72.4 | 76.5 | 72.7 | 78.7 | 75.08 | (70.18 | 79.98) | | (70.98 | 79.18) | |
| ㉔ | 69.8 | 80.2 | 70.9 | 65.9 | 71.70 | (66.80 | 76.60) | | (67.60 | 75.80) | |
| ㉕ | 64.4 | 72.1 | 78.8 | 77.7 | 73.25 | (68.35 | 78.15) | | (69.15 | 77.35) | |
| ㉖ | 67.4 | 67.1 | 73.0 | 68.2 | 68.93 | (64.03 | 73.83) | * | (64.83 | 73.03) | * |
| ㉗ | 81.2 | 73.1 | 84.0 | 74.2 | 78.13 | (73.23 | 83.03) | | (74.03 | 82.23) | |
| ㉘ | 78.6 | 79.9 | 77.1 | 70.0 | 76.40 | (71.50 | 81.30) | | (72.30 | 80.50) | |
| ㉙ | 69.7 | 85.1 | 72.4 | 76.0 | 75.80 | (70.90 | 80.70) | | (71.70 | 79.90) | |
| ㉚ | 77.9 | 70.4 | 73.4 | 71.4 | 73.28 | (68.38 | 78.18) | | (69.18 | 77.38) | |
| ㉛ | 73.4 | 73.6 | 74.6 | 76.7 | 74.58 | (69.68 | 79.48) | | (70.48 | 78.68) | |
| ㉜ | 76.2 | 68.6 | 75.5 | 83.0 | 75.83 | (70.93 | 80.73) | | (71.73 | 79.93) | |
| ㉝ | 75.1 | 73.2 | 75.6 | 66.7 | 72.65 | (67.75 | 77.55) | | (68.55 | 77.75) | |
| ㉞ | 77.6 | 69.7 | 69.8 | 71.9 | 72.25 | (67.35 | 77.15) | | (68.15 | 76.35) | |
| ㉟ | 71.7 | 77.0 | 74.0 | 75.6 | 74.58 | (69.68 | 79.48) | | (70.48 | 78.68) | |
| ㊱ | 76.9 | 71.9 | 78.5 | 73.3 | 75.15 | (70.25 | 80.05) | | (71.05 | 79.25) | |
| ㊲ | 79.4 | 73.7 | 77.0 | 76.4 | 76.63 | (71.73 | 81.53) | | (72.53 | 80.73) | |
| ㊳ | 78.6 | 79.6 | 77.1 | 68.7 | 76.00 | (71.10 | 80.90) | | (71.90 | 80.10) | |
| ㊴ | 82.9 | 70.6 | 81.7 | 78.4 | 78.40 | (73.50 | 83.30) | | (74.30 | 82.50) | |
| ㊵ | 78.6 | 78.3 | 71.6 | 79.6 | 77.03 | (72.13 | 81.93) | | (72.93 | 81.13) | |
| ㊶ | 71.7 | 80.1 | 78.0 | 79.5 | 77.33 | (72.43 | 82.23) | | (73.23 | 81.43) | |
| ㊷ | 67.2 | 71.8 | 68.9 | 75.1 | 70.75 | (65.85 | 75.65) | | (66.65 | 74.85) | * |
| ㊸ | 72.2 | 75.6 | 70.6 | 76.3 | 73.68 | (68.78 | 78.58) | | (69.58 | 77.78) | |
| ㊹ | 69.9 | 73.0 | 70.1 | 80.0 | 73.25 | (68.35 | 78.15) | | (69.15 | 77.35) | |
| ㊺ | 75.3 | 7.55 | 80.4 | 70.9 | 75.53 | (70.63 | 80.43) | | (71.43 | 79.63) | |
| ㊻ | 85.0 | 81.3 | 68.3 | 75.5 | 77.53 | (72.63 | 82.43) | | (73.43 | 81.63) | |
| ㊼ | 72.7 | 75.3 | 76.6 | 76.3 | 75.23 | (70.33 | 80.13) | | (71.13 | 79.33) | |
| ㊽ | 78.5 | 76.7 | 74.4 | 69.4 | 74.75 | (69.85 | 79.65) | | (70.65 | 78.85) | |
| ㊾ | 69.8 | 80.3 | 82.0 | 80.1 | 78.05 | (73.15 | 82.95) | | (73.95 | 82.15) | |
| ㊿ | 72.8 | 74.3 | 79.4 | 77.7 | 76.05 | (71.15 | 80.95) | | (71.95 | 80.15) | |

**表 8.2**　表 8.1 の実験のために用いた正規乱数表

| | | | | |
|---|---|---|---|---|
| 1 | −0.60 | −1.40 | −1.27 | −0.25 |
| 2 | 0.03 | 0.76 | 1.55 | −0.79 |
| 3 | −0.07 | 0.10 | −1.33 | 1.93 |
| 4 | −2.18 | −0.34 | 1.09 | 0.67 |
| 5 | −2.11 | −1.78 | 0.61 | −0.03 |
| 6 | 0.73 | −0.26 | −0.43 | −0.26 |
| 7 | 0.22 | 1.26 | 0.20 | −1.38 |
| 8 | 1.96 | 2.59 | 1.42 | −1.02 |
| 9 | 2.25 | 0.86 | 0.39 | −1.48 |
| 10 | −0.49 | 0.51 | −1.37 | −0.78 |
| 11 | −0.90 | −0.70 | −0.11 | 2.51 |
| 12 | −0.10 | 1.46 | −0.07 | 0.19 |
| 13 | 0.88 | 0.69 | −0.07 | −0.16 |
| 14 | 0.15 | −1.09 | −0.71 | −0.19 |
| 15 | −1.73 | 0.56 | 0.43 | −1.07 |
| 16 | −0.82 | −1.34 | 0.08 | 0.11 |
| 17 | −1.33 | −0.01 | 0.89 | 1.46 |
| 18 | 1.61 | 0.58 | 0.00 | −0.37 |
| 19 | −0.00 | −1.06 | 0.85 | −2.29 |
| 20 | −0.50 | −0.44 | −0.59 | 0.27 |
| 21 | 0.37 | −0.51 | 0.55 | 1.01 |
| 22 | 0.10 | −0.48 | 1.49 | −0.64 |
| 23 | −0.52 | 1.29 | −0.46 | 0.74 |
| 24 | −1.03 | 1.03 | −0.82 | −1.82 |
| 25 | −2.11 | −0.58 | 0.75 | 0.54 |
| 26 | −1.51 | −1.59 | −0.39 | −1.36 |
| 27 | 1.23 | −0.37 | 1.79 | −0.16 |
| 28 | 0.72 | 0.95 | 0.42 | −1.00 |
| 29 | −1.06 | 2.02 | −0.52 | −0.19 |
| 30 | 0.59 | −0.92 | −0.32 | −0.72 |
| 31 | −0.33 | −0.28 | −0.08 | 0.34 |
| 32 | 0.23 | −1.27 | 0.10 | 1.60 |
| 33 | 0.01 | −0.35 | 0.11 | −1.66 |
| 34 | 0.53 | −1.07 | −1.03 | −0.62 |
| 35 | −0.66 | 0.40 | −0.21 | 0.12 |
| 36 | 0.38 | −0.61 | 0.70 | −0.35 |
| 37 | −0.89 | −0.26 | 0.39 | 0.28 |
| 38 | 0.73 | 0.91 | 0.43 | −1.27 |
| 39 | 1.58 | −0.87 | 1.33 | 0.68 |
| 40 | 0.72 | 0.66 | −0.68 | 0.92 |
| 41 | −0.65 | 1.02 | 0.59 | 0.90 |
| 42 | −1.56 | −0.63 | −1.22 | 0.02 |
| 43 | −0.56 | 0.12 | −0.88 | 0.27 |
| 44 | −1.03 | −0.40 | −0.98 | 1.00 |
| 45 | 0.06 | 0.10 | 1.09 | −0.83 |
| 46 | 2.00 | 1.26 | −1.33 | 0.10 |
| 47 | −0.46 | 0.05 | 0.33 | 0.25 |
| 48 | 0.71 | 0.34 | −0.13 | −1.11 |
| 49 | −1.05 | 1.61 | 1.39 | 1.03 |
| 50 | −0.45 | −0.13 | 0.88 | 0.53 |

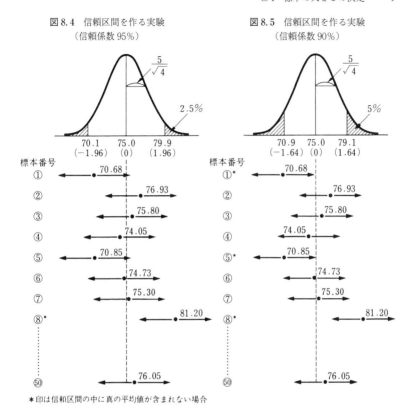

図 8.4　信頼区間を作る実験
（信頼係数 95%）

図 8.5　信頼区間を作る実験
（信頼係数 90%）

＊印は信頼区間の中に真の平均値が含まれない場合

# *8.4* 標本の大きさの決定

## *8.4.1* 比率の推定と標本の大きさ

　これまでに説明した推定の理論は，ある一定の正確さでの推定を行なうためにどれくらいの大きさの標本が必要であるかを知るためにも用いることができる。

　前に説明したように，標本の大きさ $n$ が大であれば，標本比率 $x/n$ は近似的に正規分布 $N(p, pq/n)$ に従うから，信頼係数 95% で，

$$\frac{\left|\dfrac{x}{n}-p\right|}{\sqrt{\dfrac{p(1-p)}{n}}} < 1.96 \tag{8.21}$$

である。いま，標本比率 $x/n$ によって母集団の比率 $p$ を推定しようとするとき，推定の誤差 $|x/n-p|$ をある値 $E$ 以内にしたいとすれば，式 (8.21) において，$|x/n-p|=E$ とし，不等号を等号にして求められる $n$ の値，

$$n = \left(\frac{1.96}{E}\right)^2 p(1-p) \tag{8.22}$$

で必要な標本の大きさを求めることができる。すなわち，式 (8.22) で求められる $n$ の値よりも標本数を大きくすれば，$p$ の推定の誤差は，確率 95% で許容限度 $E$ 以内におさまる。

　ここで問題は，式 (8.22) から $n$ を求めるためには $p$ の値がわからなければならないことである。しかしながら，$p(1-p)$ の値は $1/4$ よりも大にはならない。すなわち $p(1-p)$ の最大値は $1/4$ であり，それは $p=1/2$ のときであることが次のように簡単に証明できる。

　$p-p^2 = \dfrac{1}{4} - \left(\dfrac{1}{4} - p + p^2\right) = \dfrac{1}{4} - \left(\dfrac{1}{2} - p\right)^2$ であるから，これは $p=1/2$ の とき最大値 $1/4$ をとる。

　したがって，式 (8.22) を用いる場合には，$p=1/2$ として用いれば常に安全である。しかしながら，それでは標本の大きさを最も大きめにとることになるので，とくに標本をとる費用が高いような場合には，$p$ の値について多少でも情報があれば，それをできるだけ利用することが望ましい。すなわち，$p$ のおおよその値の見当がつけば，それが $1/2$ 以外の値であるときには，その値を式 (8.22) に用いることにより標本数を節約することができる。

　このことは私たちが身近に経験することで，無意識のうちに当然と考えているような例で興味深く説明することができる。たとえば選挙で A，B 2 人の候補者の力が伯仲しているような場合（勝つ確率 $p$ が A も B も $1/2$ に近いとき）には勝敗を見きわめるまでに多くの票が開票されなければならない（開票完了近くまで勝敗がわからない）のに，どちらかが圧倒的に強い場合（$p$ が $1/2$ より大きく 1 に近い）には開票数がまだ少ない（すなわち標本数が少ない）段階で勝敗が判断できるのである。

**【例8.8】** ある電気器具メーカーが，自社のある製品を利用している家庭の割合を標本調査によって推定しようと考えている。信頼係数95% で誤差を3% 以内におさえたいとすれば，必要な標本数はどれくらいかを求めてみる。

$E=0.03$ であるから，式（8.22）から，$p=1/2$ として，

$$n = \left(\frac{1.96}{0.03}\right)^2\left(\frac{1}{2}\right)\left(\frac{1}{2}\right) \doteqdot 1{,}067.1$$

となる。したがって，もし標本数を1,068 とすれば，少なくとも95% の確率で，標本世帯のうちこの製品を使っている世帯の割合は，母集団における割合から3% 以上離れてはいないと考えることができる。ここで少なくともというのは，$p=1/2$ としているから，$n=1{,}068$ は必要以上に大きいかもしれないからである。

ここで，もし使用世帯のおおよその割合が30% と見当がつけられるとすれば，$p=0.30$ を用いて，

$$n = \left(\frac{1.96}{0.03}\right)^2(0.30)(0.70) \doteqdot 896.4$$

が得られ，したがって前より約170 だけ少ない標本数でよいということになり，標本数が節約できる。

以上の説明で，もし信頼係数を99% にしたいとすれば，1.96 の代わりに2.58 を用いればよい。式（8.22）から，**信頼係数を高めようとすれば，必要標本数は多くなる**ことがわかる。また，**許容誤差 $E$ を小さくしようとすれば，必要標本数は多くなる**こともわかる。

〔問8.4〕 上例で信頼係数を99% にしたときの必要標本数を求めよ。また許容誤差を1% としたときはどうなるか。

### 8.4.2 平均値の推定と標本の大きさ

平均値の推定においても，比率の場合とまったく同じように考えて標本の大きさを決定することができる。前述のように，標本の大きさが大であれば，標本平均値 $\bar{x}$ は正規分布 $N(\mu, \sigma^2/n)$ に従うから，信頼係数95% で，

$$\frac{|\bar{x}-\mu|}{\sigma/\sqrt{n}} < 1.96 \tag{8.23}$$

である。いま，推定の誤差の大きさ $|\bar{x}-\mu|$ の許容限度を $E$ とすれば，式（8.

23) で両辺を $=$ とした式から，$n$ を求めれば，

$$n = \left(\frac{1.96\sigma}{E}\right)^2 \tag{8.24}$$

が必要標本数であることがわかる。ここでもまた，この式を用いるためには母集団の標準偏差 $\sigma$ の値がわかっているか，あるいはその近似値が利用できなければならない。そしてこの場合には比率 $p$ の推定の場合と違って $\sigma$ には上限値はないから，必ず $\sigma$ のなんらかの推定値を用いなければならない。

**【例8.9】** ある大都市の大学生の1ヵ月平均生活費を 1,000 円以内の誤差で推定するという問題を考えてみよう。ただし母集団の標準偏差は約 8,000 円であると見当がつけられているとする。

信頼係数を 95% とすれば，式 (8.24) を用いて

$$n = \left[\frac{(1.96)(8,000)}{(1,000)}\right]^2 \doteqdot 245.9$$

が得られる。したがって，246 人を選んで調べればよいという結論になる。

**〔問8.5〕** 上例で信頼係数を 99% としたときの必要標本数を求めよ。またこのとき許容誤差を 500 円とするとどうなるか。

## ▶ *8.5* 区間推定 —— 分散

*8.3* 節では平均値の区間推定について説明したが，母集団の分散の値がどれくらいかを知りたいという場合も多い。そこで本節では分散の区間推定について述べよう。なお，以下では母集団の分布は正規分布であると仮定する。

*7.7* 節（207 ページ）で説明したように，大きさ $n$ の標本からの標本分散を，

$$\hat{\sigma}^2 = \frac{1}{n-1}\sum_{i=1}^{n}(x_i - \overline{x})^2 \tag{8.25}$$

とすれば，

$$C^2 = \frac{\hat{\sigma}^2}{\sigma^2} \tag{8.26}$$

は修正 $\chi^2$ 分布に従う。したがって修正 $\chi^2$ 分布表から，

$$\begin{aligned} P_r\{C^2 < C_1{}^2\} &= 0.025 \\ P_r\{C^2 < C_2{}^2\} &= 0.975 \end{aligned} \tag{8.27}$$

図 8.6 分散の区間推定

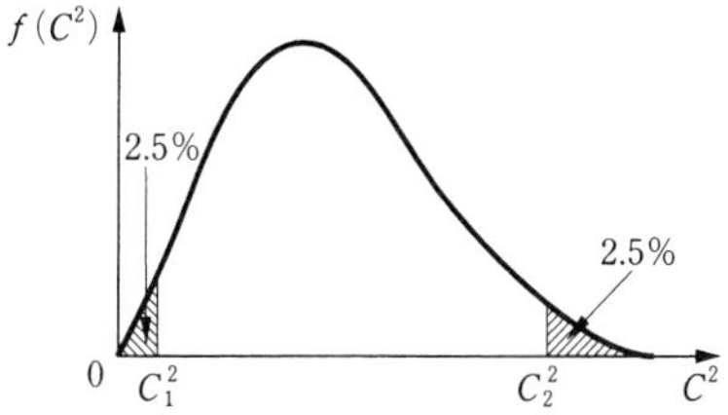

となるような $C_1{}^2$ および $C_2{}^2$ を求めれば，

$$P_r\left\{C_1{}^2 < \frac{\hat{\sigma}^2}{\sigma^2} < C_2{}^2\right\} = 0.95 \qquad (8.28)$$

である（自由度 $n-1$）。ゆえに，

$$P_r\left\{\frac{\hat{\sigma}^2}{C_2{}^2} < \sigma^2 < \frac{\hat{\sigma}^2}{C_1{}^2}\right\} = 0.95 \qquad (8.29)$$

である。この式（8.29）は信頼係数 95% の $\sigma^2$ の信頼区間を示したものであり，それを図示したものが図 8.6 である。

【例 8.10】 【例 8.7】の電球の寿命のデータを使って分散の区間推定を行なってみよう。まず $\hat{\sigma}^2 = 77.48^2$ であり，巻末付表 5 の修正 $\chi^2$ 分布（340 ページ）から，自由度 $9 (= 10 - 1)$ より

$$P_r\{C^2 < 0.300\} = 0.025$$
$$P_r\{C^2 < 2.113\} = 0.975$$

が求められる。よって，

$$\frac{77.48^2}{2.113} < \sigma^2 < \frac{77.48^2}{0.300}$$

すなわち，

$$(53.30)^2 < \sigma^2 < (141.46)^2$$

が信頼係数 95% の信頼区間である。

## *8.6* 点 推 定

### *8.6.1* 点推定の問題

私たちは，これまでに区間推定の考え方と方法とを学んだ。それは，母集団の未知のパラメータの値について，それがどのような範囲の値であるかを

標本から推論するものであった。このように未知のパラメータの値を標本から計算されるある区間で推定するのに対して，それを最も良いと考えられる単一の値で推定しようという考え方もある。そのような推定を，**点推定**（point estimation）という。たとえば母集団平均値 $\mu$ の推定値として標本平均値 $\bar{x}$ の値を用いることが考えられる。しかし $\bar{x}$ の値は $\mu$ の値に必ずしも一致せず，むしろ多少とも違っているのがふつうである。いいかえるとその推定には多少とも誤差が伴うのである。そこで単一の値で推定するにしても，推定の誤差の大きさに注意しておくことが必要である。これは，誤差を考慮してある幅で考えておくということであるから，点推定も区間推定も基本的な考え方は違わないともいえる。

　点推定において，まず問題になるのは，単一の推定値としてどのような値を選んだらよいかということである。いいかえると，最もよい単一の値はどのような性質をもったものであるべきかということである。この性質としては，大きく分けて次の2つが考えられる。第1に，標本から計算される推定値は標本が変われば異なった値をとるわけであるが，あらゆる場合を平均してみるとパラメータの真の値に一致するということである。すなわち平均的には真の値が得られるということである。第2に，推定の誤差ができるだけ小さいということである。

　一般に任意の母集団パラメータを考え，それを $\theta$ と書き，その推定のために用いられるものを $\hat{\theta}$ としよう。$\hat{\theta}$ のことを $\theta$ の**推定量**（estimator）という。たとえば，$\mu$ は $\theta$ の1つの例であり，その場合 $\bar{x}$ は $\theta$ の推定量 $\hat{\theta}$ にあたる。$\hat{\theta}$ は標本から計算されるものであるから，確率変数である。$\hat{\theta}$ の変動は避けることはできないが，私たちは，確率変数 $\hat{\theta}$ が一定値の目標 $\theta$ の近くのできるだけ狭い範囲の中で変動することを望むのである。推定量に対するこのような私たちの希望はいくつかの基準として表わされる。

### *8.6.2* 不　偏　性

　推定量 $\hat{\theta}$ が平均的に真のパラメータ $\theta$ に一致するとき，$\hat{\theta}$ は $\theta$ の推定量として**不偏**（unbiased）であるという。$\hat{\theta}$ は $\theta$ よりも大きかったり小さかったりするのであるが，平均的には $\theta$ を正しく推定するということである。公式的には，

図8.7 不偏推定量と偏りのある推定量

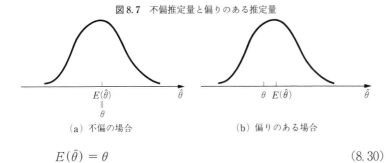

(a) 不偏の場合 　　　　　　(b) 偏りのある場合

$$E(\hat{\theta}) = \theta \qquad (8.30)$$

であるとき，すなわち $\hat{\theta}$ の期待値が $\theta$ に等しいとき，$\hat{\theta}$ を $\theta$ の**不偏推定量** (unbiased estimator) という。たとえば母集団平均値 $\mu$ の推定の場合について いえば，その推定量としての標本平均値 $\overline{x}$ は，194 ページ式 (7.3) に証明し たように，

$$E(\overline{x}) = \mu \qquad (8.31)$$

であるから，$\overline{x}$ は $\mu$ の不偏推定量である。

　図 8.7 で (a) は $\hat{\theta}$ が不偏推定量である場合，(b) は $\hat{\theta}$ が偏りのある推定量で ある場合を示したものである。

$$E(\hat{\theta}) - \theta \qquad (8.32)$$

が偏りの大きさを表わす。(b)ではこの値は正の値であり，$\hat{\theta}$ が $\theta$ を平均的に 過大に推定していることがわかる。

　偏りのある推定量の例としては，母集団の分散 $\sigma^2$ の推定量としての

$$s^2 = \frac{1}{n} \sum_{i=1}^{n} (x_i - \overline{x})^2 \qquad (8.33)$$

がある。203 ページ式 (7.18) を参照すると，

$$E(s^2) = E\left(\frac{n-1}{n}\hat{\sigma}^2\right) = \frac{n-1}{n}\sigma^2 < \sigma^2 \qquad (8.34)$$

であるから，$s^2$ は $\sigma^2$ を平均的に過小に推定していることになる。

$$\hat{\sigma}^2 = \frac{1}{n-1} \sum_{i=1}^{n} (x_i - \overline{x})^2 \qquad (8.35)$$

を考えれば，203 ページ式 (7.17) で証明したように

$$E(\hat{\sigma}^2) = \sigma^2 \qquad (8.36)$$

であり，したがって $\hat{\sigma}^2$ は $\sigma^2$ の不偏推定量である。

図8.8　推定量の分散度

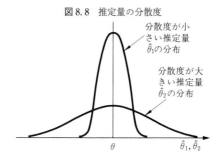

### 8.6.3 効　　率

　推定量が不偏であっても，場合によって外れがきわめて大きいということではあまり意味がない。すなわち推定量 $\hat{\theta}$ の分布の平均が $\theta$ に等しくても，分布の分散度が大きければ推定がうまくいく可能性は少ない。図8.8には，どちらも不偏推定量であるが分散度の異なる2つの推定量の分布を示してあるが，明らかに分散度の小さい $\hat{\theta}_1$ の方が望ましい。そこで形式的には推定量 $\hat{\theta}_2$ に対する $\hat{\theta}_1$ の相対的**効率**（efficiency）を，$\hat{\theta}_1$ の分散 $V(\hat{\theta}_1)$ に対する $\hat{\theta}_2$ の分散 $V(\hat{\theta}_2)$ の比率

$$V(\hat{\theta}_2)/V(\hat{\theta}_1) \tag{8.37}$$

で表わすことができる。この値が大きいほど $\hat{\theta}_1$ は $\hat{\theta}_2$ にくらべて効率が良いということができる。

### ▶ 8.6.4 最尤推定法

　標本についての観察結果から，できるだけ望ましい性質をもった単一の推定値を求めることが点推定法の中心的な問題である。ここでは，1つの代表的な点推定法である**最尤推定法**あるいは**最尤法**（maximum likelihood method）について説明する。

　比率の推定を例にとろう。いま，有権者の中で現在の内閣を支持している人の割合を知りたいとする。そこで，$n$ 人の有権者を標本に選んで調査したところ $k$ 人が支持者であった。このとき，母集団における支持者の割合をどれだけと推定したらよいか。最尤法はこの問題を次のようにして解く。

　母集団における支持者の割合を $p$ とすれば，$n$ 人の標本のうちに $k$ 人の支持者が含まれる確率は二項分布で与えられるから，

$$P(k) = {}_nC_k p^k (1-p)^{n-k} \qquad (8.38)$$

である。ここで最尤法は、「$n$ 人の中に含まれる支持者の数 $x$ には、いろいろとおこりうる可能性（0, 1, 2, …, $n$ の可能性）がある中で、$x=k$ という事柄がおこったのは、それが最もおこる可能性の大きい事柄だからである」と考えるのである。いいかえると、「ある標本が得られたとき、それは母集団のパラメータ（いまの例では $p$）がそのような標本が得られる可能性が最も大きいような値になっているからである」と考えるのである。これは最も可能性の大きいことがおこったと考えることであり、きわめて常識的な考え方であるといえよう。

　この考え方によれば $p$ は次のようにして推定される。$n$ 人の中に $k$ 人の支持者が含まれる確率は、$p$ の値のいかんによりその大きさが異なる。それは式 (8.38) の確率を、$n$ と $k$ が与えられたものとして、$p$ の関数とみなすことによって明らかである。この関数をいま $L(p)$ と書こう。これは**尤度関数**（likelihood function）と呼ばれる。いいかえると、尤度関数は、標本のもつ確率を未知の母集団パラメータの関数と考えたものである。そこで尤度関数 $L(p)$ を最も大きくするような $p$ の値（これを $\hat{p}$ と書こう）を求め、それを $p$ の推定値とするのが上述の最尤法の考え方である。そのために $L(p)$ を $p$ で微分して 0 とおくと、

$$\frac{dL(p)}{dp} = {}_nC_k p^{k-1}(1-p)^{n-k-1}[k(1-p)-(n-k)p] = 0 \quad (8.39)$$

となる。これから $p=0$, $p=1$, $p=k/n$ の 3 つの根が得られるが、$p=0$, $p=1$ のとき $L(p)$ の値は 0 であり、これは明らかに $L(p)$ を最大にはしないから、残りの根

$$\hat{p} = k/n \qquad (8.40)$$

が求める $p$ の推定値である。

　以上のような方法を最尤法という。最尤法の考え方は上述のようにきわめて常識的な考え方であるが、しかし同時に、最尤法によって求められる推定値（最尤推定値）は理論的にもいろいろとすぐれた性質をもっていることが証明されている。

　以上のように、点推定は単一の値で未知のパラメータを推定するものであ

るが，それは推定値である以上当然に推定の誤差をもっている。したがって，単一の推定値だけでなく，その誤差の大きさも同時に示さなければあまり意味がない。しかしながら，単一の推定値に誤差の大きさをあわせて判断することは，判断の性質としては区間推定の考え方に通じるものである。したがって，私たちは区間推定の考え方が推定の基本的なものであるということができ，本章でも区間推定に重点をおいて説明したのである。

## 【練習問題】

（以下，推定および検定の問題においての標本標準偏差は，

$$\hat{\sigma} = \sqrt{\frac{1}{n-1}\sum_i (x_i - \bar{x})^2}$$ のことをいっているものとする。）

1)　甲子園に出場した高校野球 A 選手の打撃成績は 20 打数 6 安打であった。プロ野球の B 選手の年間打撃成績は 320 打数 96 安打であった。ともに 3 割の打率であるが，推定論的に両者の違いを論ぜよ。

2)　無作為に選んだ 250 人の大学生について運転免許をもっているかどうかを調査したところ，90 人がもっていた。信頼係数 95％ で，運転免許をもっている大学生の割合の信頼区間を求めよ。

3)　あるテレビ番組を見た 400 人について調査したところ，そのうちの 100 人がその番組がおもしろかったと答えた。信頼係数 99％ で，その番組がおもしろかったと思っている人の割合の信頼区間を求めよ。

4)　ある自動車会社で，自動車の普及状況を調べるために 300 世帯を調査したところ，30 世帯が自動車をもっていた。信頼係数 90％ で保有世帯の割合の信頼区間を求めよ。

5)　ある大学で，下宿している学生の比率を調べるために無作為に 100 人の学生を選び出し調査したところ，65 人が下宿をしていた。大学全体で下宿している学生の比率の信頼区間を信頼係数 95％ および 99％ で求めよ。

6)　ある大企業が，従業員の健康調査をするために，過去 3ヵ月間に欠勤あるいは早退を希望したことのある 60 人の従業員を無作為に選んだ。欠勤または早退を希望した理由が頭痛であった従業員が，これら 60 人中 39 人いた。信頼係数 95％ で，頭痛が原因で欠勤または早退を希望する従業員の割合の信頼区間を求めよ。

7)　洗剤について 4,000 人の主婦の意見を調査したところ，良い洗剤として

1,500 人が洗剤 A を選んだ。このとき，良い洗剤として A を選ぶ主婦の割合の信頼区間を信頼係数 99％ で求めよ。また，1,000 人を調査して 375 人が A を選んだ場合の信頼区間を求め，上と比較せよ。

8)　世論調査で，ある政策に対して反対の意見をもっている人の割合を誤差 3％ 以内，信頼係数 99％ で調査するためには，標本の大きさをいくらにすればよいか。

9)　ある食品メーカーが，新製品の開発に関連して，塩辛いクラッカーよりも塩味の薄いクラッカーを好んでいる人の割合を推定したいと考えている。信頼係数 90％ で，標本割合と真の割合との食い違いが 2％ をこえないようにするには，標本をどれだけとればよいか。

10)　ある非常に大きなボールベアリングの積荷の中に，不良品がいくら混じっているか推定しようとしている。過去の経験から，ボールベアリングの不良品率は約 4％ であることがわかっている。95％ の信頼係数で，誤差 5％ 以内で推定するには，標本の大きさをいくらにすればよいか。また，もし不良品率に関して何の情報も与えられていないとすれば，標本の大きさをいくらにしなくてはならないか。

11)　分散 $\sigma^2 = 25$ の母集団から $n = 200$ の標本を取り出したところ，その平均が $\bar{x} = 20$ であった。このとき，母集団平均を信頼係数 95％ で区間推定せよ。

12)　ある機械装置を組み立てるテストを 6 回やったところ，それぞれ 12, 13, 17, 13, 15, 14 分かかった。この装置を組み立てるのに必要な平均時間を信頼係数 99％ で区間推定せよ。

13)　ある実験を試みたところ，25％ の過負荷電流で 10 本のヒューズが飛んでしまうまでの平均時間は 9.2 分で，標準偏差 $\sigma$ は 2.5 分であった。25％ の過負荷で，この種類のヒューズが飛ぶまでの平均時間を，信頼係数 99％ で区間推定せよ。

14)　ある工場で作られているタイヤの平均寿命を調べるために 30 本のタイヤについて検査したところ，持続できた走行距離は平均 35,000 km，標準偏差 2,000 km であった。このことより，この工場で製造されるタイヤの平均寿命を信頼係数 99％ で区間推定せよ。

15)　ある溶液の pH の測定値は 7.90, 7.94, 7.91, 7.93 であった。この溶液の pH の真の平均値を $\mu$ で表わすとき，pH 測定値は正規分布をするものとして，信頼係数 95％ の $\mu$ の信頼区間を求めよ。

16)　ある大都市に住んでいる高校生 100 人に，IQ テストをしたところ，平均 107，標準偏差 12.4 という結果を得た。この大都市の高校生の平均 IQ を信

頼係数 95% で区間推定せよ。

**17)** ある大きい生産ロットから無作為に選ばれた市販用溶剤の入ったコンテ
ナ 5 個の重量が, 11.6, 11.5, 11.8, 11.3, 11.7 kg であった。これより, この
溶剤を入れたすべてのコンテナの平均重量の信頼区間を, 信頼係数 99% で
求めよ。

**18)** あるガソリンスタンドで, トラック用燃料の売上量の伝票の中から, 無
作為に 20 枚の伝票を取り出した。このとき, 平均売上量は 244 リットルで,
標準偏差は 10.6 リットルであった。信頼係数 95% で, 平均売上量の信頼区
間を求めよ。

**19)** ある地区で, 10 世帯について 1 ヵ月の電気料金を調査したところ, 次の
結果を得た。この地区の 1 世帯あたりの平均電気料金を信頼係数 90% で区
間推定せよ（単位：円）。

　　　5,900　4,300　4,200　3,800　5,200　4,500　5,100　6,200
　　　4,700　4,100

**20)** ある大都市の親元を離れてワンルーム・マンションで生活している大学
生 50 人を無作為に選び, 毎月支払っている家賃を調査したところ, 平均
63,700 円, 標準偏差 20,400 円であった。その都市のワンルーム・マンション
の居住学生が支払っている平均家賃を, 信頼係数 90% で区間推定せよ。

**21)** 自動車衝突事故の対物保険についてのある研究によると, ある種類の破
損を受けた 120 台の車体を無作為に選んだところ, それらの修理費の平均は
14.4 万円で, 標準偏差は 1.7 万円であった。この種の修理の平均費用を区間
推定せよ。ただし, 信頼係数 99% とする。

**22)** あるメーカーの電気シェーバーの平均寿命を推定したいものとする。標
準偏差を約 100 日と考えたとき, 推定値の誤差を 20 日以内にするためには,
標本の大きさをどれくらいにすればよいか。ただし信頼係数 99% とする。

**23)** あるサイズの箱入りの洗剤の重量の標準偏差は 5 kg であることがわか
っている。この洗剤の平均重量を推定する場合, 信頼係数 95% で, 推定値
の誤差を 1.2 kg 以内にしたいものとすれば, 標本数をどれだけにすればよい
か。

**24)** 反応時間を調べる心理学のあるテストで, 反応時間の標準偏差が 0.05 秒
であることがわかっている。反応時間は正規分布をするとして, 平均反応時
間を誤差が 0.01 秒以内であるように推定するには, 何人をテストすればよ
いか。

　　また誤差を 0.005 秒以内であるように推定するには, 何人をテストすれば

よいか。ただし信頼係数を 95% とする。

25) 練習問題 19) のデータから，分散の区間推定をせよ。ただし信頼係数を 95% とする。

26) ある大都市で 2DK の民間アパートに住んでいる 30 人のアンケート調査によると，1ヵ月の平均家賃は約 75,000 円，標準偏差 15,000 円であった。

　(1) その都市の民間の 2DK アパートの家賃の平均を信頼係数 95% で区間推定せよ。

　(2) いま，標準偏差が 15,000 円であることだけがわかっているとすると，平均家賃の推定誤差を 3,000 円以内にとどめるためには，標本数をどのくらいにしたらよいか。信頼係数 95% で求めよ。

27) 床みがき用ワックスの入った 10 本の缶の重さは以下のとおりであった（単位：kg）。

　　　　9.5　11.0　9.8　10.2　9.3　10.4　10.6　10.0　10.5　9.9

これより，ワックス缶の重さの分散の信頼区間を信頼係数 99% で求めよ。

【本章末の練習問題の解答は 328〜329 ページを見よ】

# 第9章 検 定

　本章では，統計的推論において推定とならぶもう1つの検定の問題を扱う。そこで中心的に重要な概念である有意性や2種類の誤りについては，反復をもいとわず丁寧に説明する。

## 9.1 検定の問題

### 9.1.1 1つの例題
　最近では統計的推論が意思決定の問題に応用されることがきわめて多くなった。統計学は人間の意思決定の基礎となるデータを作ったり分析したりするのに非常に大きな貢献をしているのである。そして**検定**（test）**の理論**は，なかでもいろいろと重要な役割を果たしている。

　次のような例で考えてみよう。ある通信販売会社では通信販売のために1年に何万通ものダイレクト・メールを出している。過去においてはダイレクト・メールに対するお客の反応率（受注の割合）は10% であった。この会社の経営者は，ダイレクト・メールの方法を新しい方法に変えて効果（反応率）を高めることができないかと考えている。

　いま，この新しい方法の効果についてはなんらの情報もないので，試験的に 1,000 人に発送してみることになった。そしてその結果によって，もし新しい方法の方が効果的であると判断されたならば，新しい方法に切りかえることを決めようというわけである。問題は，その結果をどのように解釈するかである。

　いま，反応率が 10% 以下，すなわち受注が 100 以下であったとすれば，誰も新しい方法が従来の方法よりも効果的であるとは思わないであろう。それでは受注が 102 だったらどうであろうか。反応率は 10.2% であるから 10% より高いのであるが，おそらくほとんどの人はこの程度ではまだ新しい方法の方が効果的であるとは断言できないというであろう。従来の方法によっても，そのくらい高いことは十分におこりうると考えられるからである。それでは受注が 105 だったらどうか。あるいは 108 だったらどうであろうか。このようにだんだん受注が多かった場合を考えていくと，しだいに新しい方法の方が効果的であると認める方向に私たちの判断は傾いていくであろう。そしてもし受注が 130 もあったとしたら，おそらくほとんどの人が新しい方法がより効果的であることを認めるであろう。それは，反応率が 10% という従来の方法と同じ効果であるとすれば 1,000 人の中から 130 人もの受注はなかなか期待できない（可能性が少ない）と考えられるからである。

　以上のような判断は実は**統計的仮説検定**による判断なのである。上例で，新しい方法に対する反応率が従来の方法の 10% から上に大きく離れるほど，私たちは新しい方法が従来の方法より効果的であると，より強く確信する。そこで問題は，どこを境界にして，すなわち受注がいくら以上であったら私たちは新しい方法の方がより効果的であるとし，従来の方法から新しい方法へ切りかえることに決めるかということである。

　いま，次のようなルールを考えてみよう。もし反応が 120 未満であれば，新しい方法が古い方法よりも効果があるとは断定できないとして古い方法を続け，反応が 120 以上であれば，新しい方法の方が効果があると判断して新しい方法に切りかえる。このルールはきわめて明確なルールであるが，しかし，それは判断の誤りのまったくないルールではない。それでは，このルールにはどのような誤りの可能性が含まれているであろうか。次に，それを考えてみよう。

### 9.1.2　検定における2種類の誤り

　まず第1に，たとえ新しい方法が平均的に古い方法と同じ 10% の効果しかもっていなくとも，反応が 120 以上になることはありうることである。その場合には，上のルールによると，新しい方法が古い方法より効果的でない

にもかかわらず，効果的であると判断してしまうことになる。その確率がどれくらいあるかは，第6章で説明した二項分布の確率の計算法（170～173ページ，正規分布による近似計算）によって計算することができる。新しいダイレクト・メールの方法が古い方法と同じ効果（10% の反応率）をもつとすると，1,000人のうち120人以上が反応する確率は，$n = 1,000$，$p = 0.1$ の二項分布で $x$ が120以上の値をとる確率を求めればよい。それを正規分布で近似するためにこの二項分布について平均値 $\mu$ と標準偏差 $\sigma$ とを求めると（148ページ式 (6.7) および149ページ式 (6.11)），

$$\mu = np = 1,000(0.1) = 100$$
$$\sigma = \sqrt{np(1-p)} = \sqrt{1,000(0.1)(0.9)} \fallingdotseq 9.5$$

となる。そこでこの二項分布を $N(100, 9.5^2)$ で近似することとし，119.5以上（整数値の離散変数で120以上は連続変数では119.5以上）の値をとる確率を求めるためには，119.5が平均値100から標準偏差9.5の何倍離れているか，すなわち標準正規分布 $N(0, 1)$ で，

$$z = \frac{119.5 - 100}{9.5} \fallingdotseq 2.05$$

以上の値となる確率を求めればよい。これは正規分布表から 0.0202，すなわち約2% である。

　以上の結果から，新しい方法の効果が従来の方法のそれとまったく同じであっても，反応が120以上あったために新しい方法の方が効果的であると誤って判断され，したがって新しい方法への切りかえがなされてしまう確率が約2% あることがわかった。この誤りを**第1種の誤り**（type one error）という（図9.1参照）。

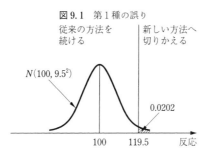

図9.1　第1種の誤り

〔**問 9.1**〕　反応が 117 以上のとき新しい方法の効果を認めるとすれば，第 1 種の誤りはいくらになるか。

　しかし，第 1 種の誤りという言葉を使っていることからもわかるように，上述のルールから生じる誤りはそれだけではない。仮に新しい方法が古い方法（10%）より事実としては効果が大きい場合でも，その反応が 120 に満たないために，前述のルールから新しい方法の方がより効果が大きいとはいえないと結論されることがありうるからである。それではこのような誤りが生じる確率はどれくらいであろうか。

　その確率の計算のためには新しい方法の真の効果の大きさを仮定しなければならない。それにはどんな値を仮定してもよいが，いま仮に新しい方法の真の平均的反応率を 14% としてみよう。このとき上述の誤りの確率は，また二項分布の確率の計算法によって，次のように計算される。求める確率は，$n=1{,}000$，$p=0.14$ の二項分布において $x$ が 119 以下の値をとる確率であり，これを正規分布で近似するために，平均値 $\mu$ と標準偏差 $\sigma$ とを求めると，

$$\mu = np = 1{,}000(0.14) = 140$$
$$\sigma = \sqrt{np(1-p)} = \sqrt{1{,}000(0.14)(0.86)} \fallingdotseq 11.0$$

となる。したがって，$N(140, 11^2)$ で 119.5 以下の値となる確率を求めると，

$$z = \frac{119.5 - 140}{11.0} \fallingdotseq -1.86$$

となり，標準正規分布 $N(0,1)$ で $-1.86$ 以下の値となる確率を表から求めると 0.0314 である。

　以上の結果から，新しいダイレクト・メールの方法の効果が従来の方法よりもかなり大きく 14% であっても，それを 1,000 人についてテストしてみて反応したのが 119 人以下であったために，新しい方法が従来の方法より良いとはいえないと誤って判断され，したがって新しい方法が採用されないという確率が約 3% あることがわかった。この誤りを**第 2 種の誤り**（type two error）という（図 9.2 参照）。

〔**問 9.2**〕　反応が 117 以上のとき新しい方法の効果が 14% であると認めるとすれば，第 2 種の誤りはいくらになるか。

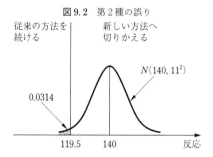

図 9.2　第 2 種の誤り

### 9.1.3　仮説の検定の手続き

　上例の問題をここで整理してみよう。私たちはいま，新しく提案されているダイレクト・メールの方法が従来の方法よりもより効果的なものであるかどうかを問題にしている。ここでまず，新しい方法が従来の方法と同一の効果（10％）しかもたない（あるいは新しい方法の方が従来の方法より効果が大きいとはいえない）と仮定したとき，1,000 の標本からの観察結果（反応数）がその仮定と大きく食い違っていないかどうかを調べる。ここで観察結果と仮定とが大きく食い違うということは，仮定のもとではその観察結果が得られる確率がきわめて小さい（おこりにくい）ということを意味する。もしこの食い違いが大きければ，観察結果にてらしてみてその仮定は認められないことになり，したがって新しい方法の効果は従来の方法の効果と同一（10％）ではないということになる。

　ここで，はじめに仮定したことを**仮説**（hypothesis）という。すなわち「新しい方法の効果は従来の方法の効果と同一である」というのが，いまの例での仮説である。そして**標本観察の結果とつきあわせて仮説が正しいといえるかどうかを調べる**ことを**仮説の検定**という。

　このような仮説の検定は次のような手続きによって行なわれる。

(1)　仮説（以下これを $H_0$ と書く）を設ける（上の例では新しい方法の効果が従来のものと同じであるということ，すなわち $p = 0.1$）。

(2)　仮説を検定するために適当な標本統計量を選ぶ（上の例では反応数 $x$ あるいは反応率すなわち標本比率 $x/n$）。

(3)　その標本統計量の値についてある境界値を設定し，仮説の成立にとってその値よりも不利な値の領域（仮説が正しいといい難い領域），すなわち

仮説が正しいとするとその統計量の値が得られる確率が非常に小さくなるような領域では仮説を否定し，有利な値の領域，すなわち仮説が正しいとしてその統計量の値が得られる確率が小さくはない領域では仮説を肯定する（少なくとも否定はしない）ことにする。前者の領域を仮説の**棄却域**（rejection region あるいは critical region，以下これを $R$ と書く），後者の領域を仮説の**採択域**（acceptance region，これを $A$ と書く）という（上の例では $x \geq 120$ が $R$ であり，$x < 120$ が $A$ である）。

(4)　標本観察を行ない，統計量の値が棄却域 $R$ に落ちれば仮説を否定し，採択域 $A$ に落ちれば仮説を肯定する（上の例では，反応数 $x$ が 120 以上であれば新しい方法の効果は従来のものと同じであるということを否定，すなわち同じでないとし，$x$ が 120 未満であれば効果は同じである，あるいは少なくとも同じでないとはいえないとする）。

以上の手続きで問題となるのは，棄却域 $R$ と採択域 $A$ との境界をどのように設定するかということである。すなわち，上で述べた確率が非常に小さいとか小さくないとかについてどのような値を基準にするかということである。その値としては 5% あるいは 1% が用いられることが多い。そしてそのように確率が小さいことが観察されたということは，それがたまたま（**意味のない偶然**）おこったのではなく，その確率の計算のもとになっている仮説 $H_0$ が正しくないという**意味のある**（有意な）理由によっておこったと考えられるのである。そこでそう判断する基準となる確率の値を**有意水準**（level of significance）といい，$\alpha$ で表わす。しかしそのように判断したとき，その判断は誤りで，実は仮説 $H_0$ は正しく，たまたま確率が $\alpha$ より小さいことがおこったということがありうるのであるから，この $\alpha$ は仮説 $H_0$ は正しいのにそれを正しくないとしてしまう誤り，すなわち第 1 種の誤りの確率に等しい。

以上のような検定の基本的な考え方を図に示したものが，図 9.3 である。一般的には，私たちは母集団のなんらかの特性についてそれを表わす特性値 $\theta$（たとえば比率 $p$，平均値 $\mu$，分散 $\sigma^2$ など）を考える。その $\theta$ について，私たちは一方で仮説 $H_0$ を設ける。すなわち $\theta$ の値がある特定の値 $\theta_0$ に等しいというような仮説である。他方で $\theta$ に対応する統計量 $T$（たとえば，$x/n$，$\bar{x}$，$s^2$ など）を考え，母集団について観察された標本から $T$ の値を計算する（上ではダイレクト・メールの例による説明のため統計量を $x$ と書いたが，以下では一般

図 9.3　検定の基本的考え方

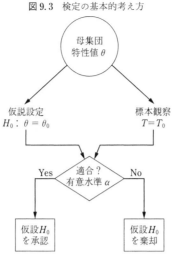

にTと書く）。その結果求められた値を $T_0$ とする。仮説検定の基本的な考え方は，$\theta = \theta_0$ という仮説と標本から観察され得られた $T = T_0$ という結果との間に大きな食い違い（不適合）があるときには仮説 $H_0$ を否認（棄却）し，大きな食い違いがなければ $H_0$ を承認する（あるいは少なくとも否認できないとする）というものである。ここで食い違い（不適合）が大きいと判断するのは，仮説 $H_0$ を正しいとしたとき，標本観察値 $T_0$ の得られる確率が非常に小さいときである。すなわち，仮説が正しいとするとそのような標本が観察される可能性は非常に小さいという場合，仮説と標本観察結果とは不適合であり，したがって仮説は正しいとはいえないと判断（棄却）される。そしてその確率が小さくないときには仮説と標本観察結果とは不適合とはいえず，したがって仮説は承認される（あるいは少なくとも否認できないとされる）のである。

　ここで上述の確率が非常に小さいかあるいは小さくないかを判断する基準として用いられる値が有意水準 $\alpha$ であり，5% とか 1% という値が用いられることが多い。しかし，仮説 $H_0$ が事実正しくとも偶然的な変動（標本変動）で標本観察結果との間に大きな食い違いが生じうる。ただし，その確率が5% 以下とか 1% 以下というように小さいときには，その食い違いは偶然的な（意味のない）要因によるものではなく，$H_0$ が誤りであるという**意味のある原因**によるものと考えようというわけである。これが**有意**（significant）と

いう言葉の意味である。以上のような有意水準の考え方から，正しい仮説 $H_0$ を正しくないとしてしまう誤り，すなわち第1種の誤りの確率は用いられる有意水準 $\alpha$ の値に等しいことがわかる。

### 9.1.4　2種類の誤りの間の関係

これまでの説明から，第1種の誤りの確率は次のように書くことができる。

$$\text{第1種の誤りの確率} = P_r\{T_0 \in R \mid H_0 \text{が正しい}\} = \alpha \qquad (9.1)$$

ここで，$T_0 \in R$ は統計量 $T$ の観察値 $T_0$ が棄却域 $R$ に入ることを，そして中央の縦線はその後の事柄の条件のもとでということを表わす。したがって式 (9.1) は，$H_0$ が正しいのにもかかわらず，統計量 $T$ の観察値 $T_0$ が棄却域 $R$ に入ったためにそれを否定してしまう確率を表わしている。同じように，第2種の誤りの確率（これを $\beta$ と書く）は次のように書くことができる。

$$\text{第2種の誤りの確率} = P_r\{T_0 \in A \mid H_0 \text{が正しくない}\} = \beta$$

$$(9.2)$$

すなわち $\beta$ は，仮説 $H_0$ が正しくないのにもかかわらず，統計量 $T$ の観察値 $T_0$ が採択域 $A$ に入ったためにそれを肯定してしまう確率を表わす。

前述のような検定の手続きをとる限り，私たちはこのような2種類の誤り，すなわち**正しい仮説を否認してしまう誤り**（第1種）と**誤った仮説を承認してしまう誤り**（第2種）とをまぬがれることはできない。この2種類の誤りをわかりやすく表に示せば，表9.1のようになる[注]。

表9.1　2種類の誤り

| | | 真実（母集団の状態） | |
|---|---|---|---|
| | | 仮説 $H_0$ 正 | 仮説 $H_0$ 誤 |
| 検定の結論 | 仮説 $H_0$ を肯定する（$T_0 \in A$） | 正 | 第2種の誤り |
| | 仮説 $H_0$ を否定する（$T_0 \in R$） | 第1種の誤り | 正 |

ところで，第2種の誤りの確率 $\beta$ の値は，仮説 $H_0$ が正しくないときにはそれに代わってどのような仮説が正しいかを特定化しなければ計算すること

---

（注）　このような2種類の誤りは，真実を知りえないで判断するときには常に存在する。たとえば裁判で，無実のものを有罪とする（白を黒とする）誤りを第1種の誤り，罪のあるものを無罪とする（黒を白とする）誤りを第2種の誤りと考えることができる。

図9.4　$\alpha$　と　$\beta$

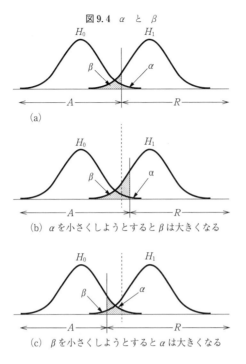

(a)

(b)　$\alpha$ を小さくしようとすると $\beta$ は大きくなる

(c)　$\beta$ を小さくしようとすると $\alpha$ は大きくなる

はできない。$H_0$ が正しくないときに成立する仮説のことを**対立仮説**（alternative hypothesis）といい，これに対してはじめに設けられる仮説 $H_0$ のことを**検定仮説**（test hypothesis）という。図9.4には，対立仮説を $H_1$ として第1種の誤りの確率 $\alpha$（$R$ の領域での曲線 $H_0$ の下の面積）と第2種の誤りの確率 $\beta$（$A$ の領域での曲線 $H_1$ の下の面積）を図示した。

　これらの2種類の誤りは，一方を小さくしようとすれば他方は必ず大きくなってしまうという関係にあり，両者を同時に小さくすることはできない。正しい仮説を棄却してしまう誤り（$\alpha$）を小さくしようとすれば，誤った仮説を容認してしまう誤り（$\beta$）はどうしても大きくなり，そして逆のこともいえるからである。図9.4(b)は，(a)よりも $\alpha$ を小さくしようとする（$A$ と $R$ の境界を右に動かす）と $\beta$ が大きくなることを，そして(c)は，(a)よりも $\beta$ を小さくしようとする（$A$ と $R$ の境界を左に動かす）と $\alpha$ が大きくなってしまうことを例示したものである。なお，誤った仮説を採択しない（否認できる）確率，すなわち $1-\beta$ を**検定力**（power of the test）という。

図9.5　対立仮説と第2種の誤り

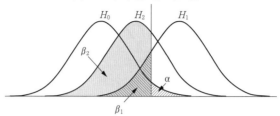

　ダイレクト・メールの例では,「新しい方法の効果が従来のものと同じである」という仮説 $H_0$ が否定されたときには, 対立仮説 $H_1$ として「新しい方法の効果は従来のものと異なる」ということがいえる。私たちは新しい方法によりもっと効果をあげたいと考えているわけであるから, この例からも明らかなように, 検定の手続きは, 検定仮説を否定することによって対立仮説の成立を証明しようというねらいを強くもっている。いいかえると, 検定仮説ははじめから否定する（無に帰する）ことをねらって設けるような性質のものであり, その意味で, それは**帰無仮説**（null hypothesis）とも呼ばれる[注]。

　以上のように, 統計的仮説検定とは, 検定仮説と対立仮説とのどちらが正しいかを標本観察によって調べることであるといえるが, 両者が互いに近いものである場合ほどそれは難しい。それはたとえば一定の $\alpha$ に対して $\beta$ が大きくなってしまうことを意味する。図9.5はその関係を例示的に図示したものである。すなわち $H_0$ に対して, 第1種の誤りを $\alpha$ として, $H_1$ が対立仮説である場合の第2種の誤り $\beta_1$ よりも, $H_1$ よりも $H_0$ に近い $H_2$ が対立仮説である場合の第2種の誤り $\beta_2$ の方がはるかに大きくなることがわかる。

　**【例9.1】** 偶数の目が出る確率が $2/3$ になるように作られている（たとえば1
　　の目をつぶして2の目にしてある）かもしれないという疑いのあるサイコロ
　　がある。このサイコロを5回投げて偶数の目が3回以下であれば正常のサ

---

　（注）　著者は帰無仮説という日本語訳はわかりにくくて適切なものではなく, 意味がない（有意味でない）, ゼロ, 重要でない, 空虚などを意味する null という言葉をそのまま受けて**無意仮説**あるいは**ゼロ仮説**とする方が良いと考えている。そこで本書では帰無仮説という言葉は使わず, 検定仮説という言葉を用いる。
　　　仮説検定は**有意性検定**ともいわれるように, 検定仮説は無意性すなわち「意味がない」「差がない（ゼロ）」「係数がゼロである」のような形をとり, それを否定することによって「有意性」を主張しようとするのである。

イコロと判断し，4回以上であれば作為されたサイコロであると判断すると
き，第1種の誤りおよび第2種の誤りの確率 $\alpha$ および $\beta$ を求めよ。

$$H_0 : p = \frac{1}{2} \text{（正常のサイコロ）}$$

$$H_1 : p = \frac{2}{3} \text{（作為されたサイコロ）}$$

とする。検定のための統計量として5回のうち偶数の目の出る回数 $x$ を考
える。$H_0$ が正しいときには $x$ の確率分布は $n=5$，$p=1/2$ の二項分布であ
り，$H_1$ が正しいときには $n=5, p=2/3$ の二項分布である。そこで2つの場
合の確率分布を計算すると表9.2が得られる。したがって，

$$\alpha = P_r\{x \in R \mid H_0\} = P_r\{x = 4 \text{ or } 5 \mid H_0\}$$
$$= 0.156 + 0.031 = 0.187$$
$$\beta = P_r\{x \in A \mid H_1\} = P_r\{x = 0, 1, 2 \text{ or } 3 \mid H_1\}$$
$$= 0.004 + 0.041 + 0.165 + 0.329 = 0.539$$

**表 9.2**　サイコロ投げの場合の $\alpha$ と $\beta$

| | $x$ | 0 | 1 | 2 | 3 | 4 | 5 |
|---|---|---|---|---|---|---|---|
| $P(x)$ | $H_0$ | 0.031 | 0.156 | 0.313 | 0.313 | 0.156 $\alpha$ | 0.031 |
| | $H_1$ | 0.004 | 0.041 $\beta$ | 0.165 | 0.329 | 0.329 | 0.132 |

これを図示すると，図9.6のとおりである。この例では $\alpha$ も $\beta$ もかなり大き
い。

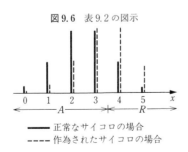

**図 9.6**　表9.2の図示

## *9.2* 比率の検定

### *9.2.1* 比率の検定

前節のダイレクト・メールの例について考えてみよう。新しい方法に対する反応率を $p$ と書くとき, 検定仮説は,

$$H_0 : p = 0.1$$

である。これに対して対立仮説としては,

$$H_1 : p > 0.1$$

を考える。$H_0$ が否定された場合に成立する事柄としては, $H_1$ だけでなく $p < 0.1$ という可能性もあるが, $p < 0.1$ が成立する場合は新しい方法の方がいままでよりも効果が小さいわけであるから, 当然新しい方法への切りかえはなされず, 私たちは $p > 0.1$ の場合だけに関心をもつものであり, したがって対立仮説としては $p > 0.1$ だけを考えるのである。

前節の説明では, 検定のための統計量として反応数 $x$ を用いたが, 反応率 $x/n$ を用いてもよいので, 以下では反応率を用いる。

いま, 1,000 人の標本について反応数 $x$ を考えるとき, 前節で説明したように, それは仮説 $H_0$ のもとでは $N(100, 9.5^2)$ に従う。反応率 $x/1{,}000$ は, 平均も標準偏差も $x$ の場合の $1/1{,}000$ になるから, $N(0.1, 0.0095^2)$ に従う。そこで有意水準 $\alpha = 0.05$ とすれば, 棄却域 $R$ は, 標準正規分布の確率の表(たとえば表6.4)から 1.64 を用いて,

$$\frac{x}{n} > 0.1 + 1.64(0.0095) \fallingdotseq 0.1156$$

という領域とすればよい(図9.7を見よ)。

すなわち, 反応率 $x/1{,}000$ が 0.116(反応数では 116)以上であれば仮説 $H_0$

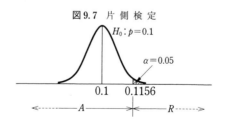

図9.7　片　側　検　定

を棄却し，0.115（反応数では115）以下であれば $H_0$ を採択するのである。

　この例のように，対立仮説が検定仮説のどちらか片側だけのものである場合には，棄却域 $R$ はその対立仮説と同じ片側だけに設けられる。それによって第2種の誤り $\beta$ が可能な限り最も小さくなるからである。図9.8に，検定仮説 $H_0：p=p_0$ に対して対立仮説 $H_1：p=p_1>p_0$ の場合の一例（$\beta$ の値は $p_1$ の値により異なる）を示したが，$\alpha=0.05$ の棄却域の設け方をほかにどのようにしても，図9.8の場合よりも必ず $\beta$ は大きくなってしまうのである。

　以上のように片側に棄却域を設ける検定方法を**片側検定**（one-tailed test）といい，この tail（しっぽ，スソ）という英語は分布の端の意味に用いられる。これに対し棄却域を検定仮説の両側に設けなければならない場合もある。

　そこで次に，もう1つ別の例を考えてみよう。いま，あるショッピング・センターを訪れる人たちの中で実際にそこで買物をする人は 40% であるという人がいる。それが正しいかどうかを 400 人についての標本調査により調べようというのである。

　検定仮説 $H_0$ としては $p=p_0=0.4$ を考えることができる。これに対して実際は，$p>0.4$ あるいは $p<0.4$ のいずれの可能性もあり，どちらの場合でも $H_0$ を否定することができなくてはならない（買物をする人の割合が 40% より多くともあるいは少なくともその人のいうことは正しくない）から，対立仮説 $H_1$ は $p \neq 0.4$ である。そこで棄却域 $R$ は検定仮説の両側（$H_0$ の分布の両方の端）に設けられる。このような検定を**両側検定**（two-tailed test）という。いま，有意水準 $\alpha=0.05$ とすると，図9.9のように両側に 2.5% ずつ（合計 5%）棄却域を設けることになる。$A$ と $R$ との境界値は次のようにして求められる。仮説 $H_0$ のもとでは，400 人の標本のうち実際に買物をする人の割合 $x/400$ の分布は正規分布と考えてもよい。その平均値と標準偏差を求めると，

$$\mu = p_0 = 0.4$$

図9.8　片側検定と第2種の誤り　$\beta$

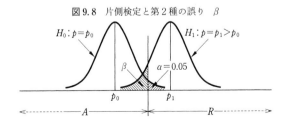

$$\sigma = \sqrt{\frac{p_0(1-p_0)}{n}} = \sqrt{\frac{0.4(1-0.4)}{400}}$$

$$= 0.0245$$

である。したがって境界値は，片側検定の場合の 1.64 の代わりに 1.96 を使って，

$$0.4 \pm 1.96(0.0245) \fallingdotseq 0.4 \pm 0.05$$

すなわち 0.35 と 0.45 である。いいかえると，400 人のうち実際に買物をした人の割合が 35% 以下あるいは 45% 以上であれば，母集団でのその割合が 40% であるという主張は否認されることになる。

図 9.9 はこの両側検定を説明するものである。この場合，対立仮説 $H_1$ は検定仮説 $H_0$ の右側にも左側にもどちらにもありうる。したがって，$H_1$ が右側にある場合（たとえば $p = p_1$ の場合）を考えて右の方にも，左側にある場合（たとえば $p = p_1'$ の場合）を考えて左の方にも，それぞれ確率 $\alpha/2$ の棄却域 $R$ を設けなければならない（$\beta$ の大きさは $p_1$ や $p_1'$ の値により異なる）。

以上説明したような比率の検定の手続きの代わりに，次のような手続きによってもよい。

仮説 $H_0: p = p_0$ が正しければ，

$$z_0 = \left(\frac{x}{n} - p_0\right) \bigg/ \sqrt{\frac{p_0(1-p_0)}{n}} \tag{9.3}$$

は $N(0, 1)$ に従う。したがって，有意水準 $\alpha = 0.05$ とするとき，片側検定の場合には，$z_0 > 1.64$（対立仮説 $H_1: p > p_0$ のとき），あるいは $z_0 < -1.64$（$H_1: p < p_0$ のとき）ならば仮説を棄却することにし，両側検定の場合には，$z_0 < -1.96$ あるいは $z_0 > 1.96$ ならば仮説を棄却するとすればよい。

【例 9.2】　ある薬品メーカーが，その特許新薬はアレルギー症状に 80% 効果があると宣伝している。そこで，この新薬を 150 人の患者に試用してみたと

図 9.9　両　側　検　定

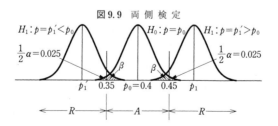

ころ，109 人に効果があった。このメーカーの宣伝は正しいといえるであろうか。

　試用者についてみれば 73%（109/150）の人にしか効果がなく，これはメーカーの主張する 80% を下回っている。これは，メーカーの主張は正しいのに，たまたま試用者として選ばれた 150 人の中に効果のないタイプの人が多く入っていたためにそうなったのか，あるいは実際はメーカーのいうように 80% もの効果はないからそうなったのか，いずれであろうかというのがこの問題である。そこで仮説 $H_0 : p=0.8$ とする。この例では，80% 以上効果がある場合にはこのメーカーの宣伝は効果を控え目にいっているわけであり，良心的であるとして問題にしなくともよい。問題は 80% を下回る効果しかない場合であり，そのときには過大宣伝になる。したがって，対立仮説 $H_1$ としては $p>0.8$ は考えず，$p<0.8$ をとり，片側検定とするのが適当である。そこで式 (9.3) により $z_0$ を計算すると，

$$z_0 = \left( \frac{109}{150} - 0.8 \right) \bigg/ \sqrt{\frac{(0.8)(1-0.8)}{150}} \fallingdotseq -2.25$$

であり，これは $-1.64$ よりも小であるから，$z_0$ は棄却域 $R$ に入り，有意水準 5% で $H_0$ は棄却される。すなわち，この試用の結果からはメーカーの主張は認められない。しかし，有意水準を 1% とすれば，片側 1% の境界値は $-2.33$ であるから，$z_0$ は選択域 $A$ に入り，メーカーの主張は否認できない。

〔問 9.3〕　次の場合に適当な検定は片側検定か，あるいは両側検定か。

(a)　あるサイコロが 1 の目について不正に作られている可能性があり，それを調べるために 1 の目の出る確率が 1/6 であるかどうかを調べる場合

(b)　ある人が自分の考えが過半数の人に支持されていることを主張しているとき，それが正しいかどうかを調べる場合

## 9.2.2　比率の差の検定

　私たちがしばしばぶつかる問題に，**2 つの母集団の間で，ある特性をもっているものの割合に差があるかどうか**という問題がある。たとえば，男性の有権者と女性の有権者との間で現在の内閣を支持する者の割合が異なるかどうかという問題である。このとき男性および女性の有権者を 2 つの母集団と考えてそれらの中からそれぞれ何人かの人びとを標本として選び，内閣の支持率を求める。2 つの標本比率の間には，一般的には何がしかの差が見られ

るであろう。問題は，その差が男性女性の2つの母集団の間で支持率に本当に差があるために生じたものか，あるいは本当は母集団の支持率に差はなくとも，たまたま標本として選ばれた人たちの間で生じうる程度の差であるのか，どちらであろうかということである。

このような問題は，次のような考え方によって解くことができる。いま，2つの二項母集団があり，それぞれパラメータ $p_1$ および $p_2$ をもつとする。それぞれから大きさ $n_1$ および $n_2$ の標本をとって観察した結果，標本比率 $x_1/n_1$ および $x_2/n_2$ を得たとする（図9.10を参照）。このとき標本比率の差，

$$\frac{x_1}{n_1} - \frac{x_2}{n_2} \tag{9.4}$$

は，$n_1$ および $n_2$ がともに大であるならば，近似的に正規分布に従い，その平均値 $\mu$ および標準偏差 $\sigma$ は次の式（9.5）および式（9.6）で与えられる。

$$\mu = p_1 - p_2 \tag{9.5}$$

$$\sigma = \sqrt{\frac{p_1(1-p_1)}{n_1} + \frac{p_2(1-p_2)}{n_2}} \tag{9.6}$$

$x_1/n_1$ の平均値は $p_1$，分散は $p_1(1-p_1)/n_1$，$x_2/n_2$ の平均値は $p_2$，分散は $p_2(1-p_2)/n_2$ であることと，2つの確率変数の差の平均値はそれぞれの平均値の差に等しいこと，独立な2つの確率変数の差の分散はそれぞれの分散の和に等しいこと，そして $n_1$ および $n_2$ がともに大であれば $x_1/n_1$ および $x_2/n_2$ とも近似的に正規分布をすることから，それらの差（9.4）は，平均が式（9.5），標準偏差が式（9.6）で近似的に正規分布をすることがいえるからである。

ここで2つの母集団における比率 $p_1$ および $p_2$ の間に差があるかどうかを

図9.10　2つの母集団比率の差の検定

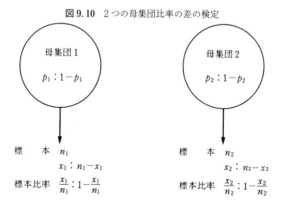

検定するためには，検定仮説を，

$$H_0 : p_1 = p_2 (= p)$$

とし，対立仮説

$$H_1 : p_1 \neq p_2$$

に対して検定を行なえばよい（両側検定）。仮説 $H_0$ が正しいとき，$(x_1/n_1)$ $-(x_2/n_2)$ の分布は，式 (9.5) および式 (9.6) で $p_1$ および $p_2$ の代わりに $H_0$ の $p$ の値を入れて，

$$\mu = 0 \tag{9.7}$$

$$\sigma = \sqrt{p(1-p)\left(\frac{1}{n_1} + \frac{1}{n_2}\right)} \tag{9.8}$$

の正規分布となる。ここで有意水準を 5% とすれば，仮説 $H_0$ の下での $z$ の値

$$z_0 = \frac{\dfrac{x_1}{n_1} - \dfrac{x_2}{n_2}}{\sqrt{p(1-p)\left(\dfrac{1}{n_1} + \dfrac{1}{n_2}\right)}} \tag{9.9}$$

を計算し，$z_0 < -1.96$ または $z_0 > 1.96$ ならば $H_0$ を否定し，$-1.96 \leq z_0 \leq 1.96$ ならば $H_0$ を肯定するということになる。しかし，式 (9.9) は $p$ の値が不明のためそのままでは計算できない。そこで $p$ の値の代わりに両方の標本を一緒に（プール）して計算した $p$ の推定値

$$\hat{p} = \frac{x_1 + x_2}{n_1 + n_2} \tag{9.10}$$

を用いる。

なお，対立仮説 $H_1$ が $p_1 > p_2$ あるいは $p_1 < p_2$ のいずれか一方である場合には，検定は片側検定となり，有意水準を 5% とすれば，$H_1 : p_1 > p_2$ の場合には棄却域は $z > 1.64$，採択域は $z \leq 1.64$ であり，$H_1 : p_1 < p_2$ の場合には棄却域は $z < -1.64$，採択域は $z \geq -1.64$ となる。

【例 9.3】 男性有権者の中から 1,200 人，女性有権者の中から 900 人を選んで内閣の支持者の数を調べたところ，それぞれ 432 人および 276 人であった。両性間で支持率に差があるといえるか。

男性の支持率を $p_1$，女性の支持率を $p_2$ とし，検定仮説 $H_0$ として $p_1 = p_2$ とする。対立仮説 $H_1$ を $p_1 \neq p_2$ とすれば，検定は両側検定である。$n_1 = 1,200$，$n_2 = 900$，$x_1 = 432$，$x_2 = 276$ であるから，$p$ の推定値として，男女のデータを一緒にして，

$$\hat{p} = \frac{432 + 276}{1{,}200 + 900} = \frac{708}{2{,}100}$$

を用いる。$H_0$ のもとでの $z$ の値 $z_0$ を求めると，

$$z_0 = \frac{\dfrac{432}{1{,}200} - \dfrac{276}{900}}{\sqrt{\left(\dfrac{708}{2{,}100}\right)\left(1 - \dfrac{708}{2{,}100}\right)\left(\dfrac{1}{1{,}200} + \dfrac{1}{900}\right)}} \fallingdotseq 2.56$$

有意水準を 5% とすれば，

$$z_0 = 2.56 > 1.96$$

よって仮説は棄却される。したがって両性間で支持率に差があるといえる。

〔問 9.4〕【例 9.3】において有意水準を 1% とした場合にはどうか。

## *9.3*　平均値の検定

### *9.3.1*　平均値の検定——正規分布による場合

これまでの比率の検定に関する説明で仮説検定における基本的な考え方と方法とが明らかにされたから，平均値の検定に関しても同じように考えれば容易に理解することができるであろう。

平均値の検定は，**母集団の平均値 $\mu$ がある特定の値 $\mu_0$ に等しいといえるかどうかを調べる**ことである。そこで検定仮説は，

$$H_0 : \mu = \mu_0$$

で与えられ，対立仮説としては，次のいずれかが選ばれる。

$$H_1 : \mu > \mu_0 \quad (\text{片側検定})$$
$$H_1 : \mu < \mu_0 \quad (\text{片側検定})$$
$$H_1 : \mu \neq \mu_0 \quad (\text{両側検定})$$

〔問 9.5〕　次の場合に適当な検定は片側検定か，あるいは両側検定か。

(a) ある食品メーカーが，その製品の包装容量が 500 g であると主張しているのを調べる場合

(b) ある機械部品の規格寸法が 0.5 インチであるという場合，この規格が守られるように部品の品質管理を行なう場合

　比率の検定において標本比率 $x/n$ の標本分布の知識が基礎になったように，平均値の検定においては標本平均値 $\bar{x}$ の標本分布が出発点になる。標本平均値の標本分布は，母集団における分布が正規分布であれば常に正規分布であり，母集団が正規分布でなくとも，標本が大きいときには近似的に正規分布である（第7章195～199ページを参照）。

　しかしながら，それだけの知識にもとづいて検定を行なうためには，推定の場合と同じように母集団の分散 $\sigma^2$ の値がわかっていなければならない。けれども，それはわかっていないことが多い。その場合には，母集団分散の代わりに標本分散 $\hat{\sigma}^2$ を用い，そして正規分布の代わりに $t$ 分布を用いることになる（ただし母集団が正規分布の場合）。ただし大標本の場合には，母集団が正規分布でなくとも中心極限定理（198ページ）により標本平均値の分布は正規分布に近くなるから，$\sigma^2$ の代わりに $\hat{\sigma}^2$ を使って正規分布を用いてよい。そこで以下では，(1)母集団分散 $\sigma^2$ がわかっている場合，あるいは $\sigma^2$ が未知で標本分散 $\hat{\sigma}^2$ を代わりに用いるが，大標本であって正規分布によることができる場合と，(2)母集団（正規分布）の分散が未知であり，小標本のために $t$ 分布を用いる場合とに分けて説明しよう。

　まず第1に，実際にはあまりないが，母集団の分布が正規分布で，その分散の値がわかっている場合について考えよう。このとき，$n$ 個の標本をとり，その平均値を $\bar{x}$ とすれば，

$$z = \frac{\bar{x} - \mu}{\sigma/\sqrt{n}} \tag{9.11}$$

は標準正規分布 $N(0,1)$ に従う。そこで検定仮説，

$$H_0 : \mu = \mu_0$$

に対して，この仮説のもとでの $z$ の値，

$$z_0 = \frac{\bar{x} - \mu_0}{\sigma/\sqrt{n}} \tag{9.12}$$

を計算し，対立仮説 $H_1$ のいかんによって，

$$z_0 > 1.64 \quad （H_1 : \mu > \mu_0 \text{ のとき，片側検定）}$$

$$z_0 < -1.64 \quad （H_1 : \mu < \mu_0 \text{ のとき，片側検定）}$$

$$z_0 < -1.96 \text{ または } z_0 > 1.96 \quad （H_1 : \mu \neq \mu_0 \text{ のとき，両側検定）}$$

のとき $H_0$ を棄却するという検定の手続きをとればよい（いずれも有意水準 $\alpha$

＝0.05 の場合）。

【例 9.4】　ある工場で直径 1 インチの軸棒を標準偏差 0.03 インチの管理水準
で製造している。ある日の製品の中から 10 本の標本をとって直径を測定
したところ，平均値が 0.978 インチであった。品質管理上異常なしと考えて
もよいであろうか。

　まず検定仮説は，

$$H_0 : \mu = 1.000 \text{（インチ）}$$

とする。この仮説の意味は，品質管理上異常なしということである。

　この場合，軸棒は太すぎても細すぎてもよくないから，標準直径の両側で
管理しなければならない。すなわち，1 インチより太いと判断されても，あ
るいは細いと判断されても，仮説 $H_0$ は棄却されなければならない。したが
って，対立仮説は，

$$H_1 : \mu \neq 1.000$$

であり，検定は両側検定である。$\sigma = 0.03$ で，観察データは $n = 10,\ \bar{x} = 0.978$
であるから，

$$z_0 = \frac{0.978 - 1.000}{0.03/\sqrt{10}} \doteqdot -2.32$$

である。したがって，有意水準 $\alpha = 0.05$ とすれば，

$$z_0 = -2.32 < -1.96$$

であるから，仮説 $H_0$ は棄却されることになる（図 9.11 を見よ）。すなわち，
この日の工程には異常ありと判断される。しかし，有意水準 $\alpha = 0.01$ とすれ
ば棄却域の境界点は $-2.58$ であるから，$H_0$ は棄却されない。

図 9.11　直径の管理（両側検定）

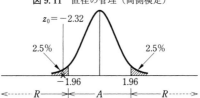

　なお，ここでは標準偏差については管理上水準は守られているとして $\sigma =$
0.03 をそのまま使っているが，実際にはその異常の有無も調べる必要があるの
が普通である。この場合には **9.4** 節で説明する方法で分散についての検定を
行なっておく必要がある。

上例からも明らかなように，いわゆる**品質管理**（quality control, QC）は仮

説検定の1つの直接的な応用である。なお品質管理においては，第1種の誤り（工程に異常がないのに異常ありとしてしまう誤り）を**生産者危険**（producers' risk）といい，第2種の誤り（工程に異常があるのに異常なしとしてしまう誤り）を**消費者危険**（consumers' risk）という（これらの言葉の意味については章末の練習問題31）の解答を参照）。

次に，母集団分散の値は未知であるが標本が大（100をこえ150とか200というように）である場合について考えよう。この場合には母集団分散の代わりに標本分散 $\hat{\sigma}^2$ を用いるが，検定は正規分布によって行なってもよい。すなわち，$H_0 : \mu = \mu_0$ として

$$z_0 = \frac{\bar{x} - \mu_0}{\hat{\sigma}/\sqrt{n}} \tag{9.13}$$

を計算し，あとはまったく上述の手続きどおりでよい。

【**例 9.5**】 ある教育学者が，日本の大学生の平均知能指数（IQ）はたかだか110であると主張している。そこで150人の大学生を無作為に選んで調査したところ，IQ の平均値は111.2であり，標準偏差は7.2であった。この結果から，この教育学者の主張を認めることができるであろうか。

　この調査の結果では IQ の平均値は110を上回っているのであるが，それはたまたま調査された学生の IQ が高かったからで，この教育学者の主張は正しいのかもしれないし，あるいはこの教育学者がまちがっており，大学生の平均 IQ は110を上回っているのかもしれない。そのどちらなのであろうか。この問題はそのままの形では，仮説は $H_0 : \mu \leq 110$ と表わされ，それを対立仮説 $H_1 : \mu > 110$ に対して検定することになるが，これでは第1種の誤り（有意水準）が一義的に決まらないので，

$$H_0 : \mu = 110$$
$$H_1 : \mu > 110$$

とする（いまの場合，$\mu = 110$ が否認できれば，当然 $\mu < 110$ も否認できる）。これは片側検定である。$n = 150$ は大標本と考えて，$\sigma$ の代わりに $\hat{\sigma}(=7.2)$ を用いて $z_0$ を計算すると，

$$z_0 = \frac{111.2 - 110}{7.2/\sqrt{150}} \doteqdot 2.04 > 1.64$$

であるから，これは有意水準5%で棄却域 $R$ に入る（図9.12を見よ）。すなわち，この教育学者の主張は否認される。しかし，有意水準1%ではその主張を否認することはできない。棄却域の境界値は2.33だからである。

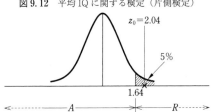

図 9.12　平均 IQ に関する検定（片側検定）

### 9.3.2　平均値の検定——$t$ 分布による場合

いま母集団の分布は正規分布 $N(\mu, \sigma^2)$ と仮定する。母集団の分散 $\sigma^2$ が未知であって，その推定値として $\hat{\sigma}^2$ を用いるとき，統計量

$$t = \frac{\bar{x} - \mu}{\hat{\sigma}/\sqrt{n}} \tag{9.14}$$

が自由度 $n-1$ の $t$ 分布に従うという性質を用いて検定を行なうことができる。前項におけるように正規分布でなく，$t$ 分布を用いることによって生じる相違点は，正規分布の場合に用いられる 1.64（片側検定，$\alpha = 5\%$），1.96（両側検定，$\alpha = 5\%$），2.33（片側検定，$\alpha = 1\%$），2.58（両側検定，$\alpha = 1\%$）というような数値の代わりに，それぞれ $t$ 分布の $t_{0.05}, t_{0.025}, t_{0.01}, t_{0.005}$（自由度 $n-1$）の値を用いることである。

【例 9.6】　ある自動車メーカーがその製品の小型乗用車の燃料効率について，ある標準状態において，1 リットル当り 12 km 走行できるとしている。そこで 10 台の車について定められた状態のもとで走行テストを行なってみたところ，平均 11.8 km，標準偏差 0.3 km という結果が得られた。この結果から，この自動車メーカーの主張を認めてよいであろうか。

この問題は，$n=10$，$\bar{x}=11.8$，$\hat{\sigma}=0.3$ のとき，検定仮説，

$$H_0 : \mu = 12$$

を，対立仮説，

$$H_1 : \mu < 12$$

に対して検定するという問題になる（片側検定）。片側検定とするのは，$\mu > 12$ であっても，それはメーカーの主張よりもっと効率が良いのであるから，メーカーの主張に問題はないからである。なお，有意水準 $\alpha = 0.05$ としよう。

そこで，仮説 $H_0$ のもとでの $t$ の値 $t_0$ を計算すると，

図 9.13 平均走行 km の検定（$t$ 分布による片側検定）

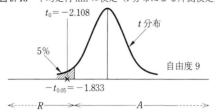

$$t_0 = \frac{11.8 - 12}{0.3/\sqrt{10}} \fallingdotseq -2.108$$

が得られる。ところで自由度 $n-1=9$ の $t$ 分布の片側 5% の点の値は，巻末付表 3（338 ページ）から 1.833 であるから，$t_0 = -2.108 < -1.833$ であり，$t_0$ は棄却域 $R$ に入る（図 9.13 を見よ）。したがって，この自動車メーカーの主張は認められず，燃料効率は 12 km より悪いということになる。

### *9.3.3* 平均値の差の検定

2 つの母集団平均値の間の差の検定の問題もやはり，私たちがしばしばぶつかる問題である。それは **2 つの異なる母集団の間で平均値が異なっているかどうか**を標本観察によって検定する問題である。たとえば，2 社のメーカーで作られた自動車の間で自動車の平均燃費効率に違いがあるかどうかを，それぞれ何台かの自動車の走行テストをした結果から判断することがそれである。また，2 つの銘柄のたばこの間でニコチンの平均含有量に差があるかどうかという問題や，ある作業をするのにかかる平均時間が男子工員と女子工員の間で違うかどうかという問題もその例である。

このような問題を解くためには 2 つの標本平均値の差の標本分布が利用される。いま，2 つの母集団があり，それぞれの平均値および分散を $\mu_1$, $\mu_2$ および $\sigma_1{}^2$, $\sigma_2{}^2$ とする。それぞれの母集団から独立に大きさ $n_1$ および $n_2$ の標本をとり，それぞれの平均値を $\bar{x}_1$ および $\bar{x}_2$ とする。このとき，2 つの標本平均値の差 $\bar{x}_1 - \bar{x}_2$ という統計量の分布は，$n_1$ および $n_2$ が大きければ，次の平均値および分散をもって近似的に正規分布をする。

$$\mu = \mu_1 - \mu_2 \tag{9.15}$$

$$\sigma^2 = \frac{\sigma_1{}^2}{n_1} + \frac{\sigma_2{}^2}{n_2} \tag{9.16}$$

　ここで単純な平均値の検定の場合と同じように，母集団分散 $\sigma_1^2$ および $\sigma_2^2$ がわからないのがふつうであるから，大標本の場合に限れば，$\sigma_1^2$ および $\sigma_2^2$ の代わりに標本分散 $\hat{\sigma}_1^2$ および $\hat{\sigma}_2^2$ を用いて式 (9.16) の $\sigma^2$ の推定値 $\hat{\sigma}^2$ を求めて用いる。

$$\hat{\sigma}^2 = \frac{\hat{\sigma}_1^2}{n_1} + \frac{\hat{\sigma}_2^2}{n_2} \tag{9.17}$$

したがって，

$$z = \frac{\overline{x}_1 - \overline{x}_2 - (\mu_1 - \mu_2)}{\sqrt{\dfrac{\hat{\sigma}_1^2}{n_1} + \dfrac{\hat{\sigma}_2^2}{n_2}}} \tag{9.18}$$

は近似的に $N(0,1)$ に従うものと考えられる。

　いま検定仮説として，

$$H_0 : \mu_1 = \mu_2$$

とし，対立仮説として，

$$H_1 : \mu_1 \neq \mu_2$$

をとれば，有意水準 $\alpha=5\%$ とするとき，$H_0$ のもと $(\mu_1-\mu_2=0)$ での $z$ の値，

$$z_0 = \frac{\overline{x}_1 - \overline{x}_2}{\sqrt{\dfrac{\hat{\sigma}_1^2}{n_1} + \dfrac{\hat{\sigma}_2^2}{n_2}}} \tag{9.19}$$

を計算し，$z_0 < -1.96$ または $z_0 > 1.96$ ならば $H_0$ を棄却し，$-1.96 < z_0 < 1.96$ ならば $H_0$ を採択するということになる。

　【例9.7】　ある工程で，ある1週間に製造された製品200個の重さの平均は530 g，標準偏差は6 g であり，次の1週間に製造された180個の製品の重さの平均は529 g，標準偏差は5 g であった。これらの結果から，それぞれの週に作られた製品の平均重量の間に差があると結論してよいであろうか。

　　この例のデータは，

$$n_1 = 200, \quad \overline{x}_1 = 530, \quad \hat{\sigma}_1 = 6$$
$$n_2 = 180, \quad \overline{x}_2 = 529, \quad \hat{\sigma}_2 = 5$$

であるから，仮説 $H_0 : \mu_1 = \mu_2$ のもとでの $z$ の値 $z_0$ を計算すると，

$$z_0 = \frac{530 - 529}{\sqrt{\dfrac{6^2}{200} + \dfrac{5^2}{180}}} \fallingdotseq 1.77$$

となる。この値は1.96より小であるから，仮説 $H_0$ は採択される。すなわち，

　この 2 週間における製品の平均重量に差はないという結論になる。

　以上は大標本の場合であるが，小標本の場合の検定はどうしたらよいであろうか。この場合には，2 つの母集団がともに正規分布をし，そして分散が等しい（$\sigma_1{}^2=\sigma_2{}^2$）とき[注]，$t$ 分布を利用して検定することができる。すなわちこのときには，

$$t = \frac{\overline{x}_1 - \overline{x}_2 - (\mu_1 - \mu_2)}{\sqrt{\dfrac{(n_1-1)\hat{\sigma}_1{}^2 + (n_2-1)\hat{\sigma}_2{}^2}{n_1+n_2-2}}\sqrt{\dfrac{1}{n_1}+\dfrac{1}{n_2}}} \tag{9.20}$$

が自由度 $n_1+n_2-2$ の $t$ 分布に従うということを利用する。この式は一見複雑であるが，次のように理解すればよい。式（9.16）で $\sigma_1{}^2=\sigma_2{}^2$ とすれば，

$$\sigma^2 = \sigma_1{}^2\left(\frac{1}{n_1}+\frac{1}{n_2}\right) \tag{9.21}$$

である。ここで，2 つの母集団に共通な分散 $\sigma_1{}^2(=\sigma_2{}^2)$ の推定値を，両方の標本をプールして，$(n_1+n_2)$ 個の全データについて平均からの偏差の 2 乗和を全体の自由度で割ったもの

$$\frac{(n_1-1)\hat{\sigma}_1{}^2 + (n_2-1)\hat{\sigma}_2{}^2}{n_1+n_2-2} \tag{9.22}$$

で求めて $\sigma_1{}^2$ の代わりに用い，$\sigma^2$ の推定値 $\hat{\sigma}^2$ を求めることができる。

　$\hat{\sigma}_1{}^2=1/(n_1-1)\sum_{i=1}^{n_1}(x_{1i}-\overline{x}_1)^2$，$\hat{\sigma}_2{}^2=1/(n_2-1)\sum_{i=1}^{n_2}(x_{2i}-\overline{x}_2)^2$ であるから，全データについての 2 乗和は $\sum_{i=1}^{n_1}(x_{1i}-\overline{x}_1)^2+\sum_{i=1}^{n_2}(x_{2i}-\overline{x}_2)^2=(n_1-1)\hat{\sigma}_1{}^2+(n_2-1)\hat{\sigma}_2{}^2$ であり，これが式（9.22）の分子である。ここで第 1 項の 2 乗和の自由度が $n_1-1$，第 2 項の 2 乗和の自由度が $n_2-1$ であり，全体の自由度はそれら 2 つの自由度の和 $n_1+n_2-2$ であるので，その自由度で割って分散の推定値（9.22）を得る。そこで式（9.22）を式（9.21）の $\sigma_1{}^2$ に代入して

$$\hat{\sigma}^2 = \frac{(n_1-1)\hat{\sigma}_1{}^2 + (n_2-1)\hat{\sigma}_2{}^2}{n_1+n_2-2}\left(\frac{1}{n_1}+\frac{1}{n_2}\right) \tag{9.23}$$

これを用いて，

$$t = \frac{\overline{x}_1 - \overline{x}_2 - (\mu_1 - \mu_2)}{\hat{\sigma}} \tag{9.24}$$

---

[注]　$\sigma_1{}^2\neq\sigma_2{}^2$ のときの検定方法もあるが，それは本書より高度な専門書に譲り，本書では扱わない。なお，$\sigma_1{}^2=\sigma_2{}^2$ としてよいかどうかは，後述（**9.7** 節，275〜277 ページ）の検定法により調べることができる。

としたものが式（9.20）である。

以上の知識を利用すれば，あとはこれまでとまったく同様にして，次のように仮説検定を行なうことができる。検定仮説として，

$$H_0 : \mu_1 = \mu_2$$

とし，この仮説 $H_0$ のもとでの式（9.20）の統計量の値，

$$t_0 = \frac{\bar{x}_1 - \bar{x}_2}{\sqrt{\dfrac{(n_1-1)\hat{\sigma}_1^2 + (n_2-1)\hat{\sigma}_2^2}{n_1+n_2-2}}\sqrt{\dfrac{1}{n_1} + \dfrac{1}{n_2}}} \tag{9.25}$$

を計算する。そして対立仮説を，

$$H_1 : \mu_1 \neq \mu_2$$

とした両側検定の場合には，有意水準 $\alpha=5\%$ とするとき，自由度 $n_1+n_2-2$ の $t$ 分布の片側 $2.5\%$ の点の値 $t_{0.025}$ と $t_0$ とを比較し，$t_0 < -t_{0.025}$ あるいは $t_0 > t_{0.025}$ ならば $H_0$ を棄却し，$-t_{0.025} < t_0 < t_{0.025}$ ならば $H_0$ を採択するのである（図9.14を見よ）。片側検定の場合については，いままでと同様であるので説明は省略する。

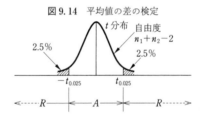

図 9.14　平均値の差の検定

【例9.8】　A，B 2 銘柄のたばこのニコチン含有量について調べたところ，銘柄 A のたばこ 10 本については平均 27.0 mg，標準偏差 1.7 mg であり，銘柄 B のたばこ 7 本については平均 29.3 mg，標準偏差 1.9 mg であった。この 2 銘柄の間でニコチンの平均含有量に差があるであろうか。

　ここで 2 つの標本の標準偏差はかなり近い値であるので，2 つの母集団の標準偏差は同一とみなすことにする（この同一性については後の **9.7** 節の方法で検定することもできる）。観察データは，$n_1=10$，$\bar{x}_1=27.0$，$\hat{\sigma}_1=1.7$，$n_2=7$，$\bar{x}_2=29.3$，$\hat{\sigma}_2=1.9$ であるから，これらの値を用いて $t_0$ を計算すると，

$$t_0 = \frac{27.0 - 29.3}{\sqrt{\dfrac{9 \times 1.7^2 + 6 \times 1.9^2}{10+7-2}}\sqrt{\dfrac{1}{10} + \dfrac{1}{7}}} \doteqdot -2.618$$

となる。いま，有意水準 $\alpha=5\%$ とすると，自由度 $10+7-2=15$ の $t$ 分布の片側 2.5% の点の値 $t_{0.025}$ は 2.131 である。したがって，$t_0=-2.618<-2.131$ であるから，$H_0$ は棄却される。すなわち，この 2 銘柄の間でニコチンの平均含有量に差があるという結論になる。

## ▶ *9.4* 分散の検定——$\chi^2$ 分布の応用

　分散の検定は，**母集団の分散 $\sigma^2$ がある特定の値 $\sigma_0{}^2$ に等しいといえるか**どうかを検定するものである。ここでは $\chi^2$ 分布（または修正 $\chi^2$ 分布）を利用して次のように検定を行なうことができる。なお，母集団は正規分布と仮定する。

　式（7.25）（208 ページ）で示したように

$$\chi^2 = \sum_{i=1}^{n} \frac{(x_i-\overline{x})^2}{\sigma^2} = \frac{(n-1)\hat{\sigma}^2}{\sigma^2} \tag{9.26}$$

は自由度が $n-1$ の $\chi^2$ 分布をするから

$$H_0 : \sigma^2 = \sigma_0{}^2$$

を検定するためには，この仮説のもとでの $\chi^2$ の値

$$\chi_0{}^2 = \frac{(n-1)}{\sigma_0{}^2}\hat{\sigma}^2 \tag{9.27}$$

を計算し，有意水準 $\alpha$ に対して，対立仮説 $H_1$ のいかんによって

$$\chi_0{}^2 > \chi_2{}^2(\alpha) \quad (H_1 : \sigma^2 > \sigma_0{}^2 \text{ のとき，片側検定})$$

$$\chi_0{}^2 < \chi_1{}^2(\alpha) \quad (H_1 : \sigma^2 < \sigma_0{}^2 \text{ のとき，片側検定})$$

$$\chi_0{}^2 < \chi_1{}^2(\alpha/2) \text{ または } \chi_0{}^2 > \chi_2{}^2(\alpha/2) \quad (H_1 : \sigma^2 \neq \sigma_0{}^2 \text{ のとき，両側検定})$$

のとき仮説 $H_0$ を棄却するという手続きになる。図 9.15 には両側検定の場合の採択域 $A$，棄却域 $R$ のとり方を示した。

**【例 9.9】**　ある製品の製造工程で，品質のばらつきを小さくするため，これまで分散 3 で管理してきた。この工程に変更を加えたので，ばらつきに変化が生じたかどうかを調べるために 20 個の標本をとって分散を計算したところ $\hat{\sigma}^2=4.85$ であった。工程変更によってばらつきが増大してしまったといえるか。

図9.15　$\chi^2$分布による両側検定

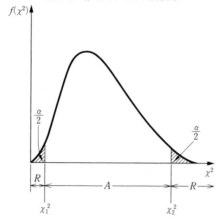

　　ここではばらつき（分散）に変化なしという仮説 $H_0$ をばらつきは増大したという対立仮説 $H_1$ に対して検定することになる。すなわち

$$H_0 : \sigma^2 = 3$$
$$H_1 : \sigma^2 > 3$$

であり，片側検定である。式（9.27）により $\chi_0{}^2$ を計算すると，

$$\chi_0{}^2 = \frac{(20-1) \times 4.85}{3} \fallingdotseq 30.7$$

$\alpha = 0.05$ とすると，表から $\chi_2{}^2(0.05) = 30.1$（自由度 19）であり，$\chi_0{}^2 > \chi_2{}^2(0.05)$ であるから仮説 $H_0$ は棄却され，ばらつきは増大したと判断される。

# ▶ 9.5　適合度の検定──$\chi^2$分布の応用

　経験的に観察された分布がある特定の分布によく一致しているといえるかどうかが問題になることがよくある。たとえばある試験の受験者の成績の分布が正規分布に一致しているかどうかといった問題である。このとき $\chi^2$ 分布による検定法を利用することができる。ここでは「経験的分布がある特定の分布に一致している」というのが検定仮説である。

　いま，経験的分布および仮説による分布もともに度数分布で表わされているとし，それぞれの第 $k$ クラスの度数を $f_k$ および $f_k{}^*(k=1, 2, \cdots, m)$ とする。

このとき，仮説が正しいならば

$$\chi^2 = \sum_{k=1}^{m} \left[ \frac{(f_k - f_k^*)^2}{f_k^*} \right] \tag{9.28}$$

は自由度が $m-1$ の $\chi^2$ 分布をすることが証明されている。この式からも明らかなように2つの分布が食い違っているならば一般に $f_k$ と $f_k^*$ の差が大きくなり，この式の分子が大きくなるから，この $\chi^2$ の値は大きくなり，両者が一致している程度が高いほどこの値は小さくなるはずである。ここで，有意水準を $\alpha$ とするとき，自由度 $m-1$ の $\chi^2$ 分布で，

$$P_r\{\chi^2 > \chi^2(\alpha)\} = \alpha \tag{9.29}$$

となるような $\chi^2(\alpha)$ を表から求め，観察データから求められた $\chi^2$ の値が $\chi_0^2$ であるとき，$\chi_0^2 > \chi^2(\alpha)$ ならば仮説を棄却し，$\chi_0^2 < \chi^2(\alpha)$ ならば仮説を採択することになる。このような検定を**適合度の検定**（あるいは**分布のあてはまりの検定**）という。

【**例9.10**】　ある地方での自動車のメーカー別の市場シェアは A 社 35%，B 社 30%，C 社 20%，その他 15% であるという。その地方のある駐車場に駐車中の車 380 台について調べたところ，A 社 110 台，B 社 123 台，C 社 95 台，その他 52 台であった。上記のシェアが正しいといえるか。

上記のシェアが正しいというのが仮説 $H_0$ である。$H_0$ によって $f^*$ を計算し $f$ と比較すると，下表のようになる。

|       | A   | B   | C  | その他 |
|-------|-----|-----|----|--------|
| $f$   | 110 | 123 | 95 | 52     |
| $f^*$ | 133 | 114 | 76 | 57     |

したがって，式 (9.28) によって $\chi_0^2$ を計算すると，

$$\chi_0^2 = \frac{(110-133)^2}{133} + \frac{(123-114)^2}{114} + \frac{(95-76)^2}{76} + \frac{(52-57)^2}{57}$$

$$\doteqdot 9.88$$

となる。巻末の付表4（339ページ）から $\alpha=0.05$ とすれば，自由度3の $\chi^2$ 分布で $\chi^2(0.05)=7.81$ であるから 9.88 > 7.81 であり，仮説 $H_0$ は棄却される。すなわちシェアは正しいとはいえない。ただし，その駐車場に駐車している車がその地方の車全体からのランダムな標本であるとは考えられないような特別の理由（たとえば市場シェアが異なる他の地方から来た車が多く混入

しているというような）があれば，必ずしも上記の結論は成り立たない。

## ▶ *9.6*　分割表の検定──$\chi^2$分布の応用

　2つの質的分類基準を組み合わせてデータを分類した表を**分割表**（contingency table）という。この分割表において**2つの分類基準が無関係（独立）で**あるかどうかを調べようとするのが分割表の検定である。

　いま，東北，関東，関西の3地域で，ランダムに選ばれた各300世帯について A 新聞，B 新聞，C 新聞のどれを購読しているかを調べたところ表9.3のような結果が得られた。

　この結果から新聞の選好が地域によって異なるといえるかどうか。このような問題が分割表の検定の問題である。

　そこで一般的に，全体で $n$ 個のデータを分類基準 $A$ によって $r$ 個のクラスに，分類基準 $B$ によって $s$ 個のクラスに分類した分割表が表9.4のようであるとする。ここで $f_{i\cdot}=\sum_{j=1}^{s}f_{ij}$, $f_{\cdot j}=\sum_{i=1}^{r}f_{ij}$, $f_{\cdot\cdot}=\sum_{i=1}^{r}\sum_{j=1}^{s}f_{ij}=n$ である。ここで $f$ の添数字の中の・は合計することを示したもので，たとえば $f_{1\cdot}$ は基準 $A$ で第1クラスに入るものを基準 $B$ の全クラスについて合計したもので，$A$ の第1クラスの周辺度数という。したがって $f_{\cdot\cdot}$ は $A$ についても $B$ につい

表9.3　3×3分割表

| | A 新聞 | B 新聞 | C 新聞 | 計 |
|---|---|---|---|---|
| 東　北 | 75 | 80 | 145 | 300 |
| 関　東 | 105 | 110 | 85 | 300 |
| 関　西 | 120 | 85 | 95 | 300 |
| 計 | 300 | 275 | 325 | 900 |

表9.4　$r×s$分割表

| | $B_1$ | $B_2$ | $\cdots$ | $B_j$ | $\cdots$ | $B_s$ | 計 |
|---|---|---|---|---|---|---|---|
| $A_1$ | $f_{11}$ | $f_{12}$ | $\cdots$ | $f_{1j}$ | $\cdots$ | $f_{1s}$ | $f_{1\cdot}$ |
| $A_2$ | $f_{21}$ | $f_{22}$ | $\cdots$ | $f_{2j}$ | $\cdots$ | $f_{2s}$ | $f_{2\cdot}$ |
| $\vdots$ | $\vdots$ | $\vdots$ | $\vdots$ | $\vdots$ | $\vdots$ | $\vdots$ | $\vdots$ |
| $A_i$ | $f_{i1}$ | $f_{i2}$ | $\cdots$ | $f_{ij}$ | $\cdots$ | $f_{is}$ | $f_{i\cdot}$ |
| $\vdots$ | $\vdots$ | $\vdots$ | $\vdots$ | $\vdots$ | $\vdots$ | $\vdots$ | $\vdots$ |
| $A_r$ | $f_{r1}$ | $f_{r2}$ | $\cdots$ | $f_{rj}$ | $\cdots$ | $f_{rs}$ | $f_{r\cdot}$ |
| 計 | $f_{\cdot1}$ | $f_{\cdot2}$ | $\cdots$ | $f_{\cdot j}$ | $\cdots$ | $f_{\cdot s}$ | $f_{\cdot\cdot}=n$ |

てもすべてのクラスの度数を合計したもの，すなわち全体の度数を表わしている。

　いま $A$ と $B$ が独立であるとすれば，確率の乗法定理により，$A_i$ と $B_j$ の同時確率は，

$$P(A_iB_j) = P(A_i)P(B_j)$$

である。ここで，$P(A_i)$ および $P(B_j)$ は分割表の周辺度数 $f_{i\cdot}$ および $f_{\cdot j}$ を使ってそれぞれ $f_{i\cdot}/n$ および $f_{\cdot j}/n$ で推定することができるから，上記の同時確率の推定値は $f_{i\cdot}f_{\cdot j}/n^2$ となり，したがって分割表の $i$ 行 $j$ 列の度数 $f_{ij}$ に対応する独立の場合の期待度数 $f_{ij}{}^*$ は

$$f_{ij}{}^* = n \times \frac{f_{i\cdot}f_{\cdot j}}{n^2} = \frac{f_{i\cdot}f_{\cdot j}}{n} \tag{9.30}$$

で求められる。そこで $A$ と $B$ とが独立（無関係）であるという仮説を検定するためには，式（9.28）と同様に考えて

$$\chi^2 = \sum_i\sum_j \frac{(f_{ij}-f_{ij}{}^*)^2}{f_{ij}{}^*} = \sum_i\sum_j \frac{\left(f_{ij}-\dfrac{f_{i\cdot}f_{\cdot j}}{n}\right)^2}{\dfrac{f_{i\cdot}f_{\cdot j}}{n}} \tag{9.31}$$

を検定統計量として用いればよい。独立性の仮説が成り立たなければ $f_{ij}$ と $f_{ij}{}^*$ との食い違いが大きくなるはずであるから式（9.31）の $\chi^2$ は大きな値になると考えられるのである。この統計量は $\chi^2$ 分布に従うが，問題はその自由度がいくらかということである。これは次のように考えて決めることができる。まず度数 $f_{ij}$ のデータは全体で $(r \times s)$ 個あるが，その合計は $n$ である（$\sum_i\sum_j f_{ij}=n$）という条件があるから自由度は 1 減って $rs-1$ である。しかし，式（9.31）を計算するためには，$f_{ij}{}^*$ をデータ $f_{ij}$ から推定しなければならず，そのためには $P(A_i)$ $(i=1,2,\cdots,r)$ と $P(B_j)$ $(j=1,2,\cdots,s)$ とを合計 $(r+s)$ 個推定しなければならない。ただし $\sum_i P(A_i)=1$，$\sum_j P(B_j)=1$ であるから，実際には $P(A_i)$ については $(r-1)$ 個，$P(B_j)$ については $(s-1)$ 個，したがって合計では $(r+s-2)$ 個推定すればよい。そこではじめの自由度 $rs-1$ は $(r+s-2)$ だけ減って，結局

$$rs-1-(r+s-2) = (r-1)(s-1)$$

となる。以上により，検定のためには，観察データから式（9.31）の値 $\chi_0{}^2$ を計算し，自由度 $(r-1)(s-1)$ の $\chi^2(\alpha)$ の値と比較して（$\alpha$ は有意水準），$\chi_0{}^2 >$

$\chi^2(\alpha)$ ならば仮説を棄却すればよい。

　【例 9.11】　表 9.3 のデータについて，地域と購読新聞が独立かどうかを検定してみる。仮説 $H_0$ は両者が独立であるということである。

$$f_{11}{}^* = \frac{300 \times 300}{900} = 100, \quad f_{12}{}^* = \frac{300 \times 275}{900} = 91.7,$$

$$f_{13}{}^* = \frac{300 \times 325}{900} = 108.3, \quad f_{21}{}^* = \frac{300 \times 300}{900} = 100,$$

$$f_{22}{}^* = \frac{300 \times 275}{900} = 91.7, \quad f_{23}{}^* = \frac{300 \times 325}{900} = 108.3,$$

$$f_{31}{}^* = \frac{300 \times 300}{900} = 100, \quad f_{32}{}^* = \frac{300 \times 275}{900} = 91.7,$$

$$f_{33}{}^* = \frac{300 \times 325}{900} = 108.3$$

であるから，

$$\chi_0{}^2 = \frac{(75-100)^2}{100} + \frac{(80-91.7)^2}{91.7} + \frac{(145-108.3)^2}{108.3} + \frac{(105-100)^2}{100}$$

$$+ \frac{(110-91.7)^2}{91.7} + \frac{(85-108.3)^2}{108.3} + \frac{(120-100)^2}{100}$$

$$+ \frac{(85-91.7)^2}{91.7} + \frac{(95-108.3)^2}{108.3} \fallingdotseq 35.22$$

この $\chi^2$ の自由度は $(3-1) \times (3-1) = 4$ であるから，有意水準 $\alpha$ を 5% とすれば

$$\chi^2(0.05) = 9.49 < \chi_0{}^2 = 35.22$$

であり，したがって仮説は棄却され，地域によって購読新聞の選好は異なるということになる。

　分割表の検定で非常によくある場合は，$2 \times 2$ の分割表，すなわち $r = s = 2$ の場合である。このとき表 9.4 は表 9.5 のようになる。

**表 9.5** $2 \times 2$ 分割表

|  | $B_1$ | $B_2$ | 計 |
|---|---|---|---|
| $A_1$ | $f_{11}$ | $f_{12}$ | $f_{1\cdot}$ |
| $A_2$ | $f_{21}$ | $f_{22}$ | $f_{2\cdot}$ |
| 計 | $f_{\cdot 1}$ | $f_{\cdot 2}$ | $f_{\cdot\cdot} = n$ |

このとき式 (9.31) によって $\chi^2$ を計算すると，

$$\chi^2 = \frac{n(f_{11}f_{22} - f_{12}f_{21})^2}{f_{1\cdot}f_{2\cdot}f_{\cdot 1}f_{\cdot 2}} \tag{9.32}$$

ときわめて簡単な形になることが証明される。この $\chi^2$ の自由度は $(r-1)$ $(s-1)=(2-1)(2-1)=1$ である。したがって，$2 \times 2$ 分割表の検定のためには，観察データから式 (9.32) の値 $\chi_0{}^2$ を計算して，自由度 1 の $\chi^2(\alpha)$ の値と比較し，$\chi_0{}^2 > \chi^2(\alpha)$ ならば独立性の仮説を棄却すればよい。

【例 9.12】 ある病気の患者 150 人を無作為に 2 つのグループに分け，A，B 2 種類の方法で治療し，一定期間後両グループの生存，死亡数を比較したところ，表 9.6 のようであった。治療法により生存率が異なるといえるか。

仮説 $H_0$ は治療法により生存率は異ならないということである。式 (9.32) により $\chi^2$ の値 $\chi_0{}^2$ を計算すると，

$$\chi_0{}^2 = \frac{150(49 \times 41 - 31 \times 29)^2}{80 \times 70 \times 78 \times 72} \fallingdotseq 5.877$$

有意水準を 5% とすると，巻末の付表 4 (339 ページ) より自由度 1 の $\chi^2$ の値は 3.84 であるから，仮説 $H_0$ は棄却され，治療法により生存率は異なるという結論になる。

表 9.6 治療法と結果

| 治療法 ＼ 結 果 | 生存 | 死亡 | 計 |
|---|---|---|---|
| A | 49 | 31 | 80 |
| B | 29 | 41 | 70 |
| 計 | 78 | 72 | 150 |

## ▶ *9.7* 分散の同一性の検定——*F* 分布の応用

いま 2 つの正規母集団 $N(\mu_1, \sigma_1{}^2)$ および $N(\mu_2, \sigma_2{}^2)$ がある。ここで**両母集団の間で分散が異なっているかどうか**という問題を考えてみる。このとき検定仮説 $H_0$ としては 2 つの分散が等しいということ，すなわち

$$H_0 : \sigma_1{}^2 = \sigma_2{}^2 = \sigma^2$$

を考え，標本からこの仮説が成り立つかどうかを調べるのである。ここで対立仮説 $H_1$ はどちらか一方の分散が他方より大きいということである。この場合に $F$ 分布を応用することができる。

いま第 1 の母集団から $m$ 個の標本 $x_{11}, x_{12}, \cdots, x_{1m}$ が，第 2 の母集団から $n$ 個の標本 $x_{21}, x_{22}, \cdots, x_{2n}$ が得られたとする。このとき両標本の平均

値を

$$\overline{x}_1 = \frac{1}{m}\sum_{i=1}^{m}x_{1i}, \quad \overline{x}_2 = \frac{1}{n}\sum_{i=1}^{n}x_{2i}$$

と書けば，次の2つの統計量

$$\sum_{i=1}^{m}\left(\frac{x_{1i}-\overline{x}_1}{\sigma_1}\right)^2 \tag{9.33}$$

$$\sum_{i=1}^{n}\left(\frac{x_{2i}-\overline{x}_2}{\sigma_2}\right)^2 \tag{9.34}$$

はそれぞれ自由度 $m-1$ および $n-1$ の $\chi^2$ 分布をする（209ページの式 (7.27) による）から，210ページの式 (7.31) により，両者をそれぞれの自由度で割ったものの比

$$F = \frac{\dfrac{1}{m-1}\displaystyle\sum_{i=1}^{m}\dfrac{(x_{1i}-\overline{x}_1)^2}{\sigma_1{}^2}}{\dfrac{1}{n-1}\displaystyle\sum_{i=1}^{n}\dfrac{(x_{2i}-\overline{x}_2)^2}{\sigma_2{}^2}} \tag{9.35}$$

は自由度 $m-1$ および $n-1$ の $F$ 分布，すなわち $F_{n-1}^{m-1}$ をすることになる。

　ここで仮説 $H_0$ が正しいとし，そのときの式 (9.35) の $F$ の値を $F_0$ と書くと，

$$F_0 = \frac{\dfrac{1}{m-1}\displaystyle\sum_{i=1}^{m}(x_{1i}-\overline{x}_1)^2}{\dfrac{1}{n-1}\displaystyle\sum_{i=1}^{n}(x_{2i}-\overline{x}_2)^2} \tag{9.36}$$

となり，これが $F$ 分布 $F_{n-1}^{m-1}$ をすることになる。

　ここで有意水準を $\alpha$ とすれば，この $F_0$ の値を表（巻末341～344ページの付表6）から求めた境界値 $F_{n-1}^{m-1}(\alpha)$ と比較して，

$\quad F_0 > F_{n-1}^{m-1}(\alpha)$ ならば $H_0$ を棄却（結論は分子におかれた方の分散
$\qquad\qquad\qquad\qquad\qquad\qquad\qquad$ が大）

$\quad F_0 < F_{n-1}^{m-1}(\alpha)$ ならば $H_0$ を採択

することになる。この手続きで巻末の付表6を用いるには，$F_0$ の分子と分母は，分子に大きい方の値をおき，$F_0>1$ となるように決める。これは $F$ 分布で分子と分母とを入れかえたとき，

$$F_n^m(\alpha) = 1/F_m^n(1-\alpha) \tag{9.37}$$

という関係が成立するので，表には $F$ 分布のグラフの右端に $\alpha$ の確率をと

った場合のみを示せばよいからである。なお，この方法によれば分布の左側のスソに $F_0$ の計算値が現われることはないから，検定は片側検定である。

【例 9.13】　ある予備校の模擬試験での多数の受験生の中から無作為に選んだ，英語について 10 人と数学について 12 人の成績は次のようであった。

| 英語 | 73 | 85 | 77 | 70 | 90 | 80 | 88 | 85 | 70 | 75 | | |
|------|----|----|----|----|----|----|----|----|----|----|----|----|
| 数学 | 50 | 55 | 90 | 60 | 70 | 85 | 70 | 75 | 100 | 95 | 60 | 75 |

この試験での両教科の間で点数のばらつきに違いがあるといえるか。

英語の点数を $x_{1i}$ ($i=1, 2, \cdots, 10$)，数学の点数を $x_{2i}$ ($i=1, 2, \cdots, 12$) とすると，数学の点数 $x_2$ の方がばらつきが大きそうなので，数学の分散を分子として $F_0$ を計算すると

$$F_0 = \frac{\dfrac{1}{12-1}\sum_{i=1}^{12}(x_{2i}-\overline{x}_2)^2}{\dfrac{1}{10-1}\sum_{i=1}^{10}(x_{1i}-\overline{x}_1)^2} = \frac{259.66}{54.68} \doteqdot 4.75$$

となる。$F_9^{11}(0.05)=3.10<F_0=4.75$ であるから，両教科で分散が等しいという仮説は棄却され，結論としては数学の方が分散が大きいということになる。

## ▶ 9.8　分散分析——F 分布の応用

前に 9.3.3 では 2 つの母集団の平均値の間に差があるかどうかの検定の問題を扱ったが，母集団の数が 3 つ以上ある場合にそれらの平均値の間に差があるかどうかが問題になることも多い。たとえば，自動車メーカー何社かの乗用車の間で平均燃料効率に差があるかどうか，電気メーカー何社かの電球の間で平均寿命に差があるかどうか，何種類かの肥料の間で施肥効果に差があるかどうか，といったような問題である。

いま一般的に，$m$ 個の母集団があるとし，それぞれから $n_1$, $n_2$, $\cdots$, $n_m$ 個（一般に第 $i$ 母集団から $n_i$ 個）の標本を選んだとき，得られた観察値を次ページ表 9.7 のように示す（第 $i$ 母集団からの第 $j$ 観察値を $x_{ij}$ とする）。

ここで $x_{ij}$ は平均 $\mu_i$，標準偏差 $\sigma$ の正規分布 $N(\mu_i, \sigma^2)$ に従うものと想定する。すなわち，どの母集団においても分散 $\sigma^2$ は同一であると仮定し，平均値のみが異なりうると考えるのである。なお $\mu$ を標本数で加重した $\mu_i$ の加重

**表 9.7　分散分析のデータ**

| 母 集 団 | 1 | 2 | ⋯ | $i$ | ⋯ | $m$ | 計 |
|---|---|---|---|---|---|---|---|
| | $x_{11}$ | $x_{21}$ | ⋯ | $x_{i1}$ | ⋯ | $x_{m1}$ | |
| | $x_{12}$ | $x_{22}$ | ⋯ | $x_{i2}$ | ⋯ | $x_{m2}$ | |
| | ⋮ | ⋮ | | ⋮ | | ⋮ | |
| 標本観察値 | $x_{1j}$ | $x_{2j}$ | ⋯ | $x_{ij}$ | ⋯ | $x_{mj}$ | |
| | ⋮ | | | ⋮ | | ⋮ | |
| | $x_{1n_1}$ | ⋮ | | $x_{in_i}$ | | ⋮ | |
| | | $x_{2n_2}$ | | | | $x_{mn_m}$ | |
| 標 本 数 | $n_1$ | $n_2$ | ⋯ | $n_i$ | ⋯ | $n_m$ | $\sum_i n_i = N$ |
| 標本平均値 | $\overline{x}_1$ | $\overline{x}_2$ | ⋯ | $\overline{x}_i$ | ⋯ | $\overline{x}_m$ | $\overline{x}$ |

算術平均とすれば,

$$\mu_i = \mu + \alpha_i \qquad (i = 1, \cdots, m) \tag{9.38}$$

ここで $\mu$ は $\mu_i$ の加重平均であり,

$$\mu = \sum n_i \mu_i / \sum n_i, \qquad \sum_{i=1}^{m} n_i \alpha_i = 0$$

である。ここでは $\alpha_i = \mu_i - \mu$ を第 $i$ 母集団の特性値と考えることになる。このとき観察データの構造としては,

$$x_{ij} = \mu + \alpha_i + \varepsilon_{ij} \qquad (i = 1, \cdots, m \; ; j = 1, \cdots, n_i) \tag{9.39}$$
$$\text{ここで}\quad \varepsilon_{ij} : N(0, \sigma^2)$$

と考えていることになる。

そして各母集団の平均値 $\mu_i$ の間（したがって $\alpha_i$ の間）に差があるかどうかは, 検定仮説 $H_0$ として, 平均値間に差がないということは $\alpha_i$ がすべて 0 であること, すなわち

$$H_0 : \alpha_i = 0 \qquad (i = 1, 2, \cdots, m)$$

であり, これを対立仮説

$$H_0 : \alpha_i \neq 0 \qquad （少なくとも 1 つの i について）$$

に対して検定することになる。

いま $N$ 個 $(N = \sum_{i=1}^{m} n_i)$ すべてのデータの平均値を $\overline{x}$ と書けば,

$$\overline{x} = \frac{1}{N} \sum_{i=1}^{m} \sum_{j=1}^{n_i} x_{ij} \tag{9.40}$$

第 $i$ 母集団からのデータの平均値を $\overline{x}_i$ と書けば,

$$\overline{x}_i = \frac{1}{n_i} \sum_{j=1}^{n_i} x_{ij} \tag{9.41}$$

である。このとき総平均値 $\overline{\overline{x}}$ からの全データの偏差の平方和を $V$ と書けば，それは次のように2つの平方和 $V_1$ および $V_2$ に分解できる（本ページ下の（注）を参照）。

$$V = \sum_{i=1}^{m}\sum_{j=1}^{n_i}(x_{ij}-\overline{\overline{x}})^2 = \sum_{i=1}^{m}\sum_{j=1}^{n_i}(x_{ij}-\overline{x}_i+\overline{x}_i-\overline{\overline{x}})^2$$

$$= \sum_{i=1}^{m}\sum_{j=1}^{n_i}(x_{ij}-\overline{x}_i)^2 + \sum_{i=1}^{m}n_i(\overline{x}_i-\overline{\overline{x}})^2$$

$$= V_1 + V_2 \tag{9.42}$$

ここで検定仮説 $H_0$ のもとでは，式（9.39）で $\alpha_i=0$ であり，$N$ 個の標本観察値 $x_{ij}$ は正規分布 $N(\mu,\sigma^2)$ をすることになるから，

$$\sum_{i=1}^{m}\sum_{j=1}^{n_i}\left(\frac{x_{ij}-\overline{\overline{x}}}{\sigma}\right)^2 = \frac{V}{\sigma^2} \tag{9.43}$$

は自由度 $N-1$ の $\chi^2$ 分布をする（209ページ，式（7.27））。同様に考えると，$n_i$ 個の観察値 $x_{ij}(j=1,2,\cdots,n_i)$ について

$$\sum_{j=1}^{n_i}\left(\frac{x_{ij}-\overline{x}_i}{\sigma}\right)^2 \tag{9.44}$$

は自由度 $n_i-1$ の $\chi^2$ 分布をし，したがって

$$\sum_{i=1}^{m}\sum_{j=1}^{n_i}\left(\frac{x_{ij}-\overline{x}_i}{\sigma}\right)^2 = \frac{V_1}{\sigma^2} \tag{9.45}$$

は自由度 $\sum_{i=1}^{m}(n_i-1)=\sum_{i=1}^{m}n_i-m=N-m$ の $\chi^2$ 分布をする（210ページ，$\chi^2$ 分布の加法性より）。また，$n_i$ 個の観察値の平均値 $\overline{x}_i$ は正規分布 $N\left(\mu,\dfrac{\sigma^2}{n_i}\right)$ をするから

$$\sum_{i=1}^{m}n_i\left(\frac{\overline{x}_i-\overline{\overline{x}}}{\sigma}\right)^2 = \sum_{i=1}^{m}\left(\frac{\overline{x}_i-\overline{\overline{x}}}{\sigma/\sqrt{n_i}}\right)^2 = \frac{V_2}{\sigma^2} \tag{9.46}$$

は自由度 $m-1$ の $\chi^2$ 分布をする。$\chi^2$ 分布の加法性から $V_1$ と $V_2$ とは独立であることがわかるので，以上のことから，仮説 $H_0$ が正しければ

---

（注）　$V = \sum_{i=1}^{m}\sum_{j=1}^{n_i}(x_{ij}-\overline{x}_i+\overline{x}_i-\overline{\overline{x}})^2$

$\qquad = \sum_{i}\sum_{j}(x_{ij}-\overline{x}_i)^2 + 2\sum_{i}\sum_{j}(x_{ij}-\overline{x}_i)(\overline{x}_i-\overline{\overline{x}}) + \sum_{i}\sum_{j}(\overline{x}_i-\overline{\overline{x}})^2$

　　ここで $\sum_{j}(x_{ij}-\overline{x}_i)=0$（算術平均からの偏差の和は0）から，第2項は0である。また，第3項の中の $\sum_{j}(\overline{x}_i-\overline{\overline{x}})$ は同じ $(\overline{x}_i-\overline{\overline{x}})$ を $n_i$ 個加えたもの $n_i(\overline{x}_i-\overline{\overline{x}})^2$ であるから第3項は $\sum_{i}n_i(\overline{x}_i-\overline{\overline{x}})^2$ となる。

$$F_0 = \frac{V_2/(m-1)}{V_1/(N-m)} \tag{9.47}$$

は自由度 $m-1$ および $N-m$ の $F$ 分布をする（210 ページ，式 (7.31)）。

　ここで $V_1$ では各母集団（一般に分散分析においては母集団の代わりに**級** (class) という言葉を使うことが多い）ごとに標本平均値 $\bar{x}_i$ からの偏差をとっているので，それは同一母集団（級）内の変動のみを反映しているといえる。その意味で，$V_1$ を**級内変動**という。これに対して $V_2$ では，全平均 $\bar{x}$ からの各級の標本平均値 $\bar{x}_i$ の偏差をとっているから，母集団（級）間で平均値に差があれば（すなわち $H_0$ が正しくなければ），$V_2$ の中にはそれも含まれていることになる。そこで $V_2$ を**級間変動**という。

　もし仮説 $H_0$ が正しければ，式 (9.47) の分子 $V_2/(m-1)$ も分母 $V_1/(N-m)$ も，ともに同じ $\sigma^2$ の不偏推定値を与える。$\chi^2$ 分布の平均値はその自由度に等しい（209 ページ）ことから，式 (9.46) および式 (9.45) より

$$E\left(\frac{V_2}{\sigma^2}\right) = m-1 \qquad \therefore \quad E\left(\frac{V_2}{m-1}\right) = \sigma^2 \tag{9.48}$$

$$E\left(\frac{V_1}{\sigma^2}\right) = N-m \qquad \therefore \quad E\left(\frac{V_1}{N-m}\right) = \sigma^2 \tag{9.49}$$

であるからである。

　したがって，$H_0$ が正しければ式 (9.47) の $F_0$ は 1 からあまり大きくは違わないはずである。しかし $H_0$ が正しくなければ分子には平均値間の差（$\alpha_i$ の差）も加わるので，$F_0$ は 1 より有意に大きくなるであろう。そこで，有意水準を $\alpha$ とするとき，片側検定で

$$F_0 > F_{N-m}^{m-1}(\alpha) \tag{9.50}$$

を棄却域とすればよいということになる。

　以上のような分析は**分散分析** (analysis of variance) と呼ばれ，次の表 9.8 のような形にまとめられる。

表 9.8　分 散 分 析 表

| 変動要因 | 平方和 | 自由度 | 平均平方 | $F$ |
|---|---|---|---|---|
| 級間 | $V_2 = \sum_i n_i (\bar{x}_i - \bar{x})^2$ | $m-1$ | $V_2/(m-1)$ | $\dfrac{V_2/(m-1)}{V_1/(N-m)}$ |
| 級内 | $V_1 = \sum_i \sum_j (x_{ij} - \bar{x}_i)^2$ | $N-m$ | $V_1/(N-m)$ | — |
| 計 | $V = \sum_i \sum_j (x_{ij} - \bar{x})^2$ | $N-1$ | | |

なお計算には分散の計算式（26 ページの式（1.34））についての説明を応用した次の式が用いられる。

$$V = \sum_i \sum_j x_{ij}{}^2 - (\sum_i \sum_j x_{ij})^2/N \tag{9.51}$$

$$V_1 = \sum_i \sum_j x_{ij}{}^2 - \sum_i [(\sum_j x_{ij})^2/n_i] \tag{9.52}$$

$$V_2 = \sum_i [(\sum_j x_{ij})^2/n_i] - (\sum_i \sum_j x_{ij})^2/N \tag{9.53}$$

【例 9.14】 表 9.9 は自動車メーカー 4 社の同一エンジン・サイズの小型乗用車について，ガソリン 1 リットルあたりの走行距離のテストを行なった結果である。4 車種間で平均走行距離に差があるといえるか。

ここで検定仮説 $H_0$ は 4 車種間で平均走行距離に差はないということである。表 9.9 から表 9.10 のような計算表を作る。なお分散は全データから一定数を引いても変わらないので，この計算表では全データから 13.0 を引いたもの（表 9.9 のカッコ内の数字）を $x$ として計算してある。

これから式（9.51）〜（9.53）により $V, V_1, V_2$ を計算する。

$$V = \sum\sum x^2 - (\sum\sum x)^2/N = 18.60 - (-3.2)^2/20 = 18.088$$

表 9.9　小型乗用車の走行距離（km/$l$）

| メーカー $i$ | 1 | 2 | 3 | 4 |
|---|---|---|---|---|
| 走行距離/$l$ $x_{ij}$ | 12.3(−0.7) | 11.1(−1.9) | 11.0(−2.0) | 12.5(−0.5) |
| | 12.9(−0.1) | 12.5(−0.5) | 11.4(−1.6) | 12.9(−0.1) |
| | 13.0(0.0) | 12.9(−0.1) | 12.1(−0.9) | 13.3(0.3) |
| | 13.4(0.4) | 13.0(0.0) | 12.7(−0.3) | 13.7(0.7) |
| | | 13.1(0.1) | | 14.6(1.6) |
| | | 13.8(0.8) | | |
| | | 14.6(1.6) | | |
| 標本数 $n_i$ | 4 | 7 | 4 | 5 |
| 平均値 | 12.9 | 13.0 | 11.8 | 13.4 |

（注）　$x_{ij}$ 値の数値の次のカッコ内は $x_{ij}-13$。

表 9.10　計　算　表

| メーカー $(i)$ | 1 | 2 | 3 | 4 | 計 |
|---|---|---|---|---|---|
| $n_i$ | 4 | 7 | 4 | 5 | 20 |
| $\sum x$ | −0.4 | 0 | −4.8 | 2.0 | −3.2 |
| $(\sum x)^2$ | 0.16 | 0 | 23.04 | 4.0 | — |
| $(\sum x)^2/n_i$ | 0.04 | 0 | 5.76 | 0.8 | 6.60 |
| $\sum x^2$ | 0.66 | 7.08 | 7.46 | 3.40 | 18.60 |

$$V_1 = \sum\sum x^2 - \sum[(\sum x)^2/n_i] = 18.60 - 6.60 = 12.00$$
$$V_2 = \sum[(\sum x)^2/n_i] - (\sum\sum x)^2/n = 6.60 - (-3.2)^2/20$$
$$= 6.088$$

以上から表9.11のような分散分析表を作ることができる。

表9.11　分散分析表

| 変動要因 | 平方和 | 自由度 | 平均平方 | $F$ |
|---|---|---|---|---|
| 級間 | $V_2 = 6.088$ | $m-1=3$ | 2.029 | $\dfrac{2.029}{0.75} \doteqdot 2.71$ |
| 級内 | $V_1 = 12.00$ | $N-m=16$ | 0.75 | ― |
| 計 | $V = 18.088$ | $N-1=19$ | | |

　これから $F_0 = 2.71$ が得られたが，これを自由度3および16の $F$ 分布の 5% の境界値を表（巻末の付表6, 341〜344ページ）から求めて比較すると

$$F_{16}^3(0.05) = 3.24 > F_0 = 2.71$$

であるから，4車種間で平均走行距離に差がないという仮説 $H_0$ は棄却できず，したがって差があるとはいえないという結論になる。


## 【練習問題】

1) あるサイコロを500回投げて95回3の目が出た。このサイコロは正確に作られているかどうかを有意水準5%で検定せよ。

2) ある工場で生産される製品のうち95%は良品であると工場ではいっている。そこで，200個の製品を調べてみたところ，18個が不良品であることがわかった。工場のいっていることは正しいか。有意水準5%で検定せよ。

3) A大学では，最近，毎年4年生の10%以上が留年するといわれている。今年のA大学の4年生のうち，500人を調べたところ40人が留年することになっていた。このことから，毎年4年生の10%以上が留年するという仮説が正しいかどうかを5%の有意水準で検定せよ。

4) ある製薬会社が，その特許新薬は，9割の患者について8時間以内にアレルギー症状を治すことができると広告した。200人について試用の結果，170人については8時間以内に治った。この製薬会社のいうことは正しいといえるか。有意水準1%で検定せよ。

5) ある調査機関は，25%の世帯が過去3年間に少なくとも一度は引越をしていると発表した。ところで，500世帯に対してインタビュー調査をしたところ，120世帯が過去3年間に少なくとも一度は引越をしたことがあるとい

う結果を得た。有意水準 5% でこの調査機関の発表が正しいかどうかを検定せよ。

6) ある会社の人事課では，独身女性社員の 60% が，入社後 3 年以内に結婚して会社を辞めているといっている。5 年前にこの会社に入社した独身女性 200 人を調べたところ，112 人が 3 年以内に結婚して退職していた。人事課のいっていることは正しいといえるか。有意水準 1% で検定せよ。

7) ある種の電気関係の作業において，導線との接触事故 300 件のうち，90 件の場合に 600 ボルト以上の電流が導線を流れていたことがわかった。このことから，導線との接触事故の 1/4 以上に 600 ボルト以上の電流が流れていると判断してよいか。有意水準 1% で検定せよ。

8) ある大会社の社員食堂の管理者は，その食堂で食事をしている従業員の 3/4 よりも多くの従業員が，700 円の特別ランチのメニューを変えて 500 円のランチにした方がよいと思っていると判断している。その食堂で食事をしている従業員の中から 300 人を無作為に選んで調べたところ，212 人が 500 円のランチにした方がよいと思っていることがわかった。有意水準 5% でこの管理者の判断が正しいかどうかを検定せよ。

9) 半数が他の中学からの入学である中高一貫校の高校で英語の試験を行なったところ，50 点以上をとった生徒は中学から入学の生徒 300 人中 250 人，他の中学卒で高校から入学した生徒 300 人中 180 人であった。中学からの入学者と他の中学からの入学者との間で 50 点以上とれる力のある者の割合に差があるかどうかを有意水準 5% で検定せよ。

10) 2 種類の鋳型で作られた鋳物の不良品の割合を知るためのテストが行なわれたが，その結果，鋳型 I で作られた 100 個の鋳物のうち 14 個が不良品であり，鋳型 II で作られた鋳物 200 個のうち 36 個が不良品であった。これら 2 種類の鋳型で作られる鋳物の不良率に差があるかどうか。有意水準 1% で検定せよ。

11) ある会社で，朝食ぬきで出勤した 100 人を調べたところ 45 人が午前中に疲労を感じ，またちゃんと朝食をとって出勤した 400 人を調べたところ 140 人が午前中に疲労を感じたという。この結果から朝食をとった人の方が朝食ぬきの人より，疲労を感じる割合が少ないといえるか。有意水準 5% で検定せよ。

12) ある野球選手の打撃成績は，昨年は 380 打数 124 安打，今年は 320 打数 96 安打であった。この選手の今年の打撃力は，昨年に比べて低下したとみてよいか。有意水準 5% で検定せよ。

13）　東京のサラリーマン 100 人と，大阪のサラリーマン 300 人に対して，A ビールと B ビールの好みを聞いたところ，東京では 68 人が，大阪では 213 人が A ビールの方が好きだと答えた。この結果から，A ビールを好むサラリーマンの割合が東京と大阪で差があるといえるか。有意水準 1% で検定せよ。

14）　ある機械部品の製品仕様によると，この部品の寸法は 0.5485 インチあるはずである。出来上がった部品から無作為に 6 個を選んだところ，その平均寸法は 0.5479 インチであり，標準偏差は 0.0003 インチであった。有意水準を 5% とするとき，この部品は平均的にその仕様寸法どおりであるといえるか。

15）　ある清涼飲料の自動販売機の場合，1 本あたり中味が 180 cc と表示されている。この自動販売機から無作為に 9 本を取り出して検査したところ，ボトルの中味の平均は 178 cc で，標準偏差は 3 cc であった。有意水準を 10% とすると，この販売機のボトルの中味は少なすぎるといえるか。

16）　ある種の分類作業での単位時間あたりの正しい分類数は平均 150 であるという仮説を検定したい。その作業をする 49 人を無作為に選んで調べたところ，正しい分類数の平均が 140，標準偏差は 15 であった。この結果は，有意水準を 5% とするとき，標本がとられた母集団の平均が 150 ではないということを立証しているといえるか。

17）　450 g と表示されているバター 30 個について，その重さを計ったところ，平均 446 g，標準偏差 11 g であった。この結果から，このバターの表示は正しいといえるか。有意水準 1% で検定せよ。

18）　ある工場で生産された蛍光灯 100 本の平均寿命を調べたところ，1,570 時間，標準偏差 120 時間であった。この結果から，蛍光灯の平均寿命は 1,600 時間であると結論してよいであろうか。有意水準 1% で検定せよ。

19）　ある会社で製造された 30 本のロープの破断強度のテストの結果，平均値 3,590 kg，標準偏差 65.7 kg であった。この会社では，破断強度は 3,625 kg であるといっているが，これを認めてよいか。有意水準 5% で検定せよ。

20）　あるペンキ塗りの職人は，ペンキ 4 リットルで 50 平方メートルを塗ることができると主張している。この職人が過去 12 回の塗装において，4 リットルで塗ることができた面積の平均が 48 平方メートル，標準偏差が 3 平方メートルであった。この職人の主張は正しいといえるかどうか。5% の有意水準で検定せよ。

21）　冶金学者がマンガンの融解点について，次の 4 つの実験結果を得た。

　　　1,269℃　　　1,263℃　　　1,271℃　　　1,265℃

この結果から，マンガンの融解点の平均が 1,265℃ をこえていると考えてよいであろうか．有意水準 5% で検定せよ．

22) ある消費者センターが，高校の授業で使う化学の実験材料の入ったケースを 5 個テストして，それらのケースの材料で，基礎的実験を何回行なうことができるかを調べた．その結果は，25, 28, 30, 29, 30 であった．その製造業者は，平均として 30 回以上の実験ができるといっているが，有意水準 10% で検定してみよ．

23) 400 人の成人を無作為に選んで，その体重を調べたところ，最良の健康体重よりも 7.2 kg 太りすぎていることがわかった．標準偏差が 2.3 kg であるとすると，この結果は，有意水準を 2% としたとき，その母集団の真の平均超過体重が 6.4 kg であるという意見の反証になっているか．

24) ある製品品質のばらつきを標準偏差 0.005 以内におさえたい．この製品のあるロットから 8 個のサンプルをとり測定したところ次のデータを得た．このロットを合格としてよいか．

    2.012    2.008    1.992    2.017    1.988    1.997
    2.003    2.011

25) 5 枚の貨幣を 320 回投げて表の出た枚数を調べたところ次の結果を得た．二項分布から期待される度数との適合度を検定せよ（有意水準 5%）．

| 表の枚数 | 0 | 1 | 2 | 3 | 4 | 5 |
|---|---|---|---|---|---|---|
| 観察回数 | 6 | 56 | 87 | 109 | 49 | 6 |
| 二項分布 | 10 | 50 | 100 | 100 | 50 | 10 |

26) ある大都市で 1,000 人について 5 種類のブランドのコーヒーのうちどれを最も好むかを調査したところ次の結果を得た．

| ブランド | A | B | C | D | E |
|---|---|---|---|---|---|
| 人　数 | 208 | 245 | 170 | 159 | 218 |

これらのブランドの間でそれぞれを最も好む人の割合に差がないといえるか（有意水準 5%）．

27) 次の表は，ある年に企業の環境条件（国際的環境，市場競争，技術変化）の中で現時点で最も重要視しているものはどれかをアンケート調査で調べた結果を，素材型製造業，組立加工型製造業，非製造業の別に示したものである．

|  | 国際 | 市場 | 技術 | 計 |
|---|---|---|---|---|
| 素 材 型 | 30 | 28 | 32 | 90 |
| 組立加工型 | 47 | 55 | 38 | 140 |
| 非 製 造 業 | 23 | 85 | 12 | 120 |
| 計 | 100 | 168 | 82 | 350 |

業種により，最重要視される環境が異なっているといえるか（有意水準1%）。

28）【例9.8】のたばこのニコチン含有量の例について，A, B両銘柄間で分散に差があるかどうか，有意水準5%で検定せよ。

29）次のデータはある繊維にA, B, C, Dの4種類の強化剤を塗布した場合に増加した強度を5回ずつ測定したものである。これらの強化剤の間で効果に差があるといえるか。有意水準5%で検定せよ。

| A | B | C | D |
|---|---|---|---|
| 62 | 52 | 70 | 48 |
| 68 | 44 | 58 | 42 |
| 57 | 38 | 62 | 62 |
| 58 | 58 | 65 | 62 |
| 60 | 58 | 60 | 56 |

30）次の会話を統計的推論の用語で分析せよ。

状況：AとBがCとDとが来るのを待っている。

A「Cの奴遅いなあ。どうしたんだろう。」

B「そうだなあ。いつもは几帳面なのに，おかしいな。何かあったんじゃないかな。家に電話でも入れてみようか。」

A「Dの奴も遅いなあ。ついでに電話してみようか。」

B「いや，あいつはいいよ。あいつの時間はあまりあてにならんから。時にはいやに早く来るかと思うと，とんでもなく遅刻するんだから。いつものようにどこかふらついてくるんだろう。」

31）品質管理において第1種の誤りを生産者危険，第2種の誤りを消費者危険という理由を考えてみよ（263ページ参照）。

32）ある病気にかかっているかどうかを調べる検査法がある。この検査法によると健常人の測定値は平均350，標準偏差80の正規分布をし，この病気にかかっている人の測定値は平均750，標準偏差150の正規分布をする。この検査の測定値が480以下の場合は心配なし，480をこえた場合に病気の疑いがあると判定するとき

(a)　この検査法について第1種の誤り $\alpha$ および第2種の誤り $\beta$ は何か。

(b)　$\alpha$ および $\beta$ の値を求めよ。

**33)**　10ページの序章練習問題 **5)** における検定仮説 $H_0$ はどのようなものか。またこの場合の第1種の誤り $\alpha$，第2種の誤り $\beta$ は何か。

【本章末の練習問題の解答は 329〜331 ページを見よ】

# ▶ 第*10*章　回帰の推測統計理論

本章では第3章で扱った回帰についての統計的推論——推定と検定——の基本を学習する。

## *10.1*　回帰パラメータの推定量の標本分布

第3章では，統計的記述の問題として，与えられたデータそのものを最もよく説明する回帰を考えたが，本章ではデータはある母集団からとられた標本であり，私たちはその母集団における回帰関係について推論をしたいという統計的推論の場合を考える。

そのために母集団と標本を区別して，母集団において次のような関係が成り立っていると考える。

$$y = \alpha + \beta x + u \tag{10.1}$$

ここでは$y$と$u$とが確率変数であると想定され，まず$u$は平均0, 分散$\sigma^2$の正規分布と仮定される。これを

$$u : N(0, \sigma^2) \tag{10.2}$$

のように書き表わそう。次に$y$の平均値は，別の変数$x$の関数であり，それが1次式（直線）$\alpha + \beta x$であるとする。$y$はその1次式のまわりに分散$\sigma^2$で正規分布をすると考えられる。すなわち

$$y : N(\alpha + \beta x, \sigma^2) \tag{10.3}$$

である。ここで変数$x$は$y$の平均値を決定する変数であり，それ自身は確率変数ではないと仮定される。いいかえると，$y$の平均値を考える場合にその

図 10.1　正規回帰関係

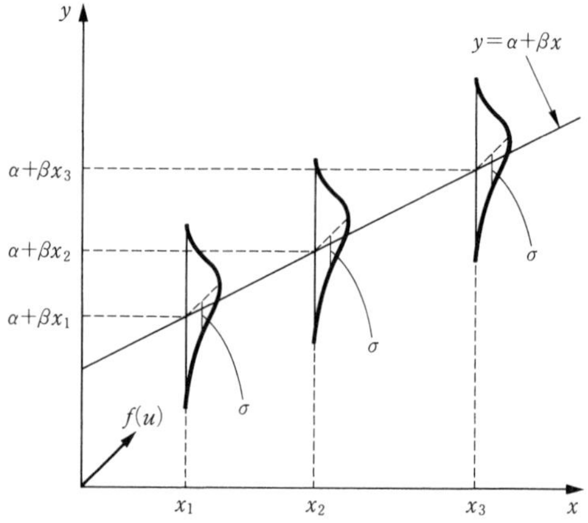

値が指定される変数という意味で $x$ を**指定変数**と呼ぶこともある。

　以上のような関係を，$x$ に対する $y$ の**正規回帰関係**といい，ここで $\alpha$, $\beta$ および $\sigma^2$ をこの回帰関係の**パラメータ**という。図 10.1 はこのような直線の正規回帰関係を図示したものである。ここでは $x$ 軸，$y$ 軸に加えて第 3 軸の方向に $u$ の確率密度 $f(u)$ を示してあり，$x$ の 3 つの値に対して回帰線のまわりの正規分布の形を例示している。そこでこの回帰に関する統計的推論は，パラメータ $\alpha$, $\beta$, $\sigma^2$ についての推定や検定を行なうことである。これは，通常の正規分布 $N(\mu, \sigma^2)$ において，平均値 $\mu$ が $x$ に対する $y$ の回帰，すなわち条件つき平均 $\alpha + \beta x$ でおきかえられたものと考えることができる。たとえば，第 3 章で用いた身長と体重の例で考えると，身長 $x$ cm の人の体重 $y$ kg は，平均が $(\alpha + \beta x)$ kg で標準偏差 $\sigma$ kg の正規分布をすると考えることになる。

　また，もう 1 つの例として，収入 $x$ の違いによって消費支出 $y$ は平均的には異なるが，同じ収入の人の間でも消費支出には違いがあるということを，収入 $x$ 円の人の消費支出 $y$ 円は直線の $(\alpha + \beta x)$ 円を平均とし，標準偏差 $\sigma$ 円の正規分布をすると仮定するような場合を考えることができる。

　いま，式 (10.3) の正規母集団から $n$ 個の独立な標本が観察されたとし，それを $y_1$, $y_2$, $\cdots$, $y_n$ とする。このとき各 $y$ については対応する $x$ についても情報が得られ，それを $x_1$, $x_2$, $\cdots$, $x_n$ とする。いいかえると，データとし

ては確率変数 $y$ と指定変数 $x$ との $n$ 組の値 $(y_1, x_1)$, $(y_2, x_2)$, $\cdots$, $(y_n, x_n)$ が得られたとする。

ここで $n$ 個の標本について

$$y_i = \alpha + \beta x_i + u_i, \ i = 1, 2, \cdots, n \tag{10.4}$$

となっていると考えるわけである。ここで $\alpha$ と $\beta$ の値を $y$ と $x$ のデータから推定するために，第 3 章で説明した最小 2 乗法によって求められる $a$ および $b$ を用いる。すなわち $a$ および $b$ を $\alpha$ および $\beta$ の推定量とする。

このとき，問題はデータから求められた $a$ および $b$ はどのような性質をもつかということである。そこで最小 2 乗法による正規方程式（3.13）および（3.14）（64 ページ）から $a$, $b$ を求めてみる。そのためには，まず $a$ を消去して $b$ を求めるために，式（3.14）の両辺に $n$ を掛けたものから式（3.13）の両辺に $\sum x$ を掛けたものを引くと，

$$[n\sum x^2 - (\sum x)^2]b = n\sum xy - \sum x \sum y$$

となるから

$$b = \frac{n\sum xy - \sum x \sum y}{n\sum x^2 - (\sum x)^2} = \frac{\sum(x-\bar{x})(y-\bar{y})}{\sum(x-\bar{x})^2} \tag{10.5}$$

が得られ，これを式（3.13）の両辺を $n$ で割ったものに代入すれば，

$$a = \bar{y} - b\bar{x} \tag{10.6}$$

と $a$ が求められる。

ここで，前述したように，$x$ は確率変数ではないが，$y$ は確率変数であるから，$y$ を含んでいる $a$ も $b$ も確率変数であることに注意しよう。$a$ も $b$ も選ばれた標本のいかんによって違った値をとる。このことを図示したものが図 10.2 である。母集団は破線で示された真の回帰 $\alpha + \beta x$（これは一定である）のまわりに正規分布しているのに対して，標本（×点で示されている）から推定される回帰は，実線 $a + bx$ のように標本のいかんにより図の（イ）や（ロ）のように違ったものになり，$a$ および $b$ はそれぞれ $\alpha$ および $\beta$ より大きくなったり小さくなったりする。図 10.2 の（イ）では $a < \alpha$, $b > \beta$ であり，（ロ）では $a > \alpha$, $b < \beta$ である。すなわち $a$ や $b$ は標本ごとに変動する。

そこで確率変数である推定量 $a$ および $b$ の確率分布，すなわち $a$ および $b$ の標本分布がどうなるかを考えてみる。

まず第 1 に，$\beta$ の推定量 $b$ について考えてみよう。そのために，式（10.5）

図 10.2 標本回帰線の標本変動

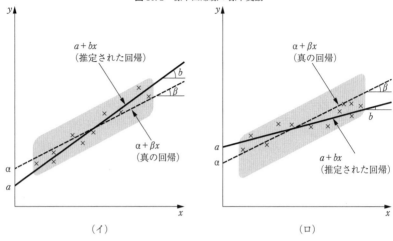

（イ）　　　　　　　　　　　　（ロ）

および式（10.6）はともに確率変数 $y$ に関しては 1 次式であり，そして結局は確率変数 $u$ の 1 次式であることに注意しよう。そこで式（10.5）を $y$ の 1 次式として書き直すと，

$$b = \frac{\sum(x_i - \bar{x})(y_i - \bar{y})}{\sum(x_i - \bar{x})^2} = \sum_i \frac{(x_i - \bar{x})}{ns_x^2}(y_i - \bar{y})$$

$$= \sum_i c_i(y_i - \bar{y}) \tag{10.7}$$

となる。ここで，

$$c_i = \frac{(x_i - \bar{x})}{ns_x^2} \tag{10.8}$$

と書き表わしており，

$$\sum_i c_i = \frac{1}{ns_x^2}\sum_i(x_i - \bar{x}) = 0 \tag{10.9}$$

であること（17 ページ式（1.18）による），したがって式（10.7）において $\sum_i c_i \bar{y} = \bar{y}\sum_i c_i = 0$ であることから

$$b = \sum_i c_i y_i \tag{10.10}$$

であることを注意しておく。$x$ は確率変数ではないから，$x$ だけを含んでいる $c_i$ も確率変数ではなく，したがって $x$ が与えられたとき，式（10.10）から，**$b$ は確率変数 $y$ の 1 次式**であることがわかる。また，この式の $y_i$ に式（10.

4) を代入して書き直すと

$$b = \sum_i c_i(\alpha+\beta x_i+u_i) = \alpha\sum_i c_i+\beta\sum_i c_i x_i+\sum_i c_i u_i$$

となり，この第1項は式（10.9）により 0，第2項の中の $\sum_i c_i x_i$ は

$$\frac{\sum_i (x_i-\bar{x})x_i}{ns_x^2} = \frac{\sum_i (x_i-\bar{x})(x_i-\bar{x})}{ns_x^2} = \frac{ns_x^2}{ns_x^2} = 1$$

となるから，結局

$$b = \beta+\sum_i c_i u_i \tag{10.11}$$

となる。このように $b$ は確率変数 $u$ の1次式としても書き表わせる。

ところで $u_i$ $(i=1,2,\cdots,n)$ はそれぞれが正規分布 $N(0,\sigma^2)$ に従う互いに独立な確率変数であるから，その1次式 $b$ は正規分布に従う。そこでその平均値と分散とを求めてみよう。

まず $b$ の平均値（期待値）を求めると，式（10.11）を使って

$$E(b) = E[\beta+\sum_i c_i u_i] = \beta+E(\sum_i c_i u_i)$$

$c_i$ は確率変数ではないので，定数と同様に扱い，$u_i$ の期待値は 0 であることから

$$E(\sum_i c_i u_i) = \sum_i c_i E(u_i) = 0$$

であり，したがって

$$E(b) = \beta \tag{10.12}$$

である。すなわち $b$ の期待値は推定しようとする母集団の $\beta$ の値に等しい。いいかえると **$b$ は $\beta$ の不偏推定量である**（235 ページを見よ）。

次に $b$ の分散 $\sigma_b^2$ を求めてみよう。$u_i$ $(i=1,2,\cdots,n)$ はすべて独立であることに注意して，式（10.11）を使い，

$$\sigma_b^2 = V(b) = V(\beta+\sum_i c_i u_i) = V(\sum_i c_i u_i)$$

$$= \sum_i c_i^2 V(u_i) = \sum_i c_i^2 \sigma^2$$

ここで式（10.8）により

$$\sum_i c_i^2 = \sum_i \frac{(x_i-\bar{x})^2}{(ns_x^2)^2} = \frac{ns_x^2}{(ns_x^2)^2} = \frac{1}{ns_x^2} \tag{10.13}$$

であるから

$$\sigma_b{}^2 = \frac{1}{ns_x{}^2}\sigma^2 \tag{10.14}$$

が得られる。以上で $b$ の平均と分散とが求められたので，その標本分布は完全にわかった。すなわち $N(\beta, \frac{1}{ns_x{}^2}\sigma^2)$ である。

　次に同様にして $a$ の確率分布を考えると，式（10.6）によれば，$\bar{y}$ も $b$ も $y$ の1次式であるから，$a$ も $y$ の1次式であり，$y$ が正規分布をするからその1次式である **$a$ は正規分布をする**。そこで $a$ の期待値を求めると，式（10.6）と（10.12）を使って

$$E(a) = E(\bar{y}) - E(b\bar{x}) = \alpha + \beta x - \bar{x}E(b)$$
$$= \alpha + \beta\bar{x} - \beta\bar{x}$$

すなわち

$$E(a) = \alpha \tag{10.15}$$

である。$b$ と同じく $a$ も平均的にはそれが推定しようとする母集団の $\alpha$ に等しくなる。すなわち **$a$ は $\alpha$ の不偏推定量である**。

　次に $a$ の分散 $\sigma_a{}^2$ を求めてみよう。式（10.10）を使って式（10.6）を書き直すと，

$$a = \bar{y} - b\bar{x} = \frac{1}{n}\sum_i y_i - (\sum_i c_i y_i)\bar{x}$$
$$= \sum_i \left(\frac{1}{n} - c_i\bar{x}\right)y_i \tag{10.16}$$

となる。したがって，$a$ の分散 $\sigma_a{}^2$ は，$y_i$ が互いに独立であることと $V(y_i) = \sigma^2$ であることに注意して

$$\sigma_a{}^2 = V(a) = V\left[\sum_i\left(\frac{1}{n} - c_i\bar{x}\right)y_i\right]$$
$$= \sum_i V\left[\left(\frac{1}{n} - c_i\bar{x}\right)y_i\right] = \sum_i\left(\frac{1}{n} - c_i\bar{x}\right)^2 V(y_i)$$
$$= \sum_i\left(\frac{1}{n^2} + c_i{}^2\bar{x}^2 - \frac{2c_i\bar{x}}{n}\right)\sigma^2$$
$$= \left(\frac{1}{n} + \sum_i c_i{}^2\bar{x}^2 - \frac{2\bar{x}}{n}\sum_i c_i\right)\sigma^2$$

ここで $\sum_i c_i = 0$（式（10.9））であること，および式（10.13）を用いると次の

ようになる。

$$\sigma_a{}^2 = \left( \frac{1}{n} + \frac{\overline{x}^2}{ns_x{}^2} \right)\sigma^2 = \left( \frac{ns_x{}^2 + n\overline{x}^2}{n^2 s_x{}^2} \right)\sigma^2$$

$$= \frac{\sum x_i{}^2}{n^2 s_x{}^2}\sigma^2 \tag{10.17}$$

ここでは $ns_x{}^2 = \sum_i x_i{}^2 - n\overline{x}^2$ という関係（26 ページ式（1.34）より）を用いている。

以上から最小 2 乗法によって求められた回帰パラメータ $\alpha$ および $\beta$ の推定値 $a$ および $b$ の標本分布はそれぞれ次のような正規分布

$$a : N(\alpha, \sigma_a{}^2) \qquad \sigma_a{}^2 = \frac{\sum x_i{}^2}{n^2 s_x{}^2}\sigma^2 \tag{10.18}$$

$$b : N(\beta, \sigma_b{}^2) \qquad \sigma_b{}^2 = \frac{1}{ns_x{}^2}\sigma^2 \tag{10.19}$$

であることがわかった。したがって

$$z_a = \frac{a - \alpha}{\sigma_a} \tag{10.20}$$

および

$$z_b = \frac{b - \beta}{\sigma_b} \tag{10.21}$$

は，ともに標準正規分布 $N(0,1)$ に従うことになる。

ここで，$\sigma_b{}^2$ および $\sigma_a{}^2$ についてよく見れば，まず $n$ が大きいほどともに小さいことがすぐわかり，それはデータ数が多いほど推定が精度よくできるということで理解できる。しかしそれに加えてわかる興味深いことについて理解を深めるために，次ページの図 10.3 および図 10.4 を使ってその幾何学的解釈を示しておこう。

まず $b$ の分散 $\sigma_b{}^2$ について考えてみると，式（10.19）から $\sigma_b{}^2$ の大きさは，2 つの要素によって決まることがわかる。すなわち，1 つは分母にある $x$ の分散 $s_x{}^2$ であり，あと 1 つは $u$ の分散 $\sigma^2$（分子）である。

まず，$x$ の分散 $s_x{}^2$ が大きいほど $\sigma_b{}^2$ は小さくなる。また $u$ の分散 $\sigma^2$ が小さいほど $\sigma_b{}^2$ は小さくなる。このことは，概念的な図 10.3 を使った比喩で直観的にも理解できる。回帰直線を引くことはちょうど $s_x{}^2$ の長さをもち，$\sigma^2$ の太さをもつパイプにまっすぐの棒を通すようなもので，その棒の方向を表

**図 10.3** $\sigma_b{}^2$ の大きさの図解

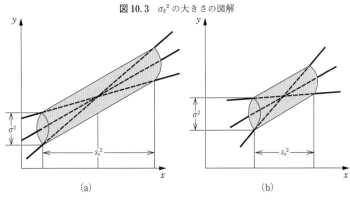

(a)　　　　　　　　　　　　　　　(b)

$s_x{}^2$ が大きいほど $\sigma_b{}^2$ は小さい

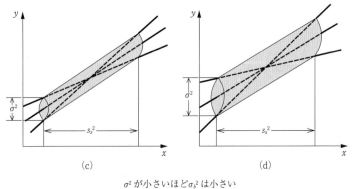

(c)　　　　　　　　　　　　　　　(d)

$\sigma^2$ が小さいほど $\sigma_b{}^2$ は小さい

**図 10.4** $\sigma_a{}^2$ の大きさの図解

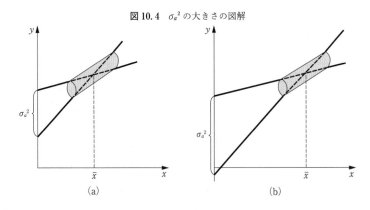

(a)　　　　　　　　　　　　　　　(b)

わすものが $b$ である。パイプの太さが同じならば，長さの長い（$s_x{}^2$ が大きい）方ほど棒の方向は狭い範囲しか動けない（図10.3 の(a)と(b)の比較）。すなわち，$\sigma_b{}^2$ は小さい。また，パイプの長さが同じならば，細い（$\sigma^2$ が小さい）パイプほど棒の方向は狭い範囲しか動けない（図10.3 の(c)と(d)の比較）。すなわち，同様に $\sigma_b{}^2$ は小さい。式（10.19）はこのようなことを表わしている。

次に $a$ の分散については，式（10.18）を見ると，$b$ の場合とまったく同じことがいえるが，それに加えて，$\sum_i x_i{}^2$ の大きさが問題になる。それは長さ $s_x{}^2$，太さ $\sigma^2$ のパイプ全体が縦軸からどれだけ離れているかを表わすと考えられ，$\sum x_i{}^2$ が大きいほどパイプは縦軸から遠いところにあると考えることができる。図10.4 がそのことを示したもので，縦軸から右の方へより遠い位置にあって $\sum_i x_i{}^2$ が大きい(b)の場合の方が，それが小さい(a)の場合より $a$ のとりうる値の範囲が大きく，したがって $\sigma_a{}^2$ が大きくなることが明らかである。

## *10.2* 回帰パラメータの区間推定

以上の知識を利用して回帰パラメータの推定および検定を行なうことができるが，ここではまず $\beta$ の区間推定について考えてみよう。

前述のように $(b-\beta)/\sigma_b$ が標準正規分布をするから，たとえば

$$Pr\left\{-1.96 < \frac{b-\beta}{\sigma_b} < 1.96\right\} = 0.95 \tag{10.22}$$

であり，したがって信頼係数 95% での $\beta$ の信頼区間は

$$b-1.96\sigma_b < \beta < b+1.96\sigma_b \tag{10.23}$$

と求められる。

しかしここで問題は $\sigma_b$ の値がわからないことである。式（10.14）において $n$ は標本数であり，$s_x{}^2$ は標本から得られる値であるが，問題は $\sigma^2$ である。そこで $\sigma^2$ の推定値を求める必要がある。ここで適当な推定値としては，計算された回帰からの $y$ の**残差**（それを $u$ の推定値として $\hat{u}$ と書く。第3章ではここでの $\hat{u}_i$ を $e_i$ で表わしている）$\hat{u}_i = y - (a+bx_i)$ を使って計算した

$$\hat{\sigma}^2 = \frac{1}{n-2}\sum_{i=1}^{n}\hat{u}_i{}^2 = \frac{1}{n-2}\sum_{i=1}^{n}[y_i-(a+bx_i)]^2 \tag{10.24}$$

を用いる。

これを第3章で用いた式（3.22）（69ページ）

$$s_{y \cdot x}{}^2 = \frac{1}{n} \sum_{i=1}^{n} [y_i - (a + bx_i)]^2 \tag{10.25}$$

と比較すると，この両者はともに回帰からの残差の平方和を用いているが，$s_{y \cdot x}{}^2$ ではそれをデータの数 $n$ で割っており，それに対して $\hat{\sigma}^2$ ではそれを $n$ でなく $n-2$ で割っているところに違いがある。

$n-2$ はこの**残差平方和の自由度**と呼ばれるが，それは次のような理由による。確率変数 $y$ についての $n$ 個の独立な観察値 $y_1,\ y_2,\ \cdots,\ y_n$ はすべてそれぞれが自由な値をとることができるが，$n$ 個の残差 $\hat{u}_i = y - (a + bx)\,(i = 1, 2, \cdots, n)$ は $n$ 個がすべて自由な値をとることはできない。それは，それらの間には $n$ 個の観察データを使って最小2乗法で $a,\ b$ を求めるための2本の正規方程式，すなわち式（3.11）および式（3.12）が成立しており，それは，

$$\sum_{i=1}^{n} \hat{u}_i = 0 \qquad\qquad \text{式（3.11）に対応する} \tag{10.26}$$

$$\sum_{i=1}^{n} x_i \hat{u}_i = 0 \qquad\qquad \text{式（3.12）に対応する} \tag{10.27}$$

が成り立つことを意味するからである。いいかえると，$n$ 個の残差 $\hat{u}_i$ は式（10.26）と式（10.27）の2つの関係を満足させるものでなければならない。したがって，$n$ 個のうち $(n-2)$ 個までは自由な値をとることができても，残り2個は式（10.26）と式（10.27）を満たすような値をとらなければならず，自由な値をとれない。一般的には，残差平方和の自由度は，データの数 $n$ から，残差を計算するためにデータから推定されなければならないパラメータの数 $k$（いまの場合 $\alpha$ と $\beta$ の2つ）を引いたもの，すなわち $n-k$（いまの場合 $n-2$）である。

一般に，母集団の分散 $\sigma^2$ の推定値としては，残差平方和を，データの数 $n$ でなく自由度で割ったものが適当とされる。それが $\sigma^2$ の偏りのない（不偏）推定値となることがわかっているからである。すなわち，いまの場合

$$E(\hat{\sigma}^2) = \sigma^2 \tag{10.28}$$

である。この式（10.28）は

$$\sum_{i=1}^{n} \left( \frac{\hat{u}_i}{\sigma} \right)^2 = \sum_{i=1}^{n} \left[ \frac{y_i - (a + bx_i)}{\sigma} \right]^2 = \frac{(n-2)\hat{\sigma}^2}{\sigma^2} \tag{10.29}$$

が自由度 $n-2$ の $\chi^2$ 分布をし，したがってその期待値が自由度 $n-2$ に等しいこと（209 ページ参照）から簡単に証明できる。

いま，式（10.14）において $\sigma$ の代わりに $\hat{\sigma}$ を用いたときの $\sigma_b{}^2$ を $\hat{\sigma}_b{}^2$ と書くと，

$$\hat{\sigma}_b{}^2 = \frac{1}{ns_x{}^2}\hat{\sigma}^2 \tag{10.30}$$

この $\hat{\sigma}_b$ を式（10.21）における $\sigma_b$ の代わりに用いるとき，$z_b$ の代わりに $t_b$ と書くと，

$$t_b = \frac{b-\beta}{\hat{\sigma}_b} = \frac{b-\beta}{\hat{\sigma}/\sqrt{n}s_x} \tag{10.31}$$

は自由度 $n-2$ の $t$ 分布をする。このことを用いれば $\beta$ の区間推定や検定ができることになる。

いま自由度が $n-2$ の $t$ 分布において中央に 95% の確率を含む範囲を $(-t_{0.025}(n-2), t_{0.025}(n-2))$ とすると，

$$P_r\{-t_{0.025}(n-2) < t_b < t_{0.025}(n-2)\}$$
$$= P_r\left\{-t_{0.025}(n-2) < \frac{b-\beta}{\hat{\sigma}_b} < t_{0.025}(n-2)\right\}$$
$$= 0.95 \tag{10.32}$$

であるから，

$$P_r\{b-t_{0.025}(n-2)\hat{\sigma}_b < \beta < b+t_{0.025}(n-2)\hat{\sigma}_b\} = 0.95 \tag{10.33}$$

が得られる。すなわちこの式（10.33）によって信頼係数 95% での $\beta$ の区間推定ができる。

$\alpha$ の区間推定についても同様に，

$$t_a = \frac{a-\alpha}{\hat{\sigma}_a} = \frac{a-\alpha}{\sqrt{\sum x_i{}^2}\hat{\sigma}/ns_x} \tag{10.34}$$

が自由度 $n-2$ の $t$ 分布をすることを利用することができる。

## 10.3　回帰パラメータの検定と $t$ 値

次に検定について考えてみよう。ここでもまた $\beta$ の場合について説明する。いま $\beta$ の値がある特定の値 $\beta_0$ に等しいという仮説，すなわち

$$H_0 : \beta = \beta_0 \tag{10.35}$$

という仮説を検定するとする。この仮説 $H_0$ が正しいとすれば

$$t_{b0} = \frac{b - \beta_0}{\hat{\sigma}_b} = \frac{b - \beta_0}{\hat{\sigma}/\sqrt{n}\, s_x} \tag{10.36}$$

は自由度 $n-2$ の $t$ 分布をする変数の1つの観察値であることになる。

　そこで有意水準を5% とすれば，$t_{b0}$ の値が自由度 $n-2$ の $t$ 分布における 95% の範囲 $(-t_{0.025}(n-2), t_{0.025}(n-2))$ の中の値であるならば仮説 $H_0$ を棄却できないし，その範囲の外の値であるならば仮説 $H_0$ は成立しないとされ棄却される。

　しかし，回帰係数に関する仮説検定は，$\beta$ の値が0であるという仮説，すなわち

$$H_0 : \beta = 0 \tag{10.37}$$

を検定するというのがふつうである。回帰モデル式（10.1）において係数 $\beta$ が0であるということは，$x$ が $y$ に影響を及ぼさないということであり，この仮説が否定（棄却）されれば $x$ が $y$ に影響を及ぼすことが実証されたことになるわけである。一般に科学的研究においては，2つの変数 $x$ および $y$ の間に因果関係があるかどうかを問題にすることが多いから，$\beta=0$ を検定仮説とする検定によって意味のある（有意な）因果関係の存在が立証されたかどうかを判定するものとして**有意性検定**という言葉がよく使われ，広い応用可能性をもっているのである。

　そこでこの仮説が正しいとしたときの $t$ の値

$$t_0 = \frac{b}{\hat{\sigma}_b} = \frac{b}{\hat{\sigma}/\sqrt{n}\, s_x} \tag{10.38}$$

を計算し，これを自由度 $n-2$ の $t$ 分布の値と比較することになる。

　この $\beta=0$ という仮説を検定するための $t$ の値 $t_0$，すなわち式（10.38）の $t_0$ のことを **$t$ 値**（$t$-value）という。とくに計量経済モデルなどにおいては，この $t$ 値がきわめてよく用いられる。

## *10.4* 決定係数・相関係数と自由度調整

　推測統計理論的にも，第3章の場合と同様に決定係数や相関係数を考える

ことができる。しかしここで注意しなければならない点は，$y$ の分散や回帰のまわりの $y$ の分散の計算である。第 3 章では，$s_y{}^2$ や $s_{y \cdot x}{}^2$ はすべてそれぞれの残差平方和をデータの数 $n$ で割り算して求めたが（68 ページ式 (3.21) および 69 ページ式 (3.22)），**10.2** 節でも注意したように，残差平方和はデータ数 $n$ ではなくその自由度で割り算するのが適当である。そこで

$$\hat{\sigma}_y{}^2 = \frac{1}{n-1} \sum_{i=1}^{n} (y_i - \bar{y})^2 \tag{10.39}$$

$$\hat{\sigma}^2 = \frac{1}{n-2} \sum_{i=1}^{n} [y_i - (a + bx_i)]^2 \tag{10.40}$$

とし，決定係数は式 (3.25)（69 ページ）の代わりに

$$\bar{r}^2 = 1 - \frac{\hat{\sigma}^2}{\hat{\sigma}_y{}^2} \tag{10.41}$$

により計算する。この $\bar{r}^2$ のことを**自由度調整ずみの決定係数**といい，式 (3.25)（69 ページ）の自由度未調整の決定係数 $r^2$ と区別する。

このような自由度調整ずみの決定係数 $\bar{r}^2$ については次のことがいえる。

第 1 に**自由度調整を行なうと決定係数の値は調整前よりも小さくなる。**すなわち

$$\bar{r}^2 < r^2 \tag{10.42}$$

である。これは

$$\hat{\sigma}^2 = \frac{n}{n-2} s_{y \cdot x}{}^2 \tag{10.43}$$

$$\hat{\sigma}_y{}^2 = \frac{n}{n-1} s_y{}^2 \tag{10.44}$$

$$\frac{\hat{\sigma}^2}{\hat{\sigma}_y{}^2} = \frac{\dfrac{n}{n-2} s_{y \cdot x}{}^2}{\dfrac{n}{n-1} s_y{}^2} = \frac{n-1}{n-2} \cdot \frac{s_{y \cdot x}{}^2}{s_y{}^2} > \frac{s_{y \cdot x}{}^2}{s_y{}^2} \tag{10.45}$$

であり，この左辺を 1 から引いたものが $\bar{r}^2$，右辺を 1 から引いたものが $r^2$ であるから，$\bar{r}^2$ の方が 1 から引かれる項の値が大きいからである。標本数 $n$ が相対的に小さく（いまの場合は 10），パラメータの数 $k$（いまの場合は 2）が相対的に大きいほど，$\bar{r}^2$ と $r^2$ との差は大きくなる。

一般に，独立変数が 2 つ以上（多元回帰）の場合に，自由度未調整の決定係数 $R^2$ と自由度調整ずみの決定係数 $\bar{R}^2$ との間には次のような関係がある。

$$\bar{R}^2 = 1 - (1-R^2)\frac{(n-1)}{(n-k)} = R^2 - \frac{(k-1)}{(n-k)}(1-R^2) \qquad (10.46)$$

これから，まず，一般に $\bar{R}^2$ は $R^2$ より小さくなること，そして $n$ に比較して $k$ が相対的に大きいほど $\bar{R}^2$ と $R^2$ の差は大きく，また $n$ が $k$ に比較してきわめて大きいときには $\bar{R}^2$ と $R^2$ とはほとんど差がなくなることがわかる。

　第2に，**自由度調整を行なった決定係数はマイナスの値になる場合もある。**自由度調整前のものは，$s_{y \cdot x}{}^2 \leq s_y{}^2$ であるからマイナスになることはないが，$\hat{\sigma}^2 \leq \hat{\sigma}_y{}^2$ は必ずしもいえないので，$\bar{r}^2$（あるいは $\bar{R}^2$）はマイナスにもなりうるのである。たとえば，$n=10$ で $s_{y \cdot x}{}^2/s_y{}^2=0.9$（したがって $r^2=0.1$）の場合には，$\bar{r}^2 = 1 - (9/8) \times 0.9 = -0.0125$ となる。

　以上のような自由度調整をするのは，データの数 $n$ に比較してパラメータの数 $k$ が相対的に多い回帰式を当てはめるときに，見かけ上決定係数が高くなって回帰の説明力についての判断を誤らせることがないようにするためである。たとえば，2個しかないデータ $(n=2)$ に線形回帰 $(k=2)$ を当てはめるとすれば，それは2点を通る直線を引くことになり，それは1本しかなく必ずピタリと当てはまるから，$r^2$ は1になってしまうが，これは決して回帰の説明力が $100\%$ であることを意味しない。この場合，残差の自由度は0であり，決定係数の値をうんぬんすることが本来無意味なのである。

## *10.5* 計 算 例

　最後に，本章での計算を例題によってまとめて示しておこう。

　**【例 10.1】** 表 10.1 はある地域の勤労者世帯の中からランダムに選ばれた 10 世帯の1ヵ月の収入 $(x)$ と消費支出 $(y)$ のデータである。

　この結果から，線形回帰関係式（10.1）を仮定して最小2乗法によってパラメータ $\alpha$ および $\beta$ の推定値 $a, b$ を求めると

$$a = 2.9476, \quad b = 0.8013$$

すなわち

$$y = 2.9476 + 0.8013x$$

が得られる。また $s_y{}^2 = 35.4$，$s_y = 5.950$，$s_{y \cdot x}{}^2 = 5.99$，$s_{y \cdot x} = 2.448$ であり，

$$r^2 = 1 - \frac{s_{y \cdot x}{}^2}{s_y{}^2} = 1 - \frac{5.99}{35.4} \doteqdot 0.8307$$

表 10.1　10 世帯の収入と消費支出

| 家　　計<br>($i$) | 消費支出<br>($y_i$) | 収　　入<br>($x_i$) |
|:---:|:---:|:---:|
| 1 | 41 | 45 |
| 2 | 29 | 33 |
| 3 | 36 | 39 |
| 4 | 36 | 40 |
| 5 | 40 | 42 |
| 6 | 26 | 30 |
| 7 | 46 | 53 |
| 8 | 33 | 45 |
| 9 | 35 | 42 |
| 10 | 28 | 31 |

$$r = \sqrt{0.8307} \doteqdot 0.9114$$

である。

これに対して，$s_{y \cdot x}^2$ の代わりに $\hat{\sigma}^2$ を，$s_y^2$ の代わりに $\hat{\sigma}_y^2$ を求めると，式（10.43）および式（10.44）により

$$\hat{\sigma}^2 = \frac{n}{n-2} s_{y \cdot x}^2 = \frac{10}{8} \times 5.99 = 7.49$$

$$\hat{\sigma}_y^2 = \frac{n}{n-1} s_y^2 = \frac{10}{9} \times 35.4 \doteqdot 39.33$$

であるから，自由度調整ずみ決定係数および相関係数は，

$$\bar{r}^2 = 1 - \frac{7.49}{39.33} \doteqdot 0.810$$

$$\bar{r} \doteqdot 0.900$$

である。これは自由度調整を行なわない $r^2, r$ にくらべると明らかに小さくなっていることがわかる。

次に $a$ および $b$ の分散の推定値 $\hat{\sigma}_a^2$ および $\hat{\sigma}_b^2$ を求めると，$\sum x^2 = 16,458$，$s_x^2 = 45.8$ であるから，式（10.17）および式（10.14）において $\sigma^2$ の代わりに $\hat{\sigma}^2$ を用いて

$$\hat{\sigma}_a^2 = \frac{16,458}{10^2 \times 45.8} \times 7.49 \doteqdot 26.91$$

$$\hat{\sigma}_b^2 = \frac{1}{10 \times 45.8} \times 7.49 \doteqdot 0.0164$$

したがって $\hat{\sigma}_a \doteqdot 5.1879$，$\hat{\sigma}_b \doteqdot 0.1279$ である。

ここで $\beta$ についての 95% の区間推定を行なうと，自由度 $10-2=8$ の $t$ 分布の片側 2.5% の点 $t_{0.025}(8) = 2.306$ であるから

$$-2.306 < \frac{0.8013-\beta}{0.1279} < 2.306$$

と考えて正しい確率が95%，したがって信頼係数95%の信頼区間として

$$0.506 < \beta < 1.0962$$

が得られる。$\beta$は経済学で限界消費性向と呼ばれているもので，たとえば1万円の収入増加により消費は何万円増加するかという値であるから，それは1より大きくはならないと考えられるが，形式的には$\beta$の95%の信頼区間は0.506と1.0962の間ということになる。なお，このように信頼区間の幅が広くなっているのは標本数が少ないことによるものと考えられるので，もっと標本を多くとらなければならないといえる。

次に$\beta$についての仮説の検定を考えてみる。まず，「限界消費性向$\beta$は0.75である」（収入が1万円増加すると消費支出は平均的に7,500円増加する）という仮説

$$H_0 : \beta = 0.75$$

を検定してみる。これが正しいとしたときの$t$の値$t_{b0}$は，式（10.36）により

$$t_{b0} = \frac{0.8013-0.75}{0.1279} \fallingdotseq 0.401$$

であり，これは$t_{0.025}(8) = 2.306$より小さいので仮説は否定できない。

次に

$$H_0 : \beta = 0$$

すなわち，消費支出は収入によって影響を受けない（収入と関係ない）という仮説を考えてみる。式（10.38）の$t$値を計算すると，

$$t_{b0} = \frac{b}{\hat{\sigma}_b} = \frac{0.8013}{0.1279} \fallingdotseq 6.266$$

となるが，これは自由度が8の$t$分布に従うはずである。しかし，自由度8の$t$分布でこのような大きな値が得られるチャンスは非常に小さいことがわかる（$t$分布表を見ると，5.041より大きな値が得られるチャンスは0.05%，したがって0.05%以下）。したがって仮説は棄却される。すなわち$\beta=0$が正しいと考えることはできない。いいかえると，消費支出の大きさは確かに収入に関係があるといえる。

$\alpha$についても同じようにして区間推定や検定を行なうことができる。

## 【練 習 問 題】

1)　冷蔵庫は家庭電化機器の中でもクーラーに次いで最も電力消費量が多い。次のデータは冷蔵庫のドアの開閉回数と電力消費量である。

| ドアの開閉回数 $x$ | 50 | 30 | 100 | 80 | 75 | 110 |
|---|---|---|---|---|---|---|
| 電 力 消 費 量 $y$ | 100 | 90 | 115 | 110 | 100 | 120 |

　(a)　$x$ に対する $y$ の回帰直線 $\alpha + \beta x$ を推定せよ。

　(b)　決定係数を求めよ。

　(c)　$\alpha,\ \beta$ の意味を考えよ。

　(d)　ドアの開閉回数は電力消費量に影響を与えているといえるか。

2)　あるスーパーマーケットで，8人のお客について，その買物金額 ($y$) と，店内滞留時間 ($x$) とを調べたところ，次のようなデータが得られた。

| $y$（百円） | 33 | 9 | 30 | 38 | 51 | 9 | 63 | 20 |
|---|---|---|---|---|---|---|---|---|
| $x$（分） | 15 | 5 | 16 | 12 | 20 | 8 | 21 | 11 |

　(a)　$x$ に対する $y$ の回帰直線 $\alpha + \beta x$ を推定せよ。

　(b)　自由度調整前および調整後の決定係数および相関係数を求めよ。

　(c)　このデータから，滞留時間が長ければ，買物金額が多くなるといえるか，有意水準 5% で検定せよ。

3)　次のデータは，あるシーズンのある時点までの，セントラル・リーグ 6 球団の本塁打数 ($x$) と得点 ($y$) である。

| | ジャイアンツ | カープ | ドラゴンズ | スワローズ | タイガース | ベイスターズ |
|---|---|---|---|---|---|---|
| 本塁打数 $x$ | 52 | 85 | 60 | 64 | 41 | 49 |
| 得　　点 $y$ | 208 | 269 | 236 | 242 | 198 | 194 |

　(a)　$x$ に対する $y$ の回帰直線 $\alpha + \beta x$ を推定し，求められた $\alpha, \beta$ の意味を説明せよ。

　(b)　自由度調整前および調整後の決定係数，相関係数を求め，両者を比較せよ。

　(c)　このデータから本塁打数が多ければ得点が高いといえるか，有意水準 5% で検定せよ。

4)　88 ページの第 3 章の練習問題 5) について，推定と検定を考えてみよ。

5)　88 ページの第 3 章の練習問題 6) について，推定と検定を考えてみよ。

【本章末の練習問題の解答は 331〜332 ページを見よ】

# 終章 統計学の歴史，因果関係分析，データ・サイエンス

これまで本書で読者は現代統計学の基本について学んだが，以下この終章
では，まず統計学の日本での歴史について学習し，次に統計学が中心的学習
科目になるデータ・サイエンスについて概説する。

## *11.1* 統計学の歴史

統計学の源流は，考え方としては古くギリシャのソクラテス時代にまでさ
かのぼることができる（新渡戸稲造による）といわれるが，よりはっきりした
かたちでは 17 世紀のドイツにある。当時，国家の統治の任に当たった人の
脳裏には必ずあったであろうものを国家学（Staatskunde）の名で 1660 年 11
月 20 日にヘルムステット大学で政治学の一科として始めた医学者であり医
師のコンリング（Hermann Conring）の思想を継いだ，学者のアッヘンワル
（Gottfried Achenwall）が，ゲッチンゲン大学で Statistik の名称で講義を始め
た歴史にさかのぼる。

そして，一般的にはよくは知られていないが，明治維新期に欧米から日本
に導入された統計学に福沢諭吉，大隈重信，森鷗外のような有名人が関わっ
ていたのである。慶應義塾大学創設者で評論家の福沢は国の独立を守るため
の文明のレベルを測るためのものとしての統計，早稲田大学創設者で政治家
の大隈は治国経世のための政治の羅針盤としての統計，大文豪として名をな
したが医学者，衛生学研究者であった森鷗外（本名，森林太郎）は人間社会お
よび自然の森羅万象の因果関係の解明研究に当たるあらゆる科学に用いられ

る方法としての統計，というように統計の重要性をよく認識していた。以上
のような明治以降の日本の統計と統計学の発展の歴史について，詳しいこと
は著者の別著『統計学の日本史——治国経世への願い』(東京大学出版会，2017
年)の第8章に譲る。

## 11.2　因果関係についての考え方

　前節で述べたような統計学の古い歴史の中で重要な問題として浮かび上が
ったのは，統計学が物事の因果関係を明らかにすることができるかというこ
とであった。この問題がおこったのは，明治22年に行なわれた森鷗外(林太
郎)と今井武夫との間で行われたドイツ語のstatistikの日本語訳についての
論争がきっかけであった。それは統計でよいとする森とそれに反対する立場
をとった今井との間の訳語論争であり，結局森の意見が通ったことで有名な
ものであるが，論争のポイントは因果関係に関するものであった。その中で
森は，統計で物事の因果関係を確認しようとすることは木に登って魚をとろ
うとするもの(縁木求魚)であるといった。彼は因果関係は問題についての
専門の科学(独立科学)の助けなしには統計学だけで因果関係を確認できる
ものではないと主張したのであり，今井も結局それに同意せざるを得ないと
考え，論争は終わったのである。

　そしてその後の統計学者や統計実務家たちが因果関係についてどのような
考え方を持っていたかを整理してみると表終.1のようになる。そこではど
んな結果についても原因は比較的少数の大きな原因と多数の小さい原因とに
分かれており，杉による常の原因と変の原因，福沢による遠因と近因の区別，
呉による現象と成果，森による因果を見る特性特機と因果を見ない各性各機，
藤沢による少数の大原因と多数の小原因，高野による確実なる事実に基づい
て万事を定める，財部よる恒因と変因，有沢による一般的・恒常的原因と偶
然的・一時的原因など呼称はさまざまであるが，同様な性格のものとして論
じられている。そしてこの表の右欄には各論者の書き残した代表的発言がま
とめて示されている。

表終.1 統計学と因果法則・大数法則 —— 統計学の日本史の人々の思想

| 人名<br>（生没年） | 職業<br>専門 | 原因二分論 | | 代表的発言 |
|---|---|---|---|---|
| 杉亨二<br>(1828-1917) | 官庁統計家<br>日本統計学の<br>パイオニア<br>スタチスチック<br>社社長 | 常の原因 | 変の原因 | スタチスチックの目的は人間社会の諸現象を数量的に探究分析し，そこに内在する因果的定則を明らかにすることであり，それは単なる方法の学問ではなく，そこでは常の原因と変の原因を取違えてはならない。スタチスチックは「現象を見て原因を探る」ための一つの方法であり，「事実を間違はぬように集め類を分け」「表に製する」という「学理による方法」である。 |
| 福沢諭吉<br>(1835-1901) | 慶應義塾創設者<br>言論家 | 遠因 | 近因 | 近因を捨て遠因のあるところを探り，真の原因に逢い，確実不抜の規則を見ることができる。<br>「文明とは人の智徳の進歩であるが，それは一人一人について見るべきものではなく国全体についてみるべきものであり」，その「進歩を論じる方法」が統計である。「国の目的は独立であり，文明はその目的のための術である。統計の思想なき人は共に文明を語ることはできない。」<br>「原因には近因と遠因があり，遠因は数が少なくはっきりさせることが難しく，近因は数が多く人を惑わすことが多い。原因を探ることの要点は近因から次第にさかのぼって遠因に到達することにある。それが因果法則である。」 |
| 呉文聰<br>(1861-1918) | 官庁統計家<br>日本統計学の<br>理論的指導者 | | | 統計はその方法を人類社会に応用して生まれる学問であり，社会学と学問と対象を等しくするとしても1つの独立した科学である。それは国家学と社会学と理科諸科学の間に渡せる架橋である。「スタチスチックの法によれば，過去の現象（原因）を見て今日の成果（結果）を知り得べく，今日の現象を見て未来の成果を知り得る」，「先に益あり，社会の害を除き利を求めることにより人間の福祉を大ならしめんがための学である。」 |
| 森林太郎<br>（鷗外）<br>(1862-1922) | 軍医・作家<br>衛生学・公衆<br>衛生学 | 特性特機 | 各性各機 | 「統計ハ理法ノ宮殿ニ住ムベキ女神ナリ万般ノ学科ハ之ヲ渇仰スベシ」独立（特立）科学は特性特機を確定して一定の因果法則を発明すべきもので，統計の理法は各性各機を芟（サン）除するために用いられるものである。 |

| | | | | |
|---|---|---|---|---|
| 藤沢利喜太郎<br>(1861-1933) | 東京帝大教授<br>数学者<br>数理統計学 | 真の規律<br>（因果関<br>係）を示<br>す少数の<br>大原因 | 無限に近<br>い多数の<br>小原因<br>（大数の<br>法則） | 統計に関係ある者は(1)勘定方（計算人），(2)数学思想のある人，(3)数学者に分かれる。数学者か数学思想のある人であることは当然であるが，数学思想のあるというだけで数学者であるとはいえず，統計学者は数学者である必要はないが，必ずや数学思想のある人でなければならない。 |
| 高野岩三郎<br>(1871-1949) | 東京帝大教授<br>労働問題・社会統計学 | | | 社会現象に関する統計的研究の風潮は今日抵抗し難いものであり，統計を材料に社会的真理を発見するという統計学者の任務は社会測量学とも称し得るものの研究である。要するに，確実なる事実に基いて万事を定める時代が来たのである。 |
| 藤本幸太郎<br>(1880-1967) | 東京商大（一橋）教授<br>大日本統計協会会長<br>保険学・社会統計学 | | | 統計学は1911年にドレスデンでドイツ社会学会が設立されたときその一部会として生まれた。近年社会的問題についての関心とその学問的研究の必要性が高まっているが，社会問題が複雑になっており，われわれの内在的思考と経験のみでは十分でなく数量的観察によらなければならなくなっている。そこで統計学によって社会学が助けられ，社会学の指導によって統計学が発展するというように，2つの学問が手を携えて社会政策などの面で貢献する時代が到来した。 |
| 財部静治<br>(1881-1940) | 京都帝大教授<br>経済政策・社会統計学 | 恒因<br>（少数簡明） | 変因（副因）（多数偶発的） | 統計学の基本は大量観察論であり，天然界人間界を律している因果関係を究明することであるが，その関係は簡明な恒因と多くの変因とが複雑に錯綜したものである。そして偶然副因が覆い隠している恒因の影響を確認できた場合にはそれは確則と認められる。副因中にも宿っている法則があり，それが大数の法則であり，それによって世の中の人の行動は一見みな異なっていても全体としてその法則に従っている |
| 有沢広巳<br>(1896-1988) | 東京大学教授<br>経済学・統計学 | 一般的・恒常的原因 | 偶然的・一時的原因 | 科学の任務は自然および社会の諸現象間に因果関係として生じる合法則性を発見し説明することにあり，統計方法の本質は偶然性と必然性の関係を明らかにすることである。この関係においては無数の原因集団が複雑に錯綜しているが，そこには一般的恒常的のものと個別偶然的な攪乱的なものという2種類がある。ここにおいて統計的方法は偶然的事象の中に埋もれている必然的合法則性を発見せんとする1つの研究方法である。 |

## *11.3*　データ・サイエンスと情報の意義

　本書のはしがきと序章でも強調したように，統計的考え方はあらゆる分野で広く利用されており，統計学は，社会人文科学分野，理工学，医学などどんな学問分野でも欠かせない研究方法となっている。このような統計学が扱う統計データの分析を１つの科学として強調するためデータ・サイエンスという言葉が現われ，その名称の学部を新学部として創設する動きが近年活発になっている。データ・サイエンスは「さまざまなデータを集め，分析し，社会やビジネスの課題解決策を探り，新たな価値を創り出す学問」というように紹介されているが，少子化時代に起業・就職に有利ということで学生の集まる看板学部としたいとする大学の生き残り戦略とされている。そのような見方にはいろいろ問題もあろうが，それは科学としての統計学の基本的性格について根本から考え直すことを要求しているということができる。

　データ・サイエンスに代わる言葉としては情報科学という言葉が考えられる。意思決定は情報を決定に変換するプロセスである。情報という言葉の用いられ方はさまざまであるが，われわれにとって重要なことは情報を意思決定との関連において定義することであり，そのために有用なのは情報とデータとの区別である。データという言葉は，われわれが利用することのできるメッセージで，特定の問題，状況に関してまだその価値を評価されていないものを表わしている。これに対して，情報とはわれわれの直面する特定の問題，状況に関して評価されたデータである。いいかえると，データは問題と関連してまだ意味づけられ評価されていないメッセージであり，データを問題と関連づけて人間が形成するものが情報である。

　われわれはある問題を含んだ状況に遭遇すると，データの集積の中からその問題の解決の助けになるものを見つけ出す。これをデータ・マイニングという。このときわれわれはデータをその問題と関連づけて評価しているのであり，いわばデータを情報に変換しており，あるいはデータから情報を選別しているのである。このように，情報は人間の問題解決の活動においてはじめて現れるものであり，特定の問題，特定の状況と離れては存在しないのである。

　さらに知識という言葉について考えてみると，それは将来おこりうるであろう問題に関しての一般的利用可能性を評価されたデータであるということができる。以上を要約すると，

　　　　　データ＝評価されていないメッセージ

　　　　　情報＝データ＋特定状況における評価

　　　　　知識＝データ＋将来の一般的利用に関する評価

ということになる。

　情報についてのこのような考え方は，情報形成のプロセスを中心に考えるものである。すなわち，情報は人間の問題解決のプロセスにおいて形成されるものであり，人間は問題とデータとを情報に形成し，意思決定を行うものと考えられる。

　以上のように情報を理解するとき，情報は客観的な存在物ではないということになる。このことは「情報の価値」を論ずる場合に忘れてはならないことである。客観的なデータは潜在的な情報でしかない。それは特定の問題に対して関連のあるものとして適合したとき情報となり，価値を生じるのである。

　例として，明日の天気予報について考えてみると，それはそれだけでは単にデータに過ぎないが，その予報によって明日の自分の行動が違う場合にはそれは情報になる。

　そこで，データが情報として価値を生じるプロセスは，データと問題の性質だけでなく，問題解決者としての人間の能力にも依存する。利用できる新しいデータあるいは過去のデータの集積の中から問題の要求に適合したものを選び出し，それを問題と関連づける能力，すなわちデータからの情報形成の能力である。また，データの集積，そこからの必要なデータのとり出し，とり出されたデータについての適当な加工，処理，分析──これらの機能をもったシステムの支持があるか否か──によっても，データのもつ潜在的情報価値は大きく左右されるであろう。

　以上のように，情報は意思決定と関連づけられてのみその意義を明らかにすることができ，一般的に意思決定は情報の関数であるということができる。

　以上述べたようなデータと情報の違いと前2節の統計学の歴史および因果関係分析とについての考察がデータ・サイエンスに関してもつ意義を考えて

みると，重要なことは，データ・サイエンスの扱うデータがいかなる問題であるか，そして専門科学に関わるデータであるかによって区別されなければならないということである。そしてここでもまた森鷗外がいった「縁木求魚」の教訓が理解されなければならないのである。

　わが国では，2017年滋賀大学に初のデータ・サイエンス学部が創設された後，多くの大学での新設が続いている中で社会科学の総合大学という一橋大学のソーシャル・データ・サイエンス学部の新設が決定されたが，今後はもっと細分化されたデータ・サイエンス学科の新設が進むのではないかと予想される。経済，ビジネス，金融（ファイナンス），法律，社会，医療（メディカル），技術（エンジニアリング）などである。そしてそれらのすべてにおいて統計学は基礎的な学習科目となるのである。

# 問 題 の 解 答

＊ 問題によっては，解答を省略したものもある。

## （A） 本文中の〔問〕の解答

〔問 1.3〕（p. 20） 単純平均では 1,000 円（33.3％），加重平均では 820 円（26.2％）の値上げ。

〔問 1.4〕（p. 20） 値上げ後，販売量の相対的割合が変化することがあるので，値上げ前あるいは後のどちらの販売量をウェイトとして用いるべきか，という問題がある。

〔問 1.5〕（p. 20） たとえば，B 社の方が A 社より勤続年数の長い人が多かったり，年齢の高い人が多かったりすれば，年功序列制の給与体系のもとでは B 社の方が一般の人の給与がよくなくとも，平均給与は高くなることがありうる。

〔問 2.1〕（p. 46） 級間隔を 5 点にすると下表のようになる。

| 点　　数 | 人　　数 |
|---|---|
| 40 未満 | 0 |
| 40～44 | 2 |
| 45～49 | 8 |
| 50～54 | 6 |
| 55～59 | 14 |
| 60～64 | 9 |
| 65～69 | 6 |
| 70～74 | 3 |
| 75～79 | 2 |
| 80 以上 | 0 |
| 計 | 50 |

〔問 2.2〕（p. 46） 度数分布の作り方の注意（4）を見よ。

〔問 2.3〕（p. 49） 下表のようになる。

| 電気使用量 | 累積度数 | 相対累積度数 |
|---|---|---|
| 0 以上 | 200 | 100.0 |
| 50 | 192 | 96.0 |
| 100 | 129 | 64.5 |
| 150 | 53 | 26.5 |
| 200 | 29 | 14.5 |
| 250 | 18 | 9.0 |
| 300 | 11 | 5.5 |
| 350 | 7 | 3.5 |
| 400 | 3 | 1.5 |
| 450 | 1 | 0.5 |

〔問 2.4〕（p.51）
$$s^2 = \frac{1}{n}\sum f_k(x_k'-\overline{x})^2 = \frac{1}{n}\sum f_k(x_k'^2 - 2x_k'\overline{x}+\overline{x}^2)$$
$$= \frac{1}{n}\sum f_k x_k'^2 - \frac{2\overline{x}}{n}\sum f_k x_k' + \frac{\overline{x}^2}{n}\sum f_k$$
$$= \frac{1}{n}\sum f_k x_k'^2 - \frac{2\overline{x}}{n}n\overline{x} + \frac{\overline{x}^2}{n}n$$
$$= \frac{1}{n}\sum f_k x_k'^2 - \overline{x}^2$$

〔問 3.1〕（p.68） $y = -39.25 + 9.524x$

〔問 3.2〕（p.73） $s_{y\cdot x}^2 = 64.087$，決定係数 0.838

〔問 4.1〕（p.93） $n$ 個の中から $r$ 個を選ぶ選び方は，$n$ 個の中からどの $(n-r)$ 個を選ばないかを決める決め方と同じである。

〔問 4.2〕（p.94） 5 回のうちどの 3 回が表であるか，ということである。

〔問 4.3〕（p.94） TOKYO $\dfrac{5!}{2!} = 60$（通り），YOKOHAMA $\dfrac{8!}{2!\cdot 2!} = 10{,}080$（通り）

〔問 4.4〕（p.97） (a) 主観的アプローチ  (b) 先験的アプローチ  (c) 経験的アプローチ

〔問 4.5〕（p.99） たとえば下の図

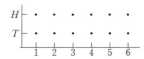

〔問 4.6〕（p.100） 12 個の点がすべて $\dfrac{1}{12}$ の確率

〔問 4.7〕（p.100） 標本点は $TH$ と $HT$，$P\{B\} = \dfrac{1}{2}$

〔問 4.8〕（p.101） $P\{C\} = \dfrac{5}{18}$

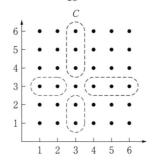

〔問 4.9〕（p.102）　$P\{C\}=\dfrac{5}{18},\ \ P\{D\}=\dfrac{4}{9}$

〔問 5.1〕（p.122）

第2の
サイコロの目

第1の
サイコロの目

| $x$ | 1 | 2 | 3 | 4 | 5 | 6 | 計 |
|---|---|---|---|---|---|---|---|
| 確　率 | 11/36 | 9/36 | 7/36 | 5/36 | 3/36 | 1/36 | 1 |

〔問 5.2〕（p.123）　目の和の3倍，大きい方の目の数から小さい方の目の数を引いたもの（表示は省略，読者に任せる）。

〔問 5.3〕（p.124）　$x-1$ 回目までのうち，1度1の目が出て $x$ 回目に2度目の1の目が出る確率で，$P(x)={}_{x-1}C_1\left(\dfrac{1}{6}\right)\left(\dfrac{5}{6}\right)^{x-2}\left(\dfrac{1}{6}\right)=(x-1)\left(\dfrac{1}{6}\right)^2\left(\dfrac{5}{6}\right)^{x-2}$ となる。

| $x$ | 1 | 2 | 3 | 4 | $\cdots$ | $k$ | $\cdots$ | 計 |
|---|---|---|---|---|---|---|---|---|
| $P(x)$ | 0 | $\left(\dfrac{1}{6}\right)^2$ | $2\cdot\left(\dfrac{1}{6}\right)^2\left(\dfrac{5}{6}\right)$ | $3\cdot\left(\dfrac{1}{6}\right)^2\left(\dfrac{5}{6}\right)^2$ | $\cdots$ | ${}_{k-1}C_1\left(\dfrac{1}{6}\right)^2\left(\dfrac{5}{6}\right)^{k-2}$ | $\cdots$ | 1 |

〔問 6.1〕（p.145）　${}_5C_3(0.3)^3(0.7)^2=0.1323$

〔問 6.2〕（p.149）　平均 $\mu=5$，分散 $\sigma^2=2.5$

〔問 6.3〕（p.161）　かりにはじめハートばかりが続けて抜かれると，残りのカードの中のハートの割合は小さくなるから，ハート以外の札が出てくる確率が高くなる。そこで抜かれたカードの中のハートの割合は，結局は全体の中の割合 1/4 から大きく離れることができない。したがって，そのようなことのない復元抽出の場合にくらべて分散は小さくなる。

〔問 8.2〕（p.220）　$(0.204, 0.274)$，信頼区間の幅は狭くなる。

〔問 8.4〕（p.231）　$p=1/2$ のとき $n=1{,}849$，$p=0.3$ のとき $n=1{,}554$
　　許容誤差を1%とすると，$p=1/2$ のとき $n=16{,}641$，$p=0.3$ のとき $n=13{,}979$

〔問 8.5〕（p.232）　$n=427$，$n=1{,}705$

〔問 9.1〕（p.246）　4.1%

〔問 9.2〕（p.246）　1.6%

〔問 9.3〕（p. 257）　(a)　両側検定　　(b)　片側検定

〔問 9.4〕（p. 260）　$z_0 = 2.56 < 2.58$ であるから，支持率に差があるとはいえない。

〔問 9.5〕（p. 260）　(a)　片側検定　　(b)　両側検定

## （B）　章末【練習問題】の解答

＊　巻末の付表を用いた計算問題の場合には，計算の途中での数字の桁数のとり方の違いや補間計算をしている場合としていない場合があり，解答は最終桁までは一致しないことがあるが，読者はそのことを気にしないでほしい。

**序章　不確かさに向き合う基本統計学**

5）「とくに心配しなければならない異常なことはなく，平常どおりである」と考えてよいかどうかを，帰宅が遅いという事実から判定する。

**第1章　平均値と分散**

1）　37.5 点，47.5 点，41.25 点

2）　(a)　6　　(b)　4

3）　(a)　算術平均 20，幾何平均 18.2，調和平均 16.4
　　(b)　算術平均 130，幾何平均 100，調和平均 76.9
　　　　一般に，算術平均 $\geq$ 幾何平均 $\geq$ 調和平均となる。

4）　$Q_1 = 56$，$Q_2 = 62$，$Q_3 = 66.5$，$QD = 5.25$

5）　$(15 \times 168.4 - 154.4)/14 = 169.4$

6）　$(90 + 3 \times 80 + 6 \times 70)/(1 + 3 + 6) = 75$

7）　(a)　58.1 円，調和平均　　(b)　66.7 円，単純算術平均

8）　8.78%

9）　平均値 $= (3n+7)/2$，分散 $= 3(n^2-1)/4$（1 次変換 $y = 3x+2, x = 1, 2, \cdots, n$ を考え〔例 1.5〕の結果を用いる）

10）　平均値 $= 1,048$，分散 $= 20,876$，標準偏差 $= 144.5$

11）　615 人

12）　A 氏

13）　(a)　上から 1/6 ぐらい　　(b)　62 点

**第2章　度数分布**

1）　(a)　代表値　　25, 35, 45, 55, 65　　(b)　級間隔　　10

2）　(a)　級限界　　50 以上〜55 未満，……
　　(b)　代表値　　52.5, 57.5, ……, 77.5　　(c)　級間隔　　5.0

3）　(a)　8　　(b)　10　　(c)　11　　(d)　16

**4)** (a) 級間隔　　0.3　　　　(b) 級限界　　　5.10～5.39, 5.40～5.69, ……

　　(c) 級の代表値　　5.25, 5.55, ……

**5)** 級限界　　0.5 以上～1.0 未満，1.0 以上～1.5 未満, ……

**6)**

| 直　径 cm | 度　　数 | 直　径 cm | 度　　数 |
|---|---|---|---|
| 1.820～1.824 | 2 | 1.845～1.849 | 5 |
| 1.825～1.829 | 8 | 1.850～1.854 | 2 |
| 1.830～1.834 | 15 | 1.855～1.859 | 0 |
| 1.835～1.839 | 19 | 1.860～1.864 | 2 |
| 1.840～1.844 | 7 | 計 | 60 |

**7)** 級の代表値　　156.5, 159.5, 162.5, ……, 186.5, 189.5

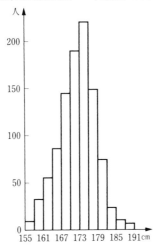

**8)** （注意）　600 冊未満は級間隔が倍になっているので，高さを半分にする。

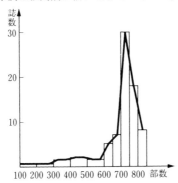

9)

| 点　　数 | 度　　数 | 累積度数 |
|---|---|---|
| 30〜39 (点) | 3 (人) | 3 |
| 40〜49 | 5 | 8 |
| 50〜59 | 7 | 15 |
| 60〜69 | 12 | 27 |
| 70〜79 | 14 | 41 |
| 80〜89 | 7 | 48 |
| 90〜99 | 2 | 50 |
| 計 | 50 | |

10)

| 問 題 数 | 度　　数 | 累積度数 |
|---|---|---|
| 2〜 4 (問) | 2 (人) | 2 |
| 5〜 7 | 6 | 8 |
| 8〜10 | 11 | 19 |
| 11〜13 | 16 | 35 |
| 14〜16 | 9 | 44 |
| 17〜19 | 5 | 49 |
| 20〜22 | 1 | 50 |
| 計 | 50 | |

13)　平均値　　65.45　　　　標準偏差　　6.4242

14)　平均値　　12.33　　　　分散　　49.33

15)　平均値　　45.2　　　　標準偏差　　20.87

16)　平均点　　84.6　　　　標準偏差　　10.38　　　偏差値　　64.8

　　　試験問題がやさしかったため，100点をとった学生が多かったことにより，表1.6の関係があてはまらず，100点でも偏差値は70にならない。

## 第3章　回帰と相関の分析

1)　(a)　下の図

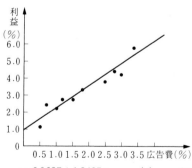

　　(b)　回帰直線　　$y = 0.9627 + 1.2485x$　　　(c)　$y = 3.5$

**2)**　回帰直線　　$y=61.25-4.89x$　　　決定係数 0.856

**3)**　回帰直線　　$y=2.190+1.165x$　　　決定係数 0.813　　　貯蔵可能月数 8

**4)**　(a)　下の図

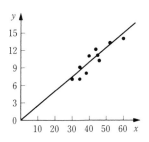

　　(b)　回帰直線　　$y=-0.169+0.245x$　　(c)　12.08

**5)**　(a)　下の図

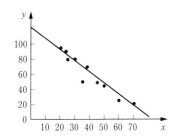

　　(b)　回帰直線　　$y=121.64-1.54x$　　(c)　0.920

**6)**　(a)　線形回帰　　$y=-1.89+1.57x$　　(b)　16.95

**7)**　回帰直線　　$y=1,909.12+34.98x$　　決定係数 0.458

**8)**　回帰直線　　$y=-121.6+23.13x$　　決定係数 0.619

**9)**　(a)　正規方程式　$\begin{cases} 5a+15b=85 \\ 15a+55b=282 \end{cases}$　より，

　　　　回帰直線　　$y=8.9+2.7x$

　　(b)　正規方程式　$\begin{cases} 5c+85d=15 \\ 85c+1,627d=282 \end{cases}$　より，

　　　　回帰直線　　$x=0.478+0.148y$

(c)  下の図

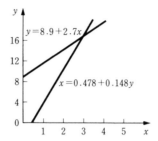

10)  (a)  $y=-1.0-0.5x+3.5z$        決定係数 1

   (b)  $y=5.601+3.846x+0.443z$        決定係数 0.938

11)  (a)  線形回帰    $y=3.719+1.799x+0.986z$

   (b)  $s_{y\cdot xz}{}^2=(1/10)\{4{,}072-3.719\times192-1.799\times1{,}211-0.986\times1{,}139\}=5.6309$

   $s_{y\cdot xz}\doteqdot2.373$

   (c)  正規方程式 $\begin{cases}10a+57b=192\\57a+381b=1{,}211\end{cases}$  より，

   線形回帰    $y=7.353+2.078x$

   (d)  $s_{y\cdot x}{}^2=14.3766$    $s_{y\cdot x}=3.792$

   推定値の標準偏差はかなり小さくなっており，効果はあった。

12)  (a)  正規方程式 $\begin{cases}10a+138b+39c=114\\138a+2{,}010b+549c=1{,}656\\39a+549b+161c=459\end{cases}$  より，

   線形回帰    $y=-1.314+0.706x+0.761z$

   (b)  $s_{y\cdot xz}{}^2=0.3361$        $s_{y\cdot xz}=0.5797$

   (c)  正規方程式 $\begin{cases}10a+138b=114\\138a+2{,}010b=1{,}656\end{cases}$  より，

   線形回帰    $y=0.580+0.784x$

   (d)  $s_{y\cdot x}{}^2=0.7576$        $s_{y\cdot x}=0.8704$

13)  回帰直線    $y=25.68+0.70x$        相関係数 0.929

   〔次の問題 14) とも，正規方程式を略す〕

14)  回帰直線    $y=80.78+1.14x$        相関係数 0.896

15)  $r_{AB}=0.857, r_{BC}=0.405, r_{AC}=0.643$

   A と B とが最もよく一致，B と C とが最も大きく食い違っている。

16)  $\dfrac{1}{n}\sum(x-\bar{x})(y-\bar{y})=\dfrac{1}{n}\sum(x-\bar{x})y-\dfrac{1}{n}\sum(x-\bar{x})\bar{y}$

$$= \frac{1}{n}\sum xy - \frac{\overline{x}}{n}\sum y - \frac{\overline{y}}{n}\sum(x-\overline{x}) = \frac{1}{n}\sum xy - \overline{x}\,\overline{y}$$

## 第4章　確　率

**1)** $_8C_3 = 56$ 通り

**2)** $_5C_2 \times _3C_2 = 30$ （通り）

**3)** (a) 20 通り　　　(b) 25 通り

**4)** (a) 12　　　(b) 120

**5)** (a) 1,260　　　(b) 60　　　(c) 280

**6)** $_{20}C_5 = 15,504$　$\sum\limits_{x=0}^{2}{}_{20}C_x = 211$

**7)** 図 4.8 のような図を描いて考えよ。

    (a) 0.76　　(b) 0.48　　(c) 0.64

    (d) 0.40　　(e) 0.12　　(f) 0.36

**8)** (a) 0.72　　(b) 0.46　　(c) 0　　　(d) 0.82　　(e) 0.18

**9)** (a) 0.6　　(b) 0.8　　(c) 0.6　　(d) 0.12　　(e) 0.2

**10)** (a) 0.35　　(b) 0.21　　(c) 0.74　　(d) 0.26

**11)** (c), (e)

**12)** $P\{A+B+C\} = 62.0\%$,　　$P\{A\} = 21.0\%$,　$P\{B\} = 36.4\%$

    $P\{A+B\} = 49.9\%$

**13)** (a), (b)

**14)** (a) 箱 I にボール a が入る場合を列挙すると以下の 9 通り。

| I | a | a | a | a | ab | ab | ac | ac | abc |
|---|---|---|---|---|----|----|----|----|-----|
| II | b | c | bc | | c | | b | | |
| III | c | b | | bc | | c | | b | |

    同様に箱 II に球 a が入る場合，箱 III に球 a が入る場合もそれぞれ 9 通り

    であるから，全体では 27 通り。

    (b) $A_1$ 12 個，$A_2$ 12 個，$A_1A_2$ 6 個，$A_1+A_2$ 18 個　　　(c) 略

**15)** 1/2

**16)** 0.18, 0.25

**17)** $_4C_2 \cdot _3C_1 / _{10}C_3 = 0.15$

**18)** (a) 11/12　　(b) 1/2　　(c) 5/6

**19)** (a) 1/26　　(b) 1/2　　(c) 5/26

    (d) 1/13　　(e) 4/13　　(f) 9/13

**20)** $(3/5)(1/2)^2 + (2/5)(1)^2 = 11/20$

21) $0.25 \times 0.4 \times 0.4 \times 0.6 = 0.024$

22) $0.8 \times 0.8 \times 0.8 \times 0.2 \times 0.6 \times 0.4 \fallingdotseq 0.0246$

23) A が 5 回戦までに勝つのは $(A1)$ 4 回戦までに A が 4 勝, $(A2)$ 4 回戦までに A が 3 勝, 5 回戦で A が勝つ, のいずれか。同様に B が 5 回戦までに勝つのは $(B1)$ 4 回戦までに B が 4 勝, $(B2)$ 4 回戦までに B が 3 勝, 5 回戦で B が勝つ, のいずれか。それぞれの確率は,

$$(A1) \ \left(\frac{6}{10}\right)^4 = 0.1296, \quad (A2) \ _4C_3\left(\frac{6}{10}\right)^3\left(\frac{4}{10}\right) \times \left(\frac{6}{10}\right) = 0.2074$$

$$(B1) \ \left(\frac{4}{10}\right)^4 = 0.0256, \quad (B2) \ _4C_3\left(\frac{4}{10}\right)^3\left(\frac{6}{10}\right) \times \left(\frac{4}{10}\right) = 0.0614$$

∴ 求める確率は以上の和　0.424

24) $35/81$

25) 選ばれた箱が A である確率を $P\{A\}$, B である確率を $P\{B\}$, 箱から取り出した品物が良品である確率を $P\{G\}$ とする。$P\{A\} = P\{B\} = 1/2, P\{G|A\} = 3/5, P\{G|B\} = 1/3, P\{AG\} = P\{A\}P\{G|A\} = 1/2 \times 3/5 = 3/10$, 同様に $P\{BG\} = 1/6$, $P\{G\} = P\{AG\} + P\{BG\} = 14/30$, 求める確率は $P\{A|G\}$ であるから, $P\{A|G\} = P\{AG\}/P\{G\} = 9/14$

26) A 0.47, B 0.29, C 0.24

27) 仕事がおもしろくない　$12/59 \fallingdotseq 0.20$, 給料が安い　$20/59 \fallingdotseq 0.34$, 上司を嫌っている　$27/59 \fallingdotseq 0.46$

28) A 社製　$15/28$, B 社製　$8/28$, C 社製　$5/28$

29) その病気でないと思う確率は検査前の 95% から 70.4% へ下がり, 病気であると思う確率は検査前の 5% から 29.6% へ上がる。検査の信頼性の高さによって検査結果いかんで確率が変化する（事前確率から事後確率へ）。

## 第5章　確率変数と確率分布

1)

| $x$ | 3 | 4 | 5 | 6 | 7 | 8 | 9 | 計 |
|---|---|---|---|---|---|---|---|---|
| $P(x)$ | 1/10 | 1/10 | 2/10 | 2/10 | 2/10 | 1/10 | 1/10 | 1 |

2)

| $x$ | 0 | 1 | 計 |
|---|---|---|---|
| $P(x)$ | 1/2 | 1/2 | 1 |

3) $P(x) = {}_3C_x \cdot {}_{12}C_{5-x} / {}_{15}C_5$ （超幾何分布）

| $x$ | 0 | 1 | 2 | 3 | 計 |
|---|---|---|---|---|---|
| $P(x)$ | 24/91 | 45/91 | 20/91 | 2/91 | 1 |

4) $f(x)=\begin{cases}1/10 & (0\leq x<10)\\ 0 & (その他の\ x)\end{cases}$

5) (a) 43.3 円　　　(b) ある

6) $x$ を A が受け取る金額とすると，

| $x$ | $-50$ | 10 | 20 | 30 | 計 |
|---|---|---|---|---|---|
| $P(x)$ | 1/8 | 3/8 | 3/8 | 1/8 | 1 |

70/8 円

7) 期待値　　0　　　　分散　　548,333

8) 120 円

9) 22,000 円

10) (a)

| $x$ | 0 | 1 | 2 | 3 | 計 |
|---|---|---|---|---|---|
| $P(x)$ | 9/36 | 8/36 | 9/36 | 10/36 | 1 |

(b) 平均値　　14/9　　　　分散　　1.3025

11) (a)

| $x$ | 0 | 1 | 2 |
|---|---|---|---|
| $P(x)$ | 1/11 | 16/33 | 14/33 |

(b) 1,667 円　　101010　　(c) 600 円

**第 6 章**　主な確率分布

1) 平均値　　3/2　　　標準偏差　　$\sqrt{9/8}$

2) (a) $\mu=25, \sigma^2=25/2$　　(b) $\mu=20, \sigma^2=16$　　(c) $\mu=80, \sigma^2=64$

(d) $\mu=300, \sigma^2=200$

3) 平均値　　4　　　分散　　2

4) (a) 0.2009　　(b) 0.9377　　(c) 0.1641　　(d) 0.2539

5) (a) 0.1715　　(b) 0.9860

6) 0.6554

7) $1-\sum_{x=0}^{2} {}_{10}C_x(1/4)^x(3/4)^{10-x}=0.4744$

8) 0 ヵ所　　0.3410,　　1 ヵ所　　0.3873,　　2 ヵ所　　0.1980

9) (a) 0.2276　　(b) 0.0197

10) (a) $(0.98)^9(0.02)=0.0167$　　(b) ${}_9C_2(0.98)^7(0.02)^3=0.00025$

11) ポワソン分布（$m=np=5\times 8/400=0.1$）のとき：$P(0)=e^{-0.1}\fallingdotseq 0.9048$

二項分布のとき：${}_5C_0(0.02)^0(0.98)^5\fallingdotseq 0.9039$

0.0004 の差がある。

12) $({}_{60}C_2\times{}_{30}C_2)/{}_{90}C_4\fallingdotseq 0.3013$

$_4C_2(2/3)^2(1/3)^2 \fallingdotseq 0.2963$

0.0050 の差がある。

13) $P(4) = (e^{-2} \cdot 2^4)/4! \fallingdotseq 0.0902$

14) 0.161

15) (a) 0.0183 　　(b) 0.147 　　(c) 0.156

16) $p = \dfrac{1}{10000}$, $n = 20000$, $m = np = \dfrac{20000}{10000} = 2$

　　したがって, $P(x) = \dfrac{2^x e^{-2}}{x!}$

17) 0.1465

18) 0.1771

19) $P(0) = 0.9512$ 　　$P(1) = 0.0476$ 　　$P(2) = 0.0012$

20) (a) 0.0733 　　(b) 0.2381

21) (a) 0.0067 　　(b) 0.0842 　　(c) 0.1755

22) 0.2149, 0.9084

23) (a) $P(0) = 0.0498$ 　　$P(1) = 0.1494$ 　　$P(2) = 0.2240$

　　　　$P(3) = 0.2240$ 　　$P(4) = 0.1680$ 　　$P(5) = 0.1008$

　　　　$P(6) = 0.0504$ 　　$P(7) = 0.0216$ 　　$P(8) = 0.0081$

　　　　$P(9) = 0.0027$ 　　$P(10) = 0.0008$

　　　　$\displaystyle\sum_{x=0}^{10} xP(x) = 2.9961 \fallingdotseq 3$ （一致しないのは四捨五入の誤差と $x = 11$ 以上

　　　　を計算に入れていないためである）

　　(b) $\displaystyle\sum_{x=0}^{10} x^2 \cdot P(x) - (2.9961)^2 = 11.9593 - 8.9766 = 2.9827 \fallingdotseq 3$

24) (a) 0.6826 　　(b) 0.9544 　　(c) 0.9974

　　(d) 0.9500 　　(e) 0.9802 　　(f) 0.9902

25) （以下, 必要に応じて補間計算を行なっている）

　　(a) 1.645 　　(b) 1.75 　　(c) $-1.476$

　　(d) 0.386 　　(e) $-1.88$ 　　(f) 0.842

26) (a) 0.9332 　　(b) 0.9772 　　(c) 0.9104

27) (a) 0.9332 　　(b) 0.2266 　　(c) 0.3891

　　(d) 0.9104 　　(e) 0.0401 　　(f) 0.8413

28) (a) 0.8944 　　(b) 0.9772 　　(c) 0.2417 　　(d) 0.8664

29) 0.0228

30) $P\{z > (86.4 - 78.0)/\sigma\} = 0.2$, 　　$z = 0.84$ であるから 　　$\sigma = 10$

31)　$P\{(120.5-\mu)/21.5<z\}=0.9,$　　$z=1.28$ であるから　　$\mu=92.98$

32)　(a)　10.0%　　　(b)　4.6%　　　(c)　41.0%

33)　$250+1.28\times30\fallingdotseq289$（個）

34)　$340+1.64\times26\fallingdotseq383$（個）

35)　(a)　28%　　　(b)　85%　　　(c)　324 時間

36)　(a)　15.6%　　　(b)　0.3%　　　(c)　91 点　　　(d)　63 点

37)　4.8%　　　0.6%

38)　$P\{104.5\leq x<124.5\}=0.58$　　　$2,400\times0.58=1,392$　　　1,392 人

39)　$\mu=80, \sigma^2=64$ の正規分布で近似する。　　　84%

40)　(a)　0.0611　　　(b)　0.0594, 0.0017 の差

41)　$N(100\times0.6, 100\times0.6\times0.4)=N(60, 4.9^2)$ で近似する。　　2%

42)　$N(1000\times1/6, 1000\times1/6\times5/6)$ で近似する。　　13.8%　　　98.7%

43)　$N(400\times0.36, 400\times0.36\times0.64)$ で近似する。　　97.3%

44)　$N(800\times0.02, 800\times0.02\times0.98)$ で近似する。　　18.9%

45)　$N(400\times0.4, 400\times0.4\times0.6)$ で近似する。　　2.1%

46)　$N(1000\times0.1, 1000\times0.1\times0.9)$ で近似する。　　1.5%

47)　平均値$=1/p$, 分散$=(1-p)/p^2$

48)　平均値$=1/\mu$, 分散$=1/\mu^2$

49)　はじめの $(x-1)$ 回の間に $(r-1)$ 回おこる確率 $_{x-1}C_{r-1}p^{r-1}q^{x-1-(r-1)}$ に，$x$ 回目におこる確率 $p$ をかければよい。平均値$=r/p$, 分散$=r(1-p)/p^2$。ともに幾何分布の場合の $r$ 倍になっている。

## 第7章　標 本 分 布

2)　（たとえば）男子生徒に 0〜99 の番号をつけ，女子生徒に 0〜49 の番号をつける。4 桁ずつ乱数表からとっていき，最初の 2 桁を男子，残りの 2 桁を女子にあてて，10 組できるまでとっていく。

4)　正規分布で近似するとすれば，$\mu=p=0.3$, $\sigma=\sqrt{pq/n}=\sqrt{0.0105}=0.1025$ の正規分布で 0.25 以下の確率を求める。

　　20 打数のとき　　$z=(0.25-0.3)/\sqrt{0.3\times0.7/20}\fallingdotseq-0.49$

　　　　　　　　　　$\therefore\ P_r\{z\leq-0.49\}=0.312$　　　31.2%

　　100 打数のとき　　同様に 13.8%

5)　理論値は平均値 4.5，標準偏差 2.03 である。実験の結果とこれを比較せよ。

6)　乱数表からの 2 桁の数は平均値 49.5，分散 833.25 の一様分布をし，したがって 40 個の和は平均値 $49.5\times40$，分散 $833.25\times40$ の正規分布をすることを利用する。　　　(a)　25.46%　　　(b)　16.11%

7) $n=100$ のとき 10.56%, 　　$n=400$ のとき 0.62%

8) 86.6%

9) (a) 13.4% 　　(b) 4.8% 　　(c) 81.9% 　　(d) 2.6%

10) 通学時間は平均 55 分, 分散 $1^2+1^2+3^2+\left(\dfrac{1}{2}\right)^2=11\dfrac{1}{4}$ の正規分布をすることを利用する。 　　6.8%

11) 東京駅までの所要時間は, タクシーの場合：平均 30 分, 標準偏差 6 分, 地下鉄の場合：平均 36 分, 標準偏差 2.236 分の正規分布。

　　(a) タクシーの場合 　　4.8% 　　地下鉄の場合 　　3.7%

　　(b) タクシーの場合 　　14 時 16 分（44 分前） 　　地下鉄の場合 　　14 時 18 分（42 分前）

　　(c) 14 時 10 分（50 分前）

13) 内閣支持率の例で, 第 $i$ 番の人が支持者なら $x_i=1$, 非支持者ならば $x_i=0$ とすれば, $n$ 人の中の支持者の比率は $\displaystyle\sum_{i=1}^{n} x_i/n=\overline{x}$ となる。

14) 3 個, 9 個, $(n-1)$ 個

## 第 8 章 推　　定

1) 打数の多い B 選手の方が 3 割という打率に信頼がおける。信頼係数 95% の信頼区間を計算すると, A 選手の場合 10～50%, B 選手の場合 25～35%。以下問題 7) まですべて近似計算法によった。

2) $(0.3005, 0.4195)$

3) $(0.1941, 0.3059)$

4) $(0.0716, 0.1284)$

5) 95% のとき $(0.5565, 0.7435)$ 　　99% のとき $(0.5269, 0.7731)$

6) $(0.5237, 0.7583)$, 近似計算法では $(0.5293, 0.7707)$

7) $(0.3553, 0.3947)(0.3355, 0.4145)$

8) 1,849 人

9) 1,681 人

10) 60 個, 385 個

11) $(19.31, 20.69)$

12) $(11.06, 16.94)$

13) $(6.63, 11.77)$

14) $(33994, 36006)$

15) $(7.89, 7.95)$

16) $(104.57, 109.43)$ 正規分布を適用, $(104.54, 109.46)$ $t$ 分布, 自由度 120 を適用。

17) $(11.18, 11.98)$

18）　$(239.04, 248.96)$

19）　$4800 \pm 1.833 \times 790.2/\sqrt{10}$,　$(4,342, 5,258)$

20）　$63,700 - \dfrac{1.671 \times 20,400}{\sqrt{50}} \leq \mu \leq 63,700 + \dfrac{1.671 \times 20,400}{\sqrt{50}}$

　　$(58879, 68521)$，自由度 60 として計算

21）　$(14.0, 14.8)$

22）　$n = (2.58 \times 100/20)^2 = 166.41$

　　167 個（166 個だと誤差が 20 日以内にならない）

23）　67 個

24）　97 人，385 人

25）　$(544)^2 < \sigma^2 < (1443)^2$

26）　(1)　$t$ 分布を用いると，$69,400 < \mu < 80,600$, $11,971 < \sigma < 20,045$

　　(2)　97 人

27）　$(0.104, 1.414)$

## 第9章　検　定

1）　$H_0 : p = 1/6$, $H_1 : p > 1/6$, $z_0 = (95/500 - 1/6)/\sqrt{(1/500)(1/6)(5/6)} \fallingdotseq 1.40$, $z_{0.05} = 1.64$ だから，$z_0 < z_{0.05}$，よって仮説は採択される（片側検定）。サイコロは正確に作られているといえる。

2）　$z_0 = 2.60 > 1.64$, 仮説：不良率＝5% は棄却される（片側検定）。正しくない。

3）　$z_0 = -1.49 > -1.64$, 仮説 $p \geqq 0.1$ は棄却できない（片側検定）。

4）　$z_0 = -2.36 < -2.33$, 仮説：効果＝90% は棄却される（片側検定）。正しくない。

5）　$z_0 = -0.516 > -1.96$, 正しい（両側検定）。

6）　$z_0 = -1.155 > -2.58$, 正しい（両側検定）。

7）　$z_0 = 2 < 2.33$, 判断できない（片側検定）。

8）　$z_0 = -1.733 < -1.64$, 正しくない（片側検定）。

9）　50 点以上をとった中学からの入学者の割合を $p_1$, 高校からの入学者の割合を $p_2$ とする。

$$H_0 : p_1 = p_2,\ \ H_1 : p_1 \neq p_2,\ \ \hat{p} = \frac{(250+180)}{(300+300)} \fallingdotseq 0.7167$$

$$z_0 = \frac{250/300 - 180/300}{\sqrt{0.7167 \times 0.2833 \times (1/300 + 1/300)}} \fallingdotseq 6.34 > 1.96$$

　　よって仮説は棄却される（両側検定）。差があるといえる。

10）　$z_0 = 0.876$, 不良率に差がないとしてよい（両側検定）。

11)　$z_0=1.853$, 差があるといえる（片側検定）。

12)　$z_0=0.747$, 低下したとはいえない（片側検定）。

13)　$z_0=-0.568$, 差があるとはいえない（片側検定）。

14)　$H_0: \mu=0.5485$,　$H_1: \mu \neq 0.5485$, $t_0=(0.5479-0.5485)/(0.0003/\sqrt{6}) \fallingdotseq -4.899$, $t_{0.05}=-2.571>t_0$, よって仮説を棄却。仕様どおりであるとはいえない（両側検定）。

15)　$t_0=-2$, 少なすぎるといえる（片側検定）。

16)　$t_0=-4.667$, 立証しているといえる（片側検定）。

17)　$t_0=-1.992$, 正しいといえる（片側検定）。

18)　$t_0=-2.5$, 1,600 時間であると結論できない（片側検定）。

19)　$t_0=-2.918$, 認められない（片側検定）。

20)　$t_0=-2.31$, 主張は正しいとはいえない（片側検定）。

21)　$t_0=1.095$, 1,265℃ をこえているとはいえない（片側検定）。

22)　$t_0=-1.725(<-1.533)$, 業者のいっていることは正しいとはいえない（片側検定）。

23)　$z_0=6.957$, 反証になっている（片側検定）。

24)　母分散の検定。検定仮説 $H_0: \sigma^2=0.005^2$, 対立仮説 $H_1: \sigma^2>0.005^2$。$\chi_0^2=29.84>\chi^2(0.05)=14.1$（自由度 7）。よって $H_0$ は棄却される。合格ではない。

25)　適合度検定。検定仮説 $H_0$：表の出方は二項分布に従う。$\chi_0^2=6.44<\chi^2(0.05)=11.1$（自由度 5）。よって $H_0$ を採択。適合しているといえる。

26)　適合度検定。検定仮説 $H_0$：ブランド間で差はない。$\chi_0^2=24.97>\chi^2(0.05)=9.49$（自由度 4）。よって $H_0$ を棄却。ブランド間で差がある。

27)　独立性の検定。検定仮説 $H_0$：業種と最重要視される環境は関係ない。$\chi_0^2=41.96>\chi^2(0.01)=13.3$（自由度 4）。よって $H_0$ を棄却。業種によって最重要視される環境は異なる。

28)　等分散の検定。$H_0: \sigma_1^2=\sigma_2^2$,　$H_1: \sigma_1^2>\sigma_2^2$。$F_0=1.25<F_9^6(0.05)=3.37$。よって $H_0$ を採択。両銘柄間で分散に差はない。

29)　分散分析。$H_0$：4 種類の強化剤の間で効果に差がない。
　　$F_0=3.72>F_{16}^3(0.05)=3.24$。よって $H_0$ は棄却され, 効果に差があることがわかった。

30)　仮説検定の問題である。仮説 $H_0$ は，「何事も変わったことはなく, いつものとおりであり, 電話する必要なし」。C の場合には $H_0$ は棄却されるが, D の場合は棄却されない。

31)　検定仮説 $H_0$ は「生産工程に異常なし」。第 1 種の誤りは, $H_0$ が正しいのに

工程をチェックすることになり，生産者に本来不必要なコストがかかる。第 2 種の誤りは，$H_0$ が誤っているのに工程をチェックしないことになり，その結果，製品の買い手である消費者に不良品が渡るという危険が増大する。

32）　(a)　$H_0$：健常人である

　　　　　$\alpha$：健常人であるのに測定値が 480 をこえて，病気の疑いがあるとされる誤り（偽陽性）

　　　　　$\beta$：病気にかかっているのに測定値が 480 以下であったために心配なしとされる誤り（偽陰性）

　　　(b)　$\alpha = 5.2\%$，$\beta = 3.6\%$

33）　$H_0$：心配する必要はない

　　　$\alpha$：心配する必要はないのに心配する

　　　$\beta$：心配する必要があるのに心配しない

## 第 10 章　回帰の推測統計理論

1）　(a)　回帰直線　　$y = 79.516 + 0.355x$

　　　(b)　決定係数（自由度調整後）0.896

　　　(c)　$\alpha$ は開閉回数に関係ない消費電力量，$\beta$ は 1 回開閉するごとに余分に消費される電力量

　　　(d)　検定仮説 $H_0：\beta = 0$，対立仮説 $H_1：\beta > 0$ とし，$t$ 値を計算する。

$$t_0 = \frac{b}{\hat{\sigma}_b} = \frac{0.355}{0.053} = 6.642 > t_{0.05}(4) = 2.132$$

　　　　　　$H_0$ を棄却，影響を与えている。

2）　(a)　回帰直線　　$y = -11.445 + 3.19x$

　　　(b)　$r^2 = 0.865$，$r = 0.93$，$\bar{r}^2 = 0.843$，$\bar{r} = 0.918$

　　　(c)　$t_0 = \dfrac{3.19}{0.5137} = 6.210 > t_{0.05}(6) = 1.943$

　　　　　滞留時間が長ければ買物金額は多くなるといえる（対立仮説 $H_1：\beta > 0$）。

3）　(a)　回帰直線　　$y = 117.146 + 1.835x$

　　　(b)　$r^2 = 0.914$，$r = 0.956$，$\bar{r}^2 = 0.893$，$\bar{r} = 0.945$

　　　(c)　$t_0 = \dfrac{1.835}{0.281} = 6.522 > t_{0.05}(4) = 2.132$

　　　　　本塁打が多いほど得点が高くなるといえる（対立仮説 $H_1：\beta > 0$）。

4）　(a)　回帰直線　　$y = 121.64 - 1.54x$

　　　(b)　$r^2 = 0.920$，$r = -0.959$，$\bar{r}^2 = 0.910$，$\bar{r} = -0.954$

　　　(c)　$t_0 = \dfrac{-1.54}{0.160} = -9.625 < -t_{0.05}(8) = -1.860$

　　所要時間の少ない者ほどテストの成績がよいといえる（対立仮説 $H_1$：
$\beta < 0$）。

**5）** (a) 回帰直線 　　$y = -1.89 + 1.57x$

(b) $r^2 = 0.501$, $r = 0.708$, $\bar{r}^2 = 0.376$, $\bar{r} = 0.613$

(c) $t_0 = \dfrac{1.57}{0.781} = 2.010 < t_{0.025}(4) = 2.776$

　　エステルの含有量はタンニン酸の含有量と関係があるとはいえない（対
立仮説 $H_1$：$\beta \neq 0$）。

## 付 表 一 覧

## 付表1　ポワソン分布*

$$P(x) = \frac{e^{-m}m^x}{x!}$$

| x \ m | 0.05 | 0.10 | 0.15 | 0.20 | 0.25 | 0.30 | 0.35 | 0.40 | 0.45 | 0.50 |
|---|---|---|---|---|---|---|---|---|---|---|
| 0 | .951 23 | .904 84 | .860 71 | .818 73 | .778 80 | .740 82 | .704 69 | .670 32 | .637 63 | .606 53 |
| 1 | .047 56 | .090 48 | .129 11 | .163 75 | .194 70 | .222 25 | .246 64 | .268 13 | .286 93 | .303 27 |
| 2 | .001 19 | .004 52 | .009 68 | .016 37 | .024 34 | .033 34 | .043 16 | .053 63 | .064 56 | .075 82 |
| 3 | .000 02 | .000 15 | .000 48 | .001 09 | .002 03 | .003 33 | .005 04 | .007 15 | .009 68 | .012 64 |
| 4 | | | .000 02 | .000 05 | .000 13 | .000 25 | .000 44 | .000 72 | .001 09 | .001 58 |
| 5 | | | | | .000 01 | .000 02 | .000 03 | .000 06 | .000 10 | .000 16 |
| 6 | | | | | | | | | .000 01 | .000 01 |

| x \ m | 0.55 | 0.60 | 0.65 | 0.70 | 0.75 | 0.80 | 0.85 | 0.90 | 0.95 | 1.0 |
|---|---|---|---|---|---|---|---|---|---|---|
| 0 | .576 95 | .548 81 | .522 05 | .496 59 | .472 37 | .449 33 | .427 41 | .406 57 | .386 74 | .367 88 |
| 1 | .317 32 | .329 29 | .339 33 | .347 61 | .354 27 | .359 46 | .363 30 | .365 91 | .367 40 | .367 88 |
| 2 | .087 26 | .098 79 | .110 28 | .121 66 | .132 85 | .143 79 | .154 40 | .164 66 | .174 52 | .183 94 |
| 3 | .016 00 | .019 76 | .023 89 | .028 39 | .033 21 | .038 34 | .043 75 | .049 40 | .055 26 | .061 31 |
| 4 | .002 20 | .002 96 | .003 88 | .004 97 | .006 23 | .007 67 | .009 30 | .011 11 | .013 13 | .015 33 |
| 5 | .000 24 | .000 36 | .000 50 | .000 70 | .000 93 | .001 23 | .001 58 | .002 00 | .002 49 | .003 07 |
| 6 | .000 02 | .000 04 | .000 05 | .000 08 | .000 12 | .000 16 | .000 22 | .000 30 | .000 39 | .000 51 |
| 7 | | | .000 01 | .000 01 | .000 01 | .000 02 | .000 03 | .000 04 | .000 05 | .000 07 |
| 8 | | | | | | | | | .000 01 | .000 01 |

| x \ m | 1.1 | 1.2 | 1.3 | 1.4 | 1.5 | 1.6 | 1.7 | 1.8 | 1.9 | 2.0 |
|---|---|---|---|---|---|---|---|---|---|---|
| 0 | .332 87 | .301 19 | .272 53 | .246 60 | .223 13 | .201 90 | .182 68 | .165 30 | .149 57 | .135 34 |
| 1 | .366 16 | .361 43 | .354 29 | .345 24 | .334 70 | .323 03 | .310 56 | .297 54 | .284 18 | .270 67 |
| 2 | .201 39 | .216 86 | .230 29 | .241 67 | .251 02 | .258 43 | .263 98 | .267 78 | .269 97 | .270 67 |
| 3 | .073 84 | .086 74 | .099 79 | .112 78 | .125 51 | .137 83 | .149 59 | .160 67 | .170 98 | .180 45 |
| 4 | .020 31 | .026 02 | .032 43 | .039 47 | .047 07 | .055 13 | .063 57 | .072 30 | .081 22 | .090 22 |
| 5 | .004 47 | .006 25 | .008 43 | .011 05 | .014 12 | .017 64 | .021 62 | .026 03 | .030 86 | .036 09 |
| 6 | .000 82 | .001 25 | .001 83 | .002 58 | .003 33 | .004 70 | .006 12 | .007 81 | .009 77 | .012 03 |
| 7 | .000 13 | .000 21 | .000 34 | .000 52 | .000 76 | .001 08 | .001 49 | .002 01 | .002 65 | .003 44 |
| 8 | .000 02 | .000 03 | .000 06 | .000 09 | .000 14 | .000 22 | .000 32 | .000 45 | .000 63 | .000 86 |
| 9 | | | .000 01 | .000 01 | .000 02 | .000 04 | .000 06 | .000 09 | .000 13 | .000 19 |
| 10 | | | | | | .000 01 | .000 01 | .000 02 | .000 03 | .000 04 |
| 11 | | | | | | | | | | .000 01 |

| x \ m | 2.2 | 2.4 | 2.6 | 2.8 | 3.0 | 3.2 | 3.4 | 3.6 | 3.8 | 4.0 |
|---|---|---|---|---|---|---|---|---|---|---|
| 0 | .110 80 | .090 72 | .074 27 | .060 81 | .049 79 | .040 76 | .033 37 | .027 32 | .022 37 | .018 32 |
| 1 | .243 77 | .217 72 | .193 11 | .170 27 | .149 36 | .130 44 | .113 47 | .098 37 | .085 01 | .073 26 |
| 2 | .268 14 | .261 27 | .251 04 | .238 38 | .224 04 | .208 70 | .192 90 | .177 06 | .161 52 | .146 53 |
| 3 | .196 64 | .209 01 | .217 57 | .222 48 | .224 04 | .222 62 | .218 62 | .212 47 | .204 59 | .195 37 |
| 4 | .108 15 | .125 41 | .141 42 | .155 74 | .168 03 | .178 09 | .185 82 | .191 22 | .194 36 | .195 37 |
| 5 | .047 59 | .060 20 | .073 54 | .087 21 | .100 82 | .113 98 | .126 36 | .137 68 | .147 71 | .156 29 |
| 6 | .017 45 | .024 08 | .031 87 | .040 70 | .050 41 | .060 79 | .071 60 | .082 61 | .093 55 | .104 20 |
| 7 | .005 48 | .008 26 | .011 84 | .016 28 | .021 60 | .027 79 | .034 78 | .042 48 | .050 79 | .059 54 |
| 8 | .001 51 | .002 48 | .003 85 | .005 70 | .008 10 | .011 12 | .014 78 | .019 12 | .024 12 | .029 77 |
| 9 | .000 37 | .000 66 | .001 11 | .001 77 | .002 70 | .003 95 | .005 58 | .007 65 | .010 19 | .013 23 |
| 10 | .000 08 | .000 16 | .000 29 | .000 50 | .000 81 | .001 26 | .001 90 | .002 75 | .003 87 | .005 29 |
| 11 | .000 02 | .000 03 | .000 07 | .000 13 | .000 22 | .000 37 | .000 59 | .000 90 | .001 34 | .001 92 |
| 12 | | .000 01 | .000 01 | .000 03 | .000 05 | .000 10 | .000 17 | .000 27 | .000 42 | .000 64 |
| 13 | | | | .000 01 | .000 01 | .000 02 | .000 04 | .000 07 | .000 12 | .000 20 |
| 14 | | | | | | .000 01 | .000 01 | .000 02 | .000 03 | .000 06 |
| 15 | | | | | | | | .000 01 | .000 01 | .000 02 |

| x \ m | 4.2 | 4.4 | 4.6 | 4.8 | 5.0 | 5.5 | 6.0 | 6.5 | 7.0 | 7.5 |
|---|---|---|---|---|---|---|---|---|---|---|
| 0 | .015 00 | .012 28 | .010 05 | .008 23 | .006 74 | .004 09 | .002 48 | .001 50 | .000 91 | .000 55 |
| 1 | .062 98 | .054 02 | .046 24 | .039 50 | .033 69 | .022 48 | .014 87 | .009 77 | .006 38 | .004 15 |
| 2 | .132 26 | .118 84 | .106 35 | .094 81 | .084 22 | .061 81 | .044 62 | .031 76 | .022 34 | .015 56 |
| 3 | .185 17 | .174 31 | .163 07 | .151 69 | .140 37 | .113 32 | .089 24 | .068 81 | .052 13 | .038 89 |
| 4 | .194 42 | .191 74 | .187 53 | .182 03 | .175 47 | .155 82 | .133 85 | .111 82 | .091 23 | .072 92 |

| $m$ / $x$ | 4.2 | 4.4 | 4.6 | 4.8 | 5.0 | 5.5 | 6.0 | 6.5 | 7.0 | 7.5 |
|---|---|---|---|---|---|---|---|---|---|---|
| 5 | .163 32 | .168 73 | .172 53 | .174 75 | .175 47 | .171 40 | .160 62 | .145 37 | .127 72 | .109 37 |
| 6 | .114 32 | .123 73 | .132 27 | .139 80 | .146 22 | .157 12 | .160 62 | .157 48 | .149 00 | .136 72 |
| 7 | .068 59 | .077 78 | .086 92 | .095 86 | .104 44 | .123 45 | .137 68 | .146 23 | .149 00 | .146 48 |
| 8 | .036 01 | .042 78 | .049 98 | .057 52 | .065 28 | .084 87 | .103 26 | .118 82 | .130 38 | .137 33 |
| 9 | .016 81 | .020 91 | .025 54 | .030 68 | .036 27 | .051 87 | .068 84 | .085 81 | .101 40 | .114 44 |
| 10 | .007 06 | .009 20 | .011 75 | .014 72 | .018 13 | .028 53 | .041 30 | .055 78 | .070 98 | .085 83 |
| 11 | .002 69 | .003 68 | .004 91 | .006 43 | .008 24 | .014 26 | .022 53 | .032 96 | .045 17 | .058 52 |
| 12 | .000 94 | .001 35 | .001 88 | .002 57 | .003 43 | .006 54 | .011 26 | .017 85 | .026 35 | .036 58 |
| 13 | .000 30 | .000 46 | .000 67 | .000 95 | .001 32 | .002 77 | .005 20 | .008 93 | .014 19 | .021 10 |
| 14 | .000 09 | .000 14 | .000 22 | .000 33 | .000 47 | .001 09 | .002 23 | .004 14 | .007 09 | .011 30 |
| 15 | .000 03 | .000 04 | .000 07 | .000 10 | .000 16 | .000 40 | .000 89 | .001 80 | .003 31 | .005 65 |
| 16 | .000 01 | .000 01 | .000 02 | .000 03 | .000 05 | .000 14 | .000 33 | .000 73 | .001 45 | .002 65 |
| 17 | | | .000 01 | .000 01 | .000 01 | .000 04 | .000 12 | .000 28 | .000 60 | .001 17 |
| 18 | | | | | .000 01 | | .000 04 | .000 10 | .000 23 | .000 49 |
| 19 | | | | | | | .000 01 | .000 03 | .000 09 | .000 19 |
| 20 | | | | | | | | .000 01 | .000 03 | .000 07 |
| 21 | | | | | | | | | .000 01 | .000 03 |
| 22 | | | | | | | | | | .000 01 |

| $m$ / $x$ | 8.0 | 8.5 | 9.0 | 9.5 | 10 | 11 | 12 | 13 | 14 | 15 |
|---|---|---|---|---|---|---|---|---|---|---|
| 0 | .000 34 | .000 20 | .000 12 | .000 07 | .000 05 | .000 02 | .000 01 | | | |
| 1 | .002 68 | .001 73 | .001 11 | .000 71 | .000 45 | .000 18 | .000 07 | .000 03 | .000 01 | |
| 2 | .010 73 | .007 35 | .005 00 | .003 38 | .002 27 | .001 01 | .000 44 | .000 19 | .000 08 | .000 03 |
| 3 | .028 63 | .020 83 | .014 99 | .010 70 | .007 57 | .003 71 | .001 77 | .000 83 | .000 38 | .000 17 |
| 4 | .057 25 | .044 25 | .033 74 | .025 40 | .018 92 | .010 19 | .005 31 | .002 69 | .001 33 | .000 65 |
| 5 | .091 60 | .075 23 | .060 73 | .048 27 | .037 83 | .022 42 | .012 74 | .006 99 | .003 73 | .001 94 |
| 6 | .122 14 | .106 58 | .091 09 | .076 42 | .063 06 | .041 09 | .025 48 | .015 15 | .008 70 | .004 84 |
| 7 | .139 59 | .129 42 | .117 12 | .103 71 | .090 08 | .064 58 | .043 68 | .028 14 | .017 39 | .010 37 |
| 8 | .139 59 | .137 51 | .131 76 | .123 16 | .112 60 | .088 79 | .065 52 | .045 73 | .030 44 | .019 44 |
| 9 | .124 08 | .129 87 | .131 76 | .130 00 | .125 11 | .108 53 | .087 36 | .066 05 | .047 34 | .032 41 |
| 10 | .099 26 | .110 39 | .118 58 | .123 50 | .125 11 | .119 38 | .104 84 | .085 87 | .066 28 | .048 61 |
| 11 | .072 19 | .085 30 | .097 02 | .106 66 | .113 74 | .119 38 | .114 37 | .101 48 | .084 36 | .066 29 |
| 12 | .048 13 | .060 42 | .072 77 | .084 44 | .094 78 | .109 43 | .114 37 | .109 94 | .098 42 | .082 86 |
| 13 | .029 62 | .039 51 | .050 38 | .061 71 | .072 91 | .092 59 | .105 57 | .109 94 | .105 99 | .095 61 |
| 14 | .016 92 | .023 99 | .032 38 | .041 87 | .052 08 | .072 75 | .090 49 | .102 09 | .105 99 | .102 44 |
| 15 | .009 03 | .013 59 | .019 43 | .026 52 | .034 72 | .053 35 | .072 39 | .088 48 | .098 92 | .102 44 |
| 16 | .004 51 | .007 22 | .010 93 | .015 75 | .021 70 | .036 68 | .054 29 | .071 89 | .086 56 | .096 03 |
| 17 | .002 12 | .003 61 | .005 79 | .008 80 | .012 76 | .023 73 | .038 32 | .054 97 | .071 28 | .084 74 |
| 18 | .000 94 | .001 70 | .002 89 | .004 64 | .007 09 | .014 50 | .025 55 | .039 70 | .055 44 | .070 61 |
| 19 | .000 40 | .000 76 | .001 37 | .002 32 | .003 73 | .008 40 | .016 14 | .027 16 | .040 85 | .055 75 |
| 20 | .000 16 | .000 32 | .000 62 | .001 10 | .001 87 | .004 62 | .009 68 | .017 66 | .028 60 | .041 81 |
| 21 | .000 06 | .000 13 | .000 26 | .000 50 | .000 89 | .002 42 | .005 53 | .010 93 | .019 06 | .029 86 |
| 22 | .000 02 | .000 05 | .000 11 | .000 22 | .000 40 | .001 21 | .003 02 | .006 46 | .012 13 | .020 36 |
| 23 | .000 01 | .000 02 | .000 04 | .000 09 | .000 18 | .000 58 | .001 57 | .003 65 | .007 38 | .013 28 |
| 24 | | .000 01 | .000 02 | .000 04 | .000 07 | .000 27 | .000 79 | .001 98 | .004 31 | .008 30 |
| 25 | | | .000 01 | .000 01 | .000 03 | .000 12 | .000 38 | .001 03 | .002 41 | .004 98 |
| 26 | | | | .000 01 | .000 01 | .000 05 | .000 17 | .000 51 | .001 30 | .002 87 |
| 27 | | | | | | .000 02 | .000 08 | .000 25 | .000 67 | .001 60 |
| 28 | | | | | | .000 01 | .000 03 | .000 11 | .000 34 | .000 86 |
| 29 | | | | | | | .000 01 | .000 05 | .000 16 | .000 44 |
| 30 | | | | | | | .000 01 | .000 02 | .000 08 | .000 22 |
| 31 | | | | | | | | .000 01 | .000 03 | .000 11 |
| 32 | | | | | | | | | .000 01 | .000 05 |
| 33 | | | | | | | | | .000 01 | .000 02 |
| 34 | | | | | | | | | | .000 01 |

* R. A. Fisher & F. Yates, *Statistical Tables for Biological, Agricultural and Medical Research*, 3rd ed., Oliver & Boyd, 1949, より。

付表 2-1　正規分布(1)　確率密度*

$$f(x) = \frac{1}{\sqrt{2\pi}} e^{-\frac{x^2}{2}}$$

| $x$ | .00 | .01 | .02 | .03 | .04 | .05 | .06 | .07 | .08 | .09 |
|---|---|---|---|---|---|---|---|---|---|---|
| .0 | .3989 | .3989 | .3989 | .3988 | .3986 | .3984 | .3982 | .3980 | .3977 | .3973 |
| .1 | .3970 | .3965 | .3961 | .3956 | .3951 | .3945 | .3939 | .3932 | .3925 | .3918 |
| .2 | .3910 | .3902 | .3894 | .3885 | .3876 | .3867 | .3857 | .3847 | .3836 | .3825 |
| .3 | .3814 | .3802 | .3790 | .3778 | .3765 | .3752 | .3739 | .3725 | .3712 | .3697 |
| .4 | .3683 | .3668 | .3653 | .3637 | .3621 | .3605 | .3589 | .3572 | .3555 | .3538 |
| .5 | .3521 | .3503 | .3485 | .3467 | .3448 | .3429 | .3410 | .3391 | .3372 | .3352 |
| .6 | .3332 | .3312 | .3292 | .3271 | .3251 | .3230 | .3209 | .3187 | .3166 | .3144 |
| .7 | .3123 | .3101 | .3079 | .3056 | .3034 | .3011 | .2989 | .2966 | .2943 | .2920 |
| .8 | .2897 | .2874 | .2850 | .2827 | .2803 | .2780 | .2756 | .2732 | .2709 | .2685 |
| .9 | .2661 | .2637 | .2613 | .2589 | .2565 | .2541 | .2516 | .2492 | .2468 | .2444 |
| 1.0 | .2420 | .2396 | .2371 | .2347 | .2323 | .2299 | .2275 | .2251 | .2227 | .2203 |
| 1.1 | .2179 | .2155 | .2131 | .2107 | .2083 | .2059 | .2036 | .2012 | .1989 | .1965 |
| 1.2 | .1942 | .1919 | .1895 | .1872 | .1849 | .1826 | .1804 | .1781 | .1758 | .1736 |
| 1.3 | .1714 | .1691 | .1669 | .1647 | .1626 | .1604 | .1582 | .1561 | .1539 | .1518 |
| 1.4 | .1497 | .1476 | .1456 | .1435 | .1415 | .1394 | .1374 | .1354 | .1334 | .1315 |
| 1.5 | .1295 | .1276 | .1257 | .1238 | .1219 | .1200 | .1182 | .1163 | .1145 | .1127 |
| 1.6 | .1109 | .1092 | .1074 | .1057 | .1040 | .1023 | .1006 | .0989 | .0973 | .0957 |
| 1.7 | .0940 | .0925 | .0909 | .0893 | .0878 | .0863 | .0848 | .0833 | .0818 | .0804 |
| 1.8 | .0790 | .0775 | .0761 | .0748 | .0734 | .0721 | .0707 | .0694 | .0681 | .0669 |
| 1.9 | .0656 | .0644 | .0632 | .0620 | .0608 | .0596 | .0584 | .0573 | .0562 | .0551 |
| 2.0 | .0540 | .0529 | .0519 | .0508 | .0498 | .0488 | .0478 | .0468 | .0459 | .0449 |
| 2.1 | .0440 | .0431 | .0422 | .0413 | .0404 | .0396 | .0387 | .0379 | .0371 | .0363 |
| 2.2 | .0355 | .0347 | .0339 | .0332 | .0325 | .0317 | .0310 | .0303 | .0297 | .0290 |
| 2.3 | .0283 | .0277 | .0270 | .0264 | .0258 | .0252 | .0246 | .0241 | .0235 | .0229 |
| 2.4 | .0224 | .0219 | .0213 | .0208 | .0203 | .0198 | .0194 | .0189 | .0184 | .0180 |
| 2.5 | .0175 | .0171 | .0167 | .0163 | .0158 | .0154 | .0151 | .0147 | .0143 | .0139 |
| 2.6 | .0136 | .0132 | .0129 | .0126 | .0122 | .0119 | .0116 | .0113 | .0110 | .0107 |
| 2.7 | .0104 | .0101 | .0099 | .0096 | .0093 | .0091 | .0088 | .0086 | .0084 | .0081 |
| 2.8 | .0079 | .0077 | .0075 | .0073 | .0071 | .0069 | .0067 | .0065 | .0063 | .0061 |
| 2.9 | .0060 | .0058 | .0056 | .0055 | .0053 | .0051 | .0050 | .0048 | .0047 | .0046 |
| 3.0 | .0044 | .0043 | .0042 | .0040 | .0039 | .0038 | .0037 | .0036 | .0035 | .0034 |
| 3.1 | .0033 | .0032 | .0031 | .0030 | .0029 | .0028 | .0027 | .0026 | .0025 | .0025 |
| 3.2 | .0024 | .0023 | .0022 | .0022 | .0021 | .0020 | .0020 | .0019 | .0018 | .0018 |
| 3.3 | .0017 | .0017 | .0016 | .0016 | .0015 | .0015 | .0014 | .0014 | .0013 | .0013 |
| 3.4 | .0012 | .0012 | .0012 | .0011 | .0011 | .0010 | .0010 | .0010 | .0009 | .0009 |
| 3.5 | .0009 | .0008 | .0008 | .0008 | .0008 | .0007 | .0007 | .0007 | .0007 | .0006 |
| 3.6 | .0006 | .0006 | .0006 | .0005 | .0005 | .0005 | .0005 | .0005 | .0005 | .0004 |
| 3.7 | .0004 | .0004 | .0004 | .0004 | .0004 | .0004 | .0003 | .0003 | .0003 | .0003 |
| 3.8 | .0003 | .0003 | .0003 | .0003 | .0003 | .0002 | .0002 | .0002 | .0002 | .0002 |
| 3.9 | .0002 | .0002 | .0002 | .0002 | .0002 | .0002 | .0002 | .0002 | .0001 | .0001 |

\*　A. Mood & F. A. Graybill, *Introduction to the Theory of Statistics*, 2nd ed., McGraw-Hill Book Company, 1963, より。

付表 2-2 正規分布 (2) 確率

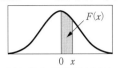

カゲの部分の確率 $F(x)$ を示す。

| $x$ | .00 | .01 | .02 | .03 | .04 | .05 | .06 | .07 | .08 | .09 |
|---|---|---|---|---|---|---|---|---|---|---|
| .0 | .0000 | .0040 | .0080 | .0120 | .0160 | .0199 | .0239 | .0279 | .0319 | .0359 |
| .1 | .0398 | .0438 | .0478 | .0517 | .0557 | .0596 | .0636 | .0675 | .0714 | .0753 |
| .2 | .0793 | .0832 | .0871 | .0910 | .0948 | .0987 | .1026 | .1064 | .1103 | .1141 |
| .3 | .1179 | .1217 | .1255 | .1293 | .1331 | .1368 | .1406 | .1443 | .1480 | .1517 |
| .4 | .1554 | .1591 | .1628 | .1664 | .1700 | .1736 | .1772 | .1808 | .1844 | .1879 |
| .5 | .1915 | .1950 | .1985 | .2019 | .2054 | .2088 | .2123 | .2157 | .2190 | .2224 |
| .6 | .2257 | .2291 | .2324 | .2357 | .2389 | .2422 | .2454 | .2486 | .2517 | .2549 |
| .7 | .2580 | .2611 | .2642 | .2673 | .2704 | .2734 | .2764 | .2794 | .2823 | .2852 |
| .8 | .2881 | .2910 | .2939 | .2967 | .2995 | .3023 | .3051 | .3078 | .3106 | .3133 |
| .9 | .3159 | .3186 | .3212 | .3238 | .3264 | .3289 | .3315 | .3340 | .3365 | .3389 |
| 1.0 | .3413 | .3438 | .3461 | .3485 | .3508 | .3531 | .3554 | .3577 | .3599 | .3621 |
| 1.1 | .3643 | .3665 | .3686 | .3708 | .3729 | .3749 | .3770 | .3790 | .3810 | .3830 |
| 1.2 | .3849 | .3869 | .3888 | .3907 | .3925 | .3944 | .3962 | .3980 | .3997 | .4015 |
| 1.3 | .4032 | .4049 | .4066 | .4082 | .4099 | .4115 | .4131 | .4147 | .4162 | .4177 |
| 1.4 | .4192 | .4207 | .4222 | .4236 | .4251 | .4265 | .4279 | .4292 | .4306 | .4319 |
| 1.5 | .4332 | .4345 | .4357 | .4370 | .4382 | .4394 | .4406 | .4418 | .4429 | .4441 |
| 1.6 | .4452 | .4463 | .4474 | .4484 | .4495 | .4505 | .4515 | .4525 | .4535 | .4545 |
| 1.7 | .4554 | .4564 | .4573 | .4582 | .4591 | .4599 | .4608 | .4616 | .4625 | .4633 |
| 1.8 | .4641 | .4649 | .4656 | .4664 | .4671 | .4678 | .4686 | .4693 | .4699 | .4706 |
| 1.9 | .4713 | .4719 | .4726 | .4732 | .4738 | .4744 | .4750 | .4756 | .4761 | .4767 |
| 2.0 | .4772 | .4778 | .4783 | .4788 | .4793 | .4798 | .4803 | .4808 | .4812 | .4817 |
| 2.1 | .4821 | .4826 | .4830 | .4834 | .4838 | .4842 | .4846 | .4850 | .4854 | .4857 |
| 2.2 | .4861 | .4864 | .4868 | .4871 | .4875 | .4878 | .4881 | .4884 | .4887 | .4890 |
| 2.3 | .4893 | .4896 | .4898 | .4901 | .4904 | .4906 | .4909 | .4911 | .4913 | .4916 |
| 2.4 | .4918 | .4920 | .4922 | .4925 | .4927 | .4929 | .4931 | .4932 | .4934 | .4936 |
| 2.5 | .4938 | .4940 | .4941 | .4943 | .4945 | .4946 | .4948 | .4949 | .4951 | .4952 |
| 2.6 | .4953 | .4955 | .4956 | .4957 | .4959 | .4960 | .4961 | .4962 | .4963 | .4964 |
| 2.7 | .4965 | .4966 | .4967 | .4968 | .4969 | .4970 | .4971 | .4972 | .4973 | .4974 |
| 2.8 | .4974 | .4975 | .4976 | .4977 | .4977 | .4978 | .4979 | .4979 | .4980 | .4981 |
| 2.9 | .4981 | .4982 | .4982 | .4983 | .4984 | .4984 | .4985 | .4985 | .4986 | .4986 |
| 3.0 | .4987 | .4987 | .4987 | .4988 | .4988 | .4989 | .4989 | .4989 | .4990 | .4990 |
| 3.1 | .4990 | .4991 | .4991 | .4991 | .4992 | .4992 | .4992 | .4992 | .4993 | .4993 |
| 3.2 | .4993 | .4993 | .4994 | .4994 | .4994 | .4994 | .4994 | .4995 | .4995 | .4995 |
| 3.3 | .4995 | .4995 | .4995 | .4996 | .4996 | .4996 | .4996 | .4996 | .4996 | .4997 |
| 3.4 | .4997 | .4997 | .4997 | .4997 | .4997 | .4997 | .4997 | .4997 | .4997 | .4998 |

| $x$ | 0 | 0.126 | 0.253 | 0.385 | 0.524 |
|---|---|---|---|---|---|
| $F(x)$ | 0 | 0.05 | 0.10 | 0.15 | 0.20 |
| $2F(x)$ | 0 | 0.10 | 0.20 | 0.30 | 0.40 |

| $x$ | 0.675 | 0.842 | 1.036 | 1.282 | 1.645 |
|---|---|---|---|---|---|
| $F(x)$ | 0.25 | 0.30 | 0.35 | 0.40 | 0.45 |
| $2F(x)$ | 0.50 | 0.60 | 0.70 | 0.80 | 0.90 |

| $x$ | 1.96 | 2.33 | 2.58 | 2.81 | 3.29 |
|---|---|---|---|---|---|
| $F(x)$ | 0.475 | 0.49 | 0.495 | 0.4975 | 0.4995 |
| $2F(x)$ | 0.95 | 0.98 | 0.99 | 0.995 | 0.999 |
| $1-2F(x)$ | 0.05 | 0.02 | 0.01 | 0.005 | 0.001 |

338

付表3 t 分 布*

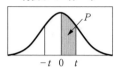

$-t$ 0 $t$

カゲの部分の確率 $P$ に対する $t$ の値を示す。

| P<br>d.f. | .25 | .40 | .45 | .475 | .49 | .495 | .4995 |
|---|---|---|---|---|---|---|---|
| 1 | 1.000 | 3.078 | 6.314 | 12.706 | 31.821 | 63.657 | 636.619 |
| 2 | .816 | 1.886 | 2.920 | 4.303 | 6.965 | 9.925 | 31.598 |
| 3 | .765 | 1.638 | 2.353 | 3.182 | 4.541 | 5.841 | 12.941 |
| 4 | .741 | 1.533 | 2.132 | 2.776 | 3.747 | 4.604 | 8.610 |
| 5 | .727 | 1.476 | 2.015 | 2.571 | 3.365 | 4.032 | 6.859 |
| 6 | .718 | 1.440 | 1.943 | 2.447 | 3.143 | 3.707 | 5.959 |
| 7 | .711 | 1.415 | 1.895 | 2.365 | 2.998 | 3.499 | 5.405 |
| 8 | .706 | 1.397 | 1.860 | 2.306 | 2.896 | 3.355 | 5.041 |
| 9 | .703 | 1.383 | 1.833 | 2.262 | 2.821 | 3.250 | 4.781 |
| 10 | .700 | 1.372 | 1.812 | 2.228 | 2.764 | 3.169 | 4.587 |
| 11 | .697 | 1.363 | 1.796 | 2.201 | 2.718 | 3.106 | 4.437 |
| 12 | .695 | 1.356 | 1.782 | 2.179 | 2.681 | 3.055 | 4.318 |
| 13 | .694 | 1.350 | 1.771 | 2.160 | 2.650 | 3.012 | 4.221 |
| 14 | .692 | 1.345 | 1.761 | 2.145 | 2.624 | 2.977 | 4.140 |
| 15 | .691 | 1.341 | 1.753 | 2.131 | 2.602 | 2.947 | 4.073 |
| 16 | .690 | 1.337 | 1.746 | 2.120 | 2.583 | 2.921 | 4.015 |
| 17 | .689 | 1.333 | 1.740 | 2.110 | 2.567 | 2.898 | 3.965 |
| 18 | .688 | 1.330 | 1.734 | 2.101 | 2.552 | 2.878 | 3.922 |
| 19 | .688 | 1.328 | 1.729 | 2.093 | 2.539 | 2.861 | 3.883 |
| 20 | .687 | 1.325 | 1.725 | 2.086 | 2.528 | 2.845 | 3.850 |
| 21 | .686 | 1.323 | 1.721 | 2.080 | 2.518 | 2.831 | 3.819 |
| 22 | .686 | 1.321 | 1.717 | 2.074 | 2.508 | 2.819 | 3.792 |
| 23 | .685 | 1.319 | 1.714 | 2.069 | 2.500 | 2.807 | 3.767 |
| 24 | .685 | 1.318 | 1.711 | 2.064 | 2.492 | 2.797 | 3.745 |
| 25 | .684 | 1.316 | 1.708 | 2.060 | 2.485 | 2.787 | 3.725 |
| 26 | .684 | 1.315 | 1.706 | 2.056 | 2.479 | 2.779 | 3.707 |
| 27 | .684 | 1.314 | 1.703 | 2.052 | 2.473 | 2.771 | 3.690 |
| 28 | .683 | 1.313 | 1.701 | 2.048 | 2.467 | 2.763 | 3.674 |
| 29 | .683 | 1.311 | 1.699 | 2.045 | 2.462 | 2.756 | 3.659 |
| 30 | .683 | 1.310 | 1.697 | 2.042 | 2.457 | 2.750 | 3.646 |
| 40 | .681 | 1.303 | 1.684 | 2.021 | 2.423 | 2.704 | 3.551 |
| 60 | .679 | 1.296 | 1.671 | 2.000 | 2.390 | 2.660 | 3.460 |
| 120 | .677 | 1.289 | 1.658 | 1.980 | 2.358 | 2.617 | 3.373 |
| ∞ | .674 | 1.282 | 1.645 | 1.960 | 2.326 | 2.576 | 3.291 |

* R. A. Fisher & F. Yates, *Statistical Tables for Biological, Agricultural and Medical Research*, 6th ed., Longman, 1974, より縮訳。

付表4 $\chi^2$ 分 布*

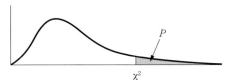

カゲの部分の確率 $P$ に対する $\chi^2$ の値を示す。

| d.f. \ P | .250 | .100 | .050 | .025 | .010 | .005 | .001 |
|---|---|---|---|---|---|---|---|
| 1 | 1.32 | 2.71 | 3.84 | 5.02 | 6.63 | 7.88 | 10.8 |
| 2 | 2.77 | 4.61 | 5.99 | 7.38 | 9.21 | 10.6 | 13.8 |
| 3 | 4.11 | 6.25 | 7.81 | 9.35 | 11.3 | 12.8 | 16.3 |
| 4 | 5.39 | 7.78 | 9.49 | 11.1 | 13.3 | 14.9 | 18.5 |
| 5 | 6.63 | 9.24 | 11.1 | 12.8 | 15.1 | 16.7 | 20.5 |
| 6 | 7.84 | 10.6 | 12.6 | 14.4 | 16.8 | 18.5 | 22.5 |
| 7 | 9.04 | 12.0 | 14.1 | 16.0 | 18.5 | 20.3 | 24.3 |
| 8 | 10.2 | 13.4 | 15.5 | 17.5 | 20.1 | 22.0 | 26.1 |
| 9 | 11.4 | 14.7 | 16.9 | 19.0 | 21.7 | 23.6 | 27.9 |
| 10 | 12.5 | 16.0 | 18.3 | 20.5 | 23.2 | 25.2 | 29.6 |
| 11 | 13.7 | 17.3 | 19.7 | 21.9 | 24.7 | 26.8 | 31.3 |
| 12 | 14.8 | 18.5 | 21.0 | 23.3 | 26.2 | 28.3 | 32.9 |
| 13 | 16.0 | 19.8 | 22.4 | 24.7 | 27.7 | 29.8 | 34.5 |
| 14 | 17.1 | 21.1 | 23.7 | 26.1 | 29.1 | 31.3 | 36.1 |
| 15 | 18.2 | 22.3 | 25.0 | 27.5 | 30.6 | 32.8 | 37.7 |
| 16 | 19.4 | 23.5 | 26.3 | 28.8 | 32.0 | 34.3 | 39.3 |
| 17 | 20.5 | 24.8 | 27.6 | 30.2 | 33.4 | 35.7 | 40.8 |
| 18 | 21.6 | 26.0 | 28.9 | 31.5 | 34.8 | 37.2 | 42.3 |
| 19 | 22.7 | 27.2 | 30.1 | 32.9 | 36.2 | 38.6 | 43.8 |
| 20 | 23.8 | 28.4 | 31.4 | 34.2 | 37.6 | 40.0 | 45.3 |
| 21 | 24.9 | 29.6 | 32.7 | 35.5 | 38.9 | 41.4 | 46.8 |
| 22 | 26.0 | 30.8 | 33.9 | 36.8 | 40.3 | 42.8 | 48.3 |
| 23 | 27.1 | 32.0 | 35.2 | 38.1 | 41.6 | 44.2 | 49.7 |
| 24 | 28.2 | 33.2 | 36.4 | 39.4 | 43.0 | 45.6 | 51.2 |
| 25 | 29.3 | 34.4 | 37.7 | 40.6 | 44.3 | 46.9 | 52.6 |
| 26 | 30.4 | 35.6 | 38.9 | 41.9 | 45.6 | 48.3 | 54.1 |
| 27 | 31.5 | 36.7 | 40.1 | 43.2 | 47.0 | 49.6 | 55.5 |
| 28 | 32.6 | 37.9 | 41.3 | 44.5 | 48.3 | 51.0 | 56.9 |
| 29 | 33.7 | 39.1 | 42.6 | 45.7 | 49.6 | 52.3 | 58.3 |
| 30 | 34.8 | 40.3 | 43.8 | 47.0 | 50.9 | 53.7 | 59.7 |
| 40 | 45.6 | 51.8 | 55.8 | 59.3 | 63.7 | 66.8 | 73.4 |
| 50 | 56.3 | 63.2 | 67.5 | 71.4 | 76.2 | 79.5 | 86.7 |
| 60 | 67.0 | 74.4 | 79.1 | 83.3 | 88.4 | 92.0 | 99.6 |
| 70 | 77.6 | 85.5 | 90.5 | 95.0 | 100 | 104 | 112 |
| 80 | 88.1 | 96.6 | 102 | 107 | 112 | 116 | 125 |
| 90 | 98.6 | 108 | 113 | 118 | 124 | 128 | 137 |
| 100 | 109 | 118 | 124 | 130 | 136 | 140 | 149 |

付表5　修正 $\chi^2$ 分布 $(C^2=\chi^2/d.f.)^*$

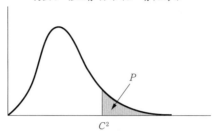

カゲの部分の確率 $P$ に対する $C^2$ の値を示す。

| $d.f.$ $\backslash$ $P$ | .995 | .99 | .975 | .95 | .90 | .10 | .05 | .025 | .01 | .005 |
|---|---|---|---|---|---|---|---|---|---|---|
| 1 | .000039 | .00016 | .00098 | .0039 | .0158 | 2.71 | 3.84 | 5.02 | 6.63 | 7.88 |
| 2 | .00501 | .0101 | .0253 | .0513 | .1054 | 2.30 | 3.00 | 3.69 | 4.61 | 5.30 |
| 3 | .0239 | .0383 | .0719 | .117 | .195 | 2.08 | 2.60 | 3.12 | 3.78 | 4.28 |
| 4 | .0517 | .0743 | .121 | .178 | .266 | 1.94 | 2.37 | 2.79 | 3.32 | 3.72 |
| 5 | .0823 | .111 | .166 | .229 | .322 | 1.85 | 2.21 | 2.57 | 3.02 | 3.35 |
| 6 | .113 | .145 | .206 | .273 | .367 | 1.77 | 2.10 | 2.41 | 2.80 | 3.09 |
| 7 | .141 | .177 | .241 | .310 | .405 | 1.72 | 2.01 | 2.29 | 2.64 | 2.90 |
| 8 | .168 | .206 | .272 | .342 | .436 | 1.67 | 1.94 | 2.19 | 2.51 | 2.74 |
| 9 | .193 | .232 | .300 | .369 | .463 | 1.63 | 1.88 | 2.11 | 2.41 | 2.62 |
| 10 | .216 | .256 | .325 | .394 | .487 | 1.60 | 1.83 | 2.05 | 2.32 | 2.52 |
| 11 | .237 | .278 | .347 | .416 | .507 | 1.57 | 1.79 | 1.99 | 2.25 | 2.43 |
| 12 | .256 | .298 | .367 | .435 | .525 | 1.55 | 1.75 | 1.94 | 2.18 | 2.36 |
| 13 | .274 | .316 | .385 | .453 | .542 | 1.52 | 1.72 | 1.90 | 2.13 | 2.29 |
| 14 | .291 | .333 | .402 | .469 | .556 | 1.50 | 1.69 | 1.87 | 2.08 | 2.24 |
| 15 | .307 | .349 | .417 | .484 | .570 | 1.49 | 1.67 | 1.83 | 2.04 | 2.19 |
| 16 | .321 | .363 | .432 | .498 | .582 | 1.47 | 1.64 | 1.80 | 2.00 | 2.14 |
| 18 | .348 | .390 | .457 | .522 | .604 | 1.44 | 1.60 | 1.75 | 1.93 | 2.06 |
| 20 | .372 | .413 | .480 | .543 | .622 | 1.42 | 1.57 | 1.71 | 1.88 | 2.00 |
| 24 | .412 | .452 | .517 | .577 | .652 | 1.38 | 1.52 | 1.64 | 1.79 | 1.90 |
| 30 | .460 | .498 | .560 | .616 | .687 | 1.34 | 1.46 | 1.57 | 1.70 | 1.79 |
| 40 | .518 | .554 | .611 | .663 | .726 | 1.30 | 1.39 | 1.48 | 1.59 | 1.67 |
| 60 | .592 | .625 | .675 | .720 | .774 | 1.24 | 1.32 | 1.39 | 1.47 | 1.53 |
| 120 | .699 | .724 | .763 | .798 | .839 | 1.17 | 1.22 | 1.27 | 1.32 | 1.36 |
| $\infty$ | 1.000 | 1.000 | 1.000 | 1.000 | 1.000 | 1.00 | 1.00 | 1.00 | 1.00 | 1.00 |

* 　付表4，5 は，Thomas H. Wonnacott & Ronald J. Wonnacott, *Introductory Statistics for Business and Economics*, John Willey & Sons, Inc. 1972, より。

付表6　F分布（細字：有意水準5%，太字：有意水準1%）

平均平方和の値の大きい方（分子）の自由度

平均平方和の値の小さい方（分子）（分母）の自由度

| 　 | 1 | 2 | 3 | 4 | 5 | 6 | 7 | 8 | 9 | 10 | 11 | 12 | 14 | 16 | 20 | 24 | 30 | 40 | 50 | 75 | 100 | 200 | 500 | ∞ |
|---|---|---|---|---|---|---|---|---|---|---|---|---|---|---|---|---|---|---|---|---|---|---|---|---|
| 1 | 161 / 4,052 | 200 / 4,999 | 216 / 5,403 | 225 / 5,625 | 230 / 5,764 | 234 / 5,859 | 237 / 5,928 | 239 / 5,981 | 241 / 6,022 | 242 / 6,056 | 243 / 6,082 | 244 / 6,106 | 245 / 6,142 | 246 / 6,169 | 248 / 6,208 | 249 / 6,234 | 250 / 6,261 | 251 / 6,286 | 252 / 6,302 | 253 / 6,323 | 253 / 6,334 | 254 / 6,352 | 254 / 6,361 | 254 / 6,366 |
| 2 | 18.51 / 98.49 | 19.00 / 99.00 | 19.16 / 99.17 | 19.25 / 99.25 | 19.30 / 99.30 | 19.33 / 99.33 | 19.36 / 99.36 | 19.37 / 99.37 | 19.38 / 99.39 | 19.39 / 99.40 | 19.40 / 99.41 | 19.41 / 99.42 | 19.42 / 99.43 | 19.43 / 99.44 | 19.44 / 99.45 | 19.45 / 99.46 | 19.46 / 99.47 | 19.47 / 99.48 | 19.47 / 99.48 | 19.48 / 99.49 | 19.49 / 99.49 | 19.49 / 99.49 | 19.50 / 99.50 | 19.50 / 99.50 |
| 3 | 10.13 / 34.12 | 9.55 / 30.82 | 9.28 / 29.46 | 9.12 / 28.71 | 9.01 / 28.24 | 8.94 / 27.91 | 8.88 / 27.67 | 8.84 / 27.49 | 8.81 / 27.34 | 8.78 / 27.23 | 8.76 / 27.13 | 8.74 / 27.05 | 8.71 / 26.92 | 8.69 / 26.83 | 8.66 / 26.69 | 8.64 / 26.60 | 8.62 / 26.50 | 8.60 / 26.41 | 8.58 / 26.35 | 8.57 / 26.27 | 8.56 / 26.23 | 8.54 / 26.18 | 8.54 / 26.14 | 8.53 / 26.12 |
| 4 | 7.71 / 21.20 | 6.94 / 18.00 | 6.59 / 16.69 | 6.39 / 15.98 | 6.26 / 15.52 | 6.16 / 15.21 | 6.09 / 14.98 | 6.04 / 14.80 | 6.00 / 14.66 | 5.96 / 14.54 | 5.93 / 14.45 | 5.91 / 14.37 | 5.87 / 14.24 | 5.84 / 14.15 | 5.80 / 14.02 | 5.77 / 13.93 | 5.74 / 13.83 | 5.71 / 13.74 | 5.70 / 13.69 | 5.68 / 13.61 | 5.66 / 13.57 | 5.65 / 13.52 | 5.64 / 13.48 | 5.63 / 13.46 |
| 5 | 6.61 / 16.26 | 5.79 / 13.27 | 5.41 / 12.06 | 5.19 / 11.39 | 5.05 / 10.97 | 4.95 / 10.67 | 4.88 / 10.45 | 4.82 / 10.29 | 4.78 / 10.15 | 4.74 / 10.05 | 4.70 / 9.96 | 4.68 / 9.89 | 4.64 / 9.77 | 4.60 / 9.68 | 4.56 / 9.55 | 4.53 / 9.47 | 4.50 / 9.38 | 4.46 / 9.29 | 4.44 / 9.24 | 4.42 / 9.17 | 4.40 / 9.13 | 4.38 / 9.07 | 4.37 / 9.04 | 4.36 / 9.02 |
| 6 | 5.99 / 13.74 | 5.14 / 10.92 | 4.76 / 9.78 | 4.53 / 9.15 | 4.39 / 8.75 | 4.28 / 8.47 | 4.21 / 8.26 | 4.15 / 8.10 | 4.10 / 7.98 | 4.06 / 7.87 | 4.03 / 7.79 | 4.00 / 7.72 | 3.96 / 7.60 | 3.92 / 7.52 | 3.87 / 7.39 | 3.84 / 7.31 | 3.81 / 7.23 | 3.77 / 7.14 | 3.75 / 7.09 | 3.72 / 7.02 | 3.71 / 6.99 | 3.69 / 6.94 | 3.68 / 6.90 | 3.67 / 6.88 |
| 7 | 5.59 / 12.25 | 4.74 / 9.55 | 4.35 / 8.45 | 4.12 / 7.85 | 3.97 / 7.46 | 3.87 / 7.19 | 3.79 / 7.00 | 3.73 / 6.84 | 3.68 / 6.71 | 3.63 / 6.62 | 3.60 / 6.54 | 3.57 / 6.47 | 3.52 / 6.35 | 3.49 / 6.27 | 3.44 / 6.15 | 3.41 / 6.07 | 3.38 / 5.98 | 3.34 / 5.90 | 3.32 / 5.85 | 3.29 / 5.78 | 3.28 / 5.75 | 3.25 / 5.70 | 3.24 / 5.67 | 3.23 / 5.65 |
| 8 | 5.32 / 11.26 | 4.46 / 8.65 | 4.07 / 7.59 | 3.84 / 7.01 | 3.69 / 6.63 | 3.58 / 6.37 | 3.50 / 6.19 | 3.44 / 6.03 | 3.39 / 5.91 | 3.34 / 5.82 | 3.31 / 5.74 | 3.28 / 5.67 | 3.23 / 5.56 | 3.20 / 5.48 | 3.15 / 5.36 | 3.12 / 5.28 | 3.08 / 5.20 | 3.05 / 5.11 | 3.03 / 5.06 | 3.00 / 5.00 | 2.98 / 4.96 | 2.96 / 4.91 | 2.94 / 4.88 | 2.93 / 4.86 |
| 9 | 5.12 / 10.56 | 4.26 / 8.02 | 3.86 / 6.99 | 3.63 / 6.42 | 3.48 / 6.06 | 3.37 / 5.80 | 3.29 / 5.62 | 3.23 / 5.47 | 3.18 / 5.35 | 3.13 / 5.26 | 3.10 / 5.18 | 3.07 / 5.11 | 3.02 / 5.00 | 2.98 / 4.92 | 2.93 / 4.80 | 2.90 / 4.73 | 2.86 / 4.64 | 2.82 / 4.56 | 2.80 / 4.51 | 2.77 / 4.45 | 2.76 / 4.41 | 2.73 / 4.36 | 2.72 / 4.33 | 2.71 / 4.31 |
| 10 | 4.96 / 10.04 | 4.10 / 7.56 | 3.71 / 6.55 | 3.48 / 5.99 | 3.33 / 5.64 | 3.22 / 5.39 | 3.14 / 5.21 | 3.07 / 5.06 | 3.02 / 4.95 | 2.97 / 4.85 | 2.94 / 4.78 | 2.91 / 4.71 | 2.86 / 4.60 | 2.82 / 4.52 | 2.77 / 4.41 | 2.74 / 4.33 | 2.70 / 4.25 | 2.67 / 4.17 | 2.64 / 4.12 | 2.61 / 4.05 | 2.59 / 4.01 | 2.56 / 3.96 | 2.55 / 3.93 | 2.54 / 3.91 |
| 11 | 4.84 / 9.65 | 3.98 / 7.20 | 3.59 / 6.22 | 3.36 / 5.67 | 3.20 / 5.32 | 3.09 / 5.07 | 3.01 / 4.88 | 2.95 / 4.74 | 2.90 / 4.63 | 2.86 / 4.54 | 2.82 / 4.46 | 2.79 / 4.40 | 2.74 / 4.29 | 2.70 / 4.21 | 2.65 / 4.10 | 2.61 / 4.02 | 2.57 / 3.94 | 2.53 / 3.86 | 2.50 / 3.80 | 2.47 / 3.74 | 2.45 / 3.70 | 2.42 / 3.66 | 2.41 / 3.62 | 2.40 / 3.60 |
| 12 | 4.75 / 9.33 | 3.88 / 6.93 | 3.49 / 5.95 | 3.26 / 5.41 | 3.11 / 5.06 | 3.00 / 4.82 | 2.92 / 4.65 | 2.85 / 4.50 | 2.80 / 4.39 | 2.76 / 4.30 | 2.72 / 4.22 | 2.69 / 4.16 | 2.64 / 4.05 | 2.60 / 3.98 | 2.54 / 3.86 | 2.50 / 3.78 | 2.46 / 3.70 | 2.42 / 3.61 | 2.40 / 3.56 | 2.36 / 3.49 | 2.35 / 3.46 | 2.32 / 3.41 | 2.31 / 3.38 | 2.30 / 3.36 |
| 13 | 4.67 / 9.07 | 3.80 / 6.70 | 3.41 / 5.74 | 3.18 / 5.20 | 3.02 / 4.86 | 2.92 / 4.62 | 2.84 / 4.44 | 2.77 / 4.30 | 2.72 / 4.19 | 2.67 / 4.10 | 2.63 / 4.02 | 2.60 / 3.96 | 2.55 / 3.85 | 2.51 / 3.78 | 2.46 / 3.67 | 2.42 / 3.59 | 2.38 / 3.51 | 2.34 / 3.42 | 2.32 / 3.37 | 2.28 / 3.30 | 2.26 / 3.27 | 2.24 / 3.21 | 2.22 / 3.18 | 2.21 / 3.16 |

平均平方和の値の大きい方（分子）の自由度

| 分母の自由度 | 1 | 2 | 3 | 4 | 5 | 6 | 7 | 8 | 9 | 10 | 11 | 12 | 14 | 16 | 20 | 24 | 30 | 40 | 50 | 75 | 100 | 200 | 500 | ∞ |
|---|---|---|---|---|---|---|---|---|---|---|---|---|---|---|---|---|---|---|---|---|---|---|---|---|
| 14 | 4.60 / 8.86 | 3.74 / 6.51 | 3.34 / 5.56 | 3.11 / 5.03 | 2.96 / 4.69 | 2.85 / 4.46 | 2.77 / 4.28 | 2.70 / 4.14 | 2.65 / 4.03 | 2.60 / 3.94 | 2.56 / 3.86 | 2.53 / 3.80 | 2.48 / 3.70 | 2.44 / 3.62 | 2.39 / 3.51 | 2.35 / 3.43 | 2.31 / 3.34 | 2.27 / 3.26 | 2.24 / 3.21 | 2.21 / 3.14 | 2.19 / 3.11 | 2.16 / 3.06 | 2.14 / 3.02 | 2.13 / 3.00 |
| 15 | 4.54 / 8.68 | 3.68 / 6.36 | 3.29 / 5.42 | 3.06 / 4.89 | 2.90 / 4.56 | 2.79 / 4.32 | 2.70 / 4.14 | 2.64 / 4.00 | 2.59 / 3.89 | 2.55 / 3.80 | 2.51 / 3.73 | 2.48 / 3.67 | 2.43 / 3.56 | 2.39 / 3.48 | 2.33 / 3.36 | 2.29 / 3.29 | 2.25 / 3.20 | 2.21 / 3.12 | 2.18 / 3.07 | 2.15 / 3.00 | 2.12 / 2.97 | 2.10 / 2.92 | 2.08 / 2.89 | 2.07 / 2.87 |
| 16 | 4.49 / 8.53 | 3.63 / 6.23 | 3.24 / 5.29 | 3.01 / 4.77 | 2.85 / 4.44 | 2.74 / 4.20 | 2.66 / 4.03 | 2.59 / 3.89 | 2.54 / 3.78 | 2.49 / 3.69 | 2.45 / 3.61 | 2.42 / 3.55 | 2.37 / 3.45 | 2.33 / 3.37 | 2.28 / 3.25 | 2.24 / 3.18 | 2.20 / 3.10 | 2.16 / 3.01 | 2.13 / 2.96 | 2.09 / 2.89 | 2.07 / 2.86 | 2.04 / 2.80 | 2.02 / 2.77 | 2.01 / 2.75 |
| 17 | 4.45 / 8.40 | 3.59 / 6.11 | 3.20 / 5.18 | 2.96 / 4.67 | 2.81 / 4.34 | 2.70 / 4.10 | 2.62 / 3.93 | 2.55 / 3.79 | 2.50 / 3.68 | 2.45 / 3.59 | 2.41 / 3.52 | 2.38 / 3.45 | 2.33 / 3.35 | 2.29 / 3.27 | 2.23 / 3.16 | 2.19 / 3.08 | 2.15 / 3.00 | 2.11 / 2.92 | 2.08 / 2.86 | 2.04 / 2.79 | 2.02 / 2.76 | 1.99 / 2.70 | 1.97 / 2.67 | 1.96 / 2.65 |
| 18 | 4.41 / 8.28 | 3.55 / 6.01 | 3.16 / 5.09 | 2.93 / 4.58 | 2.77 / 4.25 | 2.66 / 4.01 | 2.58 / 3.85 | 2.51 / 3.71 | 2.46 / 3.60 | 2.41 / 3.51 | 2.37 / 3.44 | 2.34 / 3.37 | 2.29 / 3.27 | 2.25 / 3.19 | 2.19 / 3.07 | 2.15 / 3.00 | 2.11 / 2.91 | 2.07 / 2.83 | 2.04 / 2.78 | 2.00 / 2.71 | 1.98 / 2.68 | 1.95 / 2.62 | 1.93 / 2.59 | 1.92 / 2.57 |
| 19 | 4.38 / 8.18 | 3.52 / 5.93 | 3.13 / 5.01 | 2.90 / 4.50 | 2.74 / 4.17 | 2.63 / 3.94 | 2.55 / 3.77 | 2.48 / 3.63 | 2.43 / 3.52 | 2.38 / 3.43 | 2.34 / 3.36 | 2.31 / 3.30 | 2.26 / 3.19 | 2.21 / 3.12 | 2.15 / 3.00 | 2.11 / 2.92 | 2.07 / 2.84 | 2.02 / 2.76 | 2.00 / 2.70 | 1.96 / 2.63 | 1.94 / 2.60 | 1.91 / 2.54 | 1.90 / 2.51 | 1.88 / 2.49 |
| 20 | 4.35 / 8.10 | 3.49 / 5.85 | 3.10 / 4.94 | 2.87 / 4.43 | 2.71 / 4.10 | 2.60 / 3.87 | 2.52 / 3.71 | 2.45 / 3.56 | 2.40 / 3.45 | 2.35 / 3.37 | 2.31 / 3.30 | 2.28 / 3.23 | 2.23 / 3.13 | 2.18 / 3.05 | 2.12 / 2.94 | 2.09 / 2.86 | 2.04 / 2.77 | 1.99 / 2.69 | 1.96 / 2.63 | 1.92 / 2.56 | 1.90 / 2.53 | 1.87 / 2.47 | 1.85 / 2.44 | 1.84 / 2.42 |
| 21 | 4.32 / 8.02 | 3.47 / 5.78 | 3.07 / 4.87 | 2.84 / 4.37 | 2.68 / 4.04 | 2.57 / 3.81 | 2.49 / 3.65 | 2.42 / 3.51 | 2.37 / 3.40 | 2.32 / 3.31 | 2.28 / 3.24 | 2.25 / 3.17 | 2.20 / 3.07 | 2.15 / 2.99 | 2.09 / 2.88 | 2.05 / 2.80 | 2.00 / 2.72 | 1.96 / 2.63 | 1.93 / 2.58 | 1.89 / 2.51 | 1.87 / 2.47 | 1.84 / 2.42 | 1.82 / 2.38 | 1.81 / 2.36 |
| 22 | 4.30 / 7.94 | 3.44 / 5.72 | 3.05 / 4.82 | 2.82 / 4.31 | 2.66 / 3.99 | 2.55 / 3.76 | 2.47 / 3.59 | 2.40 / 3.45 | 2.35 / 3.35 | 2.30 / 3.26 | 2.26 / 3.18 | 2.23 / 3.12 | 2.18 / 3.02 | 2.13 / 2.94 | 2.07 / 2.83 | 2.03 / 2.75 | 1.98 / 2.67 | 1.93 / 2.58 | 1.91 / 2.53 | 1.87 / 2.46 | 1.84 / 2.42 | 1.81 / 2.37 | 1.80 / 2.33 | 1.78 / 2.31 |
| 23 | 4.28 / 7.88 | 3.42 / 5.66 | 3.03 / 4.76 | 2.80 / 4.26 | 2.64 / 3.94 | 2.53 / 3.71 | 2.45 / 3.54 | 2.38 / 3.41 | 2.32 / 3.30 | 2.28 / 3.21 | 2.24 / 3.14 | 2.20 / 3.07 | 2.14 / 2.97 | 2.10 / 2.89 | 2.04 / 2.78 | 2.00 / 2.70 | 1.96 / 2.62 | 1.91 / 2.53 | 1.88 / 2.48 | 1.84 / 2.41 | 1.82 / 2.37 | 1.79 / 2.32 | 1.77 / 2.28 | 1.76 / 2.26 |
| 24 | 4.26 / 7.82 | 3.40 / 5.61 | 3.01 / 4.72 | 2.78 / 4.22 | 2.62 / 3.90 | 2.51 / 3.67 | 2.43 / 3.50 | 2.36 / 3.36 | 2.30 / 3.25 | 2.26 / 3.17 | 2.22 / 3.09 | 2.18 / 3.03 | 2.13 / 2.93 | 2.09 / 2.85 | 2.02 / 2.74 | 1.98 / 2.66 | 1.94 / 2.58 | 1.89 / 2.49 | 1.86 / 2.44 | 1.82 / 2.36 | 1.80 / 2.33 | 1.76 / 2.27 | 1.74 / 2.23 | 1.73 / 2.21 |
| 25 | 4.24 / 7.77 | 3.38 / 5.57 | 2.99 / 4.68 | 2.76 / 4.18 | 2.60 / 3.86 | 2.49 / 3.63 | 2.41 / 3.46 | 2.34 / 3.32 | 2.28 / 3.21 | 2.24 / 3.13 | 2.20 / 3.05 | 2.16 / 2.99 | 2.11 / 2.89 | 2.06 / 2.81 | 2.00 / 2.70 | 1.96 / 2.62 | 1.92 / 2.54 | 1.87 / 2.45 | 1.84 / 2.40 | 1.80 / 2.32 | 1.77 / 2.29 | 1.74 / 2.23 | 1.72 / 2.19 | 1.71 / 2.17 |
| 26 | 4.22 / 7.72 | 3.37 / 5.53 | 2.98 / 4.64 | 2.74 / 4.14 | 2.59 / 3.82 | 2.47 / 3.59 | 2.39 / 3.42 | 2.32 / 3.29 | 2.27 / 3.17 | 2.22 / 3.09 | 2.18 / 3.02 | 2.15 / 2.96 | 2.10 / 2.86 | 2.05 / 2.77 | 1.99 / 2.66 | 1.95 / 2.58 | 1.90 / 2.50 | 1.85 / 2.41 | 1.82 / 2.36 | 1.78 / 2.28 | 1.76 / 2.25 | 1.72 / 2.19 | 1.70 / 2.15 | 1.69 / 2.13 |

平均平方和の値の小さい方（分母）の自由度

平均平方和の大きい方（分子）の自由度

平均平方和の値の小さい方（分母）の自由度

| 分母 | 1 | 2 | 3 | 4 | 5 | 6 | 7 | 8 | 9 | 10 | 11 | 12 | 14 | 16 | 20 | 24 | 30 | 40 | 50 | 75 | 100 | 200 | 500 | ∞ |
|---|---|---|---|---|---|---|---|---|---|---|---|---|---|---|---|---|---|---|---|---|---|---|---|---|
| 27 | 4.21 / **7.68** | 3.35 / **5.49** | 2.96 / **4.60** | 2.73 / **4.11** | 2.57 / **3.79** | 2.46 / **3.56** | 2.37 / **3.39** | 2.30 / **3.26** | 2.25 / **3.14** | 2.20 / **3.06** | 2.16 / **2.98** | 2.13 / **2.93** | 2.08 / **2.83** | 2.03 / **2.74** | 1.97 / **2.63** | 1.93 / **2.55** | 1.88 / **2.47** | 1.84 / **2.38** | 1.80 / **2.33** | 1.76 / **2.25** | 1.74 / **2.21** | 1.71 / **2.16** | 1.68 / **2.12** | 1.67 / **2.10** |
| 28 | 4.20 / **7.64** | 3.34 / **5.45** | 2.95 / **4.57** | 2.71 / **4.07** | 2.56 / **3.76** | 2.44 / **3.53** | 2.36 / **3.36** | 2.29 / **3.23** | 2.24 / **3.11** | 2.19 / **3.03** | 2.15 / **2.95** | 2.12 / **2.90** | 2.06 / **2.80** | 2.02 / **2.71** | 1.96 / **2.60** | 1.91 / **2.52** | 1.87 / **2.44** | 1.81 / **2.35** | 1.78 / **2.30** | 1.75 / **2.22** | 1.72 / **2.18** | 1.69 / **2.13** | 1.67 / **2.09** | 1.65 / **2.06** |
| 29 | 4.18 / **7.60** | 3.33 / **5.42** | 2.93 / **4.54** | 2.70 / **4.04** | 2.54 / **3.73** | 2.43 / **3.50** | 2.35 / **3.33** | 2.28 / **3.20** | 2.22 / **3.08** | 2.18 / **3.00** | 2.14 / **2.92** | 2.10 / **2.87** | 2.05 / **2.77** | 2.00 / **2.68** | 1.94 / **2.57** | 1.90 / **2.49** | 1.85 / **2.41** | 1.80 / **2.32** | 1.77 / **2.27** | 1.73 / **2.19** | 1.71 / **2.15** | 1.68 / **2.10** | 1.65 / **2.06** | 1.64 / **2.03** |
| 30 | 4.17 / **7.56** | 3.32 / **5.39** | 2.92 / **4.51** | 2.69 / **4.02** | 2.53 / **3.70** | 2.42 / **3.47** | 2.34 / **3.30** | 2.27 / **3.17** | 2.21 / **3.06** | 2.16 / **2.98** | 2.12 / **2.90** | 2.09 / **2.84** | 2.04 / **2.74** | 1.99 / **2.66** | 1.93 / **2.55** | 1.89 / **2.47** | 1.84 / **2.38** | 1.79 / **2.29** | 1.76 / **2.24** | 1.72 / **2.16** | 1.69 / **2.13** | 1.66 / **2.07** | 1.64 / **2.03** | 1.62 / **2.01** |
| 32 | 4.15 / **7.50** | 3.30 / **5.34** | 2.90 / **4.46** | 2.67 / **3.97** | 2.51 / **3.66** | 2.40 / **3.42** | 2.32 / **3.25** | 2.25 / **3.12** | 2.19 / **3.01** | 2.14 / **2.94** | 2.10 / **2.86** | 2.07 / **2.80** | 2.02 / **2.70** | 1.97 / **2.62** | 1.91 / **2.51** | 1.86 / **2.42** | 1.82 / **2.34** | 1.76 / **2.25** | 1.74 / **2.20** | 1.69 / **2.12** | 1.67 / **2.08** | 1.64 / **2.02** | 1.61 / **1.98** | 1.59 / **1.96** |
| 34 | 4.13 / **7.44** | 3.28 / **5.29** | 2.88 / **4.42** | 2.65 / **3.93** | 2.49 / **3.61** | 2.38 / **3.38** | 2.30 / **3.21** | 2.23 / **3.08** | 2.17 / **2.97** | 2.12 / **2.89** | 2.08 / **2.82** | 2.05 / **2.76** | 2.00 / **2.66** | 1.95 / **2.58** | 1.89 / **2.47** | 1.84 / **2.38** | 1.80 / **2.30** | 1.74 / **2.21** | 1.71 / **2.15** | 1.67 / **2.08** | 1.64 / **2.04** | 1.61 / **1.98** | 1.59 / **1.94** | 1.57 / **1.91** |
| 36 | 4.11 / **7.39** | 3.26 / **5.25** | 2.86 / **4.38** | 2.63 / **3.89** | 2.48 / **3.58** | 2.36 / **3.35** | 2.28 / **3.18** | 2.21 / **3.04** | 2.15 / **2.94** | 2.10 / **2.86** | 2.06 / **2.78** | 2.03 / **2.72** | 1.98 / **2.62** | 1.93 / **2.54** | 1.87 / **2.43** | 1.82 / **2.35** | 1.78 / **2.26** | 1.72 / **2.17** | 1.69 / **2.12** | 1.65 / **2.04** | 1.62 / **2.00** | 1.59 / **1.94** | 1.56 / **1.90** | 1.55 / **1.87** |
| 38 | 4.10 / **7.35** | 3.25 / **5.21** | 2.85 / **4.34** | 2.62 / **3.86** | 2.46 / **3.54** | 2.35 / **3.32** | 2.26 / **3.15** | 2.19 / **3.02** | 2.14 / **2.91** | 2.09 / **2.82** | 2.05 / **2.75** | 2.02 / **2.69** | 1.96 / **2.59** | 1.92 / **2.51** | 1.85 / **2.40** | 1.80 / **2.32** | 1.76 / **2.22** | 1.71 / **2.14** | 1.67 / **2.08** | 1.63 / **2.00** | 1.60 / **1.97** | 1.57 / **1.90** | 1.54 / **1.86** | 1.53 / **1.84** |
| 40 | 4.08 / **7.31** | 3.23 / **5.18** | 2.84 / **4.31** | 2.61 / **3.83** | 2.45 / **3.51** | 2.34 / **3.29** | 2.24 / **3.12** | 2.18 / **2.99** | 2.12 / **2.88** | 2.07 / **2.80** | 2.04 / **2.73** | 2.00 / **2.66** | 1.95 / **2.56** | 1.90 / **2.49** | 1.84 / **2.37** | 1.79 / **2.29** | 1.74 / **2.20** | 1.69 / **2.11** | 1.66 / **2.05** | 1.61 / **1.97** | 1.59 / **1.94** | 1.55 / **1.88** | 1.53 / **1.84** | 1.51 / **1.81** |
| 42 | 4.07 / **7.27** | 3.22 / **5.15** | 2.83 / **4.29** | 2.59 / **3.80** | 2.44 / **3.49** | 2.32 / **3.26** | 2.24 / **3.10** | 2.17 / **2.96** | 2.11 / **2.86** | 2.06 / **2.77** | 2.02 / **2.70** | 1.99 / **2.64** | 1.94 / **2.54** | 1.89 / **2.46** | 1.82 / **2.35** | 1.78 / **2.26** | 1.73 / **2.17** | 1.68 / **2.08** | 1.64 / **2.02** | 1.60 / **1.94** | 1.57 / **1.91** | 1.54 / **1.85** | 1.51 / **1.80** | 1.49 / **1.78** |
| 44 | 4.06 / **7.24** | 3.21 / **5.12** | 2.82 / **4.26** | 2.58 / **3.78** | 2.43 / **3.46** | 2.31 / **3.24** | 2.23 / **3.07** | 2.16 / **2.94** | 2.10 / **2.84** | 2.05 / **2.75** | 2.01 / **2.68** | 1.98 / **2.62** | 1.92 / **2.52** | 1.88 / **2.44** | 1.81 / **2.32** | 1.76 / **2.24** | 1.72 / **2.15** | 1.66 / **2.06** | 1.63 / **2.00** | 1.58 / **1.92** | 1.56 / **1.88** | 1.52 / **1.82** | 1.50 / **1.78** | 1.48 / **1.75** |
| 46 | 4.05 / **7.21** | 3.20 / **5.10** | 2.81 / **4.24** | 2.57 / **3.76** | 2.42 / **3.44** | 2.30 / **3.22** | 2.22 / **3.05** | 2.14 / **2.92** | 2.09 / **2.82** | 2.04 / **2.73** | 2.00 / **2.66** | 1.97 / **2.60** | 1.91 / **2.50** | 1.87 / **2.42** | 1.80 / **2.30** | 1.75 / **2.22** | 1.71 / **2.13** | 1.65 / **2.04** | 1.62 / **1.98** | 1.57 / **1.90** | 1.54 / **1.86** | 1.51 / **1.80** | 1.48 / **1.76** | 1.46 / **1.72** |
| 48 | 4.04 / **7.19** | 3.19 / **5.08** | 2.80 / **4.22** | 2.56 / **3.74** | 2.41 / **3.42** | 2.30 / **3.20** | 2.21 / **3.04** | 2.14 / **2.90** | 2.08 / **2.80** | 2.03 / **2.71** | 1.99 / **2.64** | 1.96 / **2.58** | 1.90 / **2.48** | 1.86 / **2.40** | 1.79 / **2.28** | 1.74 / **2.20** | 1.70 / **2.11** | 1.64 / **2.02** | 1.61 / **1.96** | 1.56 / **1.88** | 1.53 / **1.84** | 1.50 / **1.78** | 1.47 / **1.73** | 1.45 / **1.70** |

平均平方和の値の大きい方（分子）の自由度 ／ 平均平方和の値の小さい方（分母）の自由度

各欄の上段は 5% 点、下段（太字）は 1% 点を示す。

| 分母＼分子 | 1 | 2 | 3 | 4 | 5 | 6 | 7 | 8 | 9 | 10 | 11 | 12 | 14 | 16 | 20 | 24 | 30 | 40 | 50 | 75 | 100 | 200 | 500 | ∞ |
|---|---|---|---|---|---|---|---|---|---|---|---|---|---|---|---|---|---|---|---|---|---|---|---|---|
| 50 | 4.03 / 7.17 | 3.18 / 5.06 | 2.79 / 4.20 | 2.56 / 3.72 | 2.40 / 3.41 | 2.29 / 3.18 | 2.20 / 3.02 | 2.13 / 2.88 | 2.07 / 2.78 | 2.02 / 2.70 | 1.98 / 2.62 | 1.95 / 2.56 | 1.90 / 2.46 | 1.85 / 2.39 | 1.78 / 2.26 | 1.74 / 2.18 | 1.69 / 2.10 | 1.63 / 2.00 | 1.60 / 1.94 | 1.55 / 1.86 | 1.52 / 1.82 | 1.48 / 1.76 | 1.46 / 1.71 | 1.44 / 1.68 |
| 55 | 4.02 / 7.12 | 3.17 / 5.01 | 2.78 / 4.16 | 2.54 / 3.68 | 2.38 / 3.37 | 2.27 / 3.15 | 2.18 / 2.98 | 2.11 / 2.85 | 2.05 / 2.75 | 2.00 / 2.66 | 1.97 / 2.59 | 1.93 / 2.53 | 1.88 / 2.43 | 1.83 / 2.35 | 1.76 / 2.23 | 1.72 / 2.15 | 1.67 / 2.06 | 1.61 / 1.96 | 1.58 / 1.90 | 1.52 / 1.82 | 1.50 / 1.78 | 1.46 / 1.71 | 1.43 / 1.66 | 1.41 / 1.64 |
| 60 | 4.00 / 7.08 | 3.15 / 4.98 | 2.76 / 4.13 | 2.52 / 3.65 | 2.37 / 3.34 | 2.25 / 3.12 | 2.17 / 2.95 | 2.10 / 2.82 | 2.04 / 2.72 | 1.99 / 2.63 | 1.95 / 2.56 | 1.92 / 2.50 | 1.86 / 2.40 | 1.81 / 2.32 | 1.75 / 2.20 | 1.70 / 2.12 | 1.65 / 2.03 | 1.59 / 1.93 | 1.56 / 1.87 | 1.50 / 1.79 | 1.48 / 1.74 | 1.44 / 1.68 | 1.41 / 1.63 | 1.39 / 1.60 |
| 65 | 3.99 / 7.04 | 3.14 / 4.95 | 2.75 / 4.10 | 2.51 / 3.62 | 2.36 / 3.31 | 2.24 / 3.09 | 2.15 / 2.93 | 2.08 / 2.79 | 2.02 / 2.70 | 1.98 / 2.61 | 1.94 / 2.54 | 1.90 / 2.47 | 1.85 / 2.37 | 1.80 / 2.30 | 1.73 / 2.18 | 1.68 / 2.09 | 1.63 / 2.00 | 1.57 / 1.90 | 1.54 / 1.84 | 1.49 / 1.76 | 1.46 / 1.71 | 1.42 / 1.64 | 1.39 / 1.60 | 1.37 / 1.56 |
| 70 | 3.98 / 7.01 | 3.13 / 4.92 | 2.74 / 4.08 | 2.50 / 3.60 | 2.35 / 3.29 | 2.23 / 3.07 | 2.14 / 2.91 | 2.07 / 2.77 | 2.01 / 2.67 | 1.97 / 2.59 | 1.93 / 2.51 | 1.89 / 2.45 | 1.84 / 2.35 | 1.79 / 2.28 | 1.72 / 2.15 | 1.67 / 2.07 | 1.62 / 1.98 | 1.56 / 1.88 | 1.53 / 1.82 | 1.47 / 1.74 | 1.45 / 1.69 | 1.40 / 1.62 | 1.37 / 1.56 | 1.35 / 1.53 |
| 80 | 3.96 / 6.96 | 3.11 / 4.88 | 2.72 / 4.04 | 2.48 / 3.56 | 2.33 / 3.25 | 2.21 / 3.04 | 2.12 / 2.87 | 2.05 / 2.74 | 1.99 / 2.64 | 1.95 / 2.55 | 1.91 / 2.48 | 1.88 / 2.42 | 1.82 / 2.32 | 1.77 / 2.24 | 1.70 / 2.11 | 1.65 / 2.03 | 1.60 / 1.94 | 1.54 / 1.84 | 1.51 / 1.78 | 1.45 / 1.70 | 1.42 / 1.65 | 1.38 / 1.57 | 1.35 / 1.52 | 1.32 / 1.49 |
| 100 | 3.94 / 6.90 | 3.09 / 4.82 | 2.70 / 3.98 | 2.46 / 3.51 | 2.30 / 3.20 | 2.19 / 2.99 | 2.10 / 2.82 | 2.03 / 2.69 | 1.97 / 2.59 | 1.92 / 2.51 | 1.88 / 2.43 | 1.85 / 2.36 | 1.79 / 2.26 | 1.75 / 2.19 | 1.68 / 2.06 | 1.63 / 1.98 | 1.57 / 1.89 | 1.51 / 1.79 | 1.48 / 1.73 | 1.42 / 1.64 | 1.39 / 1.59 | 1.34 / 1.51 | 1.30 / 1.46 | 1.28 / 1.43 |
| 125 | 3.92 / 6.84 | 3.07 / 4.78 | 2.68 / 3.94 | 2.44 / 3.47 | 2.29 / 3.17 | 2.17 / 2.95 | 2.08 / 2.79 | 2.01 / 2.65 | 1.95 / 2.56 | 1.90 / 2.47 | 1.86 / 2.40 | 1.83 / 2.33 | 1.77 / 2.23 | 1.72 / 2.15 | 1.65 / 2.03 | 1.60 / 1.94 | 1.55 / 1.85 | 1.49 / 1.75 | 1.45 / 1.68 | 1.39 / 1.59 | 1.36 / 1.54 | 1.31 / 1.46 | 1.27 / 1.40 | 1.25 / 1.37 |
| 150 | 3.91 / 6.81 | 3.06 / 4.75 | 2.67 / 3.91 | 2.43 / 3.44 | 2.27 / 3.14 | 2.16 / 2.92 | 2.07 / 2.76 | 2.00 / 2.62 | 1.94 / 2.53 | 1.89 / 2.44 | 1.85 / 2.37 | 1.82 / 2.30 | 1.76 / 2.20 | 1.71 / 2.12 | 1.64 / 2.00 | 1.59 / 1.91 | 1.54 / 1.83 | 1.47 / 1.72 | 1.44 / 1.66 | 1.37 / 1.56 | 1.34 / 1.51 | 1.29 / 1.43 | 1.25 / 1.37 | 1.22 / 1.33 |
| 200 | 3.89 / 6.76 | 3.04 / 4.71 | 2.65 / 3.88 | 2.41 / 3.41 | 2.26 / 3.11 | 2.14 / 2.90 | 2.05 / 2.73 | 1.98 / 2.60 | 1.92 / 2.50 | 1.87 / 2.41 | 1.83 / 2.34 | 1.80 / 2.28 | 1.74 / 2.17 | 1.69 / 2.09 | 1.62 / 1.97 | 1.57 / 1.88 | 1.52 / 1.79 | 1.45 / 1.69 | 1.42 / 1.62 | 1.35 / 1.53 | 1.32 / 1.48 | 1.26 / 1.39 | 1.22 / 1.33 | 1.19 / 1.28 |
| 400 | 3.86 / 6.70 | 3.02 / 4.66 | 2.62 / 3.83 | 2.39 / 3.36 | 2.23 / 3.06 | 2.12 / 2.85 | 2.03 / 2.69 | 1.96 / 2.55 | 1.90 / 2.46 | 1.85 / 2.37 | 1.81 / 2.29 | 1.78 / 2.23 | 1.72 / 2.12 | 1.67 / 2.04 | 1.60 / 1.92 | 1.54 / 1.84 | 1.49 / 1.74 | 1.42 / 1.64 | 1.38 / 1.57 | 1.32 / 1.47 | 1.28 / 1.42 | 1.22 / 1.32 | 1.16 / 1.24 | 1.13 / 1.19 |
| 1000 | 3.85 / 6.66 | 3.00 / 4.62 | 2.61 / 3.80 | 2.38 / 3.34 | 2.22 / 3.04 | 2.10 / 2.82 | 2.02 / 2.66 | 1.95 / 2.53 | 1.89 / 2.43 | 1.84 / 2.34 | 1.80 / 2.26 | 1.76 / 2.20 | 1.70 / 2.09 | 1.65 / 2.01 | 1.58 / 1.89 | 1.53 / 1.81 | 1.47 / 1.71 | 1.41 / 1.61 | 1.36 / 1.54 | 1.30 / 1.44 | 1.26 / 1.38 | 1.19 / 1.28 | 1.13 / 1.19 | 1.08 / 1.11 |
| ∞ | 3.84 / 6.64 | 2.99 / 4.60 | 2.60 / 3.78 | 2.37 / 3.32 | 2.21 / 3.02 | 2.09 / 2.80 | 2.01 / 2.64 | 1.94 / 2.51 | 1.88 / 2.41 | 1.83 / 2.32 | 1.79 / 2.24 | 1.75 / 2.18 | 1.69 / 2.07 | 1.64 / 1.99 | 1.57 / 1.87 | 1.52 / 1.79 | 1.46 / 1.69 | 1.40 / 1.59 | 1.35 / 1.52 | 1.28 / 1.41 | 1.24 / 1.36 | 1.17 / 1.25 | 1.11 / 1.15 | 1.00 / 1.00 |

## 付表 7　乱　数　表

```
02 89 08 16 94   85 53 83 29 95   56 27 09 24 43   21 78 55 09 82   72 61 88 73 61
87 18 15 70 07   37 79 49 12 38   48 13 93 55 96   41 92 45 71 51   09 18 25 58 94
98 83 71 70 15   89 09 39 59 24   00 06 41 41 20   14 36 59 25 47   54 45 17 24 89
10 08 58 07 04   76 62 16 48 68   58 76 17 14 86   59 53 11 52 21   66 04 18 72 87
47 90 56 37 31   71 82 13 50 41   27 55 10 24 92   28 04 67 53 44   95 23 00 84 47

39 65 76 45 45   19 90 69 64 61   20 26 36 31 62   58 24 97 14 97   95 06 70 99 00
73 71 23 70 90   65 97 60 12 11   31 56 34 19 19   47 83 75 51 33   30 62 38 20 46
72 20 47 33 84   51 67 47 97 19   98 40 07 17 66   23 05 09 51 80   59 78 11 52 49
75 17 25 69 17   17 95 21 78 58   24 33 45 77 48   69 81 84 09 29   93 22 70 45 80
37 48 79 88 74   63 52 06 34 30   01 31 60 10 27   35 07 79 71 53   28 99 52 01 41

41 47 10 25 03   87 63 93 95 17   81 83 83 04 49   77 45 85 50 51   79 88 01 97 30
91 94 14 63 62   08 61 74 51 69   92 79 43 89 79   29 18 94 51 23   14 85 11 47 23
80 06 54 18 47   08 52 85 08 40   48 40 35 94 22   72 65 71 08 86   50 03 42 99 36
67 72 77 63 99   89 85 84 46 06   64 71 06 21 66   89 37 20 70 01   61 65 70 22 12
59 40 24 13 75   42 29 72 23 19   06 94 76 10 08   81 30 15 39 14   81 83 17 16 33

93 05 31 03 07   34 18 04 52 35   74 13 39 35 22   68 95 23 92 35   36 63 70 35 33
21 89 11 47 99   11 20 99 45 18   76 51 94 84 86   13 79 93 37 55   98 16 04 41 67
95 18 94 06 97   27 37 83 28 71   79 57 95 13 91   09 61 87 25 21   56 20 11 32 44
97 08 31 55 73   10 65 81 92 59   77 31 61 95 46   20 44 90 32 64   26 99 76 75 63
69 26 88 86 13   59 71 74 17 32   48 38 75 93 29   73 37 32 04 05   60 82 29 20 25

22 17 68 65 84   87 02 22 57 51   68 69 80 95 44   11 29 01 95 80   49 34 35 86 47
19 36 27 59 46   39 77 32 77 09   79 57 92 36 59   89 74 39 82 15   08 58 94 34 74
16 77 23 02 77   28 06 24 25 93   22 45 44 84 11   87 80 61 65 31   09 71 91 74 25
78 43 76 71 61   97 67 63 99 61   80 45 67 93 82   59 73 19 85 23   53 33 65 97 21
03 28 28 26 08   69 30 16 09 05   53 58 47 70 93   66 56 45 65 79   45 56 20 19 47

63 62 06 34 41   79 53 36 02 95   94 61 09 43 62   20 21 14 68 86   94 95 48 46 45
78 47 23 53 90   79 93 96 38 63   34 85 52 05 09   85 43 01 72 73   14 93 87 81 40
87 68 62 15 43   97 48 72 66 48   53 16 71 13 81   59 97 50 99 52   24 62 20 42 31
47 60 92 10 77   26 97 05 73 51   88 46 38 03 58   72 68 49 29 31   75 70 16 08 24
56 88 87 59 41   06 87 37 78 48   65 88 69 58 39   88 02 84 27 83   85 81 56 39 38

93 22 53 64 39   07 10 63 76 35   87 03 04 79 88   08 13 13 85 51   55 34 57 72 69
78 76 58 54 74   92 38 70 96 92   52 06 79 79 45   82 63 18 27 44   69 66 92 19 09
61 81 31 96 82   00 57 25 60 59   46 72 60 18 77   55 66 12 62 11   08 99 55 64 57
42 88 07 10 05   24 98 65 63 21   47 21 61 88 32   27 80 30 21 60   10 92 35 36 12
77 94 30 05 39   28 10 99 00 27   12 73 73 99 12   49 99 57 94 82   96 88 57 17 91

04 31 17 21 56   33 73 99 19 87   26 72 39 27 67   53 77 57 68 93   60 61 97 22 61
61 06 98 03 91   87 14 77 43 96   43 00 65 98 50   45 60 33 01 07   98 99 46 50 47
23 68 35 26 00   99 53 93 61 28   52 70 05 48 34   56 65 05 61 86   90 92 10 70 80
15 39 25 70 99   93 86 52 77 65   15 33 59 05 28   22 87 26 07 47   86 96 98 29 06
58 71 96 30 24   18 46 23 34 27   85 13 99 24 44   49 18 09 79 49   74 16 32 23 02
```

付表 8　正規乱数表 $(\mu=0, \sigma=1)$

| | | | | | | | | | |
|---|---|---|---|---|---|---|---|---|---|
| .906 | −.513 | −.525 | .595 | .881 | −.934 | 1.579 | .161 | −1.885 | .371 |
| 1.179 | −1.055 | .007 | .769 | .971 | .712 | 1.090 | −.631 | −.255 | −.702 |
| −1.501 | −.488 | −.162 | −.136 | 1.033 | .203 | .448 | .748 | −.423 | −.432 |
| −.690 | .756 | −1.618 | −.345 | −.511 | −2.051 | −.457 | −.218 | .857 | −.465 |
| 1.372 | .225 | .378 | .761 | .181 | −.736 | .960 | −1.530 | −.260 | .120 |
| .464 | .137 | 2.455 | −.323 | −.068 | .296 | −.288 | 1.298 | .241 | −.957 |
| .060 | −2.526 | −.531 | −.194 | .543 | −1.558 | .187 | −1.190 | .022 | .525 |
| 1.486 | −.354 | −.634 | .697 | .926 | 1.375 | .785 | −.963 | −.853 | −1.865 |
| 1.022 | −.472 | 1.279 | 3.521 | .571 | −1.851 | .194 | 1.192 | −.501 | −.273 |
| 1.394 | −.555 | .046 | .321 | 2.945 | 1.974 | −.258 | .412 | .439 | −.035 |
| −1.787 | −.261 | 1.237 | 1.046 | −.508 | −1.630 | −.146 | −.392 | −.627 | .561 |
| −.105 | −.375 | −1.384 | .360 | −.992 | −.116 | −1.698 | −2.832 | −1.108 | −2.357 |
| −1.339 | 1.827 | −.959 | .424 | .969 | −1.141 | −1.041 | .362 | −1.726 | 1.956 |
| 1.041 | .535 | .731 | 1.377 | .983 | −1.330 | 1.620 | −1.040 | .524 | −.281 |
| .279 | −2.056 | .717 | −.873 | −1.096 | −1.396 | 1.047 | .089 | −.573 | .932 |
| −.482 | 1.678 | −.057 | −1.229 | −.486 | .856 | −.491 | −1.983 | −2.830 | −.238 |
| −1.376 | −.150 | 1.356 | −.561 | −.256 | −.212 | .219 | .779 | .953 | −.869 |
| −1.010 | .598 | −.918 | 1.598 | .065 | .415 | −.169 | .313 | −.973 | −1.016 |
| −.005 | −.899 | .012 | −.725 | 1.147 | −.121 | 1.096 | .481 | −1.691 | .417 |
| 1.393 | −1.163 | −.911 | 1.231 | −.199 | −.246 | 1.239 | −2.574 | −.558 | .056 |
| .199 | .208 | −1.083 | −.219 | −.291 | 1.221 | 1.119 | .004 | −2.015 | −.594 |
| .159 | .272 | −.313 | .084 | −2.828 | −.439 | −.792 | −1.275 | −.623 | −1.047 |
| 2.273 | .606 | .606 | −.747 | .247 | 1.291 | .063 | −1.793 | −.699 | −1.347 |
| .041 | −.307 | .121 | .790 | −.584 | .541 | .484 | −.986 | .481 | .996 |
| −1.132 | −2.098 | .921 | .145 | .446 | −1.661 | 1.045 | −1.363 | −.586 | −1.023 |
| −1.805 | −2.008 | −1.633 | .542 | .250 | −.166 | .032 | .079 | .471 | −1.029 |
| −1.186 | 1.180 | 1.114 | .882 | 1.265 | −.202 | .151 | −.376 | −.310 | .479 |
| .658 | −1.141 | 1.151 | −1.210 | −.927 | .425 | .290 | −.902 | .610 | 1.709 |
| −.439 | .358 | −1.939 | .891 | −.227 | .602 | .873 | −.437 | −.220 | −.057 |
| −1.399 | −.230 | .385 | −.649 | −.577 | .237 | −.289 | .513 | .738 | −.300 |
| −1.334 | 1.278 | −.568 | −.109 | −.515 | −.566 | 2.923 | .500 | .359 | .326 |
| −.287 | −.144 | −.254 | .574 | −.451 | −1.181 | −1.190 | −.318 | −.094 | 1.114 |
| .161 | −.886 | −.921 | −.509 | 1.410 | −.518 | .192 | −.432 | 1.501 | 1.068 |
| −1.346 | .193 | −1.202 | .394 | −1.045 | .843 | .942 | 1.045 | .031 | .772 |
| −1.250 | −.199 | −.288 | 1.810 | 1.378 | .584 | 1.216 | .733 | .402 | .226 |
| .768 | .079 | −1.473 | .034 | −2.127 | .665 | .084 | −.880 | −.579 | .551 |
| .375 | −1.658 | −.851 | .234 | −.656 | .340 | −.086 | −.158 | −.120 | .418 |
| −.513 | −.344 | .210 | −.736 | 1.041 | .008 | .427 | −.831 | .191 | .074 |
| .292 | −.521 | 1.266 | −1.206 | −.899 | .110 | −.528 | −.813 | .071 | .524 |
| 1.026 | 2.990 | −.574 | −.491 | −1.114 | 1.297 | −1.433 | −1.345 | −3.001 | .479 |
| .424 | −.444 | .593 | .993 | −.106 | .116 | .484 | −1.272 | 1.066 | 1.097 |
| .593 | .658 | −1.127 | −1.407 | −1.579 | −1.616 | 1.458 | 1.262 | .736 | −.916 |
| .862 | −.885 | −.142 | −.504 | .532 | 1.381 | .022 | −.281 | −.342 | 1.222 |
| .235 | −.628 | −.023 | −.463 | −.899 | −.394 | −.538 | 1.707 | −.188 | −1.153 |
| −.853 | .402 | .777 | .833 | .410 | −.349 | −1.094 | .580 | 1.395 | 1.298 |
| .630 | −.537 | .782 | .060 | .499 | −.431 | 1.705 | 1.164 | .884 | −.298 |
| .375 | −1.941 | .247 | −.491 | .665 | −.135 | −.145 | −.498 | .457 | 1.064 |
| −1.420 | .489 | −1.711 | −1.186 | .754 | −.732 | −.066 | 1.006 | −.798 | .162 |
| −.151 | −.243 | −.430 | −.762 | .298 | 1.049 | 1.810 | 2.885 | −.768 | −.129 |
| −.309 | .531 | .416 | −1.541 | 1.456 | 2.040 | −.124 | .196 | .023 | −1.204 |

**付表 9-1 比率の信頼区間 信頼係数 95%***

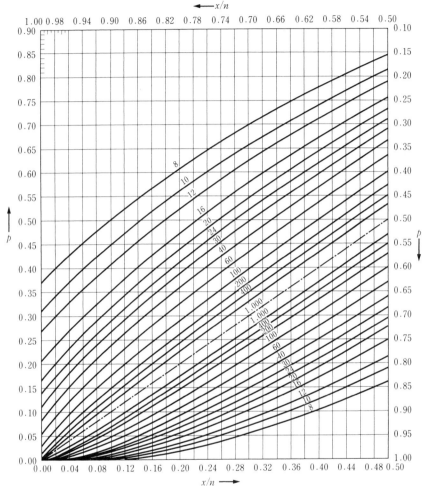

348

## 付表 9-2　比率の信頼区間　信頼係数 99%*

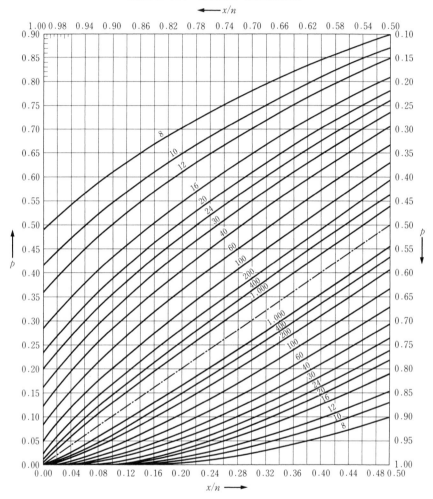

\* 付表 9-1, 9-2 は, *Biometrika Tables for Statisticians*, vol. I, New York: Cambridge University Press, 1954, の表 41 より。

（＊は巻末の付表ページ）

**著者紹介**

宮　川　公　男
みや　かわ　ただ　お

1953 年　一橋大学経済学部卒業
元・（財）統計研究会理事長，商学博士
一橋大学名誉教授，麗澤大学名誉教授

**主要著書**

『意思決定の経済学』Ⅰ・Ⅱ，丸善，1968〜69 年。『OR 入門』日本経済新聞社，1969 年。『オペレーションズ・リサーチ』春秋社，1970 年。『計量経済学入門』新版，日本経済新聞社，1982 年。『政策科学の基礎』東洋経済新報社，1994 年。『政策科学の新展開』（編）東洋経済新報社，1997 年。『政策科学入門』第 2 版，東洋経済新報社，2002 年。『パブリック・ガバナンス』（共編）日本経済評論社，2002 年。『経営情報システム』第 4 版（共編著）中央経済社，2014 年。『高速道路 何が問題か』岩波書店，2004 年。『ソーシャル・キャピタル』（共編）東洋経済新報社，2004 年。『統計学でリスクと向き合う』新版，東洋経済新報社，2007 年。『意思決定論』新版，中央経済社，2010 年。『高速道路　なぜ料金を払うのか』東洋経済新報社，2011 年。『日経平均と失われた 20 年』東洋経済新報社，2013 年。*The Science of Public Policy*, Ⅰ, 3 vols., Ⅱ, 4 vols.（ed.）Routledge, 1999-2000.『統計学の日本史：治国経世への願い』東京大学出版会，2017 年。『不確かさの時代の資本主義：ニクソン・ショックからコロナまでの 50 年』東京大学出版会，2021 年。

基本統計学 ［第 5 版］
*Elementary Statistics*（5th ed.）

| | | |
|---|---|---|
| 1977 年 12 月 20 日 | 初　版第 1 刷発行 | |
| 1991 年 1 月 20 日 | 新　版第 1 刷発行 | |
| 1999 年 3 月 30 日 | 第 3 版第 1 刷発行 | |
| 2015 年 3 月 30 日 | 第 4 版第 1 刷発行 | |
| 2022 年 4 月 1 日 | 第 5 版第 1 刷発行 | |
| 2024 年 8 月 20 日 | 第 5 版第 4 刷発行 | |

著　者　　宮　川　公　男

発行者　　江　草　貞　治

発行所　　株式会社　有　斐　閣

郵便番号 101-0051
東京都千代田区神田神保町 2-17
https://www.yuhikaku.co.jp/

印　刷　株式会社精興社
製　本　牧製本印刷株式会社

ISBN 978-4-641-16596-0